Informationstechnologie

Medienkonzeption

Gestaltung

Medienproduktion

Medienproduktion – Printmedien

Medienproduktion – Digitalmedien

Kommunikation

Medienrecht

Prüfungsvorbereitung

Lösungswege

Prüfungsbuch Mediengestalter

digital/print

Armin Baumstark
Joachim Böhringer
Peter Bühler
Franz Jungwirth

3., völlig überarbeitete Auflage

Best.-Nr. 6060
Holland + Josenhans Verlag Stuttgart

3., völlig überarbeitete Auflage 2006

Dieses Werk folgt der reformierten deutschen Rechtschreibung und Zeichensetzung.

Dieses Buch ist auf Papier gedruckt, das aus 100 % chlorfrei gebleichten Faserstoffen hergestellt wurde.

Alle Rechte vorbehalten. Das Werk und seine Teile sind urheberrechtlich geschützt. Jede Verwertung in anderen als den gesetzlich zugelassenen Fällen bedarf deshalb der vorherigen schriftlichen Einwilligung des Verlages. Hinweis zu § 52 a UrhG: Weder das Werk noch seine Teile dürfen ohne eine solche Einwilligung eingescannt und in ein Netzwerk eingestellt werden. Dies gilt auch für Intranets von Schulen und sonstigen Bildungseinrichtungen.

© Holland + Josenhans GmbH & Co., Postfach 10 23 52, 70019 Stuttgart
Tel.: 0711/6 14 39 20, Fax: 0711/6 14 39 22, E-Mail: verlag@huj.03.net,
Internet: www.holland-josenhans.de

Abbildungen: Autoren; Hans Hermann Kropf, 17375 Mönkbude;
Angelika Kramer, 70186 Stuttgart
Satzherstellung: Werbeservice Lutz, 72768 Reutlingen
Druck: TC DRUCK, Verlagsgenossenschaft eG., 72072 Tübingen
Bindearbeit: Industrie- und Verlagsbuchbinderei Dollinger GmbH, 72555 Metzingen

ISBN-10 3-7782-6060-X
ISBN-13 978-3-7782-6060-9

Vorwort

Der komplexe, umfassende und hochaktuelle Beruf des Mediengestalters mit seinen vielfältigen Fachrichtungen benötigt ein breites Grundwissen für die verschiedenen Bereiche der Print- und Nonprintmedien. Die Lehr- und Prüfungsinhalte der einzelnen Fachrichtungen wie Medienberatung, Mediendesign, Medienoperating und Medientechnik mit den Ausprägungen Print und Nonprint sind von einer extremen Vielfalt gekennzeichnet. Dabei vergisst man leicht, dass der Beruf des Mediengestalters, trotz aller Vielfalt, ein gemeinsames berufliches Grundwissen aufweist, das in allen Fachrichtungen notwendig ist. Als Beispiel sei hier die Bearbeitung von Bildern genannt.

Unter diesem Aspekt eines breiten Grundlagenwissens wurden die vorliegenden Fragen so ausgewählt und gestellt, dass dieses Grundwissen die theoretischen Bereiche der Prüfung weitgehend abdeckt. Die Inhalte der Pflichtlernfelder entsprechen den betrieblichen und schulischen Rahmenlehrplänen und jeder Leser kann mit Hilfe dieses Prüfungsbuches sein Wissen so erweitern und kontrollieren, dass eine erfolgreiche Teilnahme an der Prüfung ermöglicht wird. Die Struktur des Prüfungsbuches orientiert sich an einer fachlichen Systematik. Damit ist das Auffinden und Lernen für bestimmte Bereiche leichter zu leisten. Dies wird unterstützt durch das Sachwortverzeichnis. Damit können sie schnell auf die gesuchten Wissensgebiete zugreifen. Dieses Prüfungsbuch bietet Ihnen die Möglichkeit, sich Fachwissen und Fachkompetenz anzueignen und diese in entsprechenden beruflichen Situationen anzuwenden.

Das Buch ist nahezu durchgängig in zwei Spalten aufgeteilt. Die linke Spalte ist die Frage- bzw. Aufgabenspalte, in der rechten Spalte finden Sie die dazugehörigen Antworten. Durch diese Anordnung kann jeder Prüfungskandidat seinen jeweiligen Wissenstand selbst überprüfen, indem er die rechte Spalte abdeckt und die mögliche Antwort erst nach der Bearbeitung durch das Aufdecken der Antwortspalte kontrolliert. Für manche Fragen ist eine umfassende Antwort notwendig. Dadurch lässt es sich nicht immer vermeiden, dass ein Teil der Lösung auf der nächsten Seite zu finden ist. Solche Lösungen erkennen Sie daran, dass die Seite mit einem Hinweispfeil (→) endet. Auf der folgenden Seite finden Sie dann den Vermerk „▷ *Fortsetzung der Antwort* ▷".

Bei manchen Fragestellungen erschien es uns unumgänglich, die Systematik der zwei Lernspalten aufzugeben. Meist ist dies am Ende eines Kapitels notwendig geworden, wenn Fragen mit übergreifenden Inhalten gestellt werden, die in der Fragestellung und der dazugehörenden Antwort über den normalen Umfang hinausgehen. Diese komplexen Fragen und Antworten entsprechen in ihrer Art und in ihrem Umfang den Prüfungsfragen bei der Abschlussprüfung und sollten von Ihnen intensiv und vollständig bearbeitet werden.

Vorwort

In nahezu jedem Kapitel sind mathematische Fragestellungen integriert und mit den Lösungen versehen. Die Lösungswege befinden sich in einem eigenen Kapitel am Ende des Buches. Hier können Sie nachschauen, wenn Ihnen ein Lösungsansatz oder ein Weg zum Ergebnis unklar ist.

Für Anregungen, Ergänzungen und Kritik sind wir Autoren dankbar. Wir werden diese in weiteren Auflagen berücksichtigen und einarbeiten. Da ein derartiges Werk ständig aktualisiert, verbessert und den aktuellen Entwicklungen angepasst werden muss, sind wir für jede Anregung dankbar.

Für die Arbeit mit diesem Buch wünschen wir allen Prüfungskandidaten und -kandidatinnen viel Erfolg und ein gutes Ergebnis für anstehende Prüfungen.

Stuttgart
Armin Baumstark, Joachim Böhringer, Peter Bühler, Franz Jungwirth

Inhaltsverzeichnis

1 Grundlagen

1.1 Mathematische Grundlagen 11
- 1.1.1 Römische Ziffern 11
- 1.1.2 Arithmetik/Algebra... 11
- 1.1.3 Dreisatz 13
- 1.1.4 Prozentrechnen 13
- 1.1.5 Satz des Pythagoras 14
- 1.1.6 Flächenberechnung 14
- 1.1.7 Körperberechnungen 14
- 1.1.8 Mathematische Zeichen und Symbole; Einheiten............................... 15

1.2 Physik 17
- 1.2.1 Optik 17
- 1.2.2 Densitometrie 23
- 1.2.3 Farbtheorie 25
- 1.2.4 Farbordnungssysteme.. 32
- 1.2.5 Akustik und Sound.. 44

1.3 Ergonomie 47

2 Informationstechnologie

2.1 Informatik – Hard- und Softwaretechnik 51
2.2 Drucker.. 61
2.3 Datenträger 64
2.4 Dateiformate 67
2.5 Netzwerktechnik 83
2.6 Monitor 90
2.7 Postscript und PDF-Workflow 97

3 Medienkonzeption

3.1 Briefing.. 109
3.2 Kostenstellen und Platzkostenrechnung 112
3.3 Kalkulationsbeispiele 128
3.4 Vernetzte Druckerei 131
3.5 Struktur und Planung von Digitalmedien.. 141

4 Gestaltung

4.1 Wahrnehmung 149
4.2 Proportionen.. 152
4.3 Typografie.. 153
4.4 Bild- und Videogestaltung 174

Inhaltsverzeichnis

4.5 Format und Layout	182
4.5.1 Format	182
4.5.2 Layout	186
4.6 Screendesign	190
5 Medienproduktion	**201**
5.1 Bilddatenerfassung	201
5.1.1 Vorlagen und Datenübernahme	201
5.1.2 Scanner	204
5.1.3 Digitalkamera	208
5.2 Bildbearbeitung	211
5.2.1 Retusche und Composing	211
5.2.2 Format- und Maßstabsänderungen	215
5.3 Schrifttechnologie	218
5.4 Database Publishing	220
5.5 Digitaldruck und Personalisierung	225
6 Medienproduktion – Printmedien	**229**
6.1 Farbtechnologie	229
6.1.1 Separation	229
6.1.2 Color-Management	232
6.2 Ausgabetechnologie	237
6.2.1 Raster-Technologie	237
6.2.2 Andruck/Proof	239
6.2.3 Belichtungstechnologie	249
6.2.4 Formherstellung	255
6.2.5 Film	263
6.2.6 Platten	265
6.2.7 Ausgabeberechnung	270
6.3 Drucktechnik	272
6.3.1 Werkstoffe	272
6.3.2 Druckverfahren	278
6.3.3 Druckkontrolle, Offset-Standard	284
6.4 Druckweiterverarbeitung	287
7 Medienproduktion – Digitalmedien	**295**
7.1 Internet	295
7.2 CD-ROM	303
7.3 DVD	308
7.4 Video	312
7.5 Sound	326
7.6 QTVR	334

8 Kommunikation

8.1 Korrekturstandard	339
8.2 Ablaufpläne beschreiben	345
8.3 Textzusammenfassung	347
8.4 Matrix-Erstellung	349
8.5 Präsentation	349
8.6 Englisch: Übersetzungen und Fragen	354

9 Medienrecht

	359

10 Prüfungsvorbereitung

10.1 Handlungskompetenz	375
10.2 Handlungsorientierung	376
10.3 Lernfelder	376
10.4 Prüfungsstruktur	376
10.4.1 Struktur der Zwischenprüfung: Mediengestalter/-in für Digital- und Printmedien	377
10.4.2 Struktur der schriftlichen Abschlussprüfung: Mediengestalter/-in für Digital- und Printmedien – Teil B	377
10.4.3 Struktur der praktischen Abschlussprüfung: Mediengestalter/-in für Digital- und Printmedien – Teil A	379
10.5 Leitlinien zur Prüfungsvorbereitung	381

11 Lösungswege

	383

Sachwortverzeichnis

	409

1 Grundlagen

1.1 Mathematische Grundlagen

1.1.1 Römische Ziffern

I	=	1
V	=	5
X	=	10
L	=	50
C	=	100
D	=	500
M	=	1000

- Es müssen die größtmöglichen Zahlzeichen verwendet werden
- Mehr als drei gleiche Zeichen dürfen nicht nebeneinander stehen
- Steht eine römische Ziffer links vor einer größerwertigen Ziffer dann muss die kleinere von der größeren abgezogen werden, es darf aber nur I vor V oder X, X vor L oder C, C vor D oder M stehen
- Untereinander stehende römische Ziffern sind rechtsbündig anzuordnen

1 Wie wird die Zahl 135 als römische Zahl dargestellt?

CXXXV
(Lösungsweg auf S. 383)

2 Wie wird die Zahl 4 bzw. 9 als römische Zahl dargestellt?

IV
IX *(Lösungsweg auf S. 383)*

3 Stellen Sie die Jahreszahlen 1999 und 2004 als römische Jahreszahl dar.

MCMXCIX
MMIV
(Lösungsweg auf S. 383)

1.1.2 Arithmetik/Algebra

- **Addition**

$5 + 100 = 105$
$a + c + b = a + b + c$ (Kommutativgesetz)
$(a + b) + c = a + (b + c)$ (Assoziativgesetz)

- **Subtraktion**

$100 - 5 = 95$
$6a - 3a = 3a$
$7a - 2b - 3a = 4a - 2b$

- **Addition und Subtraktion**

$100 - 5 + 4 - 3 + 10 = 106$
$(+ 7a) - (-4a) = 7a + 4a = 11a$
$(+7a) + (- 4a) = 7a - 4a = 3a$

1.1 Mathematische Grundlagen

- **Klammern**

$5 + (3 \cdot 4) = 17$
$5 - (3 \cdot 4) = 5 - 12 = -7$
$a - [b + (c - d)] = a - [b + c - d] = a - b - c + d$
$a - (b - c) = a - b + c$

- **Multiplikation**

$5 \cdot 4 \cdot 3 = 60$
$-5 \cdot 4 = -20$
$-3 \cdot -4 = 12$
$a \cdot b \cdot c = abc = cba = bca = bac$
$7a \cdot 3b = 21ab$
$a(b - c) = ab - ac$
$(a + b)(c + d) = ac + ad + bc + bd$
$(a + b)(c - d) = ac - ad + bc - bd$

- **Division**

$15 : 5 = 3$
$18 / 2 = 9$
$10 \div 2 = 5$
$+a / +b = +a/b$
$-a / +b = -a/b$
$-a / -b = +a/b$
$(a + b + c) / d = a/d + b/d + c/d$

- **Potenzieren**

$2^3 = 2 \cdot 2 \cdot 2 = 8$
$a^4 = a \cdot a \cdot a \cdot a$
$8a^2 + 2a^2 - 3a^2 + 5a^3 - 2a^3 = 7a^2 + 3a^3$
$a^x \cdot a^y = a^{x+y}$
$a^n / a^m = a^{n-m}$
$a^n / b^n = (a / b)^n$
$a^{-b} = 1 / a^b$
$5^0 = 1$
$a^0 = 1$

- **Radizieren (Wurzelziehen)**

$\sqrt{4} = 2$
$\sqrt[3]{9} = 3$
$\sqrt[n]{a} = x$ Umkehrung $x^n = a$

- **Logarithmieren**

lg = Logarithmus zur Basis 10
$\lg 10\,000 = 4$
$\lg 1000 = 3$
$\lg 100 = 2$
$\lg 10 = 1$ Umkehrung: $10^1 = 10$
$\lg 1 = 0$
$\lg 0{,}1 = -1$
$\lg 0{,}01 = -2$
$\lg 0{,}001 = -3$

1 Grundlagen

* **Gleichungen**

a) mit einer Unbekannten
$x + 4 = 10$; $x = 10 - 4$; $x = 6$
$x - 3 = 20$; $x = 20 + 3$; $x = 23$
$x \cdot 5 = 15$; $x = 15 / 5$; $x = 3$
$x / 6 = 4$; $x = 6 \cdot 4$; $x = 24$

b) mit zwei Unbekannten: Gleichsetzungsmethode
Gleichung I: $3x + 2y = 18 \rightarrow y = (18 - 3x) / 2$
Gleichung II: $4x + y = 19 \rightarrow y = 19 - 4x$
$(18 - 3x) / 2 = 19 - 4x$ $| \cdot 2$
$18 - 3x = 38 - 8x$ $| + 8x$
$18 + 5x = 38$ $| - 18$
$5x = 20$ $| : 5$
$\rightarrow x = 4$

Einsetzen von $x = 4$ in die Gleichung I oder II ergibt $y = 3$

c) Quadratische Gleichungen, z. B. rein quadratische Gleichungen $x^2 = 36$; $x = + 6$ oder $- 6$

1.1.3 Dreisatz

4 Ein Mediengestalter erhält für 8 Stunden Arbeit 129,60 €. Wie viel bekommt er für eine Arbeitswoche von 5 Tagen à 7,5 Stunden?

607,50 € pro Woche.
(Lösungsweg auf S. 383)

5 Zwei Mediengestalter benötigen zum Erfassen eines handgeschriebenen Manuskripts 6 h. Wie lange würden 3 Mediengestalter benötigen?

4 h.
(Lösungsweg auf S. 383)

1.1.4 Prozentrechnen

6 Ein Plattenbelichter kostet 350.000,00 €. Bei Zahlung innerhalb einer Woche nach Aufstellung erhält der Käufer ein Skonto von 2,5 %.
Berechnen Sie
a) den Skontobetrag und
b) den Überweisungsbetrag.

a) 8.750,00 €
b) 341.250,00 €.
(Lösungsweg auf S. 383)

7 Ein Diapositiv 35 mm x 24 mm wird um 20 % vergrößert. Berechnen Sie die neuen Maße.

42,0 mm x 28,8 mm.
(Lösungsweg auf S. 383)

1.1.5 Satz des Pythagoras

8 Ein Monitor hat eine Bildschirmdiagonale von 19 Zoll. Die Auflösung beträgt 1280 x 1024 Pixel. Berechnen Sie die Breite und die Höhe des Monitors in cm.

37,67 cm Breite,
30,15 cm Höhe.
(Lösungsweg auf S. 383)

9 Das Messprotokoll zeigt für einen Rotton folgende $L^*a^*b^*$ Werte. Soll: $L^* = 100$; $a^* = 117$; $b^* = 92$.
Erster Messwert: $L^* = 100$; $a^* = 82$; $b^* = 57$. Berechnen Sie den Farbabstand ΔE^*

$\Delta E^* = 49{,}5$
(Lösungsweg auf S. 384)

1.1.6 Flächenberechnung

10 Welche Gesamtfläche in mm^2 hat eine 8-seitige Broschur im Format DIN A4?

249.480 mm^2
(Lösungsweg auf S. 384)

1.1.7 Körperberechnungen

11 Eine Kartonverpackung für Speisestärke ist 45 mm breit, 65 mm lang und 10 mm hoch. Berechnen Sie das Volumen der Verpackung.

29 250 mm^3
(Lösungsweg auf S. 384)

12 Für ein Taschenbuch bestehend aus 800 Seiten eines 100 g/m^2 Papiers (normalvolumig), Umschlag aus 250 g/m^2 Papier (normalvolumig), im Format DIN A5 soll ein Schuber hergestellt werden. Zum leichteren Entnehmen und Einschieben des Buches wird links, rechts und oben ein Zuschlag von jeweils 1 mm gemacht. Welche Innenmaße und welches Volumen hat der Schuber?

Breite des Schubers: 42,5 mm
Höhe des Schubers: 22 mm
Tiefe des Schubers: 14,8 mm
Volumen des Schubers: 13 838 mm^3
(Lösungsweg auf S. 384)

1.1.8 Mathematische Zeichen und Symbole

$+$	plus	$-$	minus	$=$	gleich
$\neq$	ungleich	$\approx$	ungefähr	$\pm$	plus minus
$\cdot$	mal	$\div$ oder $/$ oder $:$	geteilt durch, Division		
$<$	kleiner	$>$	größer	$\leq$	kleiner gleich
$\geq$	größer gleich	∞	unendlich	$\sqrt{}$	Quadratwurzel
$\sqrt[n]{}$	n-te Wurzel aus	x^n	x hoch n n-te Potenz von x	π	pi, $\pi = 3{,}14159 \dots$
Σ	Summe	Δ	Delta, Differenz	exp	Exponentialfunktion exp $x = e^x$
log	Logarithmus	lg	dekadischer Logarithmus	ln	natürlicher Logarithmus
sin	Sinus	cos	Cosinus	tan	Tangens
cot	Cotangens				
α	kleiner griechischer Buchstabe Alpha	β	kleiner griechischer Buchstabe Beta	λ	kleiner griechischer Buchstabe Lamda (Wellenlänge)
γ	kleiner griechischer Buchstabe Gamma	δ	kleiner griechischer Buchstabe Delta	ε	kleiner griechischer Buchstabe Epsilon
ρ	kleiner griechischer Buchstabe Rho	τ	kleiner griechischer Buchstabe Tau	ϕ	kleiner griechischer Buchstabe Phi
μ	kleiner griechischer Buchstabe My	ν	kleiner griechischer Buchstabe Ny	σ	kleiner griechischer Buchstabe Sigma

SI Basiseinheiten

Basisgröße	Einheit	Zeichen
Länge	Meter	m
Masse	Kilogramm	kg
Zeit	Sekunde	s
Temperatur	Kelvin	K
Wärmemenge	Joule	J
Lichtstärke	Candela	cd
Stoffmenge	Mol	mol
Aktivität einer radioaktiven Substanz	Becquerel	Bq

1.1 Mathematische Grundlagen

abgeleitete Einheiten

Größe	Einheit	Zeichen
Frequenz	Hertz	Hz
Kraft	Newton	N
Flächenbezogene Masse	Kilogramm je Quadratmeter	kg/m^2
Dichte	Kilogramm je Kubikmeter	kg/m^3
Druck	Pascal	Pa
Leistung	Watt	W
Elektrische Stromstärke	Ampere	A
Elektrische Spannung	Volt	V
Elektrischer Widerstand	Ohm	Ω
Lichtstrom	Lumen	lm
Beleuchtungsstärke	Lux	lx

Vorsilbe	Symbol	Faktor mit dem die Einheit multipliziert wird	
Exa	E	10^{18}	1 000 000 000 000 000 000
Peta	P	10^{15}	1 000 000 000 000 000
Tera	T	10^{12}	1 000 000 000 000
Giga	G	10^{9}	1 000 000 000
Mega	M	10^{6}	1 000 000
Kilo	k	10^{3}	1 000
Hekto	h	10^{2}	100
Deka	da	10^{1}	10
Dezi	d	10^{-1}	0,1
Zenti	c	10^{-2}	0,01
Milli	m	10^{-3}	0,001
Mikro	μ	10^{-6}	0,000 001
Nano	n	10^{-9}	0,000 000 001
Piko	p	10^{-12}	0,000 000 000 001
Femto	f	10^{-15}	0,000 000 000 000 001
Atto	a	10^{-18}	0,000 000 000 000 000 001

1.2 Physik

1.2.1 Optik

1 **Was ist Licht?**

Licht ist ein Teil des elektromagnetischen Spektrums im Wellenlängenbereich von ca. 380 bis 760 nm. Für diesen Teil ist das menschliche Auge empfindlich.

2 **Nennen Sie Beispiele aus der Optik für den Welle-Teilchendualismus des Lichtes.**

Der Wellencharakter beschreibt die Ausbreitungs-, Beugungs- und Interferenzerscheinungen. Emissions- und Absorptionserscheinungen lassen sich mit der Wellentheorie nicht erklären. Licht ist demzufolge nicht nur eine elektromagnetische Welle, sondern auch eine Teilchen-Strahlung, in der die Teilchen bestimmte Energiewerte haben.

3 **Beschreiben Sie die Entstehung des Lichts.**

Im Ruhezustand eines Atoms sind seine Elektronen auf den jeweiligen Energieniveaus im energetischen Gleichgewicht. Durch äußere Energiezufuhr wird das Atom angeregt und in Schwingung versetzt. Einzelne Elektronen springen auf eine höhere Energiestufe. Beim Übergang zurück auf das niedrige Energieniveau wird die Energiedifferenz in Form eines Photons abgegeben.

4 **Wie hoch ist die Lichtgeschwindigkeit c im Vakuum?**

Die Lichtgeschwindigkeit beträgt im Vakuum: $c = 299\,792{,}458$ km/s, also $\approx$ **300 000 km/s**

5 **Welchen Spektralbereich umfasst die optische Strahlung?**

380 nm bis 760 nm

1.2 Physik

6 Definieren Sie die Kenngrößen des Wellenmodells
a) **Periode**
b) **Wellenlänge**
c) **Frequenz**
d) **Amplitude**

a) Eine Periode ist die Zeitdauer, nach der sich der Schwingungsvorgang wiederholt.
b) Die Wellenlänge ist der Abstand zweier Perioden.
c) Die Frequenz beschreibt die Anzahl der Schwingungen pro Sekunde. Sie ist der Kehrwert der Periode.
d) Die Auslenkung einer Welle wird mit dem Begriff Amplitude bezeichnet.

7 Erklären Sie die Phänomene der Wellenoptik:
a) **Polarisation**
b) **Interferenz**
c) **Beugung**

a) Polarisiertes Licht schwingt nur in einer Ebene. Die Wellen unpolarisierten Lichts schwingen hingegen in allen Winkeln zur Ausbreitungsrichtung.
b) Interferenz ist die Überlagerung mehrerer Wellen. Je nach Verhältnis der Phasen kommt es zur Verstärkung, Abschwächung oder Auslöschung der Wellen.
c) Beim Auftreffen einer Welle auf eine Kante geht ein Teil der Intensität in den geometrischen Schattenraum – die Welle wird gebeugt.

8 Welchen optischen Sachverhalt beschreibt die geometrische Optik?

Die geometrische Optik beschreibt den Verlauf von Lichtstrahlen. Die Welleneigenschaften des Lichts werden vernachlässigt.

9 Wie wird die geometrische Optik noch genannt?

Strahlenoptik.

10 Welches optische Phänomen lässt sich nicht mit den Regeln der geometrischen Optik erklären?

Beugung, sie ist Gegenstand der Wellenoptik.

11 Erklären Sie die Begriffe aus der geometrischen Optik:
a) **Reflexion**
b) **Remission**
c) **Brechung**

a) Licht bewegt sich geradlinig in einer Richtung, bis es auf ein anderes Medium trifft. Dort ändert sich plötzlich die Richtung. Nach dem Reflexionsgesetz ist Einfallswinkel gleich Reflexions- oder Ausfallswinkel. Bei einem idealen Spiegel wird alles auftreffende Licht gerichtet reflektiert. →

1 Grundlagen

▷ Fortsetzung der Antwort ▷

b) Reale Oberflächen reflektieren nur einen Teil des Lichts gerichtet, der andere Teil wird diffus reflektiert bzw. remittiert.

c) Wenn Licht von einer Substanz in eine andere übergeht, wird es gebrochen. Licht breitet sich im optisch dichteren Medium langsamer aus. Die Seite der Wellenfront, die zuerst auf das dichtere Medium trifft, wird verlangsamt, der Strahl, der sich senkrecht zur Wellenfront ausbreitet, schwenkt um die Ecke. In umgekehrter Richtung verläuft der Vorgang sinngemäß.

12 Stellen Sie Lichtbrechung beim Übergang von einem optisch dünneren in ein optisch dichteres Medium zeichnerisch dar.

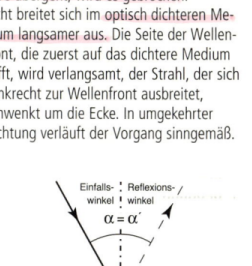

13 Nennen Sie eine technische Anwendung des Phänomens der Totalreflexion.

Lichtwellenleiter (Glasfaserkabel)

14 Bei den optischen Linsen werden konkave und konvexe Formen unterschieden. Zeichnen Sie
a) eine bikonvexe Linse.
b) eine konkav-konvexe Linse.
c) eine bikonkave Linse.

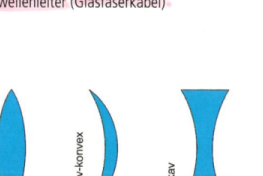

15 Welcher Regel folgen die Linsenbezeichnungen?

Bei der Linsenbezeichnung steht die *bestimmende Eigenschaft* hinten.

© Holland + Josenhans

1.2 Physik

16 Was sind Objektive?

Objektive sind gemeinsam auf einer optischen Achse zentrierte Linsen.

17 Welche Vorteile bieten Objektive gegenüber einfachen Linsen?

Durch die Kombination mehrerer konvexer und konkaver Linsen ist es möglich, die optischen Fehler, mit denen jede Linse behaftet ist, zu korrigieren. Des Weiteren ergeben sich eine erhöhte Lichtstärke und unterschiedliche Brennweiten.

18 Nach welchem Kriterium werden Objektive eingeteilt?

Die Einteilung der Objektive erfolgt nach der Brennweite in Tele-, Normal- und Weitwinkelobjektive.

19 Definieren Sie die Begriffe aus der fotografischen Optik:
a) **Bildwinkel**
b) **Blende**
c) **Schärfentiefe**.

a) Der Bildwinkel ist der Winkel, unter dem eine Kamera das aufgenommene Motiv sieht. Er wird entlang der Bilddiagonalen gemessen.

b) Die Blende ist die verstellbare Öffnung des Objektivs, durch die Licht auf die Bildebene fällt.

c) Die Schärfentiefe ist der Bereich des Motivs, der vor und hinter einer scharf eingestellten Ebene zusätzlich scharf abgebildet wird.

20 Erklären Sie das Prinzip der internationalen Blendenreihe.

Bei Kameraobjektiven wird die Blendengröße durch die Blendenzahl der „Internationalen Blendenreihe" angegeben. Die Blendenzahl errechnet sich durch die Division der Objektivbrennweite durch den Durchmesser der Blende. Die gleiche Blendenzahl steht deshalb bei längeren Brennweiten für eine größere Öffnung.

21 In welchem Zusammenhang stehen **Schärfentiefe, Brennweite** und **Blendenöffnung**?

- Je kürzer die Brennweite, desto größer ist die Schärfentiefe.
- Je kleiner die Blendenöffnung, desto größer ist die Schärfentiefe.
- Je kürzer der Aufnahmeabstand, desto geringer ist die Schärfentiefe.

22 Konstruieren Sie zeichnerisch nach den Regeln der geometrischen Optik eine Aufnahme mit dem Abbildungsmaßstab
a) 100 %
b) 50 %
c) 200 %
Benennen Sie in a) alle Strecken und Strahlen.

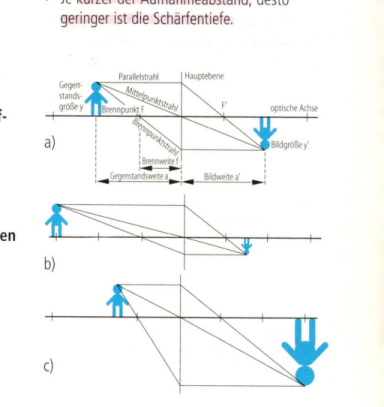

23 Welchen Verlauf nehmen in einem optischen System die drei Hauptstrahlen zur Bildkonstruktion?

a) Der Parallelstrahl fällt vom Gegenstand parallel zur optischen Achse auf die Linse und wird in der Hauptebene zum Brennpunkt hin gebrochen.
b) Der Mittelpunktstrahl verläuft direkt vom Gegenstand durch das Zentrum der Linse.
c) Der Brennpunktstrahl fällt vom Gegenstand durch den Brennpunkt und von dort parallel zur optischen Achse durch die Linse.

24 Wie lautet das fotometrische Entfernungsgesetz?

Die Beleuchtungsstärke ist umgekehrt proportional dem Quadrat der Entfernung zwischen Lichtquelle und Empfängerfläche.

1.2 Physik

25 Definieren Sie die vier lichttechnischen Grundgrößen, nennen Sie das Formelzeichen und die Einheit:
a) Lichtstärke
b) Lichtstrom
c) Beleuchtungsstärke
d) Belichtung.

a) Die Basis der Lichttechnik ist die von einer Lichtquelle ausgestrahlte Lichtenergie. Sie wird als Lichtstärke oder -intensität mit dem Formelzeichen I und der Einheit candela (cd) bezeichnet.
b) Das von einer Lichtquelle ausgestrahlte Licht heißt Lichtstrom. Er hat das Formelzeichen Φ und die Einheit Lumen (lm).
c) Die Beleuchtungsstärke ist die Lichtenergie, die auf eine Fläche auftrifft. Das Formelzeichen ist E, die Einheit Lux (lx).
d) Die Belichtung ist das Produkt aus Beleuchtungsstärke und Zeit. Aus ihr resultiert die fotochemische oder fotoelektrische Wirkung, z.B. bei der Bilddatenerfassung. Die Belichtung hat das Formelzeichen H und die Einheit Luxsekunden (lxs).

---

26 Welche der folgenden Zahlen gehören nicht in die Blendenreihe?
1.4 / 2 / 2.8 / 3.6 / 4 / 5.6 / 8 / 11 / 14 / 16

3.6 und 14.

---

27 Wie verändert sich die auf den Film bzw. die CCD auftreffende Lichtmenge bei einer Veränderung der Blende hin zur nächst größeren Blendenzahl?

Die auftreffende Lichtmenge ist nur noch halb so groß.

---

28 Wie verändert sich die auf den Film bzw. die CCD auftreffende Lichtmenge bei einem Blendensprung über zwei Blendenzahlen?

Die auftreffende Lichtmenge vervierfacht sich bei einem Sprung zur kleineren Blendenzahl und beträgt nur noch ein Viertel hin zur größeren Blendenzahl.

---

29 In welcher Beziehung stehen Beleuchtungsstärke und Entfernung der Lichtquelle?

Die Beleuchtungsstärke ist dem Quadrat der Entfernung umgekehrt proportional.

1 Grundlagen

30 Wie definiert sich in der Fotografie die Normalbrennweite?

Die Normalbrennweite hat in etwa das gleiche Gesichtsfeld wie das menschliche Auge.

31 Erklären Sie das Prinzip eines physikalischen Strahlungsteilers.

Die Aufteilung erfolgt gleichmäßig über den gesamten Strahlungsquerschnitt durch eine teildurchlässige Spiegelfläche. Die einfachste Form ist eine schräg in den Strahlengang gestellte dünne planparallele Platte.

32 Nennen Sie eine praktische Anwendung für einen physikalischen Strahlungsteiler.

Teleprompter

33 Was sind Abbildungsfehler?

Abbildungsfehler sind Abweichungen von der idealen Abbildung eines Gegenstands oder Bildes durch ein Objektiv.

34 Nennen Sie drei Abbildungsfehler.

Öffnungsfehler, Astigmatismus, Bildfeldwölbung, Koma, Verzeichnungsfehler, Farbfehler.

35 Worin unterscheiden sich sphärische und asphärische Linsen?

Sie unterscheiden sich in ihrer Form. Sphärische Linsen sind Ausschnitte aus einer Kugel. Alle von einer Kugelform abweichende Linsen heißen asphärische Linsen.

1.2.2 Densitometrie

36 Welche Aufgabe hat die Densitometrie?

Die Densitometrie befasst sich mit der messtechnischen Erfassung von Tonwerten.

37 Beschreiben Sie die beiden densitometrischen Messverfahren:
a) Durchsichtsmessung,
b) Aufsichtsmessung.

a) Durchsichtsmessung: Zur Messung optischer Dichten bei Filmen, z. B. Diapositiven und Rasterfilmen. Das Licht einer Lichtquelle wird als 100 % (I_o) gesetzt und zum gemessenen transmittierten Licht (I_t) ins Verhältnis gesetzt.

b) Aufsichtsmessung: Zur Messung optischer Dichten bei Aufsichtvorlagen und Drucken. Das Licht einer Lichtquelle wird als 100 % (I_o) gesetzt und zum gemessenen remittierten Licht (I_t) ins Verhältnis gesetzt.

1.2 Physik

38 Definieren Sie die Begriffe
a) **Absorption**
b) **Transmission**

a) Ein Teil des in ein Medium eindringenden Lichts wird dort zurückgehalten. Der absorbierte Anteil wird z. B. in Wärme oder chemische Energie umgewandelt.
b) Licht durchdringt ein optisches Medium.

39 Nennen Sie die deutschen Fachbegriffe für
a) Opazität,
b) Transparenz.

a) Lichtundurchlässigkeit
b) Lichtdurchlässigkeit

40 Wie lauten die Formeln zur Berechnung der
a) Transparenz,
b) Opazität,
c) Dichte?

a) $T = I_1/I_0$
b) $O = I_0/I_1, O = 10^D$
c) $D = \log O$

41 Wie wird die integrale Dichte eines Rastertonwertes gemessen?

1. Nullstellen der Anzeige während einer Messung auf einer blanken Filmstelle bzw. Papierweiß.
2. Messung des Rastertonwertes. Um eine ausreichende Mittelwertbildung (ca. 100 Rasterpunkte) zu gewährleisten, muss die Messblende größer gewählt werden als bei einer Halbtonmessung.

42 Wie wird aus der Rasterdichte der Rastertonwert berechnet?

Rastertonwert $= 100\% - I_1$
Der Rastertonwert ist die gedeckte Fläche in Prozent. I_1 bezeichnet die transmittierte Lichtmenge und somit die freie Fläche im Raster.

43 Berechnen Sie die integralen Dichten der folgenden Rastertonwerte
a) 10 %
b) 50 %
c) 90 %

a) $O = I_0/I_1$; $O = 100\%/90\% = 1{,}11$;
$D = \log O$; $D = \log 1.11 = $ **0.046**
b) $O = I_0/I_1$; $O = 100\%/50\% = 2$;
$D = \log O$; $D = \log 2 = $ **0.3**
c) $O = I_0/I_1$; $O = 100\%/10\% = 10$;
$D = \log O$; $D = \log 10 = $ **1.0**

44 Welchem Rastertonwert entspricht die Dichte von 1.3?

95 %
(Lösungsweg auf S. 384)

1 Grundlagen

45 Definieren Sie den Begriff Dichteumfang.

Der Dichteumfang ist die Differenz zwischen der Dichte der hellsten Bildstelle (D_{min}, Licht) und der Dichte der dunkelsten Bildstelle (D_{max}, Tiefe) eines Halbtonbildes.

46 Welchen Dichteumfang hat ein Bild mit $D_{min} = 0.06$ (Licht) und $D_{max} = 3.5$ (Tiefe)?

3.44
$(3.5 - 0.06 = 3.44)$

47 Was beschreibt der Begriff „kopierfähige Dichte"?

Mit kopierfähiger Dichte wird die Schwärzung einer Kopiervorlage (Film) beschrieben. Die Dichte muss so hoch sein, dass die transmittierte Lichtmenge an dieser Stelle keine fotochemische Reaktion auf dem Kopiergut auslöst.

48 Wie viel Licht wird an der Stelle einer Kopiervorlage transmittiert, die eine Dichte von 4.0 hat?

0,01 %
(Lösungsweg auf S. 384)

49 Wie wird die Dichte eines Halbtonbildes gemessen?

1. Nullstellen der Anzeige während einer Messung ohne Film. Im Gegensatz zur integralen Rasterdichtemessung zählt die Dichte des Trägermaterials zur optischen Dichte der Bildstelle.
2. Messung des Tonwertes. Die Messblende muss kleiner gewählt werden als bei einer Rastermessung.

1.2.3 Farbtheorie

50 Wie nennt man die Rezeptoren für das Helligkeitssehen?

Stäbchen Hell-Dunkel

51 Wie nennt man die Rezeptoren für das Farbsehen?

Zapfen oder Zäpfchen für Farben

52 In welchem Teil des Auges befinden sich die Stäbchen und Zapfen (Zäpfchen)?

Auf der Netzhaut.

1.2 Physik

53 Beschreiben Sie das Prinzip des Farbensehens.

Das farbige Sehen des Menschen arbeitet mit rot-, grün- und blauempfindlichen Sinneszellen (Zapfen). Treffen beispielsweise rote und grüne Lichtstrahlen auf die entsprechenden Empfangszellen des Auges, so sehen wir die Mischfarbe Gelb. Werden alle drei Farbempfänger erregt, dann sieht man Weiß.

54 Welche Farbempfindlichkeit haben die Rezeptoren des menschlichen Auges?

Die Stäbchen können nur Helligkeiten, d. h. Graustufen, unterscheiden. Die drei Zapfentypen sind für rotes, grünes und blaues Licht empfindlich.

55 Für welche Wellenlängen sind die drei Zapfenarten hauptsächlich empfindlich?

Die rotempfindlichen Zapfen haben ihre maximale Empfindlichkeit im Bereich von 600 nm bis 700 nm, die grünempfindlichen Zapfen von 500 nm bis 600 nm, die blauempfindlichen Zapfen von 400 nm bis 500 nm.

56 Erklären Sie den Begriff Farbreiz.

Der Farbreiz ist diejenige Strahlung, die durch Reizung der Netzhaut eine Farbwahrnehmung hervorrufen kann.

57 In welcher Beziehung stehen Farbreiz und Farbreizfunktion?

Die Farbreizfunktion ist die zahlenmäßige Beschreibung der spektralen Beschaffenheit eines Farbreizes.

58 Definieren Sie den Begriff Farbvalenz.

Farbvalenz ist die Bewertung eines Farbreizes durch die drei Empfindlichkeitsfunktionen des Auges (rot, grün und blau).

59 Durch welche Farbmaßzahlen wird die Farbvalenz gekennzeichnet?

Die Farbmaßzahlen X, Y und Z dienen zur eindeutigen Kennzeichnung einer Farbvalenz.

60 Wie wird die Natur des Lichtes in der Farbenlehre und Farbmetrik beschrieben?

Licht ist die sichtbare elektromagnetische Strahlung.

1 Grundlagen

61 Erklären Sie den Begriff sichtbares Spektrum.

Das sichtbare Spektrum ist der Bereich des Wellenbands der elektromagnetischen Strahlung, für den die Rezeptoren des menschlichen Auges empfindlich sind.

62 Wodurch wird die Farbigkeit des Lichtes bestimmt?

Die unterschiedlichen Wellenlängen des Lichts werden von den drei Zapfenarten verschieden wahrgenommen. Aus der Mischung der Teilreize ergibt sich ein bestimmter Farbeindruck.

63 Welchen Wellenlängenbereich umfasst das sichtbare Spektrum?

Das für den Menschen sichtbare Licht umfasst die Wellenlängen 380 nm bis 760 nm.

64 Welcher Wissenschaftler bewies als erster die Zusammensetzung von weißem Licht aus farbigem Licht unterschiedlicher Wellenlängen?

Isaac Newton (1643-1727).

65 Was versteht man in der Farbenlehre unter Körperfarbe?

Die Farbe eines nicht selbst leuchtenden Körpers oder einer nicht selbst leuchtenden Oberfläche wird als Körperfarbe bezeichnet.

66 Worauf beruht die Farbigkeit von Körperfarben?

Körperfarben absorbieren einen bestimmten Teil des Spektrums und remittieren die übrigen Anteile des aufgestrahlten Lichts.

67 Definieren Sie den Begriff Lichtfarbe.

Lichtfarben sind farbiges Licht. Sie werden durch die Zapfen des Auges rezipiert.

68 Erklären Sie die Begriffe Primärstrahler und Sekundärstrahler.

Primärstrahler sind so genannte Selbstleuchter, d. h. das von ihnen emittierte Licht strahlt direkt ins Auge.
Sekundärstrahler remittieren das aufgestrahlte Licht. Dieses zurückgestrahlte Licht wird vom Auge rezipiert.

69 Erklären Sie den Begriff Farbmischung.

Farben eines Farbsystems werden untereinander gemischt. Sie ergeben als Mischfarbe eine neue Farbe.

1.2 Physik

70 Was versteht man unter einem Farbmischsystem?

Ein Farbmischsystem enthält immer eine bestimmte Anzahl Grundfarben aus denen alle anderen Farben gemischt werden.

71 Nennen Sie zwei Beispiele für Farbmischsysteme.

- RGB-System,
- CMYK-System

72 Warum nennt man die additive Farbmischung auch physiolgische Farbmischung?

Die Grundfarben der additiven Farbmischung sind Rot, Grün und Blau. Sie entsprechen der Farbempfindlichkeit der drei Zapfenarten des menschlichen Auges.

73 Welche Farben nennt man Sekundärfarben?

Sekundärfarben sind Farben, die aus zwei Grundfarben gemischt sind.

74 Was sind Tertiärfarben?

Alle Farben, die jede der drei Grundfarben enthalten, nennt man Tertiärfarbe.

75 Erklären Sie die Begriffe Primärfarbe, Sekundärfarbe und Tertiärfarbe.

Primärfarben sind die Grundfarben eines Farbmischsystems. Sie lassen sich aus den anderen Grundfarben nicht ermischen. Sekundärfarben sind die Mischfarben zweier Primärfarben. Tertiärfarben sind aus drei oder mehr Grundfarben eines Farbmischsystems gemischt.

76 Beschreiben Sie das Prinzip der subtraktiven Farbmischung.

Die subtraktive Farbmischung wird auch als Körperfarbenmischung bezeichnet. Einzelne Wellenlängenbereiche des sichtbaren Spektrums, das heißt Farben, werden aus dem gesamten Spektrum des sichtbaren Lichts herausgefiltert, also subtrahiert. Jede hinzugemischte Farbe absorbiert einen weiteren Teil des sichtbaren Spektrums. Die Mischfarben sind somit immer dunkler als die Ausgangsfarben.

77 Wie heißen die Grundfarben der subtraktiven Farbmischung?

Cyan, Magenta und Gelb (Yellow).

1 Grundlagen

78 Beschreiben Sie das Prinzip der additiven Farbmischung.

Die additive Farbmischung wird auch als Lichtfarbenmischung bezeichnet. Jede Lichtfarbe umfasst einen Teil des sichtbaren Spektrums. Durch die Mischung werden Spektralbereiche addiert. Die Mischfarbe ist dadurch immer heller als die jeweiligen Ausgangsfarben. In der Summe ergeben alle Lichtfarben Weiß.

79 Wie lauten die Grundfarben der additiven Farbmischung?

Rot, Grün und Blau.

80 Warum sind gerade Rot, Grün und Blau die additiven Grundfarben?

Weil die Zapfen des Auges für diese drei Farben empfindlich sind.

81 Welche der Grundfarben der additiven und der subtraktiven Farbmischung ist keine Spektralfarbe?

Magenta ist als einzige Grundfarbe nicht im Spektrum vertreten. Sie ist die additive Mischung aus den beiden Enden des Spektrums Blau und Rot.

82 Definieren Sie den Begriff Komplementärfarbe.

Komplementärfarben ergänzen sich zu Unbunt, sie liegen sich im Farbkreis gegenüber.

83 Nennen Sie Komplementärfarben von Rot, Grün und Blau.

Rot – Cyan, Grün – Magenta, Blau - Gelb

Farbmetrik

84 Wovon handelt die Farbmetrik?

Von der quantitativen Bewertung von Farben und den Beziehungen zwischen farbmetrischen Größen.

85 Mit welchem Messgerät wird in der Farbmetrik hauptsächlich gemessen?

Spektralfotometer.

1.2 Physik

86 **Welche zwei Messgeräte kommen in der Farbmetrik zum Einsatz?**

Dreibereichsmessgerät und Spektralfotometer.

87 **Worin besteht der wesentliche Unterschied zwischen Dreibereichsmessgerät und Spektralfotometer?**

Das Dreibereichsmessgerät misst mit speziellen Filtern, entsprechend der Empfindlichkeit der drei Zapfenarten, die Rot-, Grün- und Blauanteile einer Farbe.
Der Spektralfotometer misst die spektrale Energieverteilung der Farbe über das gesamte Spektrum und berechnet daraus die einzelnen Farbwerte.

88 **Nennen Sie zwei Anwendungen für die Farbmetrik in der Medienproduktion.**

- ICC-Profilierung
- Prozesskontrolle im Druck

89 **Welche Bedeutung haben die drei Buchstaben CIE?**

CIE ist die Abkürzung von Commission Internationale de l'Eclairage (Internationale Beleuchtungskommission). CIE ist eine internationale Organisation, die eine Reihe von allgemein verwendeten Farbdefinitionen erarbeitet und festgelegt hat.

90 **Welche Eigenschaft einer Farbe kennzeichnet die Helligkeit?**

Die Helligkeit kennzeichnet die Stärke einer Lichtempfindung oder die Stärke der Lichtreflexion einer Körperfarbe.

91 **Welche Farbeigenschaft charakterisiert die Sättigung?**

Die Sättigung ist die Kennzeichnung für den Grad der Farbigkeit unabhängig von der Helligkeit.

92 **Definieren Sie den Begriff Buntheit.**

Buntheit ist die Kennzeichnung für den Grad der Farbigkeit unter Berücksichtigung der Helligkeit. Die helligkeitsunabhängige Farbigkeit heißt Sättigung. Bei gleicher Buntheit nimmt die Sättigung mit abnehmender Helligkeit zu.

93 **Sind die Begriffe Farbton und Buntton in ihrer Bedeutung identisch?**

Die Bedeutung der beiden Begriffe ist identisch. Der Begriff Buntton wird allerdings in der offiziellen deutschen Farbmetrik-Terminologie dem Begriff Farbton vorgezogen.

1 Grundlagen

94 Welche Farbeigenschaft wird durch den Buntton festgelegt?

Der Buntton ist die Kennzeichnung für die Art der Buntheit einer Farbe. Er wird durch die Wellenlänge des Lichts einer Farbe in ihrer reinsten Form (ohne Zugabe von Weiß oder Schwarz) bestimmt.

95 Definieren Sie den Begriff Farbart.

Farbart ist der Oberbegriff für Buntton und Sättigung. Farben, die sich nur durch die Helligkeit unterscheiden, besitzen die gleiche Farbart.

96 Welche Farbeigenschaft wird durch den Farbort festgelegt.

Geometrischer Ort für eine Farbvalenz im Farbraum oder auf einer Farbtafel.

97 Wodurch wird die Lichtart beschrieben?

Die Lichtart wird durch die Strahlungsfunktion des Lichts definiert.

98 Was versteht man unter Normlicht?

Lichtquellen, die eine der CIE-Norm entsprechende Lichtart emittieren.

99 Wozu wird Normlicht eingesetzt?

Zur definierten Abstimmung oder Erfassung von Farben.

100 Definieren Sie den Begriff Farbtemperatur.

Die Farbtemperatur wird als Näherungswert für die Beschreibung der Charakteristik vor allem von Lichtquellen und selbst leuchtenden Bildausgabegeräten (Bildschirmen) verwendet. Man nimmt als Maßstab einen idealen schwarzen Körper („planckscher Strahler") und gibt an, bei welcher Temperatur, gemessen in Kelvin, dieses Körpers dessen spektrale Farbenverteilung dem Prüfobjekt am nächsten kommt.

101 Erklären Sie das Phänomen der Metamerie.

Metamerie ist die bedingte Gleichheit von Farben. Zwei Farben erscheinen nur unter einer bestimmten Lichtart (z. B. Glühlampenlicht) gleich und unterscheiden sich ansonsten aufgrund ihrer spektralen Eigenschaften (z. B. die verwendeten Pigmente und Farbstoffe) bei jeder anderen Beleuchtung.

1.2 Physik

102 Was ist der Metamerieindex?

Der Metamerieindex ist der Delta-E-Wert im CIE-$L^*a^*b^*$-System unter jeweils zwei Lichtarten.

1.2.4 Farbordnungssysteme

103 Erklären Sie den Begriff Farbordnungssystem.

Ein Farbordnungssystem beschreibt die Regeln der Beziehungen der Farben eines Farbsystems.

104 Nennen Sie drei Beispiele für Farbordnungssysteme.

- Farbkreis
- RGB-System
- CMYK-System
- Pantone
- LAB-System.

105 Beschreiben Sie den Aufbau und das Ordnungsprinzip des sechsteiligen Farbkreises.

Der sechsteilige Farbkreis ist das einfachste Farbordnungssystem. Die drei Grundfarben der additiven Farbmischung (RGB) und die drei Grundfarben der subtraktiven Farbmischung (CMY) sind immer abwechselnd, entsprechend den Farbmischgesetzen, angeordnet.

106 Was ist ein Farbraum?

Ein Farbraum ist die modellhafte räumliche Darstellung von Farben und ihrer Beziehungen zueinander. Er umfasst die Menge aller durch ein Farbsystem darstellbaren Farben.

107 Nennen Sie Beispiele für den technischen Einsatz von Farbräumen.

Technisch vielfältig genutzte Möglichkeiten sind der RGB-Farbraum, z. B. zur Monitorfarbdarstellung, und der CMYK-Farbraum, z. B. im Mehrfarbendruck. Ein Farbraum, der auf der Empfindung von Helligkeit, Buntton und Sättigung aufbaut ist, z. B. der CIELAB-Farbraum, der als Referenzfarbraum für das Color-Management dient.

108 Wie werden Farben in einer Farbtafel dargestellt?

Farbtafeln sind grafische Darstellungen von Buntton und Sättigung unter Vernachlässigung der Helligkeit.

1 Grundlagen

109 Welche Eigenschaft beschreibt die Palette der in einem bestimmten Farbsystem zur Verfügung stehenden Farben?

Durch die Palette wird der Farbumfang des Farbsystems beschrieben.

110 Welchem Prinzip folgen Farbmischsysteme?

Farbmischsysteme orientieren sich an herstellungstechnischen Kriterien.

111 Nennen Sie drei Beispiele von Farbmischsystemen.

Beispiele hierfür sind das System Itten und Hickethier, aber auch das RGB-System und das CMYK-System.

112 Beschreiben Sie das Prinzip der additiven Farbmischung im RGB-System.

Bei der additiven Farbmischung werden aus den drei Lichtfarben Rot, Grün und Blau alle Farben des Farbsystems gemischt.

113 Nennen Sie zwei Anwendungsbeispiele für das RGB-System.

Monitor, Digitalkamera, Scanner.

114 Welche Farbe entsteht, wenn Sie im RGB-System Rot und Grün zu gleichen Teilen mischen?

Nach den Regeln der additiven Farbmischung ergibt sich Gelb als Mischfarbe.

115 Welche Farbmischung ist Basis des RGB-Systems?

Die additive Farbmischung mit den Grundfarben Rot, Grün und Blau.

116 Welche Farbanteile (0 oder 255) haben Rot, Grün und Blau an den acht Eckpunkten des Farbraums?

	Rot	Grün	Blau
Rot	255	0	0
Grün	0	255	0
Blau	0	0	255
Cyan	0	255	255
Magenta	255	0	255
Gelb	255	255	0
Weiß	255	255	255
Schwarz	0	0	0

1.2 Physik

117 Welche Bedeutung haben die Buchstaben R, G und B im RGB-System?

Sie stehen für Rot, Grün und Blau (additiver Farbaufbau) und sind die Primärfarben des vom menschlichen Auge wahrgenommenen Lichts. Es ist das gängige additive Farbmodell mit den Primärfarben Rot, Grün und Blau, mit dem selbst leuchtende Ausgabegeräte wie Bildschirme, aber auch elektronische Aufnahmegeräte wie Scanner und Videokameras arbeiten. Von RGB gibt es eine Reihe verschiedener Varianten.

118 Wird ein Bild im RGB-Modus unabhängig vom Betriebssystem immer gleich dargestellt?

Nein, die RGB-Farbanzeige auf einem Bildschirm variiert je nach Betriebssystem des Computers. Ein Bild erscheint z. B. auf einem Windows-System grundsätzlich dunkler als auf einem Mac OS-System.

119 Eine sRGB-Datei soll in einem Bildverarbeitungsprogramm bearbeitet und für eine Multimedia-Anwendung im RGB-Modus wieder gespeichert werden. Beim Öffnen der Datei müssen Sie die richtige Option auswählen:

a) Eingebettetes Profil verwenden
b) Dokumentfarben in den Arbeitsfarbraum konvertieren
c) Eingebettetes Profil verwerfen.

Erklären Sie die Bedeutung der drei Optionen a), b) und c).

d) Welche Option wählen Sie? Begründen Sie Ihre Auswahl.

a) Der sRGB-Farbraum entspricht dem Farbraum eines Computerbildschirms. Er eignet sich deshalb gut für Internet- und CD-ROM-Anwendungen. Für die Bildverarbeitung in der Druckvorstufe ist er durch den eingeschränkten Farbumfang nicht geeignet.

Die erste Option erhält diesen Farbraum.

b) Der Adobe-RGB-Farbraum umfasst einen großen Farbumfang. Er ist besonders für Bilder geeignet, die in CMYK separiert und anschließend gedruckt werden.

Die zweite Option würde in diesen Farbraum konvertieren.

c) Bei dieser Option wird die Bildschirmdarstellung bei der Bildverarbeitung durch den Arbeitsfarbraum emuliert. Die Dateien werden beim Speichern nicht mit Tags für Profile versehen. Sie eignet sich für Bildschirmpräsentationen mit Programmen, z. B. Internet-Browsern, die keine Profile unterstützen.

d) Die erste Option, d. h. die Erhaltung des eingebetteten sRGB-Farbraums ist zu →

1 Grundlagen

▷ *Fortsetzung der Antwort* ▷

bevorzugen. Zwar unterstützten derzeit noch nicht alle Browser Farbprofile, die Bildschirmdarstellung bei der Bildverarbeitung entspricht aber weit gehend der späteren Darstellung auf der Webseite.

120 Beschreiben Sie das Prinzip der subtraktiven Farbmischung im CMYK-System.

In der subtraktiven Farbmischung werden aus den drei Körperfarben Cyan, Magenta und Gelb (Yellow) alle Buntfarben gemischt. Schwarz (Key oder Black) dient zur Kontraststeigerung.

121 Nennen Sie zwei Anwendungsbeispiele für das CMYK-System.

Druck, Proof.

122 Welche bunte Grundfarbe des CMYK-Systems ist keine Spektralfarbe?

Magenta.

123 Warum ist Magenta keine Spektralfarbe?

Magenta ist die additive Mischung der beiden im Spektrum jeweils an den Enden liegenden Lichtfarben Blau und Rot.

124 Welche Farbe entsteht, wenn Sie im CMYK-System Magenta und Gelb zu gleichen Teilen mischen?

Nach den Regeln der subtraktiven Farbmischung ergibt sich Rot als Mischfarbe.

125 Welche Farbmischung ist Basis des CMYK-Systems?

Die subtraktive Farbmischung mit den Grundfarben Cyan, Magenta und Gelb.

126 Welche Farbanteile (0 oder 100) haben Cyan, Magenta und Gelb an den acht Eckpunkten des Farbraums?

	Cyan	Magenta	Gelb
Rot	0	100	100
Grün	100	0	100
Blau	100	100	0
Cyan	100	0	0
Magenta	0	100	0
Gelb	0	0	100
Weiß	0	0	0
Schwarz	100	100	100

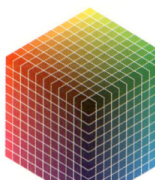

© Holland + Josenhans

1.2 Physik

127 Welche Bedeutung haben die Buchstaben C, M, Y und K?

Sie stehen für **C**yan, **M**agenta, **Y**ellow und **K**ey oder Blac**K** (beide Interpretationen des Buchstabens **K** sind gebräuchlich). CMY sind die Primärfarben der subtraktiven Farbmischung. CMYK sind die Skalendruckfarben des Mehrfarbendrucks. Schwarz dient dabei zur Kontraststeigerung.

128 Welchem Prinzip folgen Farbauswahlsysteme?

Aus den Farben eines Bildes werden bestimmte Farben ausgewählt und in eine Farbpalette/Farbtabelle übertragen.

129 Auf welchem Prinzip beruht der Farbmodus „indizierte Farben"?

Das System der indizierten Farben ist weder ein Farbmischsystem noch ein Farbmaßsystem. Es ist ein Farbauswahlsystem. Ein indiziertes Farbbild basiert auf einer Farbtabelle mit maximal 256 Farben. Die begrenzte Grafikfähigkeit einzelner Rechner und der geringe Speicherbedarf indizierter Bilder (8 Bit) bedingen eine Auswahl von 256 Farben. Diese Auswahl ist nicht genormt, sondern systembedingt verschieden.

130 Nennen Sie ein Anwendungsbeispiel für den Farbmodus „indizierte Farben".

GIF-Grafik im Internet.

131 Welchen Nachteil bringt die Indizierung farbiger Bilder?

Ein Farbbild enthält bei 24 Bit Farbtiefe 16,7 Millionen Farben. Die Reduzierung auf 256 Farben führt zu starken Informationsverlusten und Verfälschungen.

132 Warum wird die Indizierung meist bei Grafiken eingesetzt?

Weil Grafiken i. d. R. weniger als 256 Farben enthalten und dadurch die Reduzierung auf einen Kanal ohne Verluste durchgeführt werden kann.

133 Wie viele Farben darf ein Bild maximal enthalten, das mit der Option „exakt" indiziert wird?

„Exakt" erstellt eine Palette aus den exakten Farben des RGB-Bildes. Diese Option steht nur für Bilder mit maximal 256 Farben zur Verfügung, da eine Farbpalette maximal 256 Farben umfasst.

1 Grundlagen

134 Beschreiben Sie die Grundlagen der Web-Palette.

Die Web-Palette umfasst die 216 Farben, die der Win- und der Mac-Systempalette gemeinsam sind. Netscape Communicator Mozilla Firefox und der Microsoft Internet Explorer unterstützen diese Palette.

Die 216 Farben wurden nach mathematischen, nicht nach gestalterischen Gesichtspunkten ausgewählt. Die RGB-Werte jeder Farbe haben 6 mögliche Einstellungen mit einer Schrittweite von 51.

135 Wie viele browserunabhängige Farben gibt es?

216 Farben, die Farben der Web-Palette.

136 Die Definition websicherer Farben für Grafiken und Text stützt sich auf die so genannte Web-Palette.
a) Wie lauten die Farbzahlen im Dezimalsystem bzw. im Hexadezimalsystem und
b) wie viele Farben lassen sich damit erzeugen?

a) In R, G und B jeweils:
Dezimal
0, 51, 102, 153, 204, 255
Hexadezimal
00, 33, 66, 99, CC, FF
b) $6 \times 6 \times 6$ Farben = 216 Farben

137 Beschreiben Sie das System der HKS-Farben.

HKS ist ein Mischsystem für Druckfarben mit 88 Farbtönen, das die drei Druckfarbenhersteller Hostmann-Steinberg, Kast + Ehinger und H. Schminke & Co. gemeinsam herausgegeben haben. Die Basis bilden neun Grundfarben sowie Schwarz und Weiß. HKS 3000 plus enthält 3520 Farbtöne. Für Bogenoffset auf gestrichenen und ungestrichenen Papieren, Zeitungsdruck und Endlosdruck stehen jeweils eigene Farbenreihen zur Verfügung.

138 Was sind Pantone-Farben?

Pantone-Farben folgen einem weltweit genutzten System von Standardfarben, das die Firma Pantone, Inc., Carlstadt/New Jersey, ursprünglich eine Druckerei, 1963 für die grafische Industrie einführte. Das System lieferte als Referenz 512 Farbtöne, die aus acht Grundfarben, Schwarz und Weiß gemischt →

1.2 Physik

▷ *Fortsetzung der Antwort* ▷

wurden, auf gestrichenem und ungestrichenem Papier gedruckt. Heute sind über 1100 Pantone-Farben auf einer breiten Palette von Papieren verfügbar. Auch hat Pantone Farbsysteme für Textilien, Kunststoffe und Farben sowie für Film und Video herausgebracht.

139 **Erläutern Sie das System der RAL-Farben.**

RAL-Farben sind Standardfarben gemäß einer Reihe von Farbsammlungen für die Industrie, die das Deutsche Institut für Gütesicherung und Kennzeichnung, Sankt Augustin (ursprünglich „Reichsausschuss für Lieferbedingungen") herausgibt. Insgesamt gibt es über 2000 RAL-Farben. 1688 Farbtöne enthält das RAL-Design-System, ein den ganzen Farbraum umfassendes Farbsystem. Darüber hinaus sind sämtliche RAL-Farben aus dem RAL-Design-System und der klassischen Farbsammlung RAL 840-HR auch digital definiert und für gängige Grafikprogramme unter Windows und Macintosh verfügbar, und zwar für mehr als 20 Ausgabevarianten, das heißt für verschiedene Bildschirme und Drucker.

140 **Welchem Prinzip folgen Farbmaßsysteme?**

Farbmaßsysteme basieren auf der valenzmetrischen Messung von Farben. Sie unterscheiden sich damit grundsätzlich von den Farbmischsystemen.

141 **Nennen Sie die Farbmaßsysteme.**

Als Beispiele wären das CIE-Normvalenzsystem, das CIE-$L^*a^*b^*$-System und das CIELUV-System zu nennen.

142 **Erläutern Sie das CIE-Normvalenzsystem.**

Das System basiert auf der Definition der Farbe als Gesichtssinn. Die subjektive Farbempfindung wurde durch eine Versuchsreihe mit verschiedenen Testpersonen auf allgemeine Farbmaßzahlen, den Farbvalenzen, zurückgeführt (Normalbeobachter). Als eine der ersten internationalen Normen wurde 1931 von der CIE das Normvalenzsystem eingeführt.

1 Grundlagen

143 Wodurch wird die Form des Farbraums bestimmt?

Die Form des Farbraums ergibt sich daraus, dass die Normfarbwerte der einzelnen Spektralfarben in ein Koordinatensystem eingezeichnet werden.

144 Beantworten Sie die folgenden Fragen zur Beschreibung des Farbraums.

a) Die gesättigten Spektralfarben.
b) Die additiven Mischfarben aus Blau und Rot.
c) $x = y = z = 0,33$

a) Welche Farben liegen auf der gekrümmten Außenlinie des Farbraums?
b) Welche Farben liegen auf der geraden Außenlinie?
c) Welche x-, y- und z-Werte definieren den neutralen Weißpunkt?

145 Welche Kenngrößen charakterisieren eine Farbe im Normvalenzsystem?

- Farbton T, Lage auf der Außenlinie
- Sättigung S, Entfernung von der Außenlinie
- Helligkeit Y, Ebene im Farbraum

146 Wie werden die additiven Mischfarben zweier Farben im Normvalenzsystem definiert?

Alle Farben auf der Geraden zwischen den beiden Ausgangsfarben sind deren Mischfarben.

147 Welche Größe wird mit dem Hellbezugswert bezeichnet?

Der Hellbezugswert ist das Maß für die Helligkeit einer Farbe. Er ist identisch mit dem Normfarbwert Y im Normvalenzsystem.

148 Was wird mit dem Bildschirmdreieck beschrieben?

Das Bildschirmdreieck beschreibt den RGB-Farbraum eines Monitors im Normvalenzsystem.

1.2 Physik

149 Was ist das CIE-L*a*b*-System?

Das CIE-L*a*b*-System ist ein von der „Commission Internationale de l'Eclairage" (Internationale Beleuchtungskommission) 1976 festgelegter Farbraum, der besonders für die Bewertung von Farbunterschieden (Delta-E-Werte) geeignet ist und im Rahmen des Color-Managements als geräteunabhängiger, umrechnungs- und medienneutraler Basisfarbraum verwendet wird.

150 Warum wurde das LAB-System neben dem Normvalenzsystem als weiteres farbmetrisches Farbsystem eingeführt?

Im Gegensatz zum Normvalenzsystem entspricht der geometrische Farbabstand im LAB-System angenähert dem empfindungsgemäßen Farbabstand zweier Farben. Somit lassen sich Farbunterschiede eindeutig durch Zahlenwerte beschreiben.

Beantworten Sie die folgenden Fragen zur Beschreibung des Farbraums.

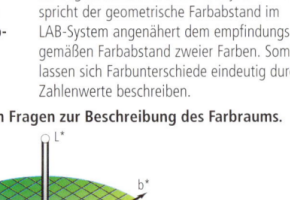

151 Welche L^*-, a^*- und b^*-Werte bezeichnen ein mittleres neutrales Grau?

$L^* = 50, a^* = b^* = 0$

152 Wie groß ist der maximale L^*-Wert und welche Farbe wird damit bezeichnet?

$L^* = 100$ = Weiß

153 Wie groß ist der minimale L^*-Wert und welche Farbe wird damit bezeichnet?

$L^* = 0$ = Schwarz

1 Grundlagen

154 Wie unterschiedet sich im LAB-Farbraum die Sättigung zweier Farben?

Die gesättigte Farbe liegt im Farbraum weiter außen als die weniger gesättigte Farbe.

155 Wie verändert sich die Position einer Farbe im Farbraum, wenn sie heller wird, ihren Farbton und Sättigung aber unverändert bleiben?

Der L^*-Wert wird erhöht, d. h. der Farbort verschiebt sich nach oben. Die Entfernung von der Unbuntachse und der Bunttonwinkel verändern sich nicht.

156 Welchen Farbeindruck bewirkt eine Farbe mit $a^* = 80$ und $b^* = 80$?

Rot

157 a) Wie wird im Farbraum der Farbton einer Farbe definiert?

b) Welchem Bunttonwinkel entspricht die $+a^*$-Achse?

a) Durch den Bunttonwinkel, d. h. die Richtung vom Unbuntpunkt.
b) Der Bunttonwinkel der $+a^*$-Achse ist Null.

158 Welche Drehrichtung hat der Bunttonwinkel?

Der Bunttonwinkel wird in mathematisch positivem Sinn, also gegen den Uhrzeigersinn, gedreht.

159 Welche Funktion haben die drei Größen L^*, a^* und b^*?

Es bedeuten: L^* Helligkeit, a^* Rot-Grün-Farbinformation und b^* Gelb-Blau-Farbinformation.

1.2 Physik

160 Benennen Sie in der Grafik die Koordinatenachsen und Strecken des Farbquaders mit den entsprechenden Kurzzeichen.

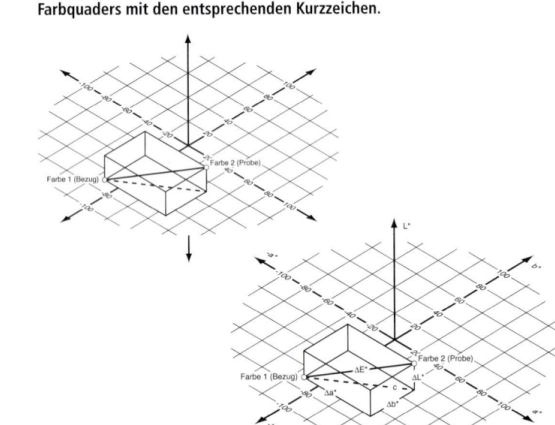

161 Für welche Kenngrößen stehen die drei Buchstaben L^*, C^* und H^*?

Luminanz L^* (Helligkeit), Chroma C^* (Sättigung), Hue H^* (Buntton).

162 Nennen Sie ein Beispiel für die technische Anwendung von $L^*C^*H^*$.

In manchen Bildbearbeitungsprogrammen ist die zur Farbkorrektur verwendete Bedienoberfläche empfindungsgemäß und anschaulich nach Helligkeit (Luminanz L^*), Buntheit (Chroma C^*) und Buntton (Hue H^*) aufgebaut.

163 Welche Differenz wird mit dem Delta-E^*-Wert definiert?

Der Delta-E^*-Wert ist das Maß für den Farbunterschied, z. B. bezüglich der Wiedergabe einer Farbe in Vorlage und Druck, in Proof und Druck oder in den aufeinander folgenden Drucken einer Auflage.

1 Grundlagen

164 Bewerten Sie die Delta-E^*-Werte von 0 bis 6.

Die Delta-E^*-Werte bedeuten
0 bis 0,2 „nicht wahrnehmbar",
0,2 bis 0,5 „sehr gering",
0,5 bis 1,5 „gering",
1,5 bis 3,0 „mittel",
3,0 bis 6,0 „deutlich" und
über 6,0 „groß, stark".

165 Wie lautet die Formel zur Berechnung des Farbabstands?

$$\Delta E = \sqrt{(\Delta a^*)^2 + (\Delta b^*)^2 + (\Delta L^*)^2}$$

166 Das Druckergebnis des Nachdrucks einer Firmendrucksache wurde mit dem Muster visuell verglichen. Ein Farbbalken mit der Hausfarbe erscheint dem Betrachter nicht gleich. Die Farbabstandsmessung ergab einen dE^*-Wert von 7. Interpretieren Sie den Messwert.

Ein Farbabstand dE^* von 7 bedeutet starke, nicht tolerierbare Farbunterschiede. Da sich der dE^*-Wert aus den Differenzen dreier Farbwerte (da^*, db^* und dL^*) errechnet, muss bei starken Abweichungen untersucht werden, welcher der drei Farbwerte die stärkste Abweichung hat. da^* und db^* sind Differenzen des Farbtons und/oder der Sättigung, dL^* sind Helligkeitsdifferenzen.

167 Welchen Nutzen bringt das $L^*a^*b^*$-System bei der Bildverarbeitung?

Die Nutzung von CIE-$L^*a^*b^*$ in einem Bildverarbeitungssystem führt dazu, dass die drei Grundeigenschaften der Farben Helligkeit, Sättigung und Farbton getrennt voneinander verändert werden können.

168 Ein Rot wird im $L^*a^*b^*$-System korrigiert. Die Farbe soll heller und gelblicher werden. Welche Einstellgrößen müssen wie verändert werden?

Der L^*-Wert, d. h. die Helligkeit muss erhöht werden. Zusätzlich muss der b^*-Wert erhöht werden. Dadurch wird der Farbort Richtung Gelb verschoben.

169 Wie ist der Farbabstand definiert?

Der Farbabstand ist die Distanz zwischen zwei Farborten in einem visuell gleich abständigen Farbraum, z. B. CIE-$L^*a^*b^*$.

170 Welche Kenngrößen bilden die Basis der Farbmessung in der Druckindustrie?

In der Druckindustrie werden die 1976er CIE-$L^*a^*b^*$-Formel, das 2°-Gesichtsfeld und ein Tageslicht mit 5 000 Kelvin zu Grunde gelegt.

1.2.5 Akustik und Sound

171 Was versteht man unter dem Begriff Schall?

Unter Schall versteht man die mechanische Schwingung von Materie, z. B. Luft. Dabei verdichten und verdünnen sich die Luftmoleküle abwechselnd und in zeitlich periodischer Wiederholung. Die mechanischen Schwingungen breiten sich als Schallwelle im Raum aus. Dieser Vorgang ist vergleichbar mit einem See, in den ein Stein geworfen wurde. Hier werden die Wassermoleküle in Schwingung versetzt und breiten sich für uns sichtbar in Form einer Welle aus.

172 Erläutern Sie die Schallverarbeitung des menschlichen Ohrs.

Das menschliche Ohr dient als Schallempfänger. Die ankommenden Schallwellen gelangen über den äußeren *Gehörgang* zum *Trommelfell*. Dabei handelt es sich um eine dünne Membran, welche durch den Schalldruck in Schwingung versetzt wird. Diese Schwingung wird im *Mittelohr* über die drei Gehörknöchelchen *Hammer, Amboss* und *Steigbügel* in das Innenohr weitergeleitet. Das eigentliche Organ der Hörempfindung ist die so genannte *Schnecke*, die härchenförmige Sinneszellen enthält. Diese Härchen werden durch den Schalldruck bewegt und liefern die Informationen über das Gehörte an das Gehirn weiter.

173 Die Abbildung rechts zeigt Ihnen einen Querschnitt durch das Ohr. Ordnen Sie die Begriffe der Zeichnung zu.

a) Gehörgang
b) Trommelfell
c) Mittelohr
d) Hammer
e) Amboss
f) Steigbügel
g) Schnecke

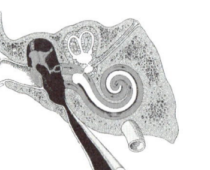

1 Grundlagen

▷ Antwort ▷

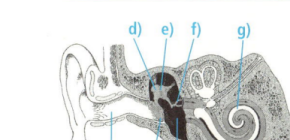

174 Nennen Sie die zwei wichtigsten Kennwerte, die einen Ton charakterisieren.

- Frequenz (Schwingungen pro Sekunde) in Hz (Hertz) = Tonhöhe, je größer die Hz-Zahl, desto höher ist der Ton.
- Amplitude = Maß für die Tonstärke, je größer die Amplitude desto lauter erscheint der Ton.

175 Welchen Frequenzbereich umfasst das menschliche Gehör (Angabe in Hz)?

Der Hörbereich geht von ca. 20 Hz bis 20 000 Hz (exakt 16 Hz bis 20 kHz) und wird mit zunehmendem Alter geringer.

176 Welcher Schallbereich liegt unterhalb des Hörbereichs von 16 Hz und welcher Schallbereich liegt oberhalb des Hörbereichs von 20 kHz?

- Unter 16 Hz liegt der Infraschallbereich.
- Über 20 kHz liegt der Ultraschallbereich.

177 Ältere Menschen werden schwerhörig. In welchem Frequenzbereich nimmt die Hörfähigkeit normalerweise im Laufe des Lebens zuerst ab?

Mit zunehmendem Alter sinkt die obere Hörgrenze ab, sodass ältere Menschen oftmals einen Ton von 10 kHz nicht mehr hören können. Also können ältere Menschen z.B. die hohen Töne eines Klaviers oder einer Geige nicht mehr wahrnehmen, der mittlere und tiefere Tonbereich bleibt aber erhalten.

178 Weshalb ist das „Hören" letztendlich immer ein subjektiver Sinneseindruck?

Die von den Hörzellen mit den Sinneshärchen erzeugten Nervenreize werden im Gehirn zu einem gesamten Höreindruck verarbeitet. Neben allgemeinen, bei fast allen Menschen gleichen Eindrücken, wie laut, leise, Tonhöhe und Herkunft des Tones gibt es vor allem subjektive Eindrücke wie harmonisch, dissonant, ruhig, schnell usw.

1.2 Physik

179 Worin unterscheidet sich der Klang eines Tones, der auf einem Musikinstrument erzeugt wurde von einem Geräusch aus der Umwelt?

Klang, auf einem Musikinstrument erzeugt, besteht aus Grundton und mehreren davon abhängigen Obertönen, die das ganzzahlige Vielfache des Grundtones sind. Bei einem Geräusch handelt es sich um ein Frequenzgemisch, das aus einer Vielzahl unterschiedlicher Einzeltöne aus verschiedensten Quellen besteht.

180 Die Grafik zeigt das Amplituden-Zeit-Diagramm eines Tones, also einen zeitlichen Tonverlauf. Ordnen Sie dem Diagramm die folgenden Begriffe zu: Amplitude $\hat{u}$, Periodendauer T, Zeit t in ms, Spannung U in V.

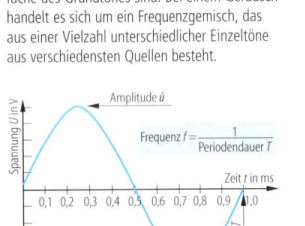

181 Ein Ton wird dadurch charakterisiert, dass sich eine reine Sinusschwingung ausbreitet. Ein derartiger Ton wird unnatürlich und ungewohnt klingen (z. B. Freizeichen des Telefons). Wodurch entsteht aus einem Ton ein Klang?

Ein Klang entsteht, indem zu einem sinusförmigen Grundton mit einer Frequenz f so genannte Obertöne mit sinusförmigen Schwingungen hinzugefügt werden. Sind die Frequenzen dieser Obertöne ganzzahlige Vielfache $2f$, $3f$, $4f$ usw. der Frequenz des Grundtones, spricht man von einem harmonischen Klang. Mit zunehmender Frequenz der Obertöne nehmen die Amplituden ab.

182 Was versteht man unter einem so genannten Klangspektrum oder einer Klangfarbe?

Die Summe eines Grundtones mit allen Obertönen wird als Klangspektrum bezeichnet. Alle Instrumente und auch unsere menschliche Stimme besitzen ein charakteristisches Klangspektrum, das auch als Klangfarbe bezeichnet wird. Anhand der Klangfarbe ist es unserem Gehirn möglich, Instrumente und Stimmen zu erkennen und zuzuordnen.

1 Grundlagen

183 Erklären Sie den Begriff „Sampling" in Verbindung mit der Tontechnik.

Es handelt sich hierbei um einen Abtastvorgang bei dem analogen Signalen ein digitaler Wert zugeordnet wird.

184 Der Mathematiker Shannon hat das nach ihm benannte Abtasttheorem entwickelt. Was besagt dieses?

Die Abtastfrequenz f_A muss höher sein als das Doppelte der höchsten im Analogsignal vorkommenden Signalfrequenz $f_A > 2 \cdot f_{max}$.

185 Erklären Sie die Abtastfrequenz von 44,1 kHz bei der Digitalisierung eines analogen Tonsignals in Verbindung mit dem Shannon-Theorem.

Das Shannon-Theorem besagt, dass die Abtastfrequenz etwas mehr als doppelt so groß sein sollte wie die höchste Frequenz des hörbaren Analogsignals. Konkret bedeutet dies: Der Hörbereich des Menschen endet bei 20 kHz. Zur Abtastung einer Frequenz von 20 kHz muss die Abtastfrequenz (Samplingrate) doppelt so hoch sein, also 40 kHz (exakt: $22{,}05 \text{ kHz} \times 2 = 44{,}1 \text{ kHz}$).

1.3 Ergonomie

1 Welche Gefahren bestehen für den Menschen durch einen elektrischen „Stromschlag"?

Es kann je nach Stromstärke zu schwerwiegenden Verletzungen durch Muskelverkrampfungen oder Verbrennungen sowie zu Atemlähmung, Bewusstlosigkeit und Herzrhythmusstörungen kommen, die bis zum Tod führen können.

2 Beim Umgang mit elektrischen Geräten spricht man von „größerem Strom". Welche Stromstärke bzw. welche Spannung liegt an?

Ab einer Stromstärke von 10 mA (Milliampere) spricht man von „größerem Strom". Diese Stromstärke kann bereits bei einer Spannung von 12 V (Volt) erreicht werden.

3 Zählen Sie drei Faktoren auf, die für die Unfallfolgen bei einem Stromschlag entscheidend sind.

Leitfähigkeit des Bodens, Beschaffenheit der Kleidung, Feuchtigkeit der Haut, Weg des Stromes durch den Körper.

1.3 Ergonomie

4 Wie können Sie sich vor den Gefahren eines „elektrischen Stromschlages" schützen? Nennen Sie fünf Maßnahmen.

- Sicherheitseinrichtungen nie manipulieren,
- keine nassen Geräte bedienen,
- bei Störungen Stromkreis unterbrechen,
- Schäden umgehend melden,
- Reparaturen nicht selbst vornehmen,
- Umgebungsverhältnisse beachten,
- bei Unklarheiten Fachkraft fragen,
- einwandfreien Zustand der Geräte prüfen.

5 Was ist bei Elektrounfällen zu tun?

Bei einem Elektrounfall muss als Erstes der Stromkreis unterbrochen werden. Ist dies nicht möglich, dann müssen Verletzte durch einen nichtleitenden Gegenstand (z. B. trockener Holzgegenstand) von der Spannungsquelle getrennt werden. Danach sofort Erste-Hilfe-Maßnahmen einleiten und den Notarzt verständigen.

6 Welche Gefahren bestehen bei der Bildschirmarbeit?

Bei der Bildschirmarbeit können:
- muskuläre Verspannungen im Schulter- und Nackenbereich,
- übermäßige Belastung von Wirbelsäule und Gelenken sowie
- Überanstrengung der Augen und der Augenmuskulatur entstehen.

7 Wie kann man sich von den Gefahren der Bildschirmarbeit schützen? Nennen Sie fünf Maßnahmen.

Um die Gefahren der Bildschirmarbeit zu reduzieren sind notwendig:
- richtige Position des Bildschirms,
- richtige Entfernung von Bildschirm und Tastatur,
- Vermeidung von Spiegelungen auf dem Bildschirm,
- richtige Position des Bürostuhls,
- dynamisches Sitzen,
- sachgemäßer Einsatz einer Fußstütze
- ernst nehmen von Augenproblemen.

1 Grundlagen

8 **Was versteht man unter dynamischem Sitzen?**

Beim dynamischen Sitzen wird vermieden, dass der Körper unbeweglich auf dem Stuhl sitzt. Eine bewegliche Rückenlehne passt sich jeder Bewegung des Rückens an. Dadurch wird dynamisches Sitzen unterstützt.

9 **Wie weit soll die Bildschirmoberfläche von den Augen entfernt sein?**

Die Bildschirmfläche soll 50 bis 80 cm von den Augen entfernt sein.

10 **Wodurch können Spiegelungen auf dem Monitor auftreten?**

Spiegelungen können durch helle Fenster, Beleuchtung und Sonnenstrahlen auf dem Monitor entstehen.

11 **Beschreiben Sie die richtige Position und die weiteren Eigenschaften eines Bildschirmarbeitsplatzes.**

Die Blickrichtung ist leicht nach unten gerichtet, der Rechner unter oder neben dem Arbeitstisch, der Bildschirm parallel zum Fenster. Der optimale Abstand der Augen vom Monitor kann eingehalten werden (individuell zwischen 50 bis 80 cm), S-Form der Wirbelsäule beim Sitzen ist gewährleistet, Unterarm zum Oberarm ist beim Schreiben auf der Tastatur bzw. Unter- zu Oberschenkel beim Sitzen um $90°$ geneigt.

12 **Bei Arbeitsplätzen spricht man von einem ergonomischen Arbeitsplatz. Was versteht man unter Ergonomie?**

Unter Ergonomie versteht man das Zusammenwirken von Mensch und Arbeit, wobei Arbeitsmittel, Arbeitsumgebung, Arbeitsablauf und Arbeitsstoffe zu berücksichtigen sind.

13 **Das Ziel der Ergonomie ist, den Menschen bei seiner Arbeit minimal zu beanspruchen. Stimmt diese Aussage? Begründen Sie.**

Diese Aussage ist völlig falsch. Der Mensch soll bei einem ergonomischen Arbeitsplatz *optimal* beansprucht, somit nicht geschädigt werden. Das Ziel ist also die bestmögliche Anpassung der Arbeit an den Menschen.

1.3 Ergonomie

14 Warum ist ein ergonomischer Arbeitsplatz aus Sicht des Arbeitgebers sinnvoll?

Ein ergonomischer Arbeitsplatz steigert die Zufriedenheit der Mitarbeiter, senkt die Arbeitsunfälle und Berufskrankheiten und erhält die Arbeitskraft der Mitarbeiter.

2 Informationstechnologie

2.1 Informatik – Hard- und Softwaretechnik

1 Erklären Sie den Begriff „Bit" im Zusammenhang mit der digitalen Datenverarbeitung.

Der Begriff „Bit" wird abgeleitet aus „Binary Digit" = zweiwertige Ziffer. Ein Darstellungselement mit nur zwei Ausdrucksmöglichkeiten wird als Bit bezeichnet. Ein Bit ist die kleinste denkbare Einheit im Bereich mit nur zwei möglichen Zuständen.

2 Erklären Sie den Begriff „Byte".

Ein Byte (Binary term) besteht aus 8 Bits.

3 Erklären Sie den Begriff „Rauschabstand" im Zusammenhang mit binären Stromspannungszuständen.

Bei der Digitalisierung von analogen Strömen wird per Definition einem bestimmten Spannungszustand der Binärwert 0 oder 1 zugeordnet. Zusätzlich werden noch Ober- bzw. Untergrenzen festgelegt, in denen Schwankungen zulässig sind. Der Rauschabstand ist hierbei die Differenz zwischen minimalem High Level und maximalem Low Level. Spannungswerte in diesem Bereich lassen sich keiner binären 1 oder 0 zuordnen.

4 Wandeln Sie die binäre Zahl 101100 in eine entsprechende Dezimalzahl um.

$101100_2 = 44_{10}$

(Lösung auf S. 385)

5 Wandeln Sie die Dezimalzahl 59 in eine entsprechende Dualzahl (binäre Zahl) um.

111011_2

(Lösung auf S. 385)

6 Aus welchen Gründen werden die Speicherausdrucke von Dateien häufig im Hexadezimalsystem angezeigt?

Der eigentliche Inhalt eines Speichers sind Binärwerte, äußerst unübersichtliche Kolonnen von 0 und 1. Um eine bessere Übersichtlichkeit zu erreichen wird die hexadezimale Darstellung verwendet. Hierzu werden →

2.1 Informatik – Hard- und Softwaretechnik

▷ *Fortsetzung der Antwort* ▷

8 Binärzahlen zu einer Gruppe zusammengefasst, wobei diese nochmals in zwei Gruppen zu je 4 Binärwerten unterteilt werden. Jeder Vierergruppe wird ein entsprechender hexadezimaler Zahlenwert zugeordnet.

7 Aus welchen Zeichen und Ziffern setzt sich das Hexadezimalsystem zusammen?

Aus den Ziffern 0 bis 9 (wie im Dezimalsystem) sowie aus den Buchstaben A, B, C, D, E und F. *(Zuordnungstabelle s. S. 385)*

8 Wandeln Sie die Dualzahl 1111 0001 in eine entsprechende Hexadezimalzahl um.

$F1_{16}$ *(Lösung auf S. 385)*

9 Die Taktfrequenz ist ein maßgebliches Kriterium für die Leistung eines Computers. Was versteht man unter Taktfrequenz?

Anzahl der binären Schaltzustände (0 oder 1) in einer Sekunde.

10 Wie lautet der Fachbegriff dafür, wenn der Prozessor einen oder mehrere Takte auf die Daten aus dem RAM-Speicher warten muss?

Wait-States

11 Was versteht man unter „Second-Level-Cache"?

Der Second-Level-Cache ist ein schneller Zwischenspeicher zwischen dem normalen Arbeitsspeicher und dem Mikroprozessor.

12 Erklären Sie den Begriff ROM-Speicher.

Nur-Lese-Speicher (Read Only Memory)

13 Erklären Sie die Begriffe „PROM" und „EPROM".

PROM = Programmable ROM, programmierbarer ROM-Speicher. EPROM = Eraseable PROM, durch UV-Licht löschbarer ROM-Speicher.

2 Informationstechnologie

14 Erklären Sie den Begriff RAM-Speicher.

Schreib-Lese-Speicher (Random Access Memory)

15 Erklären Sie die Begriffe „DRAM", „SDRAM" und „DDR-RAM".

DRAM = Dynamic RAM.
SDRAM = Synchronous DRAM, arbeitet synchron zum Prozessortakt.
DDR-RAM = Double Data Rate SDRAM.

16 In einem Rechner sind Festplatten mit 60 GB, 20 GB und 120 GB eingebaut. Berechnen Sie den Speicherplatz der einzelnen Festplatten in MB und den Gesamtspeicherplatz des Rechners in KB.

209 720 000 KB;
(Lösung auf S. 386)

17 Beim Scannen werden für jedes gescannte Bildelement 16 Bit/Farbe vergeben. Wie viele Kombinationsmöglichkeiten ergeben sich, wenn man diese 16 Binärelemente zusammenfasst?

2^{16} = 65 536 Kombinationsmöglichkeiten

18 Computer werden auch als Informationsverarbeitungssysteme bezeichnet. Erklären Sie den Begriff anhand des EVA-Prinzips.

Funktionsweise nach dem Prinzip: Eingabe, Verarbeitung, Ausgabe. Über periphere Eingabegeräte (Tastatur, Maus, Speichermedien...) erhält die CPU Daten. Diese Daten werden von der CPU verarbeitet (Mikroprozessor, RAM/ROM-Speicher, Betriebssystem, Anwendungsprogramm). Die dabei erzeugten Daten werden auf internen oder externen Peripheriegeräten ausgegeben (Monitor, Speichermedien, Drucker, Belichter usw.)

2.1 Informatik – Hard- und Softwaretechnik

19 Auf einem neu einzurichtenden Computerarbeitsplatz soll hauptsächlich Bildbearbeitung (Print und Nonprint) sowie die Videodigitalisierung und -bearbeitung durchgeführt werden. Der Arbeitsplatz soll in ein bestehendes Netzwerk integriert werden und in der Lage sein, von Kunden bzw. zu Kunden größere Datenmengen zu erhalten bzw. zu senden. Ebenso sollen digitalisierte Videos für Multimediaproduktionen auf DVD-R/DVD+R weitergegeben werden können. Welche technische Ausstattung (Rechner, Peripheriegeräte usw.) sollte dieser Rechnerarbeitsplatz aufweisen?

Rechner: neuester Prozessortyp, größtmöglicher RAM-Speicher, hohe Taktfrequenz, Grafikkarte(n), große Festplatte(n), USB, Firewire-Anschluss, Netzwerkkarte;

Peripherie: 2 × 21" Bildschirm(e) möglichst kalibrierbar, Maus, Tastatur, evtl. Grafiktablett, ADSL-Anschluss, DVD-Brenner, Videodigitalisierungskarte, Lautsprecher, für das Abspielen analoger Videos wird noch ein Videoabspielgerät mit Kontrollmonitor benötigt.

20 Erläutern Sie die Begriffe „RISC-Prozessor" und „CISC-Prozessor" sowie Vorteile und Nachteile in kurzen Sätzen.

RISC = Reduced Instruction Set Code = reduzierter Befehlsumfang, diese Prozessoren haben weniger Befehle auf dem Chip und sind dadurch schneller (Vorteil) – sie sind nicht abwärtskompatibel zu alten Programmen (Nachteil), spezielle (seltene Befehle) müssen konstruiert werden = zeitaufwändig (Nachteil). CISC = Complexed Instruction Set Code = komplexer Befehlsumfang, dieser Prozessor enthält alle Befehle (auch die aller Vorgängerprozessoren), deshalb riesiger Befehlsumfang = lange Dekodierphasen (Nachteil), aber abwärtskompatibel = es laufen alle (alten) Programme (Vorteil).

21 Erklären Sie den Unterschied zwischen „ASCII-Code" und „erweitertem ASCII-Code".

Der ASCII-Code ist ein 7 Bit Code, der die Darstellung von 128 Zeichen (2^7) ermöglicht. Der erweiterte ASCII-Code ist ein 8 Bit Code, mit dem sich 256 Zeichen (2^8) darstellen lassen. Nur die ersten 128 Zeichen sind genormt, danach beginnen die länderspezifischen Zeichen.

2 Informationstechnologie

22 Sie erhalten eine Textdatei von einem Windows-PC mit der Erweiterung „.txt". Bei der ersten Kontrolle des Textinhaltes auf einem Apple-Rechner können Sie nur Teile des Textes lesen, viele Umlaute und Sonderzeichen werden falsch dargestellt.

Warum funktioniert die Übertragung eines Textes, der auf einem Windows-Rechner erzeugt wurde, auf einen Apple-Rechner nur bedingt? Wie wird in der Praxis das Problem gelöst?

Ältere Windows Programme verwenden hauptsächlich den ANSI-Code zur Darstellung der Schriftzeichen. Apple-Rechner verwenden hingegen den ASCII-Code. Bei beiden Codes ist nur die Belegung der Zeichen 32 bis 127 gleich, davor und danach gibt es Unterschiede. In der Praxis verwendet man bei DTP-Programmen Importfilter oder spezielle Umwandlungsprogramme.

23 Wie viele Bits verwendet der UNICODE zur Darstellung eines Zeichens und wie viele Zeichen können damit dargestellt werden?

Beim UNICODE (Universal Multiple-Octet Coded Character Set) werden zur Darstellung eines Zeichens 16 Bit verwendet, dies ergibt 65 536 mögliche Zeichen. Dadurch kann man fast alle Schriftsprachen der Welt mittels eines einzigen Zeichensatzes darstellen, wobei die ersten 128 Zeichen dem Standard-ASCII-Code entsprechen.

24 Nennen Sie ein Betriebssystem und ein Anwendungsprogramm, das UNICODE verwendet.

Windows 2000, XP, MacOS X; Internet Browser sind in der Lage 16 Bit Code zu interpretieren und darzustellen.

25 Welche technischen Informationen geben Auskunft über die Leistungsfähigkeit von Speichermedien?

Speicherkapazität in MB, GB oder TB, mittlere Zugriffszeit (Millisekunden), Transferrate (Übertragungsleistung in MB/s), Schnittstelle (Anschlusstechnologie) beeinflusst ebenfalls die Übertragungsleistung.

2.1 Informatik – Hard- und Softwaretechnik

26 Ordnen Sie folgende Begriffe, die in der Speicherhierarchie eines Computers vorkommen, nach der Speichergeschwindigkeit, beginnend mit dem schnellsten Speicher: Register, Second-Level-Cache, First-Level-Cache, Streamer, Arbeitsspeicher (RAM), Festplatte. Ordnen Sie jedem Speichertyp die entsprechende Speichergröße zu: Byte, Kilobyte, Megabyte, Gigabyte, Terabyte.

1.	Register	Byte
2.	First-Level-Cache	Kilobyte
3.	Second-Level-Cache	Kilobyte
4.	Arbeitsspeicher (RAM)	Megabyte
5.	Festplatte	Gigabyte
6.	Streamer	Terabyte

27 Die digitalen Daten eines Printproduktes mit ca. 30 GB sind so zu archivieren, dass sie beim Folgeauftrag nach einem Jahr wiederverwendet werden können. Nennen Sie zwei in Frage kommende Speichermedien mit Angabe der Vor- und Nachteile.

- CD-R: Vorteil: preiswert, leicht zu handhaben, relativ lange Lagerfähigkeit. Nachteil: maximal nur 700 MB Speicherplatz/CD, es werden ca. 44 CD-R benötigt.
- DAT-Magnetband: Vorteil: preiswert, Speicherkapazität 10 oder 20 GB/Band Nachteil: langsam, Gefahr der Zerstörung durch elektromagnetische Einflüsse. Kein Standard-Laufwerk.
- DVD-R: Vorteil: höhere Speicherkapazität als CD-R, ca. 4,7 GB/DVD.

28 Erklären Sie den Begriff „DMA" mithilfe eines Beispiels.

Direct Memory Access = direkter Speicherzugriff; Umgehung der CPU, Prozessor wird nicht belastet, dadurch schnellerer Datenzugriff; z. B. Soundkarte gibt Sound direkt aus (Festplatte → Soundkarte → Lautsprecher). Ein Anwendungsprogramm speichert bzw. holt Daten direkt von der Festplatte unter Umgehung des Prozessors.

29 Das „Peripheral Computer Interconnector" Bussystem ist auf vielen Rechnern (PCs als auch Macs) in Form einer Controllereinheit (spezieller Chip) zu finden. Welche zwei Vorteile haben diesem Bussystem zu einer derart großen Verbreitung geholfen?

- Der PCI-Bus ist an keinen bestimmten Prozessor gebunden,
- die Peripherie ist unabhängig von der Geschwindigkeit des Prozessors,
- hohe Standardisierung.

2 Informationstechnologie

30 Für ein DTP-Studio wird ein Rechner (Mac oder PC) mit 2 USB-Anschlüssen gekauft. An den Rechner sollen 1 Tastatur, 1 Maus, 1 Modem, 1 Scanner, 2 Lautsprecher (aktiv), 1 Grafiktablett und 1 Joystick per USB angeschlossen werden.

a) Welchen Vorteil hat der Anschluss eines USB-Gerätes im Vergleich zum Anschluss eines SCSI-Gerätes?
b) Sind zum Betreiben der Peripheriegeräte neben den notwendigen Kabeln noch andere Geräte notwendig? Wenn ja, welche (Bezeichnung)?

a) „Hot plugging" = Anschluss bzw. Entfernen im laufenden Betrieb
b) USB HUB (Verteiler) passiv oder aktiv (mit eigener Stromversorgung)

31 Wie lang ist die maximal zulässige Kabellänge beim USB-Bus?

5 Meter

32 Wie hoch ist die maximale Übertragungsgeschwindigkeit beim USB 2.0 Bus?

Maximal 480 MBit/Sekunde.

33 Wie viele Geräte können an einen USB-Controller theoretisch angeschlossen werden?

127 Geräte

34 Statt des SCSI-Anschlusses besitzt ein Rechner eine so genannte „Firewire" Schnittstelle (IEEE 1394).

a) Nennen Sie zwei Vorteile, die diese Schnittstellentechnik gegenüber SCSI hat.
b) Für welche Art von Anwendungen ist die Schnittstelle (Datenübertragungstechnik IEEE 1394) gedacht?

a) Hot plugging (Einstecken/Ausstecken im laufenden Betrieb), hohe Datenübertragungsleistungen, bis zu 64 Geräte anschließbar.
b) Datenintensive Peripheriegeräte wie Videokameras, HighQuality Sound, Echtzeitberechnung.

2.1 Informatik – Hard- und Softwaretechnik

35 Nennen Sie die 5 Fehler in der unten dargestellten SCSI-Verkabelung.

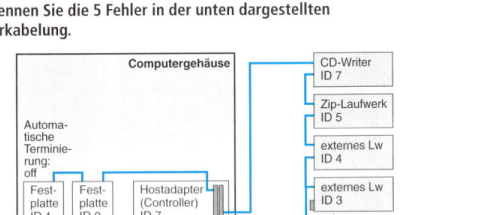

1. Bei der internen Festplatte ID1 muss die automatische Terminierung auf „on" gestellt werden.
2. Die ID 7 ist doppelt vergeben, für den CD-Writer sollte die ID 6 vergeben werden.
3. T-Abzweige bei ID 3 und ID 2 sind nicht zulässig.
4. Abschlusswiderstand bei ID 3 Gerät muss entfernt werden.
5. Loses Kabelende prinzipiell nicht erlaubt.

36 Eine 5 MB große PostScript-Datei wird an einen Drucker mit seriellen Anschluss (9 600 Bit/Sekunde) bzw. an einen Drucker mit USB-Anschluss (Version 2) geschickt. Wie lange, in Sekunden, dauert die Datenübertragung (theoretisch) per USB-Bus (Full-Speed, USB 2.0) bzw. per seriellen Anschluss? Rechnen Sie mit max. 2 Stellen nach dem Komma.

4 369,066 Sekunden = 72 Minuten 49 Sekunden serielle Dauer
0,0833 Sekunden = USB-Bus-Dauer
(Lösungsweg auf S. 386)

37 Für eine Multimediapräsentation soll eine CD-ROM erstellt werden, die sowohl die Daten für MacOS als auch für Windows 9.x/ME/NT/2000/XP enthält. Aus Platzgründen können die Dateien nur einmal auf der CD erscheinen. Ausnahmen sind die Startdateien (Player), die es sowohl für MacOS als auch für Windows gibt. Die Produktion der Einzelteile erfolgt auf Windows PCs als auch auf PowerMacs.

a) Was ist hinsichtlich der Dateinamenskonvention zu berücksichtigen?
b) Welches CD-Format ist zu wählen?
c) Welches CD-Unterformat ist zu wählen, wenn im Windowsbereich Dateinamen mit mehr als 8 Zeichen verwendet wurden?

2 Informationstechnologie

a) Dateinamen dürfen keine Leerzeichen, Umlaute, Sonderzeichen, Schräg- oder Bindestriche enthalten, da dies beim PC zu Fehlern führt. DOS konforme Dateinamen erlauben maximal 8 Zeichen plus Punkt plus 3 Zeichen für Dateierweiterung. Alle Dateien benötigen eine Dateinamensererweiterung z. B. „video.mov" statt nur „video".

b) ISO 9660: auf Mac als auch PC lesbar. Unter Umständen eignet sich auch das UDF (Universal Disk Format), dies ist aber nur auf MacOS 9.x und X bzw. Windows/ 2000/XP lesbar.

c) ISO 9660 (Level 3) Joliet Format: Windows kann Dateinamen bis 256 Zeichen lesen, Mac nur bis 31 Zeichen, eine entsprechende Systemerweiterung vorausgesetzt.

38 Eine CD-ROM-Präsentation verwendet für die Darstellung von Videos das Quicktime-Format. Welche Ausstattung benötigt der Zielrechner um diese Videos darstellen zu können?

In der Regel wird der Apple Quicktime Player benötigt (Freeware). Es gibt aber auch andere Player, die das Quicktime-Format interpretieren können, z. B. Mediaplayer 9 von Microsoft.

39 Nennen Sie 3 Grundaussagen über die Aufgaben eines Betriebssystems.

- Anpassung der Maschinenwelt an die Bedürfnisse der Benutzer
- Schaffung eines geregelten Nebeneinanders von Programmen und Peripheriegeräten
- Verwaltung von Daten und Programmen
- Effiziente Ausnutzung der Betriebsmittel
- Unterstützung bei Fehlern und Ausfällen

40 Erklären Sie den Begriff „Ur-Ladeprogramm".

In einem Teil des ROM-Speichers befindet sich ein Programm, das den Systemstart des Rechners organisiert. Dies ist z. B. das Überprüfen des RAM-Speichers, das Laden des eigentlichen Betriebssystems von einer Festplatte in den RAM-Speicher und das Starten des eigentlichen Betriebssystems.

41 Für die Beschaffung eines neuen Rechners sollen Sie das notwendige Betriebssystem klassifizieren (keine Herstellerbezeichnungen). Der Rechner soll in ein Netzwerk integriert werden, mit ihm soll während (parallel) der laufenden Arbeit (Photoshop, QuarkXpress usw.) zusätzlich noch die Datensicherung auf Festplatte bzw. CD-ROM erfolgen.

Single User = Einzelplatzsystem, Multitasking = Mehraufgabensystem

2.1 Informatik – Hard- und Softwaretechnik

42 Nennen Sie das am häufigsten verwendete UNIX-Betriebssystem, das im Prinzip „kostenlos" erhältlich ist.

Linux

43 Von welchen Gegebenheiten ist die Anzahl der gleichzeitig „geöffneten" Programme auf einem Multitasking fähigem Rechner und Betriebssystem abhängig?

Art und Weise der Speicherverwaltung, Größe des RAM-Speichers, Anzahl der Prozessoren, Größe der möglichen Auslagerungsdateien (Festplatte)

44 Erklären Sie die Begriffe Taskswitching, preemptives Multitasking, kooperatives Multitasking, Multithreading und Multiprocessing in Verbindung mit PC-Betriebssystemen.

Taskswitching:
im Betriebssystem werden mehrere Anwendungsprogramme im geöffneten Zustand gehalten. Der Benutzer kann von einem geöffneten Programm zum nächsten schalten.

Multitasking:
das Betriebsystem erlaubt, mehrere Aufgaben scheinbar parallel ablaufen zu lassen. Es unterteilt die Leistung des Prozessors in so genannte Zeitscheiben (Slices) auf.

Preemptives Multitasking:
hier wird die Rechenleistung nach Prioritäten unter den aktiven Programmen aufgeteilt.

Kooperatives Multitasking:
die Programme müssen sich „kooperativ" verhalten und CPU-Arbeitszeit an andere wartende Programme abgeben.

Multithreading:
ermöglicht es in einem Programm mehrere Aufgaben gleichzeitig durchzuführen. Der Windows-Explorer kann z. B. Dateien kopieren (1. Thread), während er weiterhin Benutzereingaben (2. Thread) entgegennimmt.

Multiprocessing:
ist die Fähigkeit eines PC-Betriebssystems mehrere CPUs in einem Rechner anzusprechen. Hierbei teilt das Betriebssystem die Tasks auf und gibt diese an die einzelnen CPUs weiter.

2.2 Drucker

1 **Nach welchen Ordnungskriterien lassen sich digitale Drucker klassifizieren?**

1. Nach der Art der Zeichendarstellung: Bei Typendruckern wird ein vorhandenes Zeichen gedruckt, bei Matrixdruckern werden die Zeichen aus einzelnen Punkten rasterförmig zusammengesetzt.
2. Nach der Art der Softwareaufbereitung: Bei Zeilendruckern wird immer eine fertige Druckzeile im Speicher gebildet. Seitendrucker bauen im Speicher vor dem Ausdruck eine komplette Druckseite auf.
3. Nach dem Einsatzbereich: Z. B. Bürodrucker (SOHO-Drucker). Versandunternehmen, Banken u. Großunternehmen verwenden für die Massenausgabe von Daten auf Papier so genannte System- oder Schnelldrucker.
4. Nach dem Druckverfahren: Art und Weise wie das Druckbild auf den Bedruckstoff gelangt. Impact Drucker sind Anschlagdrucker, die Zeichen mechanisch auf den Bedruckstoff bringen. Non-Impact Drucker hingegen sind anschlagfrei, sie verwenden überwiegend elektrische, optische oder thermische Verfahren, um ein Druckbild zu erzeugen.
5. Nach der verwendeten Druckersprache: Mit welcher Druckersprache wird der Drucker angesprochen? Bekannte Sprachen sind HP-PCL von Hewlett Packard, ESC/P2 von EPSON sowie POSTSCRIPT von ADOBE.

2 **Erklären Sie den Begriff „SOHO".**

Small **O**ffice **H**ome **O**ffice

3 **Was versteht man unter einem GDI-Drucker?**

Graphic **D**evice **I**nterface-Drucker verfügen im Gegensatz zu einem herkömmlichen Drucker über keinen eigenen Prozessor und nur über einen kleinen Arbeitsspeicher. Die Aufbereitung der zu druckenden Information erfolgt im PC unter Verwendung der PC-Ressourcen. Sie sind deshalb besonders preiswert, da die gesamte Grafikausgabenberechnung aber im PC erfolgt wird die Arbeitsgeschwindigkeit des Rechners belastet.

2.2 Drucker

4 Nennen Sie bekannte Non-Impact-Druckverfahren.

- Tintenstrahldrucker (Ink-Jet-Drucker)
- Thermodrucker (Direkt-, Tansfer-, Sublimationsdrucker)
- Elektrofotografische Drucker (Laser-, LED-, LCS-Drucker)
- Elektrografische Drucker (Ionendrucker)
- Magnetografische Drucker (Magnetdrucker)

5 Nennen Sie die zwei Ink-Jet-Prinzipien, die in Tintenstrahldruckern verwendet werden.

- Continous-Jet-Verfahren
- Impuls-Jet-Verfahren (Drop on demand)

6 Erklären Sie den Begriff „drop on demand" beim Ink-Jet-Druckverfahren. Welche Verfahren sind hierbei üblich?

Es wird nur bei Bedarf ein Tintentropfen erzeugt. Zum Einsatz kommt das Piezoverfahren (EPSON) oder das thermische Verfahren (Hewlett-Packard) bzw. das Bubble-Jet-Verfahren (Canon).

7 Beim Ink-Jet-Verfahren gibt es unterschiedliche Varianten. Erklären Sie
a) das Festtinten- oder Phasenwechselverfahren
b) die Piezo-Methode
c) die Bubblejet-Technologie.

a) Es wird Farbe in einem speziellen Druckkopf geschmolzen und auf dem Papier wieder verfestigt.
b) Der durch die Ausdehnung eines Kristalls erzeugte Überdruck verursacht einen Farbausstoß. Anschließend zieht sich der Kristall wieder zusammen und saugt dadurch wieder Farbe an.
c) Eine Luftblase, die sich durch die Erhitzung der Farbe bildet, sorgt durch ihre Ausdehnung für Farbausstoß und nach Abkühlung wiederum für das Ansaugen neuer Farbe.

8 Erklären Sie die Funktionsweise eines Thermosublimationsdruckers.

Ein spezielles Farbband, das abwechselnd C, M und Y eingefärbt ist wird an einem Thermodruckkopf vorbeigeführt. Der Thermodruckkopf erhitzt die Farbschicht auf dem Farbband entsprechend der Druckinformation. Die erhitzte Farbschicht wird verdampft und im gasförmigen Zustand von einem Spezialpapier „aufgesaugt" und abgekühlt. Die erstarrte Farbe verbindet sich mit der Oberfläche und bildet die farbige Information.

2 Informationstechnologie

9 Welche Vorteile hat ein 6-Farben Ink-Jet-Drucker gegenüber einem 4-Farben-Drucker? Wo liegt der Einsatzbereich?

Größerer Farbraum, Vorteile bei der Wiedergabe von Hauttönen, Einsatz im Proofbereich und Fotodruck.

10 Ein DTP-Unternehmen hat sich zur Anschaffung eines DIN A3 Ink-Jet-Druckers entschieden. Testdrucke mit verschiedenen Druckertypen zeigten fast überall gleich gute Druckergebnisse, jedoch schwanken die Preise für die Drucker, bei gleicher Druckqualität, zwischen 250,- € und 1500,- €. Welche weiteren Merkmale beeinflussen den Preis eines Ink-Jet-Druckers?

Qualität der Papierführung, Robustheit der Verarbeitung, Leistungsfähigkeit (Drucke/h), vorhandene Anschlussmöglichkeiten, Post-Script-Fähigkeit, Netzwerkkarte usw.

11 Nennen Sie die 6 wichtigsten Schritte (The Six Steps) im Druck- und Fixierungsprozess eines Laserdruckers in der richtigen Reihenfolge.

1. Ladung
2. Belichtung
3. Entwicklung
4. Übertragung
5. Fixierung
6. Entladung und Reinigung

12 Beschreiben Sie die Technik des Farblaserdrucks.

Beim Farblaserdruck werden die einzelnen Farben über ein elektrofotografisches Verfahren mit Laserstrahl und Farbtönern übertragen.

13 Worin besteht der Unterschied zwischen einem LED-Drucker und einem Laserdrucker?

Beim Laserdrucker wird eine Belichtungseinheit in Form eines Lasers verwendet. Der LED-Drucker verwendet für die Belichtung eine Leiste aus Licht emittierenden Dioden.

14 Aus welchem Grund sind Blatt-Laserdrucker bei Auflagen > 1 schneller als gleichformatige Ink-Jet-Drucker?

Laserdrucker sind so genannte Seitendrucker, die Seite wird einmal gerippt und kann dann mehrmals ohne Neuberechnung gedruckt werden. Ink-Jet-Drucker sind Zeilendrucker, hier muss jede Zeile, auch wenn sie gleich ist, jedes Mal vor dem Druck neu berechnet werden.

15 In einem DTP-Betrieb soll ein Farbdrucker in ein bestehendes Netzwerk integriert werden. Für die Beschaffung steht ein Budget von max. 3500,- € zur Verfügung. Der Drucker soll für Flyer (A4) in der Auflage zwischen 5 und 200 Stück sowie für die Ausgabe von Bildern aus Photoshop bzw. Grafiken aus Freehand (Illustrator) eingesetzt werden. Legen Sie fest, ob ein Ink-Jet-Drucker oder ein Laserdrucker gekauft werden sollte. Begründen Sie ihre Entscheidung.

Es sollte ein Laserdrucker gekauft werden. Wichtigster Vorteil hierbei ist die schnellere Ausgabe der Flyer bei größeren Auflagen. Laserdrucker sind meistens PostScript-fähig und standardmäßig mit einer Netzwerkkarte ausgerüstet. Nachteilig hierbei ist die schlechtere Proofqualität bei der Ausgabe von Bildern, hier sind u. U. spezielle Toner notwendig.

Ink-Jet-Drucker würden eine bessere Qualität beim Proofen ergeben, haben aber auf Grund der Technologie längere Druckzeiten beim Auflagendruck.

2.3 Datenträger

1 Erklären Sie die Begriffe magnetische, optische und magneto-optische Speichermedien in kurzen Sätzen.

Magnetische Speichermedien:
Ein von Strom durchflossener Schreibkopf magnetisiert direkt (Diskette) oder indirekt (Festplatte) eine magnetisierbare Oberfläche. Ein Lesekopf kann die magnetischen Informationen erfassen und in elektrische Ströme umwandeln.

Magneto-optische Speichermedien:
Beim Schreiben wird die Oberfläche mittels Laserstrahls auf ca. 200 °C erwärmt und anschließend elektromagnetisch verändert. Beim Lesevorgang erkennt ein abtastender Laserstrahl eine gespeicherte digitale 0 oder 1 mit Hilfe von Polarisationsfiltern an Hand der veränderten Reflexion.

Optische Speichermedien: Die CD als auch die DVD besteht aus transparentem Polycarbonat in das Vertiefungen (Pits) eingeprägt wurden. Die nicht vertieften Stellen werden als Lands bezeichnet. Pits und →

2 Informationstechnologie

▷ *Fortsetzung der Antwort* ▷

Lands liegen als spiralförmige Datenspur, die von innen nach außen führt, vor. Als Reflektionsschicht dient eine hauchdünne Aluminiumschicht oberhalb der Pits und Lands. Ein Infrarot-Laserstrahl durchdringt das transparente Polycarbonat und trifft auf die reflektierende Schicht. An den Pits wird der Laserstrahl nur diffus reflektiert. Laserstrahlen die auf Lands treffen werden dagegen vollständig reflektiert und über ein Prisma zu einer lichtempfindlichen Diode (Fotosensor) geleitet.

2 **Errechnen Sie die Übertragungsleistung in MB/s eines 55-fach CD-ROM Laufwerks in MByte/Sekunde (Single Speed CD-ROM: 150 KByte/s).**

8,06 MB/s
(Lösungsweg auf S. 386)

3 **Welche Funktion hat das Formatieren (Initialisieren) von magnetischen Speichermedien?**

Das Speichermedium wird in Spuren und Sektoren unterteilt. Sie dienen als „magnetischer Wegweiser" damit beim Schreiben und Suchen von Dateien eine vorbestimmte Ordnung gegeben ist.

4 **Was versteht man unter dem Begriff „Cluster" im Zusammenhang mit Datenträgern?**

Ein Cluster ist die kleinste Einheit, die beim Speichern von Daten auf einem Datenträger belegt wird. Ein Cluster besteht aus zwei oder mehreren Sektoren auf einer Spur.

5 **Erklären Sie den Begriff „FAT" in Zusammenhang mit Festplatten.**

Die **F**ile **A**llocation **T**able ist eine spezielle Dateizuordnungstabelle, die im Sektor 0 der Festplatte angelegt wird. Sie enthält das „Inhaltsverzeichnis" der Platte.

6 **Nennen Sie drei verschiedene Arten von FATs mit dem zugehörigen Betriebssystem und Clustergrößen.**

- FAT32: Windows9x/XP/NT/2000, Clustergröße 4KB bis 32 KB
- NTFS: Windows NT/2000/XP, Clustergröße 0,5 KB bis 4 KB
- HFS+: ab MacOS 8.1, Clustergröße 32 KB

2.3 Datenträger

7 Erklären Sie den Schreib- und Lesevorgang bei einer CD-R bzw. DVD-R/DVD+R.

Die CD-R bzw. DVD-R/DVD+R enthält eine vorgeprägte spiralförmige Spur aus Pits und Lands. Die Pits sind mit einem strahlungs-(hitze) empfindlichen Lack (Dye) aufgefüllt. Ein Schreiblaser erhitzt diese Lackschicht, an den erhitzten Stellen entstehen Blasen. Beim Lesevorgang wird der Laserstrahl an den blasenfreien Stellen reflektiert.

8 Erklären Sie den Schreib- und Löschvorgang bei einem DVD-RW Laufwerk im Zusammenhang mit dem „Phase Change Verfahren".

Die Oberflächenbeschichtung einer DVD-RW ist zunächst kristallin (reflektierend). Die binäre Information wird in kristallinen oder nicht kristallinen (amorphen, nicht reflektierenden) Zuständen des Aufzeichnungsmaterials gespeichert (Fachbegriff: Phase Change Verfahren). Durch punktuelle Erhitzung mit einem starken Laserstrahl und anschließender schneller Abkühlung wird beim Schreiben die amorphe Kristallgitterstruktur erzeugt. Beim Löschvorgang wird die amorphe Stelle nochmals erhitzt und dadurch in die ursprüngliche kristalline Struktur zurück verwandelt.

9 Wie oft kann eine CD-RW bzw. DVD-RW/+RW gelöscht und wieder beschrieben werden?

Circa 10 000 mal.

10 Was bedeutet der Begriff „RAID-System" bei der Speicherung von Daten?

RAID ist die englische Kurzform für „Redundant Array of Independent Disks" (redundantes Gefüge unabhängiger Festplatten).

11 Erklären Sie den Begriff „redundant" in Verbindung mit einem RAID-System.

Mit „redundant" bezeichnet man die mehrfache Speicherung von Daten um eine höchst mögliche Ausfallsicherheit zu erreichen.

12 Welche Aufgaben übernimmt der RAID-Controller in einem RAID-System?

Steuerung der Datenaufzeichnung und Datenausgabe der angeschlossenen Festplatten des RAID-Systems.

13 Wie viele RAID-Level gibt es, wie werden diese bezeichnet?

8 Level, Level 0 bis Level 7

14 **Wie erfolgt die Datensicherung bei RAID-Level 1?**

Bei Level 1 werden zwei Festplatten in Echtzeit gespiegelt. Sobald Daten auf eine Festplatte geschrieben werden, überträgt der Controller im selben Moment die Daten auch auf die zweite Festplatte.

15 **Wie erfolgt die Datensicherung bei RAID-Level 5?**

Ein RAID Level 5 besteht aus mindestens drei Festplatten. Die Daten werden je zu einem Drittel auf jede Platte geschrieben. Beim Ausfall einer Platte würde ein Drittel der Daten fehlen. Um den Datenverlust zu kompensieren wird eine Quersumme auf jede Platte geschrieben. Mithilfe der Quersumme können die verlorenen Daten neu errechnet werden.

2.4 Dateiformate

1 **Erklären Sie, was unter einem Dateiformat verstanden wird.**

Das Dateiformat bzw. der Dateityp legt die Strukturen, die Art der Speicherung und die Austauschfähigkeit fest, die bei einem bestimmten Dateityp bei der Speicherung gewünscht wird.

2 **Nennen Sie vier wichtige Dateiformattypen, die Ihnen bekannt sind. Unterscheiden Sie dabei nach den Dateiinhalten, die abzuspeichern sind und geben Sie jeweils ein bekanntes Dateiformat dazu an.**

Vom Inhalt abhängige Dateiformate sind:
- Text- und Layoutformate, z. B. txt, qxd, xml
- Officeformate, z. B. doc, ppt, xls
- Bild- und Grafikformate, z. B. ai, tif, eps
- Webformate, z. B. css, asp, htm(l)
- Multimediaformate, z. B. dir, fla
- Audioformate, z. B. aif, mp3, wav
- Videoformate, z. B. mp(e)g, wmv, mov

3 **Es wird zwischen den so genannten Austauschformaten und den Programmformaten unterschieden. Erläutern Sie den Unterschied.**

- Austauschformate ermöglichen die Übernahme/Übergabe einer Datei von einem Programm zum anderen. Voraussetzung dafür ist, dass Quell- und Zielprogramm über die gleichen Export- bzw. Importfilter verfügen.
- Programmformate können nur von dem Programm gelesen werden, welches die Programmdatei erstellt hat. Aus der →

2.4 Dateiformate

▷ *Fortsetzung der Antwort* ▷

Programmdatei wird dann für den Export eine Austauschdatei erstellt. Typische Programmformat-Dateien werden z. B. von Layout-Programmen erstellt. Deren Dateien sind in der Regel nicht oder nur eingeschränkt von anderen Programmen lesbar.

4 Nennen Sie fünf Dateiformate für die Produktion von Drucksachen.

- TIF-Format
- BMP-Format
- EPS-Format
- PDF-Format
- JPEG-Format

5 Was bedeuten die folgenden Kurzbezeichnungen: TIF (TIFF), BMP, EPS, PDF, ASCII?

TIF = Tagged Image File (Format)
BMP = Bit Map
EPS = Encapsulated PostScript
PDF = Portable Dokument Format
ASCII = American Standard Code for Information Interchange

6 Was bedeutet vektororientierte Datenspeicherung (Datenformat)?

Vektororientiertes Datenformat bedeutet, dass ein Abstand zwischen zwei Punkten ausschließlich durch einen Anfangs- und Endpunkt sowie durch die Kurvensteigung definiert ist, nur diese Daten werden gespeichert, die entsprechende Linie immer neu berechnet.

7 Was bedeutet pixelorientierte Datenspeicherung?

Pixelorientierte Datenspeicherung bedeutet, dass z. B. eine Linie Punkt für Punkt abgetastet und jeder erfasste Punkt einzeln gespeichert wird.

8 Welche Vor- und Nachteile hat die Speicherung eines Bildes in einem pixelorientierten Dateiformat?

Vorteile: Fotografische Bilddarstellung.
Nachteile: Große Datei, Qualitätsverluste bei der Skalierung, wenn die Bildauflösung nicht für eine Skalierung geeignet ist.

9 Welche Vor- und Nachteile hat die Speicherung z. B. einer Grafik in einem vektororientierten Dateiformat?

Vorteile: Kleine Datei, belegt wenig Speicherplatz, ist beliebig skalierbar.

2 Informationstechnologie

10 Was versteht man unter dem Begriff „Suffix"?

Unter dem „Suffix" versteht man die Erweiterung eines Dateinamens nach dem Punkt. Das Suffix darf nach dem Punkt maximal drei Zeichen enthalten. Für Windows-PC ist das Suffix unverzichtbar, da über diese z. B. die Programmerkennung durchgeführt wird. Auf Macintosh-PCs kann auf das Suffix verzichtet werden, da ein Header angelegt wird.

11 Was versteht man unter dem Begriff „Header"?

Als „Header" wird ein Dateivorspann bezeichnet, der bei jeder Datei enthalten ist. Im Header stehen Zahlenwerte, die angeben, nach welcher Spezifikation (TIF, PIC, BMP usw.) die Datei erstellt worden ist. Diese Zahlenwerte werden als „Magic Number" bezeichnet. Nach der Magic Number folgt der eigentliche Dateiheader, der alle Angaben zur Datei enthält. Dies können die Breite und Höhe des gespeicherten Bildes, der Bildtyp, Modus, Beginn und Ende der Bilddaten, Kompressionsart, Erstellungsprogramm usw. enthalten. Nach dem Header kann noch eine Information über verwendete Farbpaletten enthalten sein, danach folgen die eigentlichen Dateiinformationen.

12 Was versteht man unter einem Header z. B. bei einer TIF-Datei?

Header = Dateianfangskennsatz – dies ist ein besonderer Datensatz, der die Merkmale einer Datei beschreibt. Kennsätze sind immer an einer bestimmten Stelle einer Datei zu finden. Sie werden vom Arbeitsprogramm (z. B. Photoshop) geschrieben bzw. interpretiert. Bei Dateien unterscheidet man auch Anfangs- und Schlusskennsätze, die ganz bestimmte Arbeiten ausführen. Kennsätze haben zumeist ein festes, standardisiertes Format. So enthält z. B. ein TIF-Header die Angabe, welcher Prozessor zur Herstellung verwendet wurde und um welche TIF-Version es sich handelt. Zum Schluss steht ein so genannter Zeiger (Verweis) auf das erste Dateibyte. Dieses erste Dateibyte enthält →

2.4 Dateiformate

▷ *Fortsetzung der Antwort* ▷

ein Inhaltsverzeichnis, die Größe der Datei, Daten über die Bildauflösung, Bildabmessungen, Farbmodus und die Anzahl der IFDs. IFDs sind die so genannten Image File Directorys. Diese IFDs sind miteinander verkettet, in unterschiedlicher Anzahl vorhanden und enthalten Verweise auf die eigentliche Bildinformation. Die Bildinformation wird in so genannten Tags gespeichert, die jeweils eine Länge von 12 Byte aufweisen.

13 Erläutern Sie den Begriff Magic Numbers.

Am Anfang eines Headers stehen mehrere Zahlenwerte, die angeben, nach welchen Spezifikationen z. B. eine Bilddatei erstellt wurde. Aus diesen Zahlenwerten kann z. B. der Prozessortyp, oder der Dateityp (ergänzend zum Suffix) erkannt werden.

14 Was versteht man unter einem Header z. B. bei einer EPS-Datei?

Die Strukturkonventionen von EPS sehen für jede Datei einen Prolog (Header) und ein Script vor. Im Prolog finden sich die anwendungsabhängigen Definitionen, während im Script die eigentlichen PostScript-Anweisungen enthalten sind. Im Prolog (Header) werden Informationen über die PostScript-Version, das Herstellungsdatum, Seitenanzahl, Schrift, Bounding Box, Bildschirmdarstellung und Dateigröße gespeichert. Mit der folgenden Anweisung „%%EndComments" wird der Prolog beendet und zum Script gewechselt. Das Script enthält die eigentlichen PostScript-Anweisungen und Bild- bzw. Seiteninformationen. Den Abschluss einer EPS-Datei bildet immer der Befehl „%%Trailer", „%%EOF" (= End of File).

15 Das Suffix .eps an einem Dateinamen gibt ein Dateiformat an. Um welches Format handelt es sich?

EPS = Encapsulated PostScript Format. Dies ist ein Austauschformat, um Dateien zwischen verschiedenen Plattformen und Programmen zu transportieren. Es wurde 1982 von der Firma Adobe definiert. Geeignet für Pixel- und Vektorbilder. Professioneller →

2 Informationstechnologie

▷ *Fortsetzung der Antwort* ▷

PrePress-Einsatz mit hohem Anspruch an Rasterfeinheit und Farbwiedergabe möglich. Notwendig ist die Auswahl eines geeigneten Headers für die Bildschirmdarstellung.

16 Bei dem Dateiformat EPS handelt es sich um ein so genanntes Metafile-Format. Was versteht man darunter?

Ein Metafile-Format kann sowohl pixel- als auch vektororientierte Daten enthalten. Damit ist es bei einem EPS-Bild möglich, Graustufeninfomationen (Pixelinformationen) zu enthalten und daneben noch Vektordaten (Bezierkurven), die z. B. für einen Freistellungspfad notwendig sind.

17 Wann verwenden Sie das EPS-Format in der Printproduktion?

Das EPS-Dateiformat kann sowohl Vektor- als auch Bitmap-Grafiken enthalten und wird von praktisch allen Grafik-, Zeichen- und Seitenlayoutprogrammen unterstützt.
Das EPS-Format dient zum Austausch von PostScript-Grafiken zwischen Anwendungen wie Bild- und Grafikprogrammen (z. B. Photoshop und Freehand) und Layoutprogrammen z. B. QuarkXPress oder InDesign). Enthält eine EPS-Datei Vektorgrafiken, wird das Bild von Bildbearbeitungsprogrammen gerastert, d. h. vorhandene Vektorelemente werden in Pixel konvertiert.

18 Welche daten- und drucktechnischen Eigenschaften werden vom EPS-Format unterstützt?

Das EPS-Format unterstützt die Farbmodi LAB, CMYK, RGB, indizierte Farben, Duplex, Graustufen und Bitmap, nicht aber Alpha-Kanäle. EPS unterstützt Beschneidungspfade. Das DCS-Format (Desktop Color Separations), eine Version des Standard-EPS-Formats, ermöglicht das Speichern von Farbseparationen von CMYK-Bildern. Das DCS 2.0-Format dient zum Exportieren von Bildern mit Rastertonfarbenkanälen. EPS-Dateien können nur auf PostScript-Druckern ausgegeben werden.

2.4 Dateiformate

19 Das Suffix .tif (.tiff) an einem Dateinamen gibt ein Dateiformat an. Um welches Format handelt es sich?

TIFF = Tagged Image File Format, 1986 von Aldus, HP und Microsoft entwickelt, gehört zu den universell nutzbaren Datenformaten und ist auf nahezu allen Rechnersystemen nutzbar.

20 Wann verwenden Sie das TIF-Format in der Printproduktion?

Das TIF-Format (Tagged-Image File Format) dient dem Austausch von Dateien zwischen unterschiedlichen Programmen und Plattformen. TIF ist ein pixelorientiertes Bitmap-Bildformat, das von praktisch allen Mal-, Bildbearbeitungs- und Seitenlayoutprogrammen unterstützt wird. Das TIF-Format kann Tonstufen im Wert zwischen 0 und 255 (8 Bit) pro Kanal wiedergeben.

21 Welche daten- und drucktechnischen Eigenschaften werden vom TIF-Format unterstützt?

TIF unterstützt CMYK-, RGB-, LAB-, indizierte Farb- und Graustufenbilder mit Alpha-Kanälen sowie Bitmaps ohne Alpha-Kanäle. Das Bildbearbeitungsprogramm Photoshop kann Ebenen in einer TIF-Datei speichern. Wird diese Datei jedoch in einer anderen Anwendung geöffnet, ist nur ein reduziertes Bild sichtbar, die einzelnen Ebenen werden z. B. im Layoutprogramm QuarkXPress nicht erkannt. Photoshop kann zusätzlich Anmerkungen, Transparenzen und Pyramidendaten für mehrere Auflösungen im TIF-Format speichern.

22 TIFF-Bilder lassen eine Kompression nach dem LZW-Kompressionsverfahren zu. Erklären Sie kurz, was damit gemeint ist!

Die LZW-Kompression ist nach den Programmierern Lemple, Zif und Welch benannt. Es handelt sich um eine verlustfreie Komprimierung, die von den Dateiformaten TIFF, PDF, GIF und PostScript unterstützt wird. Diese Methode ist optimal bei Bildern mit großen einfarbigen Flächen. Zu beachten ist, dass Layoutprogramme und Ausgabegeräte mit diesem Kompressionsformat Schwierigkeiten haben können.

23 Wie wird der Komprimierungsfaktor berechnet?

$$Komprimierungsfaktor = \frac{Speicherplatz\ ohne\ Komprimierung}{Speicherplatz\ mit\ Komprimierung}$$

2 Informationstechnologie

24 Für zwei TIF-Bilder liegen folgende Angaben vor:

a) Datentiefe 8 Bit, Duplexbild
b) Datentiefe 8 Bit, RGB-Modus

Geben Sie jeweils die darstellbaren Farbtonstufen für die beschriebenen Bilder an.

a) 2^8 = 256 Farbtonstufen (Hinweis: Bitmap-, Graustufen, Duplex- und indizierte Farbbilder haben standardmäßig nur einen Kanal.)

- 2^{24} = 16.777.216 Farbtonstufen

25 Welche Rechner-Systeme unterstützen das TIFF-Format?

- Macintosh-PC
- IBM-PC
- IBM-Kompatible-PC
- Unix-Workstation
- Linux PC

26 Das Suffix .gif an einem Dateinamen gibt ein Dateiformat an. Um welches Format handelt es sich?

GIF = Graphics Interchange Format. Es wird für die Darstellung von indizierten Farbbildern in HTML-Dokumenten verwendet. Geeignet für Strich-, Pixel-, Halbton- und Farbbilder. GIF-Bilder können maximal 256 Farben darstellen. Das GIF-Format ist das Grundformat für die Herstellung von Animationen für das Internet. GIF ist ein LZW-komprimiertes Format, das die Dateigrößen reduziert und damit die Übertragungszeiten im Internet oder bei anderen Onlinediensten auf ein Minimum beschränkt. Das GIF-Format erhält die Transparenz in indizierten Farbbildern, unterstützt jedoch keine Alpha-Kanäle.

27 Von welcher Firma und wann wurde das GIF-Format entwickelt?

1987 von der Firma CompuServe. Es wurde das GIF 87a und das GIF 89a entwickelt. GIF 87a ist zum Dateiaustausch in Mailboxen entwickelt, GIF 89a zum Datenaustausch im Internet. Populär wurde dieses Format, da es die Wiedergabe von Animationen und transparenten Bildflächen in HTML-Dateien ermöglicht.

2.4 Dateiformate

28 Interlaced GIF ist eine Erweiterung des GIF-Formates. Was ist damit möglich?

Größere Abbildungen werden in Etappen dargestellt. Ein unscharfes Anfangsbild wird immer detailreicher. Vorteil: der Betrachter erhält während des Ladens schon einen Eindruck des Bildes.

29 Beschreiben Sie das Prinzip einer GIF-Animation.

Bei einer Animation werden mehrere Bilder so hintereinander abgespielt, dass der Eindruck einer Bewegung entsteht. Dies entspricht im Prinzip dem Ablauf eines Film- oder Videoclips. Bei einer GIF-Animation müssen die Einzelbilder im GIF-Format gespeichert sein, damit ein Internetbrowser diese wiedergeben kann. Durch das Speichern im GIF-Format wird eine GIF-Animation wenig Speicherplatz belegen und ist daher schnell in der Darstellung.

30 Welchen Vor- oder Nachteil hat eine GIF-Animation im Vergleich zu einer Flash-Animation?

Eine GIF-Animation kann durch jeden Browser wiedergegeben werden, da diese alle in der Lage sind, GIF-Bilder zu laden und darzustellen. Eine Flash-Animation kann erst dargestellt werden, wenn ein Browser das zur Darstellung notwendig PlugIn installiert hat.

31 Was bedeutet die Abkürzung PNG?

PNG = Portable Network Graphic

32 Wo wird wird das PNG-Format in der Medienproduktion verwendet?

Das PNG-Format ist ein Grafikformat, das eigens für die Verwendung im WWW konzipiert wurde.

33 Welche Eigenschaften weißt das PNG-Format auf?

PNG soll alle Vorteile von des GIF- und JPEG-Formates in sich vereinen. PNG
- komprimiert verlustfrei (Losless-Komprimierung)
- unterstützt 16,7 Mio. Farben
- ist plattformunabhängig
- unterstützt transparente Hintergrundfarben
- erhält Transparenzen in Graustufen- und RGB-Bildern

2 Informationstechnologie

▷ *Fortsetzung der Antwort* ▷

- 24-Bit-Bilder werden im Gegensatz zum GIF-Format unterstützt
- erlaubt das Abspeichern zusätzlicher Informationen wie z. B. Autor- und Copyrighthinweise, Stich- und Suchwörter sowie URLs.
- unterstützt RGB-, indizierte Farben-, Graustufen- und Bitmap-Bilder ohne Alpha-Kanäle.

34 **Welches Problem kann bei der Verwendung des PNG-Formates auf den Mediengestalter zukommen?**

PNG-Bilder werden noch nicht von allen Webbrowsern unterstützt und können daher nicht dargestellt werden.

35 **Das Suffix .jpeg (.jpg) an einem Dateinamen gibt ein Dateiformat an. Um welches Format handelt es sich?**

JPEG = Joint Photographic Experts Group. Dies ist das gängige Dateiformat für komprimierte Pixelbilder. Häufigste Anwendung ist das Anzeigen von Fotos und anderen Halbtonbildern in HTML-Dokumenten. Ein weites Anwendungsgebiet ist in Bereich der Digitalfotografie zu finden. Hier werden die aufgenommenen Bilder der Digitalkamera häufig im JPEG-Format ausgegeben und zur weiteren Verwendung bearbeitet. Es unterstützt die Farbmodi CMYK, RGB und Graustufen, aber keine Alpha-Kanäle. Im Gegensatz zum GIF-Format bleiben alle Farbinformationen eines RGB-Bildes im JPEG-Format erhalten, aber die Dateigröße wird durch selektives Entfernen von Bilddaten reduziert.

36 **Das JPEG-Format komprimiert Bilddateien, um diese für die Verwendung im Internet oder für den schnellen Datenaustausch nutzbar zu machen. Ist die dabei angewandte Komprimierung verlustfrei oder verlustbehaftet?**

Es ist keine verlustfreie Komprimierung möglich. Allerdings sind bei der Komprimierungseinstellung verschiedene Kompressionsgrade bzw. Qualitätsstufen einstellbar. JPEG-Bilder werden beim Öffnen automatisch dekomprimiert. Je höher der Komprimierungsgrad, desto niedriger die Bildqualität. Dies gilt umgekehrt ebenso. Das Exportergebnis mit der Einstellung „Maximale Qualität" ist in der sich daraus ergebenden Bildqualität in der Regel nicht vom Original zu unterscheiden.

2.4 Dateiformate

37 **Bei welchen Bildern kann bei der JPEG-Kompression ein Kompressionsmuster erkennbar werden?**

Bei Bildern mit großen, gleichartigen Mustern oder Flächen kann bei hohem Kompressionsgrad ein Kompressionsmuster erkennbar werden.

38 **Erläutern Sie die Bedeutung des WAV-Formates.**

WAV = Windows Audio Format. Soundformat, das ursprünglich nur unter Windows verwendet wurde und zwischenzeitlich für den Datenaustausch zwischen Rechnerplattformen verwendet werden kann. Nachteil ist die fehlende Datenkompression.

39 **Erklären Sie kurz das AIF-Format.**

AIF(F) = Audio Interchange File Format. Soundformat zum Datenaustausch zwischen unterschiedlichen Rechnerplattformen. Nachteil ist die fehlende Datenkompression.

40 **Beschreiben Sie die Bedeutung des MPEG-Dateiformates.**

Standard, der von der Motion Picture Expert Group als Übertragungsstandard von Bewegtbildern geschaffen wurde. Es werden verschiedene MPEG-Formate verwendet, die von MPEG-1 bis MPEG-7 definiert sind. MPEG ist ein Komprimierungsverfahren, mit dem ein hoher Komprimierungsgrad bei ausgezeichneter Bildqualität erreicht wird. Vereinfacht dargestellt, werden nur die Bildpunkte des folgenden Bildes abgespeichert, die sich gegenüber dem Vorgängerbild verändert haben. MPEG-2 erfasst aber auch Bildteile, die sich vollständig verschoben haben und speichert so nur die Bewegungsdaten ab. Der Nachteil dieser Kompression besteht darin, das für die Komprimierung ein hoher Rechenaufwand erforderlich ist.

41 **MP3 – was wird darunter verstanden? Erläutern Sie.**

Format zur Komprimierung und Ablage von Musikdateien. Dieses Format benötigt etwa ein Zehntel des Speicherplatzes einer herkömmlichen WAV-Sounddatei. Die Kompression wendet ein Verfahren an, das sich kaum auf die Wiedergabe eines Musikstückes auswirkt, aber die Dateigröße extrem reduziert. MP3 hat nichts mit MPEG-3 zu tun.

2 Informationstechnologie

42 **Erläutern Sie das SWA-Format.**

SWA = Shockwave Audio Format. Shockwave Audio ist eine Technologie, mit deren Hilfe sich die Dateigröße eines Sounds verringern und seine Wiedergabe über das Internet beschleunigen lässt.

Mit Shockwave Audio lässt sich eine Sounddatei auf ein Größenverhältnis von bis zu 176:1 komprimieren und streamen, sodass eine Anwendung bereits mit der Wiedergabe beginnen kann, sobald ein Teil der Sounddatei in den Arbeitsspeicher geladen wurde. Hierbei werden die restlichen Sounddaten erst während der Wiedergabe von der Quelle – einem Datenträger oder dem Internet - übertragen. Bei richtiger Verwendung der Komprimierungs- und Streaming-Funktionen von Shockwave Audio erfolgt die Soundwiedergabe in hoher Geschwindigkeit und Qualität, selbst wenn der Anwender nur über eine relativ langsame Internetverbindung über Modem verfügt.

43 **Erläutern Sie die folgenden Kompressionsverfahren:**

- **MPEG-1-Standard**
- **MPEG-2-Standard**
- **MPEG-4-Standard**
- **MPEG-7-Standard**

MPEG-1-Standard = Kompressionsverfahren für digitale, farbige Bewegtbilder. Speziell für die CD-ROM und für PCs als Speichermedium entwickelt. Verwendet zwei Audiokanäle.

MPEG-2-Standard = für TV-Anwendungen entwickelt; unterstützt das Zeilensprungverfahren (Interlaced-Verfahren), ist HDTV-fähig und verwendet sechs Audiokanäle und unterstützt Dolby-Surround. (HDTV = High Definition Television Fernsehsystem mit erhöhter Zeilenzahl (1250) und mit einem Bildseitenverhältnis von 16:9).

MPEG-4-Standard = Kompressions-Standard für die Übertragung von Video und Animation in Netzwerken (LAN und WAN).

MPEG-7-Standard = schafft Standards zur Medienrecherche. Damit können Videodaten in WAN-Netzwerken gesucht, aufgerufen und abgespielt werden. Grundlagen dazu sind Streaming-Technologien und Suchfunktionen unterstützende Dateiheader.

2.4 Dateiformate

44 **ISO – Was verbirgt sich hinter dieser Abkürzung?**

Internationale Standardisierungsorganisation zur weltweiten Festlegung von Normen unter Beteiligung nationaler Normierungsorganisationen wie z. B. DIN.

45 **ISO 9660 – Was ist das?**

Normierung und Festlegung der Verzeichnisstruktur auf einer CD-ROM für IBM-Kompatible, Macintosh-PC und UNIX-Workstation.

46 **Das Suffix .psd an einem Dateinamen gibt ein Dateiformat an. Um welches Format handelt es sich?**

PSD = Photoshop Datei – Programmeigenes Dateiformat des Adobe Programms Photoshop. In diesem Format können alle programmspezifischen Einstellungen wie z. B. Ebenen, Kanäle, Masken, Pfade gespeichert und zum Teil an andere Programme übergeben werden. So können z. B. die Photoshop-Ebenen an die Programme Adobe InDesign oder Adobe Illustrator direkt übergeben und dort weiter bearbeitet werden.

47 **Die Abkürzung HTML ist nahezu jedem geläufig. Was bedeutet dieses Kürzel?**

HTML = Hypertext Markup Language – Normierte Seitenbeschreibungssprache zur Übertragung von Webseiten im Internet.

48 **Sie lesen den folgenden Dateinamen: index.htm oder index.html. Was sagen Ihnen diese Namen und die dazugehörige Suffix?**

Startseite einer Internetanwendung.

49 **GIF-Format – erläutern Sie die Anwendungsmöglichkeiten dieses Formates.**

Abkürzung für „Graphics Interchange Format" – Grafik-Austausch-Format. Neben JPEG ist GIF das wichtigste Format, um Bilder WWW-gerecht zu speichern. Aktuelle Web-Browser können beide Bildformate verarbeiten. GIF-Bilder können maximal 256 verschiedene Farben enthalten, die innerhalb der GIF-Datei in der CLUT (Color Lookup Table) definiert werden. GIF eignet sich deshalb vor allem für Grafiken, Logos oder Schriftzüge. (JPEG kann dagegen TrueColor darstellen und eignet sich deshalb besser für Fotos!)

2 Informationstechnologie

50 **Welche GIF-Versionen unterscheidet man?**

Man unterscheidet 2 GIF-Versionen: 87a und 89a.

51 **Erläutern Sie die Besonderheiten von GIF 89a-Bildern.**

GIF 89a-Bilder zeichnen sich gegenüber anderen Bildformaten durch folgende Besonderheiten aus:

- Sie können Text im ASCII-Code enthalten – z. B. für Copyright-Informationen
- Sie können im so genannte Interlaced-Format abgespeichert werden, bei dem ein stufenweiser Aufbau des Bildes erfolgt.
- Es können transparente Bildteile definiert werden, damit der Hintergrund durchscheint (siehe *Transparenz*)
- Mit animierten GIFs sind kleine Animationen möglich.
- Hardware- und Plattform-Unabhängigkeit.
- Starke, verlustfreie Komprimierung von Bildern mit maximal 256 Farben.

52 **PNG ist ein noch wenig verbreitetes Dateiformat. Wo wird es eingesetzt?**

Abkürzung für „portable network graphic" format (sprich: ping). Das vom World Wide Web Consortium (W3C) entwickelte und als Standard verabschiedete Format ist lizenzfrei und soll GIF- und JPEG-Bilder ablösen – komprimierend und ohne gravierende Qualitätseinbußen.

Aktuelle Internetbrowser können dieses Bildformat nur mit Hilfe von Plug-ins darstellen. Flash Animationen verwenden dieses Format häufig.

53 **Nennen Sie die Eigenschaften des PNG-Formates im Vergleich zu GIF.**

Es weist alle Eigenschaften des GIF-Formates auf. Darüber hinaus bietet PNG folgende zusätzliche Eigenschaften:

- Größere Farbtreue durch TrueColor mit bis zu 48 Bit pro Pixel,
- Unterstützung indizierter und Graustufen-Bilder, →

2.4 Dateiformate

▷ *Fortsetzung der Antwort* ▷

- Alpha-Kanal zur Realisierung abgestufter Transparenzeffekte oder für Auswahlbereiche, die später als Masken verwendet werden,
- Integritäts-Check, der erkennt, ob ein Übertragungsfehler vorliegt,
- Möglichkeit von automatischen Gamma-Korrekturen, um Helligkeitsschwankungen auf unterschiedlichen Plattformen auszugleichen,
- PNG bietet eine sehr gute Darstellungsqualität,
- und nicht zuletzt besticht PNG durch eine verhältnismäßig starke, verlustfreie Komprimierung.

54 **Was war der Anlass zur Entwicklung des PNG-Formats?**

Der Startschuss für PNG fiel Ende 1994, als die Firma Unisys Lizenzgebühren für das GIF-Format bzw. die verwendete LZW-Komprimierung verlangte und erhielt. Doch die zu erwartenden Kosten schreckten viele Software-Hersteller auf. Gebühren für das gebräuchlichste Pixelgrafikformat im WWW lassen sich zudem nicht zwingend mit dem Internet-Gedanken vereinbaren. Bereits am 1. Mai 1995 kündigte daher ein Zusammenschluss aus Software-Entwicklern, Publizisten und technischen Autoren PNG als eine echte Alternative an.

55 **JPEG 2000 – Erklären sie dieses Format (Vorteile).**

JPEG 2000 ist der Nachfolger des JPEG-Formats. Es behebt die geringe Bildqualität des bisherigen Formats bei gleichzeitig höherer Datenkompression ohne Informationsverluste bei der Wiedergabe. Hierzu werden unifarbene, glatte Flächen nur grob aufgelöst, während detailreiche Bilder hoch aufgelöst gespeichert werden. Zusätzlich können digitale Wasserzeichen und Alphakanäle mit gespeichert werden.

Überblick über wichtige Dateiformate für die Medienproduktion*

Text- und Layoutformate

INDD	Layout-Format	Programmformat Adobe InDesign
QXD	Layout-Format	Programmformat QuarkXPress
PMx	Layout-Format	Programmformat PageMaker (x steht für die Version)
TXT	Text	Austauschformat für Textdateien ohne Formatierungen
RTF	Rich Text Format	Austauschformat für Textdateien, Formatierungen bleiben weitgehend erhalten
PDF	Portable Dokument File	Austauschformat für DTP-Dateien von Adobe
XML	Extensible Markup Language	„Metasprache" zur Beschreibung von Dokumenten Medien- und ausgabeunabhängige Dokumentenbeschreibung

Office-Formate

CSV	Comma Separated Value	Austauschformat für tabellarische Daten zwischen Textverarbeitung, Tabellenkalkulation und Datenbanken.
DOC	Word-Document	Speicherformat für Microsoft Word-Dateien
DOT	Word-Document Template	Speicherformat für Word-Dokumentenvorlagen
PPT	Power-Point	Speicherformat für Microsoft Power-Point-Dateien
MDB	Microsoft DataBase	Speicherformat für Microsoft Access-Dateien
XLS	Excel Sheet	Speicherformat für Microsoft Excel-Dateien

Bild- und Grafikformate

AI	Adobe Illustrator	Programmformat für Adobe Illustrator Grafiken
BMP	Bitmap	Pixelformat von Windows
EPS	Encapsulated PostScript	Austauschformat für Vektorgrafiken
FHx	Macromedia Freehand	Programmformat für Freehand Grafiken
GIF	Graphics Interchange Format	Pixelformat für Grafik und Text auf Webseiten
JPEG (JPG)	Joint Photografic Experts Group	Pixelformat für Halbtonbilder auf Webseiten
PNG	Portable Network Graphics	Pixelformat für Grafiken und Halbtonbilder auf Webseiten
PSD	Photoshop Dokument	Speicherformat für Photoshop-Dateien
RAW	RAW (eng.: roh)	Datenformat von Digitalkameras, kein einheitlicher Standard, da geräteabhängig
SVG	Scalable Vector Graphics	Vektorformat für Grafiken auf Webseiten
TIF (TIFF)	Tagged Image File Format	Austauschbildformat für Bilder

2.4 Dateiformate

Multimedia- und Webformate

ASP	Active Server Pages	Webtechnologie zur Erstellung dynamischer und interaktiver Webseiten
CSS	Cascading Style Sheet	Formatierungssprache zur Formatierung und Gestaltung von HTML-Seiten
FLA Flash	Macromedia Flash	Speicherformat der Animations- und Autorensoftware
HTML (HTML)	Hypertext Markup Language	Auszeichnungssprache zur Erstellung hypertextbasierter Webseiten
JS	JavaScript	Scriptsprache für Webseiten
PHP	Hypertext Preprocessor	Scriptsprache, die als Standard für dynamische Webseiten verwendet wird.
SWF	Shockwave Flash	Ausgabeformat für fertige Flash-Produkte
DIR	Macromedia Director	Speicherformat des Autorensystems Director

Audioformate

AIF (AIFF)	Audio Interchange Format File	Audioformat (verlustfrei) von Apple
MP3	Moving Pictures Experts Group Layer 3	Audioformat mit Datenkompression
RA	Real Audio	Streaming-Audioformat für Live-Widergabe im Internet
WAV	Wave	Audioformat (verlustfrei) von Microsoft
WMA	Windows Media Audio	Audioformat der Windows-Media-Technologie

Videoformate

AVI	Audio Video Interleave	Speicherformat für Video von Microsoft
MOV	Quicktime Video	Speicherformat für Video von Apple
MPG (MPEG)	Moving Pictures Experts Group	Videoformat bzw. Kompressionsverfahren für Video mit verschiedenen Standards.
RM	Real Media	Streaming-Videoformat für Live-Widergabe im Internet (RealNetworks)
WMV	Windows Media Video	Videoformat der Windows-Media-Technologie

* (Es wird kein Anspruch auf Vollständigkeit erhoben)

2.5 Netzwerktechnik

1 **Nennen Sie Merkmale nach denen sich ein Netzwerk definieren und analysieren lässt.**

1. Nutzungsmöglichkeiten
2. Klassifikation (Einteilung nach der räumlichen Entfernung)
3. Vernetzungskonzepte (Aufgaben- und Funktionsverteilung)
4. Netzwerktopologie (räumliche Anordnung der am Netzwerk beteiligten Komponenten)
5. Zugriffsverfahren
6. Netzwerkkomponenten

2 **Erklären Sie die Begriffe LAN, MAN, WAN, GAN.**

LAN = Local Area Network, sind lokale Netze.
MAN = Metropolitan Area Network, Großstadtnetze, sind Netze im privaten und öffentlichen Bereich.
WAN = Wide Area Network, Weitverkehrsnetze, sind private oder öffentliche Netze, die sich über ein Land, größere Regionen und teilweise Kontinente erstrecken.
GAN = Global Area Network, ist ein weltweites Netz und verbindet Kontinente untereinander.

3 **Was versteht man unter einem heterogenen Netzwerk?**

Unter heterogen versteht man Netze mit unterschiedlichen Rechnertypen und Rechnerarchitekturen (vom Großrechner bis zum Palm), verschiedenen Netzwerkprotokollen und Betriebssystemen sowie verschiedenen Zugriffsverfahren.

4 **Nennen Sie zwei Nutzungsmöglichkeiten (Vorteile), die eine Vernetzung generell bietet.**

Ressourcen Sharing, Data Sharing, Software Sharing, Printer Sharing, E-mail usw.

2.5 Netzwerktechnik

5 Erklären Sie den Begriff „Topologie" im Zusammenhang mit der Netzwerktechnik.

Topologie ist die Lehre von der Anordnung geometrischer Gebilde im Raum. Im Bezug auf die Netzwerktechnik versteht man hierbei die Art und Weise, wie Rechner untereinander verbunden sind.

6 Welche Netzwerktopologie ist bei LAN-Netzwerken gebräuchlich?

Sterntopologie

7 Erklären Sie die Begriffe „physikalische" bzw. „logische" Topologie.

Die **physikalische Topologie** legt fest wie die Rechner im Raum angeordnet und untereinander verbunden sind. Die **logische Topologie** legt fest, wie ein bestehendes Netz durch das Betriebssystem administriert wird. So kann z.B. ein Netz von der physikalischen Topologie her als Sternnetz angelegt sein, wird aber vom Netzwerkbetriebssystem wie ein Ringnetz verwaltet.

8 Weshalb sind Twisted Pair Kabel „verdrillt"?

Das Verdrillen von Kupferadern reduziert den Einfluss äußerer Störfelder.

9 Erklären Sie die Begriffe UTP- und STP-Kabel.

- **U**nshielded **T**wisted **P**air-Kabel = verdrilltes Kabel ohne Abschirmung,
- **S**hielded **T**wisted **P**air-Kabel = verdrilltes Kabel mit Abschirmung, ergibt erhöhte Störsicherheit

10 Welche Vor- und Nachteile haben Lichtwellenleiter (Glasfaserkabel) in Netzwerken gegenüber herkömmlichen Kabeln?

Vorteile: hohe Datenübertragungsraten, längere Kabel, ohne Zwischenverstärkung möglich, unabhängig von elektrischen Störeinflüssen, hohe Abhörsicherheit.

Nachteile: hohe Material- und Installationskosten, aufwändigere Verbindungs- und Steckertechnik beim Übergabepunkt vom Glasfaserkabel auf das Kupferkabel.

11 Erklären Sie die „sprechenden" Netzwerkbezeichnungen „100BaseT" und „1000BaseT".

100BaseT = 100 Mbit Ethernet Verwendung von Twisted Pair Kabel.

1000BaseT = Gigabit-Ethernet, Verwendung von Twisted Pair Kabel.

2 Informationstechnologie

12 Erklären Sie in kurzen Sätzen die Arbeitsweise des Ethernetzugriffsverfahren (CSMA/CD) (5 Arbeitsschritte).

1. Alle Rechner hören das Netz ab, ob es frei ist oder ob Daten zu empfangen sind (Carrier Sense).
2. Ein Rechner sendet, wenn das Netz frei ist, falls nicht: kurze Wartezeit, dann neu senden (Multiple Access).
3. Falls zwei Rechner gleichzeitig senden, entsteht eine Kollision.
4. Ein Rechner, der die Kollision entdeckt (Collision Detection) sendet Störsignal (Jamming Signal), alle Rechner beenden ihre Sendeversuche.
5. Nach kurzer Zufallswartezeit versucht irgendein Rechner erneut zu senden.

13 Erklären Sie in kurzen Sätzen die Arbeitsweise des Netzwerkzugriffsverfahren Token-Ring (5 Arbeitsschritte).

1. Im Leerlauf kreist ein so genanntes Frei-Token (Bit-Muster) im Netz.
2. Möchte ein Rechner Daten senden, muss er warten bis das Frei-Token zu seinem Rechner gelangt. Er wandelt dann das Frei-Token in ein Belegt-Token um. Die eigentlichen Daten werden an das Belegt-Token angehängt.
3. Der Zielrechner kopiert sich die empfangenen Daten in seinen Speicher und gibt sie in den Ring weiter. An das Ende der Daten wird ein Bestätigungsbit angehängt.
4. Wenn die Daten den Senderrechner wieder erreichen, erkennt dieser anhand des Bestätigungsbit, dass die Daten erfolgreich übertragen wurden.
5. Der Sender wandelt das Belegt-Token in ein Frei-Token um.

14 Welche Aufgabe hat das OSI-Referenzmodell im Bereich der Netzwerktechnik?

Das OSI-Referenzmodell beschreibt den funktionellen Ablauf und die technischen Bedingungen in einem Netzwerk nach gleichartigen Strukturen. Die Grundfunktionen werden so strukturiert, dass sie sieben Schichten zugeordnet werden können.

2.5 Netzwerktechnik

15 Welche Aufgaben hat die Schicht 3 (Vermittlungsschicht) im OSI-Referenzmodell?

Vermittlungsschicht (Netzwerkschicht, Network Layer) - dient zur Anwahl und Steuerung des Transportnetzes, der optimalen Wegewahl, Vermittlung und Kopplung unterschiedlicher Transportnetze.

16 Welche Funktionen erfüllt die Netzwerkkarte in einem Rechner?

Physikalischer Netzzugang, parallele Datenströme innerhalb des Rechners werden in serielle Datenströme umgewandelt und in das Netzwerk geschickt, serielle Datenströme aus dem Netz werden in parallele Datenströme umgewandelt.

17 Erklären Sie den Begriff MAC in Verbindung mit einer Netzwerkkarte.

Jede Netzwerkkarte muss eine weltweit einmalige Adresse (MAC, Media Access Control) zur eindeutigen Identifikation besitzen. Das IEEE weißt jedem Hersteller von Netzwerkkarten einen bestimmten Block von Adressen zu. Diese 6 Byte lange Adresse wird in den Chipsatz der Karte eingebrannt.

18 Für welche Verwendungszwecke werden die folgenden Netzwerkgeräte eingesetzt:

a) Repeater
b) Hub und Switch
c) Bridge
d) Router

a) Repeater sind Zwischenverstärker innerhalb gleicher Netzwerk- und Kabeltypen
b) Hub ist ein Sternverteiler für Sternnetze, er kann gleichzeitig auch als Verstärker arbeiten, Switch sind „intelligente" Hubs, die eine zeitweilige Punkt zu Punkt Verbindung zwischen zwei Rechner aufbauen, dadurch entstehen keine Kollisionen mehr.
c) Bridge verbindet Netzwerke, die unterschiedliche Zugriffsverfahren verwenden
d) Router sind Microcomputer, die unterschiedliche Netztypen mit gleichem Protokoll verbinden. Hauptaufgabe ist das Routing (optimale Wegermittlung) zwischen Sender und Empfänger. Innerhalb LAN werden Router hauptsächlich zur Anbindung an das Internet verwendet.

19 Ein Ethernet-Netz ist mit einem Token Ring Netz zu verbinden. In beiden Netzen wird mit dem Protokoll TCP/IP gearbeitet. Welches der folgenden Geräte können Sie hierzu verwenden? a) Repeater b) Router c) Switch d) Gateway e) Bridge

b) Router: Es genügt die Verwendung eines Routers, theoretisch ist auch die Verwendung eines Gateways zulässig, dies wäre aber eine aufwändigere Lösung.

20 An ein Sternnetz (100BaseT Ethernet) wird ein Plattenbelichter angeschlossen. Auf Grund baulicher Gegebenheiten beträgt die Entfernung zwischen Switch und Belichter 160 m. Was muss zusätzlich zum sicheren Betreiben des Belichters in das Netz eingebaut werden?

Ein Repeater oder ein weiteres Switch (Hub). Die Entfernung zwischen Switch und Netzwerkkarte darf beim 100BaseT-Netz maximal 100 m betragen.

21 Nennen Sie die Vor- und Nachteile der Bustopologie und der Sterntopologie.

Bustopologie:

Vorteile: einfache Installation, geringer Verkabelungsaufwand, geringe Kosten

Nachteile: Probleme/Fehler schwer lokalisierbar, geringere Netzwerkleistung bei steigender Teilnehmerzahl, Abhörsicherheit gering, maximale Leitungslänge begrenzt, mittlerweile veraltet.

Sterntopologie:

Vorteile: einfache Erweiterung des Netzes, gute Sicherungsmöglichkeiten gegen unerlaubten Zugriff, Datenkollisionen vermeidbar (beim Einsatz eines Switches).

Nachteile: aufwändige Verkabelung (ein Leitungspaar zu jedem Rechner), begrenzte Leitungslänge vom einzelnen Rechner zum Hub oder Switch.

22 Was versteht man unter dem Begriff Bluetooth?

Bluetooth ist ein Protokoll für eine Funkübertragungstechnik um Sprach-, Bild- und Informationsdaten über kurze Entfernungen austauschen zu können. Die Reichweite beträgt unverstärkt maximal 10 m, die Übertragungsgeschwindigkeit erreicht 1 MBit/s.

2.5 Netzwerktechnik

23 Nennen Sie Beispiele für den Einsatz von Bluetooth.

Bluetooth eignet sich zur Verbindung zwischen Mobiltelefon und Computer, zwischen Organizer und Computer, zwischen Digitalkamera und Drucker, MP3-Player und Headset usw.

24 Was versteht man unter dem Begriff „WPAN"?

Wireless Personal Area Network (WPAN), Funknetzwerk, das auf dem Bluetooth-Protokoll basiert.

25 Erklären Sie den Begriff „WLAN".

Wireless Local Area Network, es handelt sich um ein LAN bei dem die Daten per Funk übertragen werden.

26 Nennen Sie die max. Übertragungsrate und Reichweiten in einem WLAN.

Die Datenrate liegt theoretisch bei 11 MBit/s wobei in der Praxis ca. 7 MBit/s erreichbar sind. Die Reichweite ist abhängig von der gewollten Übertragungsrate aber ebenso von elektrischen Störungen und baulichen Hindernissen wie Wänden oder Decken. In einer hindernisfreien Umgebung kann mit einem Access Point eine Reichweite von bis zu 500 m erreicht werden.

27 Vier Studenten planen in ihrer Wohngemeinschaft ihre vier Computer untereinander zu vernetzen.

- a) Klassifizieren Sie das geplante Netzwerk.
- b) Welches Vernetzungskonzept kommt hierfür in Frage?
- c) Welche Netzwerktopologie ist für dieses Netzwerk zu wählen?

a) Man spricht hierbei von einem LAN oder einem GAN, falls ein Internetanschluss besteht.
b) Peer to Peer Netz, da alle Rechner gleichwertig sind (nicht Client-Server).
c) Stern-Netz, dann muss allerdings ein Hub verwendet werden.

28 Welche Aufgaben hat eine Firewall in einem Netzwerk?

Firewalls sind für den Schutz eines Netzwerks gegen Fremdeinwirkungen von außen zuständig. An Hand von vorgegebenen Regeln analysieren, trennen und schränken sie den ein- und ausgehenden Datenverkehr ein. Firewalls gibt es sowohl in Hardware als auch in Softwareform.

2 Informationstechnologie

29 In einem Druckvorstufenbetrieb besteht ein vernetzter DTP Arbeitsraum aus: 8 Apple PowerMacs, 1 Server, 1 Scanner, 1 SW-Drucker, 1 Belichter. Ein Internet- bzw. ISDN-Anschluss ist nicht vorhanden. Als Netzwerkkabel wird ein Twisted Pair Kabel verwendet. Von jedem Rechner geht ein Kabelstrang zu einem in der Mitte des Raumes befindlichen „Gerät".

a) Klassifizieren Sie das Netz!
b) Welches Vernetzungskonzept ergibt sich aus der obigen Ausstattung?
c) In welcher Topologie wurde das Netzwerk erstellt?
d) Nennen Sie 2 Vorteile der von Ihnen in c) genannten Topologie.
e) Nennen Sie den Fachbegriff für das in der Situationsbeschreibung genannte „Gerät".

a) LAN
b) Client-Server
c) Sterntopologie
d) Vorteile der Sterntopologie: geringere Datenkollisionen, einfache Erweiterung des Netzes, hohe Datenübertragungsraten, hohe Sicherheit gegen unerlaubten Zugriff
e) Hub oder Switsch

30 Konzipieren Sie für ein DTP-Unternehmen ein neues Netzwerk bestehend aus einem File- und Druckerserver, 20 Rechnern, 1 Proofprinter und 1 Belichter.

a) Welche Netzwerktopologie würden Sie wählen? Begründen Sie Ihre Entscheidung (Vor- und Nachteile).
b) Welches zusätzliches Gerät ist für Ihr geplantes Netzwerk notwendig.
c) Legen Sie die Verkabelungsart und die Steckertypen fest.
d) Zeichnen Sie in einer Skizze einen Netzwerkplan.

a) Sterntopologie:
Vorteile: Einfach Erweiterung des Netzes, gute Sicherungsmöglichkeiten gegen unerlaubten Zugriff, geringere Datenkollisionen, wenn statt des Hubs ein Switch verwendet wird.
Nachteil: aufwändige Verkabelung, begrenzte Leitungslänge vom Hub (Switch) zum Rechner
b) Es wird ein Hub benötigt.
c) In Sternnetzen mit Hubs werden so genannte Twisted Pair Kabel verwendet, Steckertyp: RJ-45
d) Skizze des Netzes: von jedem Gerät geht ein einzelner Kabelstrang zu einem zentralen Hub.

31 Nennen Sie drei bekannte Netzwerkprotokolle oder Protokollfamilien.

- TCP/IP
- IPX
- Apple Talk

32 Was versteht man unter dem Begriff „Portnumber" in Verbindung mit einem Netzwerk?

Portnummern bilden die Kommunikationsendpunkte bei der Kommunikation zwischen zwei Rechnern. Je Rechner sind theoretisch 65.535 unterschiedliche Ports darstellbar.

33 In einem denkmalgeschützten Gebäude soll eine Multimedia-Ausstellung (Dauer 3 Wochen) durchgeführt werden. Hierzu sind mindestens 5 Rechner durch ein Netzwerk zu verbinden. Die Vernetzung soll mit möglichst geringer Beeinträchtigung der Bausubstanz durchgeführt werden.

a) Welches Übertragungsmedium würden Sie wählen? Begründen Sie Ihre Entscheidung.
b) Klassifizieren Sie das Netzwerk.

a) Drahtloses Netzwerk, per Funk, keine Kabelverlegung notwendig.
b) LAN bzw. WLAN (Wireless Local Area Network).

2.6 Monitor

1 Nennen Sie die farbgebenden Elemente eines Farbmonitors (CRT-Monitor). Nach welchem Farbmischgesetz arbeiten Monitore?

Farbige Phosphore in den Farben RGB, die durch auftreffende Elektronen zum Leuchten gebracht werden. Monitore arbeiten nach dem Prinzip der additiven Farbmischung.

2 Welche Funktion hat die Bildschirmmaske bei einem CRT-Monitor? Nennen Sie die am häufigsten verwendete Maskenart mit Vor- und Nachteilen.

Bevor die Elektronenstrahlen auf den Phosphorpunkt auftreffen, werden sie nochmals durch eine so genannte Maske (Metallgitter) genau ausgerichtet und gegeneinander abgegrenzt, dadurch werden unscharfe Bilder verhindert.

2 Informationstechnologie

▷ *Fortsetzung der Antwort* ▷

Die Lochmaskentechnologie ist am häufigsten anzutreffen. Vorteile liegen in der höheren Farbauflösung und der besseren Randschärfe. Nachteilig ist die geringere Helligkeit.

3 Erklären Sie folgende Begriffe im Zusammenhang mit der Monitortechnologie in kurzen Sätzen:

a) Bildschirmauflösung
b) Bildschirmwiederholfrequenz (Vertikalfrequenz/ Refreshrate)
c) Flimmerfreiheit (ab welcher Refreshrate?)
d) die Videobandbreite
e) Dot-Pitch

a) Anzahl der Bildschirmpixel, die darstellbar sind in Breite und Höhe.
b) Gibt an, wie oft pro Sekunde der ganze Bildschirminhalt aufgebaut wird.
c) Ein flimmerfreier Bildschirm ist ab einer Bildrefreshrate von 75 Hz gegeben.
d) Gibt an, wie oft der Bildschirm in der Lage ist, die Helligkeit eines Bildpunktes pro Sekunde zu wechseln.
e) Abstand zwischen zwei Öffnungen der Lochmaske bei jeweils der gleichen Farbe.

4 Welche Aussage macht die Angabe: „Bildröhre 17 Zoll".

Es wird hierbei die Bildschirmdiagonale in Zoll angegeben.

5 Nach dem Kauf eines hochwertigen 21" Monitors erkennen Sie bei genauer Betrachtung mit einer Lupe im oberen und unteren Drittel des Bildschirms zwei horizontal verlaufende sehr feine Linien. Ist dies ein Reklamationsgrund oder bei Monitoren dieser Art in Kauf zu nehmen? Worin könnte die Ursache liegen?

Der Monitor verwendet eine so genannte Streifenmaske. Die Streifen- oder auch Gittermaske besteht aus einem Drahtgerüst. Sie kommt auf dem Markt unter der Bezeichnung Trinitron (Sony) bzw. Diamondtron (Mitsubishi) vor. Vorteile liegen in der größeren Farbfläche und der daraus resultierenden größeren Helligkeit. Nachteilig ist die geringere Auflösung und Randschärfe im Vergleich zur Lochmaske. Bei genauer Betrachtung des Bildschirms mit einer Lupe sind zwei horizontal gespannte Fäden auf dem Bildschirm zu erkennen, die als Stütze für die Maske dienen. Der Monitor ist völlig in Ordnung.

2.6 Monitor

6 Welche Einstellmöglichkeiten gibt es in der Regel bei Computerbildschirmen? Nennen Sie sieben Möglichkeiten, die maximal vorhanden sein können?

1. Horizontale Lage und Größe
2. Vertikale Lage und Größe
3. Kissen- und tonnenförmige Verzeichnung
4. Kippen, Drehen, Trapez
5. Helligkeit und Kontrast
6. Konvergenz
7. Farbtemperatur
8. Entmagnetisierung (Degauss)

7 Erläutern Sie folgende Begriffe
a) „logische Auflösung" und
b) „physikalische Auflösung" bei einem Monitor.

a) Die logische Auflösung gibt die Anzahl der waagrechten und senkrechten Pixel an, die von der Grafikkarte des Rechners einzeln angesteuert werden können (z. B. 1024×768 Pixel).

b) Die physikalische Auflösung ist durch die Anzahl der Öffnungen der Bildschirmmaske fest vorgegeben. Hierbei werden die physikalisch vorhandenen Bildpunkte (Farbtripel) angegeben. Bei einem 17-Zoll-Monitor sind dies 1381×1036 Bildpunkte. Die physikalische Auflösung begrenzt damit die logische Auflösung.

8 Zu einem Monitor folgende Angaben: Bildschirmgröße 17" (sichtbarer Bildschirmbereich $317 \text{ mm} \times 238 \text{ mm}$), Lochabstand 0,28 mm, Bildwiederholfrequenz 75 Hz. Für welche Auflösung ist der Monitor geeignet?

Rechnerische Auflösung: 1132×850 Pixel. Nächstliegende Auflösung, die auf einer Grafikkarte gewählt werden kann: 1024×768 Pixel.
(Lösungsweg auf S. 386)

9 Gegeben ist ein 21-Zoll-Monitor mit einer Auflösung von 1280 Pixel (in der Breite) mal 1024 Pixel (in der Höhe = Anzahl der Zeilen.) Gefordert ist eine Mindestbildwiederholfrequenz von 75 Hz (kein Flimmern mehr). Die Anzahl der nicht sichtbaren Synchronisationszeilen ist 48 Zeilen. Wie ist die Horizontalfrequenz in kHz?

80,4 kHz
(Lösungsweg auf S. 386)

2 Informationstechnologie

10 Ein CRT-Monitor wird mit einem Bildschirmtestprogramm untersucht. Die Auflösung beträgt 1024×786 Pixel. Sie erhalten folgendes Ergebnis: Bildwiederholfrequenz 86 Hz.

a) Machen Sie eine Aussage hinsichtlich der Flimmerfreiheit dieses Monitors.
b) Berechnen Sie die Horizontalfrequenz (auf ganze kHz gerundet), wenn die Anzahl der Synchronisationszeilen 5 % (auf ganze Zahlen gerundet) beträgt.

a) Der Monitor ist flimmerfrei, da Bildwiederholfrequenz > 75 Hz
b) 70,95 kHz
(Lösungsweg auf S. 386)

11 Laut Datenblatt erreicht ein CRT-Monitor eine Auflösung von 1280 Pixel mal 1150 Pixel sowie eine Zeilenfrequenz von 90 kHz. Die geforderte Bildwiederholfrequenz in Ihrem Unternehmen liegt prinzipiell bei 85 Hz. Berechnen Sie, ob dieser Monitor bei der geforderten Flimmerfreiheit überhaupt noch die angegebene Zeilenfrequenz von 90 kHz erreicht. Geben Sie eine Kaufempfehlung ab. Die Anzahl der Synchronisationszeilen beträgt 48.

Der Monitor erreicht bei der gewünschten Auflösung eine Bildwiederholfrequenz von 75 Hz und liegt damit unter den geforderten 85 Hz. Folglich ist vom Kauf abzuraten. Er müsste eine Zeilenfrequenz von 101 kHz aufweisen, um die geforderte Bildwiederholfrequenz von 85 Hz bei der angegebenen Auflösung zu erreichen.
(Lösungsweg auf S. 386)

12 Welche Aussage gibt die Angabe des Maskenabstandes bzw. Dot-Pitch bei CRT-Monitoren?

Dieser Begriff kennzeichnet den Abstand zweier Öffnungen der Lochmaske. Er beträgt zwischen 0,31 mm und 0,221 mm. Je geringer der Punktabstand desto höher die Bildschirmauflösung. Übliche Größen sind 0,26 mm, 0,25 mm und 0,24 mm.

13 Ein Monitor arbeitet im „Interlaced Modus". Wie erfolgt die Darstellung?

Jedes Bild wird in zwei Halbbilder aufgeteilt. Ein Halbbild mit allen ungeraden, das andere Halbbild mit allen geraden Bildschirmzeilen, die nacheinander dargestellt werden. Diese Darstellungsmethode ist bei Computer- →

2.6 Monitor

$\triangleright$ *Fortsetzung der Antwort* $\triangleright$

monitoren veraltet und wird nicht mehr angewendet. Die Fernsehtechnik arbeitet jedoch noch mit diesem Verfahren. Bei der Wiedergabe von Computerbildern über Fernsehmonitore kommt es deshalb zu einem stark sichtbaren Flimmern.

14 Erklären Sie in einfachen, kurzen Sätzen die Funktionsweise eines LCD-Flachbildschirmes.

1. Licht aus einer Hintergrundbeleuchtung (= unpolarisiertes Licht) trifft auf einen Polarisationsfilter (Horizontalfilter) auf; es wird nur horizontal schwingendes Licht durchgelassen.
2. Das horizontal polarisierte Licht trifft auf Flüssigkristalle auf.
3. Flüssigkeitskristallzellen drehen, auf Grund ihrer Herstellungsweise, das auftreffende Licht ohne weiteres Zutun um $90°$, solange keine Spannung anliegt. Aus horizontalem Licht wird vertikal schwingendes Licht. Jeder Flüssigkeitskristallzelle ist ein Dünnfilmtransistor (TFT) zugeordnet. Erhält die Kristallzelle vom TFT ein Stromsignal wird die Polarisationsebene des Lichts nicht oder nur teilweise gedreht.
4. Gedrehtes bzw. nicht gedrehtes Licht trifft auf einen zweiten Polfilter, der nur vertikales Licht durchlässt. Durch unterschiedliche prozentuale Anteile des gedrehten Lichts sind Helligkeitsabstufungen darstellbar.
5. Das durchgelassene Licht trifft danach auf RGB Filterpunkte auf, die dann entsprechend aufleuchten.

15 Wie viele defekte Pixel darf ein TFT-Flachbildschirm innerhalb der Garantiezeit nach ISO 13406 aufweisen?

Je einer Million Bildpixel dürfen maximal 5 defekte Subpixel auftreten.

16 Berechnen Sie die maximale Anzahl der zulässigen defekten Subpixel bei einem TFT-Monitor, der aus 1280×1024 Pixel besteht.

Maximal 7 defekte Subpixel.
Lösungsweg (S. 386)

2 Informationstechnologie

17 Viele Hersteller von LCD-Monitoren empfehlen eine Bildwiederholfrequenz von nur 60 Hz. Weshalb sind LCD-Monitore grundsätzlich flimmerfrei? Welche Nachteile haben LCD-Monitore?

Die Bildwiederholfrequenz ist laut Herstellerempfehlung 60 Hz (abweichend von CRT-Röhren), um das eingehende Videosignal zu synchronisieren. Da die einzelnen Leuchtpunkte nur bei einer Veränderung des Bildinhalts an- bzw. abgeschaltet werden, kommt es bei LCD-Monitoren zu keinem Flimmereffekt. Nachteilig ist hier die Trägheit des An- und Abschaltens einzelner Leuchtpunkte, was sich besonders bei schnell bewegenden Objekten als störend erweisen kann. Zusätzlich von Nachteil ist die geringere Leuchtkraft der einzelnen Bildpunkte und die Problematik der schlechteren Sichtbarkeit bei unterschiedlichen Betrachtungswinkeln.

18 Nennen Sie drei Kriterien, die für die Anschaffung eines LCD-Projektors ausschlaggebend sind?

Angabe der Leuchtkraft in ANSI-Lumen, Auflösung, Gewicht, Preis, weitere Anschlussmöglichkeiten usw.

19 Welche Aussage machen die Prüfsiegel „TCO" und „Energy Star" bei Monitoren?

TCO ist ein schwedisches Prüfsiegel und gibt Auskunft u. a. über die Strahlensicherheit eines CRT-Monitors. Das Energy-Star-Zeichen (USA) kennzeichnet Geräte, die entsprechend Strom sparend arbeiten und bei längerer Nichtbenutzung z. B. den Monitor abschalten.

20 Welche grundsätzlichen Aufgaben übernimmt die Grafikkarte innerhalb eines Computers?

- Verwaltung des Bildschirmspeichers
- Ausgabe der Daten an den Monitor
- Ausgabe der Synchronisationssignale für den Monitor

21 Wichtige Hauptkomponenten einer Grafikkarte sind Grafikprozessor, Speichermodule und RAMDAC. Erklären Sie in kurzen Sätzen diese Begriffe.

Der **Grafikprozessor** ist die Steuerzentrale der Grafikkarte. Seine Hauptaufgabe besteht darin, den Bildspeicher zu beschreiben, auszulesen und typische Grafikberechnungen im 2-dimensionalen Bereich durchzuführen. Die **Speichermodule** beinhalten die Bildschirminhalte in digitaler Form. Je mehr Speicher vorhanden ist, desto schneller kann der Bildschirminhalt angezeigt werden. →

2.6 Monitor

▷ *Fortsetzung der Antwort* ▷

Der **RAMDAC** ist ein Chip, der als Übersetzer der digitalen in analoge Stromsignale arbeitet. Er ordnet den entsprechenden Bitsignalen die analogen Rot-, Grün- und Blauwerte zu.

22 **Aus welchem Grund ist für die Farbbildbearbeitung eine „Truecolor-fähige" Grafikkarte empfehlenswert? Wie viele Farben muss diese Karte darstellen können?**

Truecolor-fähige Grafikkarten können 16,7 Mio. Farben darstellen. Bei der Bildbearbeitung sollte für jeden Farbkanal (RGB) eine Farbtiefe von 8 Bit (= 24 Bit) verwendet werden können, um eine optimale Bildbeurteilung und Bearbeitung zu ermöglichen.

23 **Sie sollen für Ihren Betrieb einen Monitor kaufen. Welche Angaben sind wichtig und zu beachten? Nennen Sie mindestens sechs.**

- Bildschirmgröße
- Flimmerfreiheit (Bildwiederholfrequenz > 75 Hz)
- Punktabstand
- Farbechtheit
- Konvergenz
- Schärfe
- Prüfsiegel (TCO, GS, TÜV)
- Stellfläche und Gewicht
- Energieverbrauch

24 **Nennen Sie die zwei bekanntesten Verfahren, die zur Bilderzeugung bei Projektoren („Beamern") zum Einsatz kommen.**

LCD-Technologie (Liquid Crystal Display) bzw. DLP-Technologie (Digital Light Processing)

25 **Wie erfolgt die Bilddarstellung bei einem LCD-Projektor?**

Das weiße Licht einer Projektionslampe wird durch dichroitische (teilfarbdurchlässige) Spiegel in rotes, grünes und blaues Licht aufgeteilt. Das so getrennte farbige Licht durchleuchtet dann jeweils ein LCD, wobei die einzelnen Flüssigkristalle wie Lichtventile arbeiten und das farbige Licht sperren bzw. vollständig oder teilweise durchlassen. Die so entstandenen farbigen Teilbilder in RGB werden über ein Prisma zu einem Gesamtbild vereinigt und durch ein Linsensystem zur Projektionsfläche geworfen.

26 **Wie erfolgt die Bilddarstellung bei einem DLP-Projektor?**

Das weiße Licht einer Projektionslampe wird zuerst mittels eines schnell rotierenden Farbrades mit RGB-Filtern in zeitlich aufeinander folgende Teillichter zerlegt, die über ein Linsensystem auf einen kleinen Chip gelenkt werden, der auf seiner Oberfläche eine Vielzahl von mikroskopisch kleinen, kippbaren Spiegeln trägt (Digital Mirror Device = DMD-Chip). Ein Bildpixel entspricht einem Spiegel. Speicherzellen kippen die beweglichen Spiegel über elektrostatische Anziehungskräfte. Je nach Signal wird somit ein heller oder dunkler Bildpunkt projiziert. Grauabstufungen werden über die Zeitdauer der gerichteten Spiegelung erzeugt. Über eine Linsenoptik werden sehr schnell nacheinander drei farbige Teilbilder auf eine Leinwand projiziert, sodass das menschliche Auge nur ein farbiges Gesamtbild wahrnimmt.

27 **Wie groß sollte die Lichtstärke eines Projektors (Beamers) mindestens sein, um eine Präsentation für ca. 20 Personen bei normaler Umgebungsbeleuchtung durchführen zu können?**

Mindestens 1000 ANSI-Lumen.

2.7 PostScript und PDF-Workflow

1 **Definieren sie den Begriff PostScript.**

PostScript ist...
- eine Seitenbeschreibungssprache
- eine Programmiersprache
- eine Belichter- und Druckerkontrollsprache

2 **Erklären Sie, welche Aufgaben Postscript als Seitenbeschreibungssprache wahrnimmt.**

Es wird das Layout einer Seite exakt beschrieben. Das bedeutet, dass die Position der Seitenobjekte wie Rasterbilder, Grafiken und Texte pixelgenau definiert werden. Eine Seitenbeschreibungssprache wird auch als PDL bezeichnet. Das bedeutet Page Description Language.

2.7 PostScript und PDF-Workflow

3 Erklären Sie, welche Aufgaben Postscript als Programmiersprache wahrnimmt.

PostScript ist eine Programmiersprache, die sich aus einer Vielzahl von Befehlen zusammensetzt. Mithilfe dieser Programmiersprache wird z. B. eine Layoutseite beschrieben. PostScript hat die Aufgabe, hochwertige grafische Ausgaben auf Druckern oder Belichtern zu erzeugen von einfachen Texten bis zu komplexen Zeitungsseiten.

4 Erklären Sie, welche Aufgaben PostScript als Belichter- und Druckerkontrollsprache wahrnimmt.

PostScript ist eine Belichter- und Druckerkontrollsprache, die außerordentlich viele Befehle zur Steuerung von Ausgabegeräten kennt. Mit dieser druckerunabhängigen Beschreibungssprache wurde ein weltweiter Standard geschaffen, der es ermöglicht, Daten zwischen verschiedenen Systemen zur Ausgabe auszutauschen und auszugeben. Voraussetzung, um dieses zu gewährleisten, ist die von der Firma Adobe vorgegebene Beachtung der PostScript Strukturkonventionen.

5 Erläutern Sie den Zusammenhang zwischen einer Seitenbeschreibungssprache (PDL) und einem RIP (Raster Image Prozessor).

Eine PDL beschreibt eine Seite wie folgt: Ein Drucker oder Belichter macht nichts anderes, als viele Punkte zu Papier, Film oder Druckplatte zu bringen. Um dies zu ermöglichen, ist ein Raster Image Prozessor (RIP) notwendig. Dieses RIP errechnet aus den PostScript-Anweisungen die Steuerung des Ausgabegerätes. PostScript arbeitet mit einem zweidimensionalen Koordinatensystem, das unbegrenzt in der Höhe ist und eine Standardeinteilung von 1 Point = 1/72 Zoll in x- und y-Richtung hat.

6 Erklären Sie den Begriff Weißschritt und Schwarzschritt in Zusammenhang mit einem Ausgabegerät wie Drucker oder Belichter.

Eine DIN A 4 Seite im Hochformat ist innerhalb eines Koordinatensystems in Punkte eingeteilt, wobei der Punkt 0/0 die rechte Ecke einer Seite ist. Eine Ausgabe erfolgt vom Punkt 0/0 aus jeweils in Schwarz- und Weißschritten (Licht oder kein Licht). Das bedeutet, dass ein Ausgabeprozess kein ganzheitlicher Vorgang ist, sondern es erfolgt ein punktweises „Zusammenbauen" der Buchstabenformen oder der Rasterpunkt.

2 Informationstechnologie

7 Welche Firma hat PostScript entwickelt?

Die Firma Adobe stellt 1984 PostScript als geräteunabhängige Seitenbeschreibungssprache zur Ansteuerung von Ausgabegeräten wie Drucker und Belichter vor. 1985 wird der erste PostScript-Laserdrucker vorgestellt.

8 PostScript-Level-3. Erläutern Sie diesen Begriff und die Ausgabemöglichkeiten des PS-Level 3.

Derzeit ist PS-Level-3 Standard und wird zur Ansteuerung sowie Ausgabe bei Druckern und Belichtern vorausgesetzt, vor allem wenn PDF-Dokumente verarbeitet werden sollen. PS-Level-3 ermöglicht eine optimierte Farbverarbeitung mit integrierbaren Farbprofilen, verbesserten Verlaufsfunktionen und deutlich verbesserter Ausgabe von freigestellten Bildern. Es werden (theoretisch) bis zu 4096 Graustufen unterstützt.

PDF-Dokumente können direkt verarbeitet werden. Alle PDF-Kompressionsverfahren werden durch PS-Level-2 unterstützt. Dies ermöglicht eine sehr gute Ausgabequalität der PDF-Files bei Druckern und Belichtern. PS-Level-3 ist Voraussetzung, um einen durchgängigen und funktionierenden PDF-Workflow zu ermöglichen.

9 DPS – Display PostScript was ist darunter zu verstehen?

Display-PostScript wird bei modernen Betriebssystemen wie z. B. MAC-OSX, verschiedenen UNIX- und Windows-Varianten zur Bildschirmdarstellung verwendet. Dabei ist das statische PostScript um das für eine Bildschirmdarstellung notwendige dynamische Fenstersystem erweitert worden.

10 Wie wird ein PostScript-Interpreter in der Fachsprache der Medienindustrie auch bezeichnet?

Raster Image Prozessor (RIP).

11 Welche „Arbeitsschritte" werden von einem PS-RIP durchgeführt, um eine PostScript-Datei auf einem Drucker oder Belichter auszugeben?

- Analyse der auszugebenden PostScript-Datei, um die einzelnen Anweisungen zu erkennen
- Aus den Anweisungen wird eine interne Darstellung der Seite aufgebaut (so genannte Display-List) →

2.7 PostScript und PDF-Workflow

▷ *Fortsetzung der Antwort* ▷

- Alle Dateien der Display-List werden in die gerätespezifische Auflösung als Halbtonbild umgesetzt.
- Durch den Rasterizer wird das entstandene Halbtonbild in Rasterpunkte zerlegt und in das interne Datenformat des Ausgegerätes umgesetzt. Dies ist i. d. R. ein Bitmap-Format. Hierbei wird die Rasterpunktform, die Rasterwinkelung und die Rasterfrequenz für die Ausgabe festgelegt.
- Aus den Bitmap-Daten errechnet das RIP die Daten zur Steuerung des Druckwerks bzw. des Lasers bei einem Belichter.

12 Was versteht man unter einem Software-RIP?

Software-RIPs laufen auf einem vorhandenen Standard-PC unter einem der üblichen Betriebssysteme. Das Software-RIP können unterschiedliche Ausgabegeräte ansteuern. Sie setzten dazu die gerasterte Version der PostScript-Datei in die jeweilige „Sprache" des Ausgabegerätes um. Je nach PC-Konfiguration können Software-RIPs als eigenständige PS-Interpreter arbeiten oder sind als Druckertreiber „getarnt", so dass der Nutzer von der PostScript-Interpretation im Prinzip nicht bemerkt – es wird „nur" ausgegeben!

13 Das Suffix .pdf an einem Dateinamen gibt ein Dateiformat an. Um welches Format handelt es sich?

PDF = Portable Document Format von Adobe zum plattformunabhängigen Austausch von Daten. Das Format wird von vielen Verlagen, Druckereien, Softwareherstellern, Behörden, und Betrieben als Austausch-, Kommunikations- und Ausgabeformat genutzt.

14 Nennen Sie die typischen Merkmale einer PDF-Datei.

- Bilder, Grafiken und Schriften sind in die Datei eingebunden.
- Es müssen keine externen Dateien wie Bild, Grafik oder Schrift für die Ausgabe mitgeliefert werden.
- Für die Druckausgabe mit Belichtern werden Farbinformationen, Überfüllung, Trapping, Separation, Auflösung mit in das Dokument übernommen und können bei der Ausgabe berücksichtigt werden. →

▷ *Fortsetzung der Antwort* ▷

- Mit entsprechenden Hilfsprogrammen kann an einem PDF-Dokument noch eine „lastminute"-Korrektur durchgeführt werden. Dies ist bei reinen PS-Dateien nicht möglich.

15 **Warum verwenden heute viele Druckereien einen PDF-basierten Workflow? Welche Vorteile ergeben sich daraus?**

- Eine programmunabhängige Ausgabe ist sichergestellt.
- Druckereien oder Ausgabedienstleister müssen nicht alle produktionsbezogenen Softwarepakete wie z. B. QuarkXPress, Corel Draw o. ä. bereitstellen. Es kann die ausgabespezifische Workflowsoftware genutzt werden, unabhängig davon, wie das PDF-Dokument erzeugt wurde.
- Betriebssystemunabhängig, d. h. das für den jeweiligen betrieblichen Workflow am besten geeignete PC-Betriebssystem wird Verwendung finden, da PDF-Dateien für alle gängigen Systeme verarbeitbar sind.

16 **Welche Aufgabe bzw. Funktion nimmt das Programm Acrobat Distiller in einem Post-Script-Workflow war?**

Acrobat Distiller ist die zentrale Software der Adobe Acrobat-Software. Er besteht aus einem Interpreter für PostScript-Dateien. Dieser Interpreter steuert allerdings keine Geräte an, sondern wandelt Post-Script-Dateien in das Portable Dokument Format (PDF) um und komprimiert durch spezielle Kompressionsverfahren die große PS-Datei in eine kleine PDF-Datei, wobei unterschiedliche Verwendungsansprüche berücksichtigt werden.

17 **Nennen Sie die wichtigsten Eigenschaften des PDF-Formates.**

Das Portable Document Format ist ein flexibles, plattform- und anwendungsunabhängiges Dateiformat. Die auf dem PostScript-Modell basierenden PDF-Dateien zeigen Schriften, Seitenlayouts, Vektor- und Bitmap-Grafiken exakt und in unterschiedlich wählbaren Auflösungen an und erhalten diese. Darüber hinaus können PDF-Dateien elektronische Such- und Navigationsfunktionen in Form von Links enthalten. Außerdem können unterschiedliche Medientypen (z. B. Sound, Video) eingebunden werden.

2.7 PostScript und PDF-Workflow

18 Dateien im PDF-Format können die unterschiedlichsten Medientypen enthalten. Zählen Sie auf.

PDF-Dateien können enthalten: Text, Grafik, Video, Sound, Animationen.

19 PostScript und das Acrobat-PDF-Format im World Wide Web. Welches Format ist für den Einsatz im Internet besser geeignet? Begründen Sie Ihre Meinung.

PostScript ist für die Datenausgabe durch Drucker und Belichter konzipiert und mit den verschiedenen PostScript Leveln auch dafür optimiert worden. Es eignet sich nicht als Online-Format, da vor allem die Dateigröße zu groß ist, um eine schnelle und sichere Datenübertragung zu gewährleisten. Diese Möglichkeit der Datenübertragung wird vom PDF-Format übernommen, das speziell für den Daten- bzw. Dokumentenaustausch, unabhängig von Plattformen, Systemen und Programmen entwickelt wurde. Dabei ist man mit dem PDF-Format in der Lage, Dateien sowohl für den Online-Datenaustausch als auch für die Print-Produktion in verschiedenen Qualitätsstufen zu erstellen.

20 Erläutern Sie den prinzipiellen Weg, um aus einer Layout-Datei (z. B. QuarkXPress-Datei) eine PDF-Datei für die hochauflösende Druck-Ausgabe auf einem PostScript-Belichter durchzuführen.

Die normale PDF-Produktion ist in mehrere Arbeitsschritte eingeteilt:

1. Erstellen einer Layout-Datei.
2. Erstellen einer PostScript-Datei (PS) aus der Layoutanwendung.
3. Konvertieren der PS-Datei mithilfe des Distillers in das PDF-Format (printoptimiert PDF/X-3).
4. Die Seite kann in Acrobat-Reader betrachtet werden.
5. Belichtung mit PS-Belichter mit PS-Level 3.

21 Was versteht man unter dem DCS-Format?

DCS = Desktop-Color-Separation-Format. Dies ist eine besondere Form einer PostScript-Belichtungsdatei. Diese CMYK-Bilddatei ist bereits vor der Belichtung separiert worden. Somit besteht die CMYK-Datei aus vier Einzeldateien, die nacheinander zum Belichten geschickt werden können. Eine CMYK-Datei wird normalerweise an den Belichter →

2 Informationstechnologie

▷ *Fortsetzung der Antwort* ▷

geschickt und dort farbsepariert. Bei großen CMYK-Dateien ist es sinnvoll, den Separationsvorgang bereits vor der Belichtung durchzuführen. Damit wird nur der Teil zum Belichter gesendet und verarbeitet, der tatsächlich zur direkten Belichtung benötigt wird. Damit reduziert sich die zu bearbeitende Datenmenge um 75 %, da jeweils nur 25 % direkt belichtet werden können.

Eine DCS-Datei besteht aus fünf Datensätzen innerhalb einer PostScript-Datei: Dies sind die vier hochaufgelösten Farben C, Y, M, K und eine fünfte, niedrig aufgelöste Preview-Datei für Layoutzwecke.

22 **Erläutern Sie den Begriff „Separated Workflow".**

Die Farbauszüge und die Überfüllungen (Trappings) sind komplett als DCS-Dateien errechnet, werden einzeln gespeichert und als einzelne Dateien durch das Netzwerk zum Belichten geschickt. In medienneutralen Produktionsumgebungen, bei denen verschiedene Datenprodukte (Print/Nonprint) erstellt werden, ist der Separated Workflow nicht sinnvoll, da zu große Datenmengen anfallen (= Anzahl der Dateien, nicht deren Dateigröße).

23 **Erläutern Sie den Begriff „Composite Workflow".**

CMYK-Daten werden als zusammenhängende Datei zum Belichten gesendet und erst im RIP separiert.

24 **Was bedeutet die Abkürzung ISO?**

International Standardiziation Organisation.

25 **PDF/X-3 – Erklären Sie die Bedeutung dieses Formates.**

PDF/X-3 ist das nach ISO genormte Format für die Übergabe von Auftragsdateien in die Druck- und Medienindustrie.

26 **PDF/X – erklären Sie dieses Kürzel.**

PDF/X = Portable Document Format Exchange. Dies ist die ISO-Norm 15930 für den unverifizierten Austausch von PDF-Dateien. Hier wird festgelegt, welche →

2.7 PostScript und PDF-Workflow

▷ Fortsetzung der Antwort ▷

Bedingungen Auftragsdaten im Dateiformat PDF zu erfüllen haben. Es gibt zwei verschiedene Normen für den Arbeitsablauf bei der Zusammenarbeit mit PDF/X-Formaten: PDF/X-1a und PDF/X-3.

27 Was wird unter PDF/X-kompatiblen Dateien verstanden?

PDF/X-kompatible Dateien werden hauptsächlich als standardisiertes Format für den Austausch von PDF-Dateien verwendet, die für eine Druckproduktion mit hoher Auflösung vorgesehen sind.

28 PDF/X-1a – Erklären Sie die Eigenschaften dieses Standards.

- Unterstützt einen Arbeitsablauf mit CMYK-Daten und Volltonfarben
- Ist immer nur für ein Ausgabegerät konzipiert (z. B. Web-Offset-Druck gemäß SWOP)
- Alle Schriften sind eingebettet
- Farbmanagement ist nicht zulässig
- Überfüllungen, Ausgabebedingungen sowie Endformat-Rahmen werden angegeben
- Druckkennlinien und Halbtonrasterweiten sind nicht zulässig.

29 PDF/X-3 – Erklären Sie die Eigenschaften dieses Standards.

PDF/X-3 unterstützt einen farbverwaltenden Arbeitsablauf. Dadurch werden zusätzlich zu CMYK und Volltonfarben geräteunabhängige Farben wie CIE L^*a^*b, ICC-basierte Farbbereiche, CalRGB und CalGray möglich. ICC-Farbprofile können eingebettet werden. PDF/X-3-Dateien weisen die folgenden Eigenschaften auf:

- PDF-Version 1.3 oder neuer.
- CMYK und Volltonfarben sind zulässig.
- Geräteunabhängige Farben sind zulässig.
- Schriften sind eingebettet.
- Überfüllungen, Ausgabebedingungen sowie Endformat-Rahmen werden angegeben.
- Druckkennlinien sind nicht zulässig.
- Halbtonrasterweiten sind eingeschränkt möglich.

2 Informationstechnologie

30 Welche Informationen enthalten korrekt erstellte PDF-Dokumente?

Alle zur Dokumentendarstellung und -ausgabe notwendigen Bilddaten, Grafiken, Texte und dazugehörende Schriften.

31 Welche Kompressionsverfahren werden zur Herstellung von PDF-Dateien für Bilder eingesetzt?

- ZIP-Verfahren i. d. R. für Graustufenbilder
- JPEG-Verfahren i. d. R. für Farbbilder
- Gruppe 4-Fax-Komprimierung für Strichbilder

32 Welche PostScript-Version ist notwendig, um einen zuverlässigen Ausgabeworkflow für PDF-Dokumente herzustellen?

PDF-Dokumente können in einem PDF-fähigen RIP mit PostScript Level 3 verarbeitet werden.

33 Wo liegt der Unterschied zwischen PostScript und PDF?

PDF ist im Unterschied zu PostScript ein Dateiformat und keine Programmiersprache. PDF-Dokumente sind intern wie eine Datenbank organisiert. Notwendige Informationen werden aus der Datei abgerufen und nicht berechnet. Bei PDF-Dateien kann z. B. eine benötigte Seite einzeln angewählt oder bearbeitet werden – je nach Bedarf. PS-Dokumente werden immer vom Anfang bis zum Ende abgearbeitet, die stapelorientierte Sprache lässt keinen Quereinstieg bzw. -ausstieg zu. PDF und PS verwenden die gleiche Methode, um Daten darzustellen, allerdings unterscheidet sich die Zugriffs- und Ausgabesystematik deutlich.

34 Welche Informationen gehören nicht in ein PDF-Dokument?

Es sollen keine gerätespezifischen Informationen enthalten sein, da die Dokumente medien- und ausgabeneutral sein sollen.

35 Wie werden Verarbeitungs- oder administrative Informationen in ein PDF-Dokument integriert?

Adobe entwickelte ein Dateiformat für den Transport administrativer Daten bzw. Verarbeitungsdaten: Das Portable Job Ticket Format (PJTF). Das Format hat den gleichen hierarchischen Aufbau wie eine PDF-Datei. Dieses Format wird für den Versand entweder in das PDF-Dokument eingebettet oder als eigenständige Datei angehängt bzw. mitgeführt.

2.7 PostScript und PDF-Workflow

36 JDF – erläutern Sie dieses Kürzel.

Von Adobe, Agfa, Heidelberger Druckmaschinen und MAN Roland wurde 1999 auf der Basis des PJTF das Job-Definition-Format (JDF) entwickelt, das seit dem Jahr 2000 auch vom CIP-4-Konsortium unterstützt wird. Dieses JDF wird häufig auch als Job-Ticket bezeichnet. Siehe auch www.cip4.org

37 Welche Informationen können in einem Job-Ticket enthalten sein?

Folgende Verarbeitungsinformationen können enthalten sein:

- Überfüllungsparameter
- Ausgabeparameter für Film- oder Plattenbelichter oder Druckmaschine wie z. B. Rasterweite, Rastertyp
- Ausschießparameter
- Materialvorwahl für Belichtung oder Druck
- CIP4-Parameter für die Farbzonenvoreinstellung der Druckmaschine
- Weiterverarbeitungsparameter für Falzen, Schneiden und Leimen
- Lieferdaten wie Auflagenhöhe und Kundenanschrift
- Administrative Daten wie Sachbearbeiter, Auftragsnummer, Termine
- Jobhistorie für die Nachkalkulation

38 Mit welchen interaktiven Funktionen können PDF-Dokumente versehen werden?

- Lesezeichen
- Verknüpfungen
- Artikelfluss
- Formularfelder
- Schaltflächen

39 Welche Medientypen können in PDF-Dokumente eingebunden werden?

- Sounddateien
- Digitale Videodateien
- Animationen
- Bilder
- Grafiken
- Texte

40 Erläutern sie den Begriff „Settings" im Zusammenhang mit einem PDF-Workflow.

Erstellte Job Options werden im Ordner „Settings" des Programms Acrobat Distiller abgespeichert und können von dort abgerufen werden.

2 Informationstechnologie

41 Beschreiben Sie den Begriff „Job Options" und was darunter zu verstehen ist.

„Job Options" nennt man die Konvertierungseinstellungen für den Acrobat Distiller. Die Job Options können mit einem eigenen Namen gespeichert und über das Einstellen-Menü im Distiller aufgerufen werden.

42 Acrobat Distiller kann „Überwachte Ordner" anlegen. Erklären Sie, welche Funktionen diese Ordner wahrnehmen.

Mithilfe von überwachten Ordnern können PostScript-Dateien automatisiert zu PDF-Dokumenten konvertiert werden. Jedem überwachten Ordner kann eine spezielle Konvertierungseinstellung zugewiesen werden. Damit können aus PS-Dateien qualitativ unterschiedliche PDF-Dokumente errechnet werden. Dies kann z. B. dazu genutzt werden, um Dateien mit niedriger Bildauflösung für Korrekturzwecke zu erstellen, Dateien für Digitaldruckmaschinen oder für eine maximale Bildqualität für den Offsetdruck.

43 Welche Ordner legt der Distiller bei der Herstellung „Überwachter Ordner" automatisch an und welche Funktionen haben diese?

In-Ordner:
In diesen Ordner werden die PS-Dateien zur automatischen Verarbeitung abgelegt.
Out-Ordner:
Nach der Errechnung der PDF-Datei wird diese, in der Regel mit der PS-Datei, aus dem In-Ordner in den Out-Ordner verschoben. Von dort wird die fertige PDF-Datei für die weitere Verarbeitung abgerufen.

44 Der Distiller kann auf einem leistungsfähigen Netzwerkcomputer laufen und dort die überwachten Ordner für alle Mitarbeiter zur Verfügung stellen. Welche Vorteile ergeben sich daraus?

Alle Mitarbeiter, die Zugriffsrechte zu diesen Ordnern haben, arbeiten mit den gleichen Konvertierungseinstellungen. Jede Arbeitsstation wird entlastet, da die PDF-Erstellung dem Netzwerkrechner übertragen wird. Die fertig erstellten PDF-Dokumente sind für die Weiterverarbeitung zentral abrufbar.

2.7 PostScript und PDF-Workflow

45 Es gibt einige feststehende Regeln zur PDF-Erzeugung. Nennen Sie diese Regeln.

- Erstellen Sie die Layout-Datei professionell. Klare Seitenstrukturen, keine Leerrahmen, keine Rahmenpositionierung außerhalb der Seiten.
- Vermeiden Sie den PDF-Writer, verwenden Sie nur den Distiller. Nur dieses Programm ist in der Lage druckreife PDF-Dokumente zu erzeugen.
- Adobe PostScript-Druckertreiber verwenden.
- Distiller-PPD verwenden. Zum PS-Druckertreiber gehört die Distiller-PPD. Andere PPDs erzeugen gerätespezifische PDF-Dokumente.
- Alle Zeichensätze/alle Schriften bei der PostScript-Berechnung einbetten. Nur so wird gesichert, dass der Distiller die tatsächlichen Schriftfonts bei der PDF-Erzeugung verwendet und einbettet.
- Distiller korrekt auf den benötigten Workflow einstellen. Die Job Options und deren Eigenschaften richtig definieren.
- Überwachte Ordner anlegen und zentralisiert nutzen. Dadurch verwendet jeder im Betrieb die gleichen Einstellungen für die PDF-Erzeugung.
- Kunden die korrekten Job Options zur Verfügung stellen, um korrekte PDF-Daten von außen für den betrieblichen Workflow zu erhalten.

3 Medienkonzeption

3.1 Briefing

1 Briefing – ein schwieriger Begriff in der Werbe- und Medienindustrie. Versuchen Sie eine allgemein gültige Definition zu geben.

Briefing = (Lage-) Besprechung, Informationsgespräch, ist die Auftragserteilung für werbliche Arbeiten an eine Agentur, Druckerei oder sonstigen Medienbetrieb. Dabei kann es um die Entwicklung ganzer Kampagnen gehen oder um die Ausarbeitung und Ausführung einzelner Teilaufträge aus einer Kampagne.

2 Mithilfe des Briefings informiert ein Auftraggeber einen Medienbetrieb über beabsichtigte Werbemaßnahmen und die damit zusammenhängenden Punkte. Nennen Sie mindestens sechs Punkte, über die ein Briefing informieren soll.

Marketingstrategie, Käuferverhalten, Werbeziele, Werbeobjekte, Werbeetat, Beurteilung der bisherigen Werbung, Beurteilung der Werbung für Konkurrenzprodukte, Kontrolle des Werbeerfolgs, Zielgruppe usw.

3 Es gibt verschiedene Briefing-Arten, die hier wiedergegeben werden. Erläutern Sie deren Funktionen, Aufgaben und die Zusammenhänge zwischen diesen einzelnen Briefing-Arten.

a) Briefing
b) Re-Briefing
c) De-Briefing
d) Brand-Review Meeting

a) Briefing: Erteilung eines Werbeauftrages an einen Medienbetrieb.

b) Re-Briefing: Nachbesprechung des Auftrages mit dem Kunden nach der Auftragserteilung. Hier ist eine Korrektur bzw. Abstimmung zwischen Auftraggeber und Auftragnehmer vor Produktionsbeginn möglich.

c) De-Briefing: Feedback durch den Auftraggeber nach Abschluss der Auftragsarbeiten hinsichtlich Qualität und Auftragsdurchführung.

d) Brand-Review Meeting: Alle am Auftragsgeschehen beteiligten Personen tauschen nach Möglichkeit in festgelegten Abständen Meinungen und Informationen aus mit dem Ziel, Arbeitsabläufe und -prozesse zu verbessern und zu optimieren.

3.1 Briefing

4 Aus einem Briefing werden die einzelnen Planungsschritte für die Ausführung eines Auftrages abgeleitet. Nennen Sie sechs Planungsschritte und bringen Sie diese in die richtige Reihenfolge.

- Grundlagenphase
- Strategiephase
- Entwicklungsphase
- Gestaltungsphase
- Ausführungsphase
- Kontrollphase

5 Erläutern Sie, welche Funktion die Grundlagenphase im Rahmen eines Briefings aufweist.

Hier wird ein Werbeauftrag durch den Kunden und den verantwortlichen Mitarbeiter des Medienbetriebes beschrieben.

6 Beschreiben Sie die Strategiephase – was wird hier geplant?

Definition des Werbezieles, der Marketingziele, Festlegung der Gestaltungsstrategie, Auswahl der Werbemedien bezogen auf die jeweilige Zielgruppe.

7 Welche Tätigkeiten kennzeichnen die Entwicklungsphase im Ablauf eines Auftrages.

Kennzeichen ist die kreative Arbeit in der Regel in Teams. Entwürfe werden erstellt und auf die Machbarkeit hin überprüft. Alle Entwürfe werden auf die Übereinstimmung mit den Vorstellungen des Kunden hin gecheckt. In dieser Phase wird oftmals ein so genannter Produktioner hinzugezogen.

8 Welche Aufgabe hat ein Produktioner in einem Kreativteam?

Der Produktioner überprüft und beurteilt die kreativen Entwürfe auf die Realisierbarkeit und gibt in der Entwicklungsphase Hinweise auf die spätere technische Umsetzung.

9 Welche Aufgaben werden in der Gestaltungsphase durchgeführt?

Die Rohentwürfe werden praktisch umgesetzt. Mithilfe digitaler Techniken werden jetzt präsentationsreife Layouts so erstellt, dass diese dem Kunden präsentiert werden können. Diese Phase endet üblicherweise mit der Kundenpräsentation.

10 Die Ausführungsphase ist oftmals langwierig und teuer. Welche Aufgaben werden hier erledigt?

In dieser Phase wird der entsprechend dem Briefing und nach der Kundenpräsentation planerisch fertige Auftrag praktisch umgesetzt. Werbemittel, Drucksachen, Internet- →

3 Medienkonzeption

▷ *Fortsetzung der Antwort* ▷

auftritte, CD/DVD-ROMs werden komplett erstellt. Diese Phase wird bei komplexen Anforderungen in verschiedenen Medienbetrieben durchgeführt. Drucksachen werden in einer Druckerei erstellt, Sounds und Videoclips in entsprechenden Studios und interaktive Medien in den dafür spezialisierten Agenturen. Ziel der Ausführungsphase ist die termingerechte Platzierung aller Werbemittel an den geplanten Mediastandorten.

11 **Welche Aufgabe hat die Kontrollphase im Rahmen eines Briefings.**

Die durchgeführte Werbemaßnahme wird anhand der Vorgaben des Briefings kontrolliert. Jede Wirkung einer Werbemaßnahme lässt sich mit Hilfe der Werbeerfolgskontrolle nachweisen. Verkaufserfolge, Steigerung des Bekanntheitsgrades einer Marke, Publikumszulauf zu einer Veranstaltung sind zum Beispiel nachweisbare Indikatoren für den Erfolg einer Werbemaßnahme.

12 **Welche Kontrollen sind bei der Abwicklung eines Auftrages noch durchzuführen?**

- Terminkontrolle
- Kostenkontrolle
- Allgemeine Qualitätskontrollen
- Einhaltung der vereinbarten Qualitätsstandards
- Kontrolle der Zahlungspläne
- Überprüfung und Einhaltung der Mediapläne

13 **Das Ziel einer Werbemaßnahme kann nach dem AIDA-Prinzip definiert werden. Erklären Sie dieses Prinzip.**

AIDA-Formel
A = Attention = Aufmerksamkeit erregen
I = Interesting = Interesse wecken
D = Desire = Kaufverlangen wecken
A = Action = Kunden zum Konsum motivieren

14 **Werbung wird zielgruppenorientiert geplant und durchgeführt. Was versteht man unter einer Ziel- oder Adressatengruppe – erläutern Sie.**

Eine Zielgruppe ist eine Personengruppe, die nach bestimmten Merkmalen definiert wird und die mit einer bestimmten Werbebotschaft direkt anzusprechen ist. Diese können demografische, geografische, soziale, physische →

und psychische Merkmale sein. Einige Merkmale können sein:

- Alter
- Bildungsstand
- Beruf
- Einkommen
- Wohnort
- Soziale Zugehörigkeit
- Vereinszugehörigkeit
- Geschlecht u. a.

3.2 Kostenstellen und Platzkostenrechnung

1 **Die Berechnung der Selbstkosten für eine Fertigungsstunde ist die Aufgabe der betrieblichen Kostenrechnung. Um diese durchführen zu können, wird ein Betrieb in Kostenstellen aufgeteilt. Was versteht man unter einer Kostenstelle?**

Kostenstellen sind Arbeitsstationen wie Workstation, PC- oder MAC-Arbeitsplätze, Videodigitalisierungs-PCs, Druckmaschinen oder Buchbindereimaschinen. An derartigen Kostenstellen wird produktiv gearbeitet. Die Kosten der so genannten unproduktiven Kostenstellen, wie Buchhaltung, Kalkulation oder z. B. der Hausmeister, müssen auf die Fertigungskostenstellen umgelegt werden. Diese Umlegung der unproduktiven Kosten auf die Fertigungskostenstellen geschieht mithilfe der Gemeinkostenzuschläge.

2 **Was versteht man unter der Kostenstellenrechnung?**

Anfallende Kosten werden dem Ort der Kostenentstehung direkt zugeordnet. Die anfallenden Kostenarten werden für die jeweilige Kostenstelle verrechnet. Kostenstellen sind in der Regel organisatorische Einheiten wie Electronic Publishing, Druckerei, Bildbearbeitung, Buchbinderei usw.

3 **Nutzungsgrad – erklären Sie diesen Begriff.**

Der Nutzungsgrad gibt an, zu welchem Prozentsatz die gesamte Arbeitszeit einer Kostenstelle direkt für die Produktion genutzt wurde. Nutzungsgrad = (Fertigungsstunden $\times$ 100) : Gesamtarbeitszeit

3 Medienkonzeption

4 Für die folgenden Kostenstellen sollte Ihnen der jeweils durchschnittliche Nutzungsgrad bekannt sein. Vervollständigen Sie die Aufstellung:

DTP-Arbeitsplatz	ca. ? %
Offsetdruckmaschine	ca. ? %
PC-Videoschnittplatz	ca. ? %
Digitales Ausschießen	ca. ? %
Scanner	ca. ? %

DTP-Arbeitsplatz	ca. 89 %
Offsetdruckmaschine	ca. 86 %
PC-Videoschnittplatz	ca. 70 %
Digitales Ausschießen	ca. 90 %
Scanner	ca. 89 %

(Nach Kalkulationshandbuch Druck + Medienindustrie BVDM Wiesbaden)

5 Erklären Sie die Aufgaben der Kostenartenrechnung.

Mithilfe der Kostenartenrechnung werden Kosten mit bestimmten Ausprägungen erfasst und zugeordnet. Dies sind z. B. Akkordlohn, Zeitlohn, Werkzeugkosten oder Abschreibungen. Diese Kosten bilden die Grundlage aller Verrechnungsvorgänge in einem Betrieb. Die Kostenartenrechnung stellt fest, welche Kosten in welcher Höhe im Betrieb angefallen sind. Die Kostenartenrechnung ist Ausgangspunkt aller Kostenrechnungen und bildet die Grundlage für die Kostenstellenrechnung und die Kostenträgerrechnung.

6 Erläutern Sie die Aufgaben der Kostenstellenrechnung.

Kostenstellen sind die Orte der Kostenentstehung. Dies sind z. B. die Kostenstellen Bilderfassung, Layout oder Druck. Die anfallenden Kosten werden entsprechend ihrem Anteil auf den jeweiligen Kostenstellen verrechnet. Die Kostenstellenrechnung soll klären, wo die Kosten im Betrieb entstanden sind.

7 Die Kostenträgerrechnung ist die dritte Kostenrechnung von Bedeutung. Formulieren Sie deren Aufgabe und Bedeutung.

In der Kostenträgerrechnung werden die Kosten für die Kostenträger bzw. die Kosten der betrieblichen Leistungen ermittelt. Hier wird also die Feststellung gemacht, wofür Kosten entstanden sind, also für welche Produkte oder Aufträge. Die Kostenträgerrechnung übernimmt die Einzelkosten aus der Kostenartenrechnung sowie die Gemeinkosten aus der Kostenstellenrechnung und verrechnet die Kosten auf die Kostenträger. →

3.2 Kostenstellen und Platzkostenrechnung

▷ *Fortsetzung der Antwort* ▷

Außerdem ermittelt die Kostenträgerrechnung die Erlöse, die durch die Kostenträger erzielt werden.

8 Was wird unter einer Hauptkostenstelle verstanden?

Kostenstellen, die direkt an der Erstellung eines Produktes beteiligt sind. Die anfallenden Kosten werden direkt auf das Endprodukt verrechnet.

9 Was wird unter einer Hilfskostenstelle verstanden?

Kostenstellen, die nur mittelbar an der Erstellung von Fertigungsleistungen für das Endprodukt beteiligt waren. Die Leistungen und damit die Kosten werden an andere Hauptkostenstellen zur Verrechnung abgegeben.

10 Welche weiteren Kostenstellen gibt es noch in einem Betrieb? Nennen Sie Kostenstellen und deren Aufgaben.

- Endkostenstellen = Hilfskostenstelle nach abrechnungstechnischen Gesichtspunkten eingerichtet.
- Fertigungshauptkostenstellen = Kostenstelle des Fertigungs- bzw. Produktionsbereiches, die unmittelbar an der Erstellung von Leistungen beteiligt ist. In der Druckindustrie kennen wir für diese Kostenstellen die Stundensätze, z. B. für Druckmaschinen oder Buchbindereimaschinen.
- Fertigungshilfskostenstellen = derartige Kostenstellen sind nur indirekt an der Fertigung beteiligt und die entstandenen Kosten können nicht direkt einem Auftrag zugeordnet werden. Derartige Kostenstellen erbringen Leistungen für alle oder für bestimmte Hauptkostenstellen. Beispiel: Materialverwaltung, Papierlager.
- Fertigungsnebenkostenstellen = diese Kostenstellen erbringen Leistungen, die der Bearbeitung von Nebenleistungen dienen, z. B. Service, Instandhaltung.
- Vorkostenstellen = Hilfskostenstellen nach abrechnungstechnischen Gesichtspunkten eingerichtet.
- Verwaltungskostenstellen = Kostenstellen der Unternehmensverwaltung, z. B. Sekretariat.

→

3 Medienkonzeption

▷ *Fortsetzung der Antwort* ▷

- Nebenkostenstellen = Kostenstellen, die für eine Kostenstelle arbeiten und in denen Produkte gefertigt werden, die nicht zum normalen Auftragsspektrum eines Unternehmens gehören.
- Primäre und sekundäre Kostenstellen = Zusammengesetzte Kosten, die von Vorkostenstellen verursacht wurden und durch eine Umlage z. B. den Fertigungskostenstellen zugerechnet werden.
- VV-Kostenstelle = Zusammenfassung der Kostenstellen für Verwaltung und Vertrieb zu einer Kostenstelle.

11 **Kostensatz – ein gängiger Begriff. Was wird darunter verstanden?**

Kostenbetrag, der einer Bezugsgröße wie z. B. einer Fertigungsstunde zugewiesen ist. Dient der Verrechnung der Gemeinkosten auf einen Kostenträger. Beispiel ist der Stunden- oder Kostensatz für eine Druckmaschine. Darin enthalten sind die anteiligen Gemeinkosten.

12 **Platzkostenrechnung – erläutern Sie deren Funktion und Aufgabe!**

Die Platzkostenrechnung ist ein Teilbereich der Kostenstellenrechnung. Sie hat die Aufgabe, eine genaue Gemeinkostenverrechnung für jede Kostenstelle durchzuführen. Jeder Arbeitsplatz und jede Maschine, vorrangig in der Fertigung eines Betriebes, wird als eigenständiger Kostenplatz geführt. Von jedem Arbeitsplatz müssen die genauen Kosten- oder Verrechnungssätze vor allem für die Kalkulation bekannt sein.

13 **Welches Ziel hat die Platzkostenrechnung?**

Ziel ist die Ermittlung der Kosten für einen Arbeitsplatz unter Einbeziehung der Gemeinkostenanteile. Daraus leitet sich der Stundensatz für eine Fertigungsstunde ab.

14 **Eine Platzkostenrechnung wird nach einem bestimmten Schema erstellt. Zeigen Sie den prinzipiellen Aufbau (Schema) dieser Kostenrechnung.**

Kostengruppe 1

- Lohnkosten des Arbeitsplatzes
- Lohnkosten Verwaltung
- Urlaubslohn
- Lohnfortzahlung
- Sozialkosten (gesetzliche + freiwillige S.)

= Σ Personalkosten →

3.2 Kostenstellen und Platzkostenrechnung

▷ *Fortsetzung der Antwort* ▷

Kostengruppe 2
- Wasch-/Putz-/Schmiermittel
- Kleinmaterial
- Instandhaltung
= Σ Fertigungsgemeinkosten

Kostengruppe 3
- Miete, Heizung
- Abschreibung
- Kalkulatorische Zinsen
- Kalkulatorische Wagnisse
= Σ Miete und kalkulatorische Kosten

Kostengruppe 4
- VV-Kosten
= Σ VV-Kosten

Die Summe der Kostengruppen 1 bis 3 zuzüglich der Verrechnung von Fertigungshilfskostenstellen sind die Fertigungskosten.
Die Summe der Kostengruppen 1 bis 4 sind die Selbstkosten bzw. Gesamtkosten des Arbeitsplatzes.
Die Berechnung des Stundensatzes: Stundensatz = Gesamtkosten : Fertigungsstunden

15 **Man unterscheidet das externe und das interne Rechnungswesen. Erklären Sie stichwortartig die Unterschiede.**

Beim externen Rechnungswesen spricht man von Aufwendungen sowie Erträgen und ermittelt daraus das Gesamtergebnis, wobei das interne Rechnungswesen aus der Leistungsrechnung, Kostenarten-, Kostenstellen- und Kostenträgerrechnung die Kosten und Leistungen zum Betriebsergebnis ermittelt.

16 **Welchen Zweck verfolgt die Kosten- und Leistungsrechnung?**

Die Kosten- und Leistungsrechnung soll die Preisentscheidung (Preisunter- bzw. -obergrenze, Verkaufspreis), Betriebskontrolle (Kontrolle der Personalkosten, Sachgemeinkosten, Verwaltungs- und Vertriebskosten, Gesamtkosten, . . .), Betriebsdisposition (Kostenvergleichsrechnungen bei unterschiedlichen Produktionswegen, Leistungsvergleiche, Vergleich ob Eigenfertigung oder Fremdbezug, . . .) und Erfolgsermittlung (einzelne Kostenstellen durchleuchten, Gesamtunternehmung, . . .) herbeiführen.

3 Medienkonzeption

17 **Für die Leistungsrechnung ist die korrekte Ermittlung der Betriebsdaten unerlässlich. Nennen Sie Grundsätze bei der Betriebsdatenerfassung.**

Die Leistungen werden je nach Kostenstelle vom Mitarbeiter direkt und laufend, also immer vor Beginn und nach Ende der einzelnen Arbeitsgänge aufgezeichnet. Es müssen die Arbeitsgänge nach den Zeitarten (Fertigungs-, Hilfs- und Ausfallzeit) unterschieden werden. Die Kontrolle der Betriebsdaten sollte täglich erfolgen.

18 **In der Druck- und Medienbranche spricht man von drei Hauptzeitarten. Nennen und beschreiben Sie kurz deren Eigenschaften.**

- Die Hauptzeitarten sind Fertigungs-, Hilfs- und Ausfallzeit.
- Die Fertigungszeit bezieht sich nur auf die eigentliche Fertigung des Auftrags, also rüsten und ausführen, zum Beispiel Auftrag entgegennehmen, Programme öffnen, Daten bearbeiten, Daten speichern, Auftrag weiter geben.
- Die Hilfszeit unterteilt sich in technische (z. B. Programm-Absturz) bzw. organisatorische Störungen (z. B. Wartezeit aufgrund fehlender Auftragsunterlagen, intern bedingt) und arbeitsplatzbedingte Hilfszeiten (Festplatte reorganisieren, Programme aufspielen).
- Unter Ausfallzeit sind bezahlte Abwesenheit (Berufsschule, Betriebsversammlung), Stillstandszeiten (keine Arbeit wegen Auftragsmangels) und Großreparaturen (Betriebsmittel länger als 8 Stunden nicht nutzbar, z. B. Netzwerkprobleme) zu verstehen.

19 **Um die Kosten für eine Fertigungsstunde an einem Arbeitsplatz ermitteln zu können, müssen einige Gegebenheiten vorher definiert sein. Nennen Sie wesentliche Basisdaten für die Platzkostenrechnung und erklären Sie diese.**

- Arbeitsplatzbesetzung, d. h. wie viele Mitarbeiter sind zeitgleich an diesem Arbeitsplatz (z. B. Drucker und Druckhelfer).
- Durchschnittliche Entlohnung je Stunde
- Raumbedarf, d. h. Produktionsfläche als auch anteilig genutzte Nebenräume. Flure, Verkehrswege usw. sind nicht zu berücksichtigen.
- Kapitalinvestition, d. h. wie hoch ist der Wiederbeschaffungsneuwert. Er umfasst alle Einrichtungen, die für die Fertigung →

3.2 Kostenstellen und Platzkostenrechnung

▷ *Fortsetzung der Antwort* ▷

erforderlich sind. Die Beschaffungs- und Installationskosten sind ebenso zu berücksichtigen.

• Nutzungsdauer, d. h. wie lange wird das Anlagegut entsprechend den steuerlichen AfA-Tabellen angesetzt. In der betrieblichen Praxis kann von den AfA-Tabellen abgewichen werden.

20 Bei der Platzkostenrechnung unterscheidet man die Kostenarten. Nennen Sie diese.

Die Unterscheidung der Kostenarten bei der Platzkostenrechnung findet in Primär- und Sekundärkosten statt.

Unter den Primärkosten versteht man die Kosten, die in den Kostenstellen direkt anfallen und diesen verursachungsgerecht zugerechnet werden können. Man unterscheidet dabei in Personalkosten, Sachgemeinkosten, Fremdmiete und kalkulatorische Kosten.

Die Sekundärkosten sind dagegen die Kosten, die den Kostenstellen durch Umlagen zugewiesen werden. Dies sind Verrechnung der Fertigungshilfskostenstellen, Arbeitsvorbereitung und Technische Leitung, Verwaltung, Vertrieb und Verkauf.

21 Bei der Durchführung der Platzkostenrechnung werden drei Schritte angewandt. Der erste ist die Kapazitätsrechnung, der zweite die Lohnrechnung und der dritte die eigentliche Platzkostenrechnung zur Ermittlung der Arbeitsplatzkosten. Zeigen Sie in einem Schema die Kapazitätsrechnung auf.

Kapazitätsrechnung

1	Kalendertage
2	– Samstage, Sonntage (5-Tage-Woche)
	= Zu entlohnende Zeit
3	– Anzahl Feiertage, abzüglich „Nicht-Arbeits-Tage"

4 Arbeitsplatzkapazität

5	– Urlaub
6	– bezahlte Arbeitsverhinderung
7	– Krankheit
8	– Freischichten
9	– Altersfreizeit

10 Mannkapazität

11	+ Überstunden
12	+ Springer / Aushilfen

13 Plankapazität

3 Medienkonzeption

22 Bei der Durchführung der Platzkostenrechnung werden drei Schritte angewandt. Der erste ist die Kapazitätsrechnung, der zweite die Lohnrechnung und der dritte die eigentliche Platzkostenrechnung zur Ermittlung der Arbeitsplatzkosten. Zeigen Sie in einem Schemata die Lohnrechnung auf.

Lohnrechnung

	Tariflohn je Stunde
	+ $\varnothing$ übertarifliche Bezahlung
	= Effektivlohn je Stunde
	+ $\varnothing$ Nachtarbeitszuschläge
	$\varnothing$ **Entlohnung je Stunde**
a)	Anwesenheitslöhne ohne Ausgleich
b)	Ausgleich bezahlter Abwesenheitsstunden
c)	**Anwesenheitslöhne** (a + b)
d)	Urlaubslöhne
e)	Feiertagslöhne
f)	bezahlte Arbeitsverhinderungen
g)	Lohnfortzahlung für Krankheit
h)	Freischichtenregelung
i)	Altersfreizeit
j)	**Abwesenheitslöhne** (d – i)
k)	Tarifliche Jahresleistung
l)	Urlaubsgeld
m)	Vermögenswirksame Leistung, Kontoführungsgebühr
n)	**Tarifliche Soziallöhne** (k – m)
o)	**Löhne** (c + j + n)

23 Bei der Durchführung der Platzkostenrechnung werden drei Schritte angewandt. Der erste ist die Kapazitätsrechnung, der zweite die Lohnrechnung und der dritte die eigentliche Platzkostenrechnung zur Ermittlung der Arbeitsplatzkosten. Zeigen Sie in einem Schema den dritten Schritt, die Platzkostenrechnung, auf.

Platzkostenrechnung

1	Löhne und Gehälter
2	Gesetzliche Sozialkosten
3	Freiwillige Sozialkosten
4	**Summe Personalkosten** (1 + 2 + 3)
5	Gemeinkostenmaterial
6	Fremdenergie (Strom, Wasser, . . .)
7	Fremdinstandhaltung
8	**Summe Sachgemeinkosten** (5 + 6 + 7)
9	Raummiete und Heizung
10	Kalkulatorische Abschreibung
11	Kalkulatorische Zinsen
12	Kalkulatorische Wagnisse
13	**Summe Miete u. kalkulatorische Kosten**
14	**Summe Primärkosten** (4 + 8 + 13)
15	Verrechnung Fertigungshilfskostenstellen
16	**Summe Fertigungskosten** (14 + 15)
17	Umlage Gemeinkosten AV / TL
18	Umlage Gemeinkosten Verwaltung
19	Umlage Gemeinkosten Vertrieb
20	**Summe Sekundärkosten**(17 + 18 + 19)
21	Summe Arbeitsplatzkosten (16 + 20)

3.2 Kostenstellen und Platzkostenrechnung

24 Platzkostenrechnung für einen Computer-Arbeitsplatz. Errechnen sie den Stundensatz für den vorgegebenen Arbeitsplatz mit den verfügbaren Angaben.

**Arbeitsplatzbesetzung 1 Designer Stundenlohn 20,00 €
1 Hilfskraft Stundenlohn 9,00 €
Platzbedarf 30 qm
Stromanschlusswert 10 kWh; Preis pro kW = 0,20 €
Investitionshöhe 20.000 €
Nutzungsdauer 4 Jahre**

Kosten des Arbeitsplatzes bei einer Jahresarbeitszeit von 1800 Stunden (1. Schichtbetrieb) inklusive 300 Hilfsstunden. Alle Beträge in €.

1. Lohnkosten (20,00 € + 9,00 €) x 1800 Stunden			52.200,00
2. Sonstige Lohnkosten (z. B. Abteilungsleiter anteilig bei 10 Mitarbeitern)	4.500,00		450,00
3. Zuschlag für freiwillige und gesetzliche Sozialleistungen, Urlaubsgeld, Feiertagslohn, Lohnfortzahlung im Krankheitsfall (45 % der Zeile 1 und 2)			23.692,50
4. **Summe der Personalkosten (Zeile 1 + 2 + 3)**			**76.342,50**
5. Fertigungsgemeinkosten (Reinigungsmittel, Putzmittel, Kleinteile usw.)		5000,00	5.000,00
6. Strom (10 kW + Raumbeleuchtung 350 Watt + 10,35 kW x 20 = 2,07 €/h x 1800 Stunden			3.726,00
7. Wasser (geschätzt)		600,00	600,00
8. Instandhaltung (geschätzt)		2000,00	2.000,00
9. Miete siehe Punkt 10			
10. Heizung (Miete und Heizung belaufen sich auf 50,00 €/qm. Flächenbedarf des Arbeitsplatzes ist 30 qm)			1.500,00
11. Kalkulatorische Abschreibung		5000,00	5.000,00
12. Kalkulatorische Verzinsung (Halbe Investitionskosten x 6,5 %)			650,00
13. **Summe (Zeile 5 bis Zeile 12)**			**18.476,00**
14. **Summe der Fertigungskosten (Summe Zeile 4 und Zeile 13)**			**94.818,50**
15. **VV-Kosten (33 % auf die Summe der Fertigungskosten)**			**32.290,11**
16. **Gesamtkosten des Arbeitsplatzes (Ziffer 14 + 15)**			**127.108,61**

Berechnung des Stundensatzes:

Gesamtstunden	= 1800 Stunden/Jahr	
Hilfsstunden	= 300 Stunden/Jahr	
Fertigungsstd.	= 1500 Stunden/Jahr	
Stundensatz	= Gesamtkosten : Fertigungsstunden	
Stundensatz	= 127.108,61 € : 1500 Stunden = **84,74 €/Stunde**	

25 **Es gibt verschiedene Aufgabenbereiche der Kalkulation. Einer davon ist die Vor- bzw. Angebotskalkulation. Erläutern Sie mit wenigen Worten deren Aufgaben.**

Vorkalkulation bzw. Angebotskalkulation. Hier werden die Kosten eines Auftrages eingeschätzt. Darunter fällt das Einschätzen des Zeit- und des Materialbedarfs, um einen Auftrag durchzuführen. Aus dieser Kalkulation errechnen sich die geschätzten Selbstkosten der Fertigung. Hierauf wird ein Gewinnzuschlag addiert.

Dies ergibt den errechneten Nettopreis. Mit diesem zuzüglich der Mehrwertsteuer erhält der Kunde dann den Bruttoverkaufspreis in einem Angebot für ein angefragtes Produkt.

26 **Ein weiterer wichtiger Aufgabenbereich der Kalkulation ist die Auftragskalkulation. Erläutern Sie deren Aufgaben.**

Die Auftragskalkulation wird erstellt, sobald aus dem Angebot ein Auftrag erfolgt. Das heißt, es ist eine Überprüfung der Angebotskalkulation. Sollten sich die Fakten der Angebotskalkulation ändern, so ist eine Auftragskalkulation unabdingbar.

27 **Die Auftragsabrechnung, auch Nachkalkulation genannt, gehört zwingend zu jeder Kalkulation. Erläutern die Aufgaben der Nachkalkulation und die Bedeutung dieses wichtigen Kalkulationsbereiches.**

Aus den Tageszetteln/der Betriebsdatenerfassung und den Materialverbrauchsscheinen bzw. den erfassten Betriebsdaten werden die tatsächlich benötigten Fertigungszeiten und das wirklich verbrauchte Material für einen Auftrag zusammengerechnet. Die Nachkalkulation ergibt die tatsächlich entstandenen Selbstkosten eines Auftrages. Kennzeichen der Nachkalkulation ist, dass nicht mehr mit geschätzten Fertigungsdaten gerechnet wird, sondern mit den real entstandenen Daten, die nach der Abrechnung ein genaues Bild →

3.2 Kostenstellen und Platzkostenrechnung

▷ *Fortsetzung der Antwort* ▷

der Kostensituation eines Auftrages ergeben. Durch den Vergleich der Vorkalkulation mit der Nachkalkulation ergibt sich der **Gewinn** oder **Verlust** an einem Auftrag.

28 Für die Kalkulation eines Medienauftrages müssen die Selbstkosten pro Fertigungsstunde bekannt sein. Wie werden diese berechnet?

Selbstkosten pro Fertigungsstunde = Gesamtkosten pro Jahr : Zahl der jährlichen Fertigungsstunden

29 Errechnen Sie die Selbstkosten pro Fertigungsstunde für folgende Kostenstellen:

a) Ein EBV-Arbeitsplatz kostet jährlich 77.000,– € und wird pro Jahr 1200 Fertigungsstunden genutzt.
b) Ein Arbeitsplatz zur elektronischen Seitenmontage kostet jährlich 75.750,– € und wird für 1500 Fertigungsstunden pro Jahr genutzt, wobei zusätzlich 100 Hilfsstunden anfallen.

a) Die Selbstkosten (Stundensatz) betragen 64,17 €/Stunde.
b) Die Selbstkosten (Stundensatz) betragen 50,50 €/Stunde.

(Lösungsweg auf Seite 387)

30 Die Abschreibung wird definiert als Wertminderung der Anlagegüter, die in einem Betrieb als Produktionsmittel eingesetzt werden. Die steuerlichen Abschreibungssätze für Maschinen und Geräte sind von den Finanzbehörden festgelegt und richten sich nach der voraussichtlichen Nutzungsdauer. Welche durchschnittliche Nutzungsdauer gilt bei einschichtiger Nutzung.

a) für Computer, die zur Bildbearbeitung eingesetzt werden,
b) für Druckmaschinen mit einem Bogenformat von 50 cm × 70 cm?

a) Computer sind mit einer Nutzungsdauer von zwei bis vier Jahren anzusetzen, PCs zur reinen Bildbearbeitung können in zwei Jahren abgeschrieben werden.
b) Druckmaschinen sind langlebige Investitionsgüter und werden in der Regel in einem Zeitraum zwischen 6 und 8 Jahren abgeschrieben.

3 Medienkonzeption

31 Ein Ausgabegerät kostet 80.000,– €. Die Wertminderung, gleichmäßig auf die Gebrauchsdauer von 5 Jahren verteilt, ergibt die Abschreibung. Errechnen Sie den linearen Abschreibungssatz und die jährliche Abschreibung für den Plattenbelichter.

Der Abschreibungssatz beträgt 20 % bei einer Nutzungsdauer von 5 Jahren. Für den Plattenbelichter werden dann pro Jahr 16.000,– € abgeschrieben.

(Lösungsweg auf Seite 387)

32 Ein Belichter kostete 80.000,– € und soll nach einer Nutzungsdauer von zwei Jahren verkauft werden, obwohl die geplante Gebrauchsdauer auf fünf Jahre veranschlagt wurde. Es wurde eine lineare Abschreibung zu Grunde gelegt. Vor dem Verkauf möchten Sie wissen, mit welchem Buchwert (Restwert) dieses Ausgabegerät noch anzusetzen ist. Berechnen Sie den Buchwert nach der zweijährigen Nutzungsdauer.

Der Belichter hat nach zwei Jahren einen Buchwert von 48.000,– €.

(Lösungsweg auf Seite 387)

33 Ein Auto für den Außendienstmitarbeiter einer Druckerei kostet 30.000,– €. Die Nutzungsdauer liegt bei normalem Gebrauch bei sechs Jahren.

a) Errechnen Sie den Abschreibungssatz.
b) Errechnen Sie die jährliche Wertminderung des Fahrzeuges.
c) Errechnen Sie die Wertminderung nach 2,5 Jahren.
d) Wie hoch ist der Buchwert nach 3,5 Jahren?

a) Der Abschreibungssatz beträgt 16,66 %/Jahr
b) Die jährliche Wertminderung des Autos beträgt 5.000,– €.
c) Die Wertminderung nach 2,5 Jahren liegt bei 12.500,– €.
d) Der Buchwert beträgt nach 3,5 Jahren 12.500,– €.

(Lösungsweg auf Seite 387)

3.2 Kostenstellen und Platzkostenrechnung

34 Die Kosten eines Betriebes lassen sich am einfachsten nach der Art der verbrauchten Güter gliedern. Dies sind Arbeitskosten, Materialkosten, Kapitalkosten, Fremdleistungskosten und Kosten der menschlichen Gesellschaft. Erläutern Sie diese Kostenarten.

- Arbeitskosten = Lohn- und Gehaltskosten, freiwillige und gesetzliche Sozialkosten.
- Materialkosten = Kosten für das Einzelmaterial eines Auftrages und das Gemeinkostenmaterial.
- Kapitalkosten = Zinsen und Abschreibungen.
- Fremdleistungskosten = Fremdreparaturen, Versicherungen, Beratungskosten, Mieten u. Ä.
- Kosten der menschlichen Gesellschaft = Steuern, Gebühren, Beiträge.

35 Die Betriebsergebnisrechnung vergleicht die Leistungen für einen Auftrag mit den entstandenen Kosten. Welche Hilfsmittel gibt es dazu?

Kalkulation (Angebotskalkulation und Auftragsabrechnung), Ergebnisrechnung/Ergebniskontrolle, Gewinn- und Verlustrechnung, Untersuchung der Rentabilität eines Auftrages und letztlich, über einen Monat oder ein Jahr betrachtet, die Rentabilität einer Abteilung oder eines Betriebes.

36 Erläutern Sie die folgenden Begriffe:
a) Fertigungsstunden (-zeiten)
b) Hilfsstunden (-zeiten)

a) Fertigungsstunden dienen unmittelbar der Erstellung eines Medienproduktes. Die dafür aufgewendeten Zeiten können direkt dem Kunden bzw. dem Auftraggeber in Rechnung gestellt werden.
b) Hilfsstunden dienen der allgemeinen Betriebsbereitschaft. Sie werden nicht durch einen bestimmten Auftrag verursacht und können deshalb nicht direkt auf Aufträge verrechnet werden.

37 Nennen Sie je ein denkbares Beispiel für Tätigkeiten, die Fertigungszeiten und Hilfszeiten zugeordnet werden, bei folgenden Kostenstellen: Satz, Bildreproduktion, Bogenmontage, Druck.

Kostenstellen	Fertigungszeiten	Hilfszeiten
Satz	Texterfassung	Schrift installieren
Bild	Scannen	Auswechseln und Reinigen von Scannertrommeln
Montage	Montage	Reinigungsarbeiten
Druck	Drucken	kleine Wartung Druckmaschine Reinigung

3 Medienkonzeption

38 **Erläutern Sie folgende Kostenarten:**
a) Fertigungskosten
b) Materialgemeinkosten
c) Gewinnzuschlag

a) Fertigungskosten ergeben sich aus der Summe aller Selbstkosten, die in der Produktion entstehen. Darunter fallen alle Fertigungsstunden an den verschiedenen Einrichtungen eines Medienbetriebes.

b) Materialgemeinkosten entstehen durch die betriebliche Materialwirtschaft. Hier entstehen Beschaffungskosten, Lagerkosten, Transportkosten und Finanzierungskosten.

c) Ein Gewinnzuschlag wird vom Unternehmen auf die Herstellungskosten berechnet und kann prinzipiell frei festgelegt werden. Er ist abhängig von der Konkurrenzsituation. Der sich daraus ergebende Preis ist der Nettopreis.

---

39 **Erläutern Sie folgende Kostenarten:**
a) Nettopreis
b) Bruttopreis
c) 1000-Stück-Preis

a) Der Nettopreis setzt sich aus den Herstellungskosten und dem Gewinnzuschlag zusammen.

b) Der Bruttopreis ist der Nettopreis + Versand- und Verpackungskosten + MwSt.

c) Der 1000-Stück-Preis wird bei Angeboten für ein Druckprodukt oftmals neben dem angefragten Preis angegeben. Dies ist der Preis für weitere 1000 Exemplare eines Auftrages. Dieser Preis ist sehr günstig, da die Fixkosten (Druckvorstufe, Druckplatten usw.) bereits abgedeckt sind. Dem Kunden gibt man einen Anreiz, eine höhere Menge (= höhere Auflage) zu bestellen.

---

40 **Erstellen Sie ein vereinfachtes Ablaufschema der Auftragsgewinnung für ein Multimedia-Produkt.**

⇒ Kundenkontakt ⇒ Ideen und Vorstellungen ⇒ Investitionsempfehlung ⇒ Schriftliches Briefing und Angebotserstellung ⇒ Re-Briefing und Auftragskalkulation ⇒ Kostenvoranschlag ⇒ Angebot und erste Umsetzung und Muster-Screens ⇒ Auftragsvergabe ⇒ Produktionsbeginn.

3.2 Kostenstellen und Platzkostenrechnung

41 Erläutern Sie den Begriff „Pflichtenheft".

Die Basis für eine Kalkulation und die spätere Produktion ist das Pflichtenheft. Hier sind alle technischen, inhaltlichen und gestalterischen Anforderungen an ein MM-Produkt definiert. Dies sind in der Regel Aussagen und Festlegungen über die Funktionalität, Mengendefinitionen über Texte, Bilder, Screens, Animationen usw. Danach kann eine Angebotskalkulation erstellt werden.

42 Eine MM-Kalkulation weist eine bestimmte Struktur auf, die sich aus den besonderen Produktionsbedingungen für ein MM-Produkt ergeben. Dabei wird grundsätzlich nach „Prozessen" und „Aktivitäten" differenziert. Erläutern Sie diese beiden Begriffe.

Prozesse: Darunter versteht man eine Kette von Aktivitäten gleicher oder ähnlicher Zielsetzung. Der Gesamtprozess ist die Herstellung des Produktes. Dieser Prozess wird unterteilt in Teilprozesse wie Konzeptionsphase, Projektmanagement, Produktion, Korrekturphase usw.

Aktivitäten: Dies sind die Handlungen oder Vorgänge im Rahmen der Herstellung eines Multimedia-Produktes. Sie sind die kleinsten bewertbaren Einheiten und bilden in ihrer Summe einen Teil eines Prozesses. Aktivitäten können einmalig oder mehrmalig anfallen. Storyboarderstellung ist eine einmalige Aktivität, während Screenerstellung, Programmierung, Bild- und Grafikerstellung mehrmalig bewert- und berechenbare Aktivitäten darstellen.

43 Nennen Sie vier Beispiele für Prozessaktivitäten im Rahmen einer MM-Kalkulation.

- Konzeptphase
- Testphase
- Fremdleistungen
- Projektmanagement

44 Die Herstellung einer MM-Applikation ist ein Gesamtprozess, der durch Prozesse und Aktivitäten gekennzeichnet ist. Nennen Sie für die Prozesse „Konzeption" und „Produktion" die dazu möglichen Aktivitäten.

Konzeption und mögliche Aktivitäten sind z. B.: Grobkonzept mit Schaltplanung/Verlinkung, Kreativkonzept/Navigationskonzept, Screen-Design, Basis-Konzeption mit Zeitplanung und Kalkulation, Pflichtenheft erstellen, Storyboard erstellen usw.

Produktion und mögliche Aktivitäten sind z. B.: Screen-Design, Bildbearbeitung, →

3 Medienkonzeption

▷ *Fortsetzung der Antwort* ▷

Videoschnitt, Audiobearbeitung, Animation 2D/3D, Textredaktion, Datenbankerstellung, Programmierung, Medienintegration usw.

45 Bei der Kalkulation eines Internetauftrittes müssen Zusatzkosten berücksichtigt werden, die nichts mit der Herstellung der Websites zu tun haben. Diese Kosten sind im Zusammenhang mit dem Betrieb, der Wartung und Aktualisierung zu betrachten, müssen aber in die Gesamtkalkulation mit eingebracht werden. Welche Kosten fallen für den Betrieb einer Internetseite an?

- Kosten für Platz auf dem Server des Internet-Providers.
- Registrierung, Einrichtung und Unterhalt eines Domain-Namens.
- FTP-Zugang zur Pflege, Wartung und Aktualisierung der Seiten.
- Mail-Verwaltung.
- Online-Submitting/Suchmaschinen-Anmeldung.
- Auswertungen der Nutzung der Seiten.

46 Bei Ihrer täglichen Arbeit müssen Sie in der Regel einen Tagesarbeitszettel ausfüllen. Dies geschieht mithilfe eines Vordrucks oder per Bildschirm bei einem Produktionsmanagement-System. Welche Funktion hat das Ausfüllen dieses „analogen" oder „digitalen" Tagesarbeitszettels für Ihren Betrieb?

Der Tagesarbeitszettel dient der Erfassung der Produktionszeiten an den einzelnen Kostenstellen innerhalb eines Betriebes. Des Weiteren ist er Grundlage für die Lohnerfassung für die einzelnen Mitarbeiter, der hier seine geleistete Arbeit einträgt. Die Kosten- und Zeit-Kontrolle der einzelnen Kostenstellen mithilfe des Tagesarbeitszettels ist Grundlage für die Nachkalkulation eines Auftrages, da hier die geplanten Soll-Zeiten mit den tatsächlich benötigten Ist-Zeiten verglichen werden können.

3.3 Kalkulations-Beispiele

Zur Lösung nachfolgender Kalkulationsbeispiele sind die Kosten- und Leistungsgrundlagen für Klein- und Mittelbetriebe in der Druck- und Medienindustrie, 46, Ausgabe August 2005 anzuwenden. (Bundesverband Druck und Medien e.V., Biebricher Allee 79, 65187 Wiesbaden, Art.-Nr. 83102, ISSN 0724-5424).

1 Situationsbeschreibung:

Zweiseitiges Rechnungsblatt, DIN A4, 1/1-farbig schwarz, Vorderseite: Formular mit 1000 Zeichen, Strukturklasse A, Rückseite: Allgemeine Geschäftsbedingungen, 50000 Zeichen, Einfache Struktur. Das Manuskript ist gut lesbar und es handelt sich um allgemein verständlichen Text.

Auflage 10 000. Kunde wünscht zweifache korrigierte Korrekturabzüge. Das Druckprodukt wird mittels Mengentexterfassung, Seitengestaltung an einem DTP-B-Arbeitsplatz, Korrektur lesen, Workflow-Ausschießen, Bogenplott-Revision, vollautomatischer Plattenbelichtung auf einer Einfarben-Offsetdruckmaschine Klasse 3, 36 cm × 52 cm hergestellt. Das Produkt wird zum Umschlagen gedruckt.

Die fertig geschnittenen Rechnungsbogen sollen 1000-stückweise zu Paketen verpackt werden.

Es wird ungestrichenes Papier mit 70 g/qm verwendet.

- **a) Beschreiben Sie den kalkulatorischen Arbeitsablauf des Druckproduktes.**
- **b) Ermitteln Sie die Fertigungszeiten und deren Kosten.**
- **c) Welche Kosten müssten für einen Angebotspreis noch berücksichtigt werden?**

a) Mengentexterfassung der Rückseite ⇒ Textgestaltung der Rückseite ⇒ Textgestaltung der Vorderseite ⇒ Proof ⇒ Korrektur lesen ⇒ Kunden-Proof nach Korrektur-Ausführung ⇒ Workflow-Ausschießen ⇒ Bogenplott-Revision ⇒ Computer-to-Plate ⇒ Druck ⇒ Druckweiterverarbeitung (Schneiden und Verpacken).

b) Grundrüsten je Auftrag/Arbeitsplatz 10,10 €

(Lösungsweg auf Seite 387 bis 389)

c) Fertigungsmaterialien, Zuschläge für Vertrieb und Verwaltung, Materialgemeinkostenzuschlag, Gewinn, Mehrwertsteuer.

3 Medienkonzeption

2 Die Situationsbeschreibung ist mit 1 identisch, aber unser Unternehmen hat kein Computer-to-plate, sondern noch konventionelle Filmbelichtung, Bogenmontage und Rahmenkopie.

a) Beschreiben Sie den kalkulatorischen Arbeitsablauf des Druckproduktes.
b) Ermitteln Sie den Unterschied der Fertigungskosten zu 1.

a) Mengentexterfassung der Rückseite ⇒ Textgestaltung der Rückseite ⇒ Textgestaltung der Vorderseite ⇒ Proof ⇒ Korrektur lesen ⇒ Kunden-Proof ⇒ Filmbelichtung ⇒ Bogenmontage ⇒ Lichtpause ⇒ Rahmenkopie ⇒ Druck ⇒ Druckweiterverarbeitung.

b) *Lösung auf Seite 390*

---

3 **Situationsbeschreibung:**

Loseblatt-Werk mit Gesetzestext.

Manuskript:	113 Seiten, 54 Zeichen/Zeile, 27 Zeilen/Seite, gut lesbare Textvorlagen.
Layout:	2-spaltig, 50 Zeichen/Zeile, 35 Zeilen/Spalte, Einfache Struktur, DIN A4.
Korrekturabzüge:	2-fach mit ausgeführter Hauskorrektur.
Druck:	Formatklasse I (52 cm × 74 cm), 2/2-farbig, 2-seitig, 3000 Auflage.

Zusammentragen der Einzelblätter.
Zu Paketen, Sätze, 500stückweise bündeln.
Das Druckprodukt wird mittels Mengentexterfassung, Textgestaltung, Korrektur lesen, digitaler Bogenmontage, Computer-to-Plate, auf einer Zweifarben-Offsetdruckmaschine Klasse I, einschichtig hergestellt. Das Produkt wird im Schön- und Widerdruck gedruckt.
Es wird ungestrichenes Papier mit 60 g/qm verwendet.

a) Beschreiben Sie den kalkulatorischen Arbeitsablauf des Druckproduktes.
b) Ermitteln Sie die Fertigungszeiten und deren Kosten.
c) Welche Kosten müssten noch für einen Angebotspreis berücksichtigt werden?

a) Mengentexterfassung ⇒ Textgestaltung ⇒ Proof ⇒ Korrektur lesen ⇒ Kunden-Proof ⇒ Workflow-Ausschießen ⇒ Bogenplott-Revision ⇒ CtP ⇒ Druck ⇒ Druckweiterverarbeitung (Schneiden, Zusammentragen und Verpacken).

b) *(Lösungsweg auf Seite 390 bis 392)*

c) Fertigungsmaterialien, Zuschläge für Vertrieb und Verwaltung, Materialgemeinkostenzuschlag, Gewinn.

3.3 Kalkulations-Beispiele

4 Situationsbeschreibung:

6-seitiger Flyer, Wickelfalz, 4-farbig (Sonderfarben)
geschlossenes Format: 9,9 cm x 21 cm
offenes Format: 29,7 cm x 21 cm.
Auflage: 200
Digitaldruck: Formatklasse 3, 32 cm x 46,4 cm
Die fertig erstellten, geschlossenen Daten der sechs Einzelseiten des Flyers werden vom Kunden geliefert.
Das Druckprodukt wird auf 120 g/qm gestrichenem Papier gefertigt und muss anschließend gefalzt und 100-stückweise verschrumpft werden.

a) Beschreiben Sie den Arbeitsablauf.
b) Ermitteln Sie die Fertigungszeiten und deren Kosten.
c) Welche Kosten müssten noch für einen Angebotspreis berücksichtigt werden?

---

a) Daten übernehmen ⇒ digitales Ausschießen ⇒ Digitaldruck ⇒ Falzen ⇒ verschrumpfen.

b) Datenübernahme und digitales Ausschießen: 40,95 €
Digitaldruck: 391,66 €
Falzen: 21,42 €
Verschrumpfen: 10,62 €
Lösungsweg auf S. 393/394

c) Fertigungsmaterialien, Zuschläge für Vertrieb und Verwaltung, Materialgemeinkostenzuschlag, Gewinn.

3.4 Vernetzte Druckerei

1 **Stellen Sie den prinzipiellen Weg eines Druckauftrages durch eine Druckerei dar.**

1. Druckvorlagenbearbeitung (Textmanuskript, Bildvorlagen)
2. Arbeitsvorbereitung Text (Manuskriptbearbeitung)
3. Arbeitsvorbereitung Bild (Bildvorlagenbearbeitung)
4. Texterfassung (Schreiben oder Datenübernahme)
5. Bilderfassung (Scannen oder Datenübernahme)
6. Textgestaltung, Seitenaufbau, Text-/Bild-Integration (Elektronische Seitenmontage)
7. Korrektur (Haus- und Autorenkorrektur)
8. Datenausgabe (Computer-to-Film, Computer-to-Plate, Computer-to-Press, Computer-to-Print)
9. Druck der geplanten Auflage
10. Druckweiterverarbeitung (Falzen, Schneiden, Kleben, Heften, Binden)
11. Konfektionierung (Versandverpackung)
12. Versand

2 **Die Arbeitsvorbereitung unterteilt sich in die Funktionsbereiche Arbeitsplanung, Arbeitssteuerung, Auftragsbearbeitung und Terminsteuerung. Beschreiben Sie in Stichworten die Aufgaben der genannten Arbeits- oder Funktionsbereiche in einer Druckerei.**

Arbeitsplanung: Hier wird die grundlegende Festlegung der Arbeitsabläufe für die Abwicklung eines Druckauftrages im Betrieb geplant und festgelegt. Dabei müssen die Kapazität und das Leistungsvermögen von Mitarbeitern, Arbeitsmitteln und Räumlichkeiten eingeplant werden. Die sich daraus ergebenden Einschätzungen und Festlegungen führen zur Erstellung der Unterlagen für die Arbeitssteuerung. Aufgabe der Arbeitsplanung ist nicht generell die Behandlung eines Einzelauftrages, sondern die Festlegung von Arbeitsabläufen, die Ermittlung der Kapazitäten und Fähigkeiten der Mitarbeiter, die Arbeitsplatzgestaltung und den damit verbundenen betrieblichen Workflow. Dazu gehört auch die Ermittlung von Fertigungszeiten für einzelne Fertigungsschritte. Dies ergibt in der Summe einen Leistungskatalog der Druckerei, nach dem die Kalkulation und Planung des Auftragsdurchlaufes erfolgt.

Arbeitssteuerung: Hier erfolgt die Steuerung der Einzelaufträge unter Anwendung des Grundlagenmaterials aus der Arbeitsplanung. Die Steuerungsaufgaben sind →

3.4 Vernetzte Druckerei

▽ *Fortsetzung der Antwort* ▽

schwerpunktmäßig: Kalkulation, produktionsreife Vorbereitung der Auftragsunterlagen, Bereitstellung des Materials, Arbeitseinteilung und Auftragsüberwachung.
Auftragsbearbeitung: Die Angebotskalkulation, Erstellung der Auftragsunterlagen, Festlegung der Fertigungsverfahren und die Materialdisposition werden von der Auftragsbearbeitung durchgeführt.
Terminsteuerung: Ermittelt die Kapazitätsauslastung der Produktionseinrichtungen, legt Zwischen- und Endtermine für die einzelnen Fertigungsstufen fest und informiert über Liefertermine und noch freie Kapazitäten. Daneben gehört die Arbeitsfortschrittsüberwachung, die Erfassung eventueller Abweichungen von geplanten Vorgängen, die Festlegung neuer Termine und die Rückmeldung aller Terminprobleme zu dieser Funktion.

3 **Welche Angaben und Festlegungen werden in der Arbeitsvorbereitung für Texte getroffen?**

Satzbreite, Satzhöhe, Satzart bzw. -anordnung, Schriftart, Schriftgrad, Zeilenabstand, Auszeichnungen, Einzüge. Je detaillierter diese Anweisungen für die spätere Textverarbeitung sind, um so weniger Korrekturen werden später notwendig.

4 **Dürfen an einem Manuskript sprachliche Änderungen durch die Druckerei vorgenommen werden? Begründen Sie.**

Nein – dazu ist der Druckereibetrieb nach dem Urheberrecht nicht befugt. Hat ein Manuskript nach Meinung der Druckerei stilistische oder sonstige Mängel, dürfen Änderungen nur in Absprache mit dem Verlag oder dem Autor durchgeführt werden.

5 **Welche Kontrollen und Festlegungen werden in der Arbeitsvorbereitung für Bilder getroffen?**

- Kontrolle der Vorlagen auf Vollständigkeit und Qualität.
- Vorlagenverbesserung im Hinblick auf die Verarbeitung. Es könnten eventuell Duplikate oder Dias hergestellt werden, um eine standardisierte Bildreproduktion zu ermöglichen.
- Erstellen der Reproduktionsanweisungen. Dies können folgende Festlegungen sein: einfarbig/mehrfarbig, Bildausschnitt, Vergrößerung, Verkleinerung, Scanauflösung, Druckauflösung, Rasterweite/Rasterart Beschnitt, Dateiformat, Modus, Sonderfarben, Dateiablage

3 Medienkonzeption

6 **Nach der Text-/Bild-Integration wird die Hauskorrektur durchgeführt. Was ist darunter zu verstehen?**

Erste Korrektur des Druckproduktes nach dem Seitenumbruch durch die Druckerei. Diese Korrektur bezieht sich auf die Rechtschreibung, es müssen aber auch der Stand der Bilder und Grafiken, deren richtige Zuordnung zum Text und die Einhaltung der Layout-Vorgaben geprüft werden. Die Kosten der Hauskorrektur trägt die Druckerei. Die Hauskorrektur ist in den Leistungswerten enthalten.

7 **Erläutern Sie den Begriff „Autorenkorrektur".**

Korrektur des Medienproduktes durch den Autor oder Verlag. Häufig werden hier nicht nur Rechtschreibkorrekturen durchgeführt, sondern inhaltliche Änderungen vorgenommen, die zu erheblichen Kosten führen können. Vor allem die Änderung ganzer Kapitel oder das Erweitern oder Verkürzen des Inhalts mit neuen Bildern oder Grafiken kann zu einem neuen Umbruch führen. Die Kosten der Autorenkorrektur werden von diesem oder dem Verlag getragen. Dies sollte dem Kunden mit der Übergabe der Autorenkorrektur mitgeteilt werden – manchmal hilft es, Kosten einzusparen.

8 **Erklären Sie den Begriff „Imprimatur".**

Imprimatur = Druckfreigabe durch den Autor, Verlag, Auftraggeber. Danach kann mit dem Auflagendruck begonnen werden.

9 **Die letzte Station der Druckproduktion ist die Weiterverarbeitung. Was ist darunter zu verstehen?**

Hier erhält das Druckprodukt seine endgültige Form durch Arbeitsvorgänge wie z. B. Schneiden, Falzen, Stanzen, Kleben, Heften oder Binden.

10 **Warum muss der Mediengestalter über die grundlegenden Weiterverarbeitungsgänge eines Druckauftrages informiert sein.**

Die Arbeitsvorbereitung muss die Form und Gestalt des Endproduktes kennen und festlegen. Materialbedarf und Produktionsabläufe müssen aufeinander abgestimmt werden. Für die Planung des Produktionsablaufes sind viele Schritte und Kenntnisse notwendig. Vor allem das richtige Anbringen von Hilfszeichen wie Passmarken, Farbkontrollstreifen, →

3.4 Vernetzte Druckerei

▷ Fortsetzung der Antwort ▷

Farbmesskeilen, Formatbegrenzungen o. Ä. für die Druckweiterverarbeitung erfordert Weiterverarbeitungskenntnisse von den Mitarbeitern in der Druckvorstufe.

11 Die traditionelle Abwicklung eines Druckauftrages wird mithilfe einer Auftragstasche durchgeführt. Welche Funktion hat ein solches Organisationsmittel für den Betrieb?

Jeder Mitarbeiter innerhalb eines Betriebs kann aus der Auftragstasche die Anweisungen und Informationen für seine Fertigungsstelle entnehmen, die für die Produktion des Auftrages notwendig sind. Dabei sind Informationen über vorgelagerte und nachgeordnete Fertigungsstellen möglich und notwendig, die über die dortigen vorgelagerten und nachgeordneten Produktionsschritte und Verfahren informieren.

12 Welche Informationen sind auf einer Auftragstasche üblicherweise enthalten?

- Auftragsnummer
- Kunde und dortiger Ansprechpartner
- Auftragssachbearbeiter und betriebliche Ansprechpartner
- Liefertermin für Fertigprodukt
- Auftragsbeschreibung
- Manuskript- und Bildlieferung
- Angaben über:
  - Text- und Bilderfassung
  - Grafikerstellung
  - Text-/Bild-Integration/ Seitenmontage
  - Korrektur (Haus- und Autorenkorrektur)
  - Belichtung
  - Montage
  - Plattenkopie
  - Kontrolle
  - Druck
  - Druckweiterverarbeitung
  - Versand
  - Angaben über notwendige Fremdarbeiten (Lieferung mit Terminvorgabe)

3 Medienkonzeption

13 **CIP4 – was bedeutet diese Abkürzung?**

CIP steht für Cooperation in Prepress, Press und Postpress.

14 **Was verbirgt sich hinter CIP4?**

Unter der Führung der Firmen Adobe, Agfa, Heidelberger Druckmaschinen AG und MAN Roland wurde ein so genanntes Jobticket entwickelt, das den Datenaustausch zwischen den verschiedenen Produktionsstufen erleichtern soll. CIP4 steht für die Entwicklung von PPF und allen damit verbundenen Anregungen und Ideen, die vor allem im Bereich der Ganzseitenausgabe zu finden waren. Jede Maschine in Druck und Weiterverarbeitung, die über eine CIP4-Schnittstelle verfügt, kann mithilfe einer PPF-Datei für den jeweiligen Auftrag automatisiert eingerichtet werden. Druckmaschinen und Weiterverarbeitungsmaschinen mit dieser Schnittstelle werden vermehrt auf dem Markt angeboten. Ziel der Entwicklung ist die vernetzte Druckerei.

15 **Welches Ziel verfolgt man mit CIP4?**

Mit CIP4 soll der Austausch von Dateien zwischen Vorstufe, Druck und Weiterverarbeitung realisiert werden, um einen schnellen und sicheren Arbeitsfluss zu gewährleisten. Zudem sollen administrative Daten als auch Produktionsdaten vereint werden.

16 **Im Zusammenhang mit CIP4 spricht man von so genannten Job-Tickets. Was versteht man unter Job-Tickets?**

Das Job-Ticket ist ein Format, welches helfen soll administrative Daten (Abrechnung, Kundendaten, Preis, Lieferdatum) und Produktionsdaten (Nachbearbeitung, Ausschießschemata, Papier) zu vereinen.

17 **Es gibt unterschiedliche Job-Ticket-Formate. Nennen Sie drei.**

Job Definition Format (JDF), Print Production Format (PPF), Portable Job Ticket Format (PJTF).

18 **Was verbirgt sich hinter der Abkürzung PPF?**

PPF = Print Produktion Format. Dahinter verbirgt sich ein Standardisierungsformat, das eine weit gehende Automatisierung von Prepress, Press und Postpress ermöglichen soll. →

3.4 Vernetzte Druckerei

▷ *Fortsetzung der Antwort* ▷

Das bedeutet, dass Produktionsdaten der Druckvorstufe (=Prepress) weitgehend automatisiert zum Druck (=Press) übergeben und Druckabläufe von den erzeugten Daten der Vorstufe bestimmt werden. Die Weiterverarbeitung (Postpress) wird durch die vorgegebenen Daten der Druckvorstufe wie Papierformat und -art, Ausschießart, Schneidevorgabe, Binde- bzw. Heftart usw. eingestellt und gesteuert. Der gesamte Workflow auf der Basis des Print Produktion Formates beruht darauf, dass einmal erfasste Daten und technische Einstellungen nicht nur von einer Produktionsstufe genutzt werden. Die mehrmalige Nutzung einmal eingegebener Produktionsdaten ist das Ziel dieses Produktionsformates.

19 Was bedeutet die Abkürzung PJTF?

Dieses Portable Job Ticket Format kommt von der Firma Adobe. PJTF verwaltet technische und administrative Daten eines Jobs. Technische Daten sind z. B. Fonts, Format, Papier, Rasterung und Farbseparation, administrative Daten sind z. B. Kunde, Liefertermin, Zahlung und Versand. PJTF ist vom PDF abgeleitet. Daher ist es möglich, das Jobticket als Bestandteil einer PDF-Datei zu verschicken.

20 Ein Job-Ticket-Format ist das JDF-Format. Erläutern Sie dieses.

JDF = Job Definition Format. Dahinter verbirgt sich eine Technologie, die eine vollständige Automatisierung des gesamten Arbeitsablaufes in der Druckindustrie ermöglichen soll. In einem Job-Ticket können alle Informationen enthalten sein, die für die administrative und technische Abwicklung eines Druckauftrages notwendig sind. PDF und JDF-Workflowsysteme trennen Seiteninhalt und Verarbeitungsinformationen. Aktuelle Ausschießsysteme speichern die Verarbeitungsinformationen als Job-Ticket. Verarbeitungsinformationen sind: Überfüllungsparameter, Ausgabeeinstellungen für Film-, Plattenbelichter oder Druckmaschine (Rasterweite, Rastertyp), Ausschießparameter, Farbzonenvoreinstellung, Weiterverarbeitungsangaben für Falzen, Schneiden, Heften, Planungsdaten wie z. B. Termine, Sachbearbeiter, Auftragsnummer, Kalkulationsinformationen.

Bei Änderungen müssen nur die Jobticket-Informationen angepasst werden, die eigentlichen Auftragsdaten bleiben unberührt, da sie nur anders ausgegeben werden →

3 Medienkonzeption

▽ *Fortsetzung der Antwort* ▽

müssen. Dies ist z.B. dann gegeben, wenn von einer kleinformatigen Druckmaschine auf eine größere Maschine gegangen wird und es muss neu ausgeschossen werden. Dann werden die Job-Ticket-Parameter der neuen Drucksituation angepasst. Eine ähnliche Situation wäre gegeben, wenn ein Offsetdruckauftrag auf eine Digitaldruckmaschine umgelenkt werden muss. Dann müssen die Ausgabeparameter für die Digitaldruckmaschine anstatt der Einstellungen für die Offsetmaschine geändert werden.

21 **Erläutern Sie kurz den Begriff der „vernetzten Druckerei".**

Unter vernetzter Druckerei versteht man einen Workflow, in dem manuelle Eingriffe in den Auftragsdurchlauf von der Druckvorstufe bis zur Weiterverarbeitung auf ein Minimum beschränkt werden. Der Auftragsstand selbst kann jederzeit über entsprechende Überwachungssoftware am Monitor (z. B. Produktions- und Informationssystem Data-Controll von Heidelberger Druckmaschinen) abgerufen werden. Ziel der vernetzten Druckerei ist, dass der Auftragsdurchlauf und damit die Auftragsauslieferung beschleunigt wird.

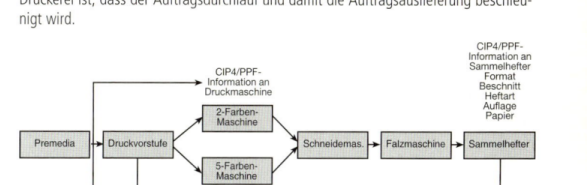

Workflow zur Erzeugung von Printmedien mit Schnittstellen zur Nutzung von CIP4/PPF-Informationen

22 **Welche Inhalte kann eine CIP4/PPF-Datei enthalten?**

Eine derartige Datei kann alle Informationen enthalten, die zur Herstellung von Druckerzeugnissen notwendig sind. Spätestens beim Ausschießen eines Auftrages müssen alle Produktinformationen und alle notwendigen Bogen- und Weiterverarbeitungsinformationen feststehen. Daher können die meisten modernen Ausschießprogramme →

© Holland + Josenhans

3.4 Vernetzte Druckerei

▷ *Fortsetzung der Antwort* ▷

CIP4/PPF-Dateien mit allen Produktionsdaten und den dazugehörigen PPF-Directorys (Inhaltsverzeichnis) herstellen. Diese Daten sind unterteilt nach den Fertigungsstufen in Druck, Weiterverarbeitung und Versand.

23 Welche Informationen für den Druck können in einer CIP4/PPF-Datei gespeichert werden?

Beim Drucken können die Farbzonenvoreinstellung, der Papierlauf, Registereinstellung, Farb- und Dichtemessungen mithilfe der Daten aus der Druckvorstufe, An- und Auslegervoreinstellung und die Festlegungen für die Kontrollelemente festgelegt und gespeichert werden.

24 Für die Fertigungsstufe Weiterverarbeitung werden in einer CIP4/PPF-Datei wichtige Daten für die einzelnen Prozessschritte festgelegt bzw. gespeichert. Welche sind das?

Die wichtigsten Prozessschritte in der Druckweiterverarbeitung sind Schneiden und Falzen und die Verarbeitung zum Endprodukt. Beim Schneiden sind die Abmessungen der Schneideblöcke und die Position der Schneidemarken festzulegen. Dadurch werden die Voreinstellungen für die jeweilige Maschine vorgenommen und es ist nur noch eine Feinjustierung notwendig. Für das Falzen werden die einzelnen Schritte des Falzvorganges, das Falzschema und die dazu notwendigen Maße an die Falzmaschine zur Voreinstellung gespeichert und an die Falzmaschine übergeben. Bei der anschließenden Herstellung des Fertigproduktes/Endproduktes werden die einzelnen Produktionsschritte beschrieben, sodass die PPF-Datei eine komplette Produktbeschreibung in Fertigungsschritten für ein Druckprodukt enthalten kann. Nach dieser Beschreibung werden die Produktionsschritte wie Zusammentragen oder Sammeln, Binden, Kleben, Heften, Dreiseitenbeschnitt und Fertigmachen definiert.

25 Innerhalb der CIP4-Produktion können so genannte „Private Data" gespeichert werden. Zu welchem Zweck werden diese Daten abgespeichert?

Private Data – damit ist es möglich, die tatsächlich bei der Produktion verwendeten Einstellungen der verschiedenen Maschinen (Druck- und Weiterverarbeitungsmaschinen) zusammen mit den aus der Druckvorstufe stammenden Daten in einer Datei zu speichern. Bei einem Wiederholauftrag auf gleichen oder ähnlichen Maschinen lassen sich dann alle Produktionseinrichtungen direkt verwenden. Über die Wiederverwendung dieser Daten lassen sich die Rüstzeiten für Wiederholaufträge erheblich verkürzen.

26 PPML – was versteckt sich hinter diesem Produktionskürzel?

PPML = Personalized Print Markup Language. Dahinter verbergen sich Daten, die zum digitalen Drucken personalisierter Drucksachen aufbereitet wurden. Dieses Format ist noch kein fester Standard, da es derzeit nur von AGFA- und Efi-RIPs, Xeikon-Digitaldruckmaschinen und Next Press gelesen werden kann. Aber es zeichnet sich eine Produktionsstandardisierung in Richtung PPML ab.

27 Was bedeutet die Abkürzung XML?

XML = Extensible Markup Language.

28 Auf welchen Internetseiten können Sie die aktuellsten Entwicklungen und Definitionen zum Thema Job-Ticket, Workflow und Datenmanagement finden?

JDF	Job Definition Format	www.cip4.org
PJTF	Portable Job Ticket Format	www.adobe.com
XML	Extensible Markup Language	www.xml.org
		www.xml.com
		www.xml.de
IFRA-Track	Jobticket für Zeitungsdruck	www.ifra.com
		www.ifra.de
V-PDF	Variables PDF	www.nexpress.net
PDF	Portables Dokument File	www.pdfnews.de
ETF	Electronic Ticket Format	www.e-t-f.com

3.4 Vernetzte Druckerei

29 **Nennen Sie die derzeitigen Grundprobleme aller Job-Ticket-Formate, die in der Druck- und Medienindustrie vorhanden sind.**

Derzeitig sind zu viele so genannte proprietäre Systeme bzw. Formate auf dem Markt anzutreffen, die noch keinen einheitlichen Auftragsdurchlauf z. B. von Verlag, Agentur zu Druckerei ermöglichen. Eine Vereinheitlichung würde die Arbeit und den Auftragsdurchlauf zwischen den verschiedenen Produktionsteilnehmern vereinfachen und beschleunigen.

30 **Welche Aufgaben hat ein Produktionsmanagement-System?**

Ein Produktionsmanagement-System überwacht die Abwicklung der Druckaufträge. Entscheidend sind die Überwachung der Terminplanung, die Transparenz des Produktionsfortschrittes und die Kostenkontrolle. Ziel eines solchen Systems ist die qualitätsgesicherte, termingerechte und kostengünstige Produktion eines Auftrages.

31 **Ein wichtiger Begriff bei der Koordination druckereiinterner Abläufe ist das Tracking-System. Was versteht man darunter?**

Die Einhaltung von engen Terminvorgaben in der Druckerei macht eine Terminüberwachung in Form einer Terminverfolgung (englisch: Tracking) erforderlich. Mithilfe eines Productions-Tracking-Systems lässt sich die Terminüberwachung eines Druckauftrages durchführen. Ein solches System hat die Aufgabe, Informationen aus den verschiedenen Produktionsabteilungen zusammenzutragen und einen Überblick über den Stand der gesamten Produktion zu geben. Damit dies funktioniert, müssen alle Teilsysteme (= Abteilungen) nach festen Standardvorgaben ihre Produktionsinformationen an das Tracking-System liefern.

3.5 Struktur + Planung von Digitalmedien

1 Erstellen Sie ein Ablaufschema für ein lineares selbst ablaufendes Multimediaprodukt. Das Produkt besteht aus einer Startseite, fünf Screens und einem Schlussbild. Danach springt die Präsentation automatisch wieder auf die Startseite. Insgesamt sind also sieben Seiten in den Ablaufplan zu integrieren. Entwerfen Sie nach diesen Angaben Ihren Schaltplan.

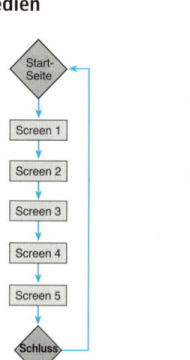

2 Erstellen Sie ein Ablaufschema für ein verzweigtes Multimediaprodukt. Es ist eine Startseite (Intro) zu planen. Von hier erreicht man automatisch das Hauptmenü mit drei Auswahlmöglichkeiten. Jede Wahlmöglichkeit führt zu drei Seiten (Screens), welche linear durchlaufen werden. Am Ende des jeweiligen Durchlaufs gelangt man zum Hauptmenü. Auf dem Hauptmenü befindet sich als vierte Wahlmöglichkeit ein Beenden-Button, der zur ©-Seite führt. Hier bleibt der Nutzer ca. 5 – 6 Sekunden stehen und die Anwendung wird dann automatisch beendet. Entwerfen Sie nach diesen Angaben Ihren Schalt- oder Navigationsplan.

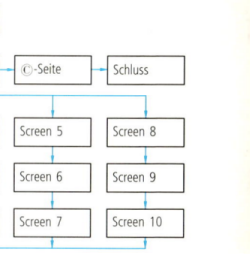

© Holland + Josenhans

3.5 Struktur + Planung von Digitalmedien

3 **Erklären Sie folgende Begriffe:**
- **a) Treatment**
- **b) Ablaufstruktur**
- **c) Pflichtenheft**
- **d) Drehbuchkonzept**
- **e) Planungskarten / Stichwortkarten**
- **f) Gesamtdrehbuch einer MM-Produktion**

a) Erste Präsentation einer geplanten Multimediaproduktion für den Kunden mit Funktionsdarstellungen.

b) Die Ablaufstruktur zeigt eine mögliche Schalt- bzw. Navigationsstruktur für ein Multimediaprodukt.

c) Im Pflichtenheft werden die Bedingungen formuliert, nach denen ein Multimediaprodukt hergestellt wird. Hier werden alle Funktionalitäten, technische und eventuell gestalterische Anforderungen definiert und verbindlich festgelegt. Das Pflichtenheft ist die Vergleichsbasis und Kontrollinstrument für das Fertigprodukt.

d) Das Drehbuchkonzept legt fest, wie der Aufbau und die Darstellung der einzelnen Screens einer Produktion erfolgen.

e) Planungs-, Stichwortkarten sind Hilfsmittel zur Konzeption und Erstellung eines Drehbuches. Darauf werden die Screenelemente wie z. B. Bild, Schrift, Animation, Soundeinbindung usw. festgehalten. Des Weiteren werden hier alle Links eines Screens zu anderen definiert. Daraus ergibt sich mit dem Schaltplan eine gute Übersicht über ein gesamtes Projekt. Die Zusammenfassung aller Planungskarten zu einer Gesamtheit wird mit dem Begriff Storyboard umschrieben.

f) Das Gesamtdrehbuch einer MM-Produktion besteht aus den unterschiedlichsten Elementen: Schaltplan, Pflichtenheft oder dessen Ableitungen, Scribbles zu Screens mithilfe von Planungskarten, Detailscribbles für Buttons oder Navigationselemente, Planungsunterlagen für Videoschnitt, Animationsvorgaben und Soundanweisungen (Tonaufnahme, Texte).

4 **Nennen Sie drei Grundsätze, welche bei der Navigationsentwicklung für ein interaktives Medium beachtet werden müssen.**

- Einfache Bedienung
- Übersichtliche und klare Navigationsstruktur
- Orientierungshilfe muss jederzeit abrufbar sein.

3 Medienkonzeption

5 Bei der Entwicklung interaktiver Medien haben sich, trotz aller Technik, Scribbletechniken bewährt. Nennen und bewerten Sie die Vor- und Nachteile des Scribblens (Skizzierens) von Screens.

Designer halten so Ideen und Gedanken fest, ohne sie vorerst zu bewerten. Man kann auf eine sehr effektive und schnelle Art mit Bleistift, Filzer und Buntstiften Gedanken unabhängig von technischen Abläufen festhalten. Die so entstandenen Entwürfe werden nach einem „Kreativschub" mit benötigten Texten, Bildern und Grafiken vernetzt, um eine erste Struktur für einen Gestaltungsauftrag zu erhalten. Das kreative Gestalten und das schnelle Festhalten von Ideen werden durch das Skizzieren bzw. Scribblen gefördert, da dies technikunabhängig durchgeführt werden kann. Im Mittelpunkt steht die Idee, der Einfall, der Gedankenblitz und nicht die technische Umsetzung. Nachteilig ist, dass die technische Machbarkeit einer Idee und die daraus entstehenden Kosten zuerst unberücksichtigt bleiben. Bei genauerer Betrachtung der verschiedenen Ideen fällt das eine oder andere aus Gründen der Wirtschaftlichkeit, der aufwändigen technischen Umsetzung oder aus gestalterischen Gründen heraus.

6 Nennen Sie Anwendungsbeispiele und Kennzeichen für die lineare Struktur eines MM-Produktes.

Beispiele: Messepräsentationen, Prüfungen, Tests.

Kennzeichen: unkomplizierte Bedienung, kein Erklärungsaufwand. Der Nutzer kann den Inhalt nur passiv aufnehmen. Man spricht bei linearen Produkten auch nicht von einer Multimedia-Anwendung, sondern von einer Präsentation. Multimedia-Anwendungen setzen immer Interaktivität in Verbindung mit Entscheidungsmöglichkeiten voraus.

7 Nennen Sie Anwendungsbeispiele und Kennzeichen für die jumplineare Struktur einer Multimedia-Applikation.

Beispiele: Kiosksysteme, z. B. Hotelauswahl in einem Verkehrsamt oder Ankunft-/Abfluginformation am Flughafen, einfache interaktive Präsentationen.

Kennzeichen: Von einer Auswahlseite oder Titelseite besteht die Möglichkeit, auf jede Seite direkt zu springen. Eine vertiefende Navigation findet nicht statt.

3.5 Struktur + Planung von Digitalmedien

8 Skizzieren Sie eine Baumstruktur.

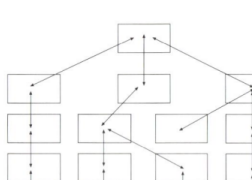

9 Nennen Sie Anwendungsbeispiele und Kennzeichen einer Baumstruktur.

Beispiele: Produktpräsentationen, Lern-CDs, z. B. für Grundschulen.
Kennzeichen: Die Baumstruktur ermöglicht eine leichte Orientierung für den Nutzer. Der Anwender findet sich in den einzelnen Ästen leicht zurecht, muss allerdings immer wieder zu einem Auswahlscreen zurück, um an einem anderen Ast aufsteigen zu können.

10 Skizzieren Sie eine Netzstruktur.

11 Nennen Sie Anwendungsbeispiele und Kennzeichen einer Netzstruktur.

Beispiele: Präsentationen größerer Firmen, Darstellung von Freizeitparks wie Disney-World Paris, Lern-CDs mit Lexika, Nachschlagewerke.
Kennzeichen: Die Netzstruktur weist keine eindeutige und klare Struktur auf und ist für den Anwender schwerer zu durchschauen. Die Navigationsstruktur ist komplex angelegt und ermöglicht einen hohen Grad der Interaktivität für den User.

3 Medienkonzeption

12 Skizzieren Sie eine Single-Frame-Struktur.

13 Nennen Sie Anwendungsbeispiele und Kennzeichen einer Single-Frame-Struktur.

Beispiele: Lexikon, Internetauftritte.
Kennzeichen: Der Nutzer erlebt die Single-Frame-Struktur als eine Seite. Allerdings finden auf dieser Seite nach einem Mausklick viele Aktionen statt, Inhalte werden ausgetauscht, Darstellungen wechseln. Dies alles aber immer in einem gleichen oder ähnlichen Umfeld. Die Orientierung für den User ist daher schwierig und komplex. Ein Beispiel ist ein Lexikon, auf dem die Hauptausgabeseite immer gleich ist, sich die Inhalte je nach Aufruf verändern.

14 Skizzieren Sie eine See-and-Point-Struktur.

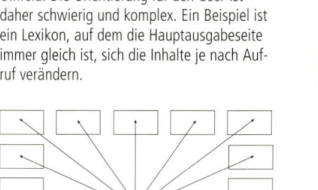

15 Nennen Sie Anwendungsbeispiele und Kennzeichen einer See-and-Point-Struktur.

Beispiele: Stadtführer, Lern-CD, Internetauftritt, kleinere Kiosksysteme.
Kennzeichen: Über einer Hauptseite klappt eine Zusatzseite (Flying Window) auf. Mithilfe dieser Seite werden wichtige Informationen weitergegeben, ohne dass die Hauptseite verlassen werden muss.

3.5 Struktur + Planung von Digitalmedien

16 Interface-Design – ein Schlagword aus dem Bereich Mediendesign. Was versteht man darunter?

Der Mensch kommuniziert mit einer Maschine, um Informationen zu erhalten, zu verarbeiten und aufzunehmen. Die Oberfläche des Maschinensystems und deren Gestaltung müssen so beschaffen sein, dass der Mensch möglichst leicht Informationen der audio-visuellen Art empfangen und verarbeiten kann. Die Qualität dieser Interaktion zwischen Mensch und Maschine wird entscheidend durch das Design der Softwareoberfläche bestimmt. Das Design des Human-Interface bestimmt, ob eine Multimedia-Applikation ankommt oder nicht. Die Schnittstelle zwischen Mensch und Maschine muss so aufbereitet und gestaltet werden, dass eine Interaktion für den Menschen ermüdungsfrei und effektiv möglich ist.

17 Nennen Sie die Entwicklungsstufen des Interface-Designs.

1. Zielgruppendefinition.
2. Ideensammlung durch Scribblen, Brainstorming u. a.
3. Auswertung u. Selektion der Ideensammlung.
4. Ausarbeitung und Verfeinern der verwertbaren und zur Zielgruppe passenden Ideen zum konkreten Screenentwurf.
5. Entwickeln einer Navigationsstruktur und Schaltlogik mit erster Schaltplanung.
6. Screen-Entwicklung am Rechner für verschiedene Seitentypen wie Hauptmenü, Kapitelanfänge mit Verzweigungen, Hilfeinformation, Untermenüs, Flying-Windows u. a.
7. Erstellen eines funktionsfähigen Musters.
8. Präsentation beim Kunden.
9. Usability Tests

18 Die Zielgruppendefinition ist mit das Wichtigste, bevor es an die Entwicklung eines Werbeauftritts, einer Internetpräsentation oder einer CD-ROM geht. Stellen Sie sieben Fragen, die eine mögliche Zielgruppe genauer eingrenzen und definieren.

- Lebensalter der Zielgruppe?
- Über welches Einkommen verfügt die Zielgruppe?
- Welchen Bildungsstand besitzt die Mehrzahl der anzusprechenden Personen?
- Welche Berufe sind in der Zielgruppe vertreten?
- Welche Freizeitgewohnheiten hat die Zielgruppe?

3 Medienkonzeption

▷ *Fortsetzung der Antwort* ▷

- Welche Einstellungen hat die Zielgruppe zu relevanten Themen?
- Welche Sprachkenntnisse hat die Zielgruppe?
- Besitzt die Zielgruppe Erfahrungen im Umgang mit Computern?
- Besitzt die Zielgruppe Erfahrungen im Umgang mit Multimedia-Anwendungen?
- Welche Kenntnisse über ähnliche Produkte besitzt die Zielgruppe?
- Ist die Zielgruppe markengebunden?

19 **Navigationselemente führen den Nutzer einer Multimedia-Applikation durch die Informationsvielfalt des Internets oder einer CD-ROM. Nennen Sie fünf Punkte, die Sie bei der Gestaltung von Navigationselementen beachten müssen.**

- Gute Lesbarkeit bzw. Erkennbarkeit der Einzelelemente.
- Klar definierte u. erkennbare Funktionalität.
- Mouse-Over-Effekte sollen kontrastierend angelegt sein, damit die Erkennbarkeit gegeben ist.
- Die Wahl der Farben muss einen deutlichen Interaktionscharakter signalisieren.
- Navigationstools, Schieberegler, Lautstärketasten, versteckte Navigationstools, Spielelemente usw. müssen so dimensioniert sein, dass auch der ungeübte Nutzer diese noch gut „treffen" und anwenden kann.
- Cursoränderungen erleichtern das Auffinden versteckter Navigationstools.
- Das Anlegen gleichartiger Navigationstools führt zu gewisser Navigationsgewohnheit beim Nutzer. Dies führt zu erhöhter Konzentration auf den Inhalt einer Multimedia-Applikation, da kein dauerndes Einstellen auf neue Navigationsfunktionen notwendig ist.

20 **Was versteht man unter den so genannten Hot-Spots bei Multimedia-Applikationen?**

- Dies sind Navigationstools auf einem Screen, die auf Berührung mit dem Mauscursor auf vielfältigste Art reagieren. Hot-Spots dienen vor allem dazu, die interaktive Gestaltung eines Screens attraktiv zu machen. Der Nutzer soll auf diese Art zu Teilen einer Präsentation geführt werden, die über die sichtbare Navigation hinausgehen.
- Bei QTVR-Filmen wird durch Hot-Spots eine Verbindung zwischen zwei oder mehr →

© *Holland + Josenhans*

3.5 Struktur + Planung von Digitalmedien

▷ Fortsetzung der Antwort ▷

virtuellen Räumen hergestellt. Damit ist es möglich, sich z. B. durch ein virtuelles Fertighaus zu bewegen und dadurch einen Eindruck von den Räumlichkeiten zu erhalten.

21 Aus Untersuchungen kennt man die Lese- und Nutzungsgewohnheiten der Leser von Print- und Nonprintmedien sehr genau. Diese Gewohnheiten sind auch bei der Screengestaltung zu berücksichtigen. Erklären Sie die folgenden Teile eines Screens und deren Bedeutung hinsichtlich der Lesegewohnheiten: Linker oberer Teil / Rechter unterer Teil Andere Bereiche.

- Linker oberer Teil: Leser erwarten hier etwas Neues, Aktives, Animiertes. Hoher Beachtungsgrad.
- Rechter unterer Teil: Geringe Beachtung, Platz für Elemente, die nicht dauernd beachtet werden müssen.
- Dazwischen liegende Teile: Beachtung abhängig von der Seitengestaltung und Struktur.

22 Bei der Planung von Multimedia-Applikationen ist der Farbwahl und -gestaltung eine erhöhte Aufmerksamkeit zu widmen. Welche Überlegungen sind in dieser Hinsicht von Ihnen anzustellen?

- Kräftige und deutliche Farbkontraste.
- Flimmereffekte vermeiden.
- Farben sind unter dem Aspekt der Lesbarkeit von Text anzulegen.
- Farbverläufe sind in der Wiedergabe auf manchen Monitoren problematisch, daher nur bedingt anwendbar. Keine farbigen Strukturen in den Hintergrund, da Texte, Bilder, Grafiken und Animationen schlecht erkennbar sind.
- Nach Möglichkeit keine metallisch wirkenden Farben einsetzen, da diese simuliert werden müssen und in der Darstellung erhebliche Probleme bereiten können.

23 Welche der folgenden Kombinationen von Hintergrundfarbe und Schrift sind gut lesbar?

a) Hintergrund Cyan u. Schrift Magenta.
b) Hintergrund Gelb u. Schrift Magenta.
c) Hintergrund Cyan u. Schrift Gelb.
d) Hintergrund Cyan u. Schrift Grün.

b) Hoher Kontrast mit guter Lesbarkeit.
d) Hoher Kontrast mit guter Lesbarkeit bei kleiner Schriftmenge.

4 Gestaltung

4.1 Wahrnehmung

1 **Wie wird in der Wahrnehmungspsychologie der Begriff Wahrnehmung meist definiert?**

Mit Wahrnehmung wird i. d. R. die Aufnahme und Verarbeitung von Informationen über Gegenstände und Ereignisse beschrieben, die sich außerhalb des Körpers des Rezipienten befinden bzw. sich dort abspielen.

2 **Welche Bedeutung hat die Beziehung zwischen Farbe und Gegenstand für die Farbwahrnehmung?**

Gegenstände werden in satteren Farben gesehen, wenn man sie erkennt. So wird z. B. Gelb als Gold gesehen, wenn der Gegenstand als goldener Ring erkannt wird.

3 **Sind alle wahrgenommenen Dinge wahr?**

Nein. Wahrnehmung beruht u. a. immer auf subjektiven Erfahrungen und Einschätzungen. Hinzu kommen Phänomene der Sinnestäuschung.

4 **Was ist mit den „fünf Sinnen" des Menschen gemeint?**

Die fünf Sinne des Menschen sind Sehen, Hören, Riechen, Fühlen und Schmecken, also die Möglichkeit mit den fünf Sinnesorganen Auge, Ohr, Nase, Haut und Mund Informationen aufzunehmen.

5 **Erklären Sie den Begriff selektive Wahrnehmung.**

Auswahl der rezipierten Informationen aus der angebotenen Information. Die Auswahl in der Wahrnehmung erfolgt u. a. auf Basis der Relevanz.

6 **Was versteht man unter intermodaler Wahrnehmung?**

Das Zusammenwirken verschiedener Sinne, z. B. Sehen und Hören, bei der Wahrnehmung.

7 **Was versteht man unter den Gestaltgesetzen?**

Die Gestaltgesetze sind Regeln der menschlichen Wahrnehmung. Sie bilden als Ergebnis vieler Untersuchungen über die menschliche Wahrnehmung eine Basis der Gestaltung.

4.1 Wahrnehmung

8 Nennen Sie drei Gestaltgesetze.

- Gesetz der Nähe
- Gesetz der Geschlossenheit
- Gesetz der Gleichheit

9 Erklären Sie das Gestaltgesetz der Nähe.

Nähe vermittelt Zusammengehörigkeit. Beieinander liegende Seitenelemente werden vom Betrachter als Einheit wahrgenommen. Weißraum trennt und gliedert.

10 Wie wird Weißraum wahrgenommen?

Mit Weißraum wird die Fläche gegliedert. Nahe zusammen liegende Gruppen werden dadurch getrennt. Es gibt keine Nähe ohne trennenden Abstand.

11 Beschreiben Sie die Anwendung des Gesetzes der Geschlossenheit.

Die Seitenelemente werden z. B. durch Linienrahmen zu einer Form zusammengefasst. Das Gesetz der Nähe wird durch zusätzliche Elemente verstärkt.

12 Nennen Sie drei Kriterien für die Zusammengehörigkeit von Elementen nach dem Gesetz der Gleichheit.

Elemente werden als zusammengehörig wahrgenommen bei gleicher

- Form
- Helligkeit
- Größe
- Farbe

13 Welche Bedeutung hat das Gesetz des gemeinsamen Schicksals für die Wahrnehmung?

Das gemeinsame Schicksal von Objekten ist ein Ordnungsprinzip wie z. B. die Geschlossenheit oder die Nähe. Elemente, die einem Gegenstand angehören oder sich gemeinsam bewegen, werden als ein Objekt gesehen.

14 Erklären Sie die folgenden Begriffe im Zusammenhang mit der Wahrnehmung
a) Segmentierung
b) Lokalisation
c) Identifikation

a) Segmentierung ist die Untergliederung des Wahrnehmungsfeldes in unterschiedliche Bereiche, z. B. Vordergrund und Hintergrund.

b) Unter Lokalisation versteht man das Wahrnehmen der Lage des Wahrnehmungsgegenstandes, z. B. Neigung und Entfernung.

c) Identifikation, Wiedererkennung, ist die Einordnung des Wahrnehmungsergebnisses in Kategorien.

4 Gestaltung

15 Was versteht man in der visuellen Wahrnehmung unter Nachbildern?

Das Auge nimmt direkt nach der Betrachtung eines Gegenstandes oder einer Fläche auf neutralem Hintergrund noch einige Zeit ein Abbild wahr, obwohl dieses objektiv nicht vorhanden ist.

16 Wie ist das Entstehen von Nachbildern zu erklären?

Die fotochemischen Substanzen der Rezeptoren auf der Netzhaut brauchen einige Zeit um sich zu regenerieren und liefern so lange noch Informationen an das Gehirn.

17 Wahrnehmung und Wahrnehmbarkeit stehen in engem Zusammenhang. Definieren Sie den Begriff Auflösungsvermögen.

Das Auflösungsvermögen beschreibt die Fähigkeit zwei Informationen getrennt wahrnehmen zu können.

18 Grenzen Sie visuelle Wahrnehmung und Sehen voneinander ab.

Das menschliche Auge wird oft mit einer Kamera verglichen. Die Linse mit der Irisblende entspricht dem Objektiv, die Netzhaut findet ihre technische Entsprechung im fotografischen Film bzw. dem CCD-Element. Die visuelle Wahrnehmung wird aber nicht nur durch das auf der Netzhaut abgebildete Reizmuster bestimmt, vielmehr ist die Wahrnehmung das Ergebnis der Interpretation der jeweils verfügbaren Sinnesreize. Dies bedeutet, dass Sehen gelernt werden kann bzw. gelernt werden muss.

19 Wie groß ist das menschliche Gesichtsfeld?

Das menschliche Gesichtsfeld erfasst in der Horizontalen einen Bereich von ca. $180°$, in der Vertikalen von ca. $120°$. Der tatsächlich scharf abgebildete Bildwinkel ist allerdings nur ca. $1,5°$.

4.2 Proportionen

1 **Welche Aufgabe hat die Perspektive?**

Die Perspektive ermöglicht es, die dreidimensionale Welt, also Höhe, Breite und Tiefe, auf einer Fläche zweidimensional darzustellen. Dabei ist die Bildebene eine senkrecht vor dem Auge stehende Projektionswand.

2 **Nennen Sie drei wichtige Punkte, die bei der gestalterischen Anwendung der Perspektive zu beachten sind.**

- Standpunkt des Beobachters: vorne, oben, unten
- Augenhöhe des Beobachters: Entfernung vom Boden, Position zum Horizont
- Stellung des Objekts im Raum: weiter weg = kleiner
- Art der Perspektive, z.B. Fluchtpunktperspektive.

3 **Wo liegen in einem rechteckigen Querformat die**
a) primäre Bildregion
b) sekundäre Bildregion?

a) Im linken oberen Quadranten.
b) In der Bildmitte und im rechten unteren Quadranten.

4 **Welchen Proportionen entspricht das Seitenverhältnis der Flächen?**

a) Goldener Schnitt, 5 : 8
b) DIN A-Reihe, 1 : 1,41
c) Kleinbilddia, Hochformat, 2 : 3

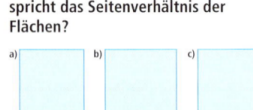

5 **Die Breite einer Fläche ist 60 mm. Welche Höhe hat die Fläche, wenn das Seitenverhältnis dem goldenen Schnitt entsprechen soll?**
a) Hochformat
b) Querformat

a) 96 mm
b) 37,5 mm

4.3 Typografie

1 Erklären Sie den Begriff Typografie.

Typografie ist das Gestalten von Text, um die bestmögliche Lesbarkeit, Funktionalität und Ästhetik zu erzeugen.

2 Man unterscheidet die Begriffe Mikro- und Makrotypografie. Erklären Sie die Begrifflichkeiten.

Unter Makrotypografie versteht man die Großtypografie, die sich mit dem Format, der Größe, Platzierung von Text und Abbildungen, Organisation der Titelanordnung, Legenden usw. auseinandersetzt. Unter Mikrotypografie versteht man die Wahl der Schriften, der Schnitte, der Satzart, der Schriftzurichtung usw.

3 Die Gestalter sprechen bei der Mikrotypografie von „quantité négligeable". Was versteht man darunter?

Unter „quantité négligeable" versteht man, dass der Bereich der Mikrotypografie keiner kreativen Leistung unterliegt. Das Ziel der Mikrotypografie ist vorrangig die Lesbarkeit. Es entscheidet die Psychologie des menschlichen Auges – es sind also keine Experimente bei größeren Textmengen erwünscht.

4 Nennen Sie fünf typografische Gestaltungsmittel.

Schrift, Punkt, Linie, Fläche, Farbe, Weißraum, Kontrast usw.

5 Was ist das Ziel guter Typografie?

Gute Typografie soll zum Lesen anregen, indem Aufmerksamkeit geweckt wird. Zudem sollte Klarheit und Übersichtlichkeit entstehen.

6 Muss Typografie auf die Lesergruppe Rücksicht nehmen? Begründen Sie.

Ja, da die Aufmerksamkeit der verschiedenen Altersgruppen, Bevölkerungsschichten usw. unterschiedlich in Anspruch genommen wird. So müssen z. B. unterschiedliche Leseerfahrungen (Vielleser, Wenigleser) oder bekannte Lesegewohnheiten (etwa Informationsbedarf unter Zeitmangel) in der Gestaltung berücksichtigt werden.

4.3 Typografie

7 Zählen Sie fünf typografische Gestaltungsgrundsätze auf.

Kontrast, Proportion, unterschiedliche Schriftcharaktere (Schriftgruppen), Schriftart passend, Harmonie, Rhythmus, deutliche Schriftgrößenunterschiede usw.

8 Unterliegt Typografie Modetrends? Begründen Sie.

Ja, da Stilrichtung und Gestaltungsempfinden einem Wandel unterliegen.

9 In der Typografie unterscheidet man den Druckbereich nach Bereichen. Zählen Sie drei Bereiche auf.

Verlagserzeugnisse, Werbemittel, Verpackung, Display, Geschäftsdrucksachen, Privatdrucksachen, didaktische Werke, Formulare und Vordrucke.

10 Nennen Sie Beispiele für Verlagserzeugnisse.

Verlagserzeugnisse sind Bücher, Zeitschriften, Zeitungen, Kalender, Ansichtskarten, Landkarten, Poster, Spiele, ...

11 Nennen Sie Beispiele für gedruckte Werbemittel.

Gedruckte Werbemittel sind z. B. Prospekte, Preislisten, Verkaufs- und Angebotskataloge, Plakate, Anzeigen, Beilagen, Beihefter, Handzettel, ...

12 Nennen Sie Beispiele für Verpackung und Display.

Verpackung und Display sind z. B. Verkaufsverpackungen (Verpackung von Klebstofftube), Sammelverpackung (Verpackung von mehreren Picolos), Einschläge (Verpackung von Butter), Aufsteller (Fensterdekoration in Schaufenstern), Plastiktüten, Etiketten ...

13 Nennen Sie Beispiele für Geschäfts- bzw. Privatdrucksachen.

Geschäfts- bzw. Privatdrucksachen sind z. B. Briefblatt, Visitenkarten, Bekanntmachungen, Weihnachtskarten ...

14 Größe und Proportion sind Eigenschaften eines Informationsträgers. Haben diese Eigenschaften wesentlichen Einfluss auf die Typografie? Begründen Sie.

Ja, da Bildschirmgröße bzw. Papierformat, -art und -farbe bedeutend für den visuellen Eindruck sind.

4 Gestaltung

15 Steht bei jedem Produkt gute Lesbarkeit im Vordergrund? Begründen Sie.

Prinzipiell ja, jedoch gibt es auch Produkte, die nicht gelesen werden sollen (z.B. Allgemeine Geschäftsbedingungen).

16 Warum kann man eine Schriftart nicht generell als gut oder schlecht bzw. brauchbar oder unbrauchbar bezeichnen?

Ob eine Schriftart gut und brauchbar ist hängt vom Anwendungsgebiet ab. Zum Beispiel muss eine Schriftart bei großen Textmengen konservativ und gut lesbar sein – sie muss nicht interessant oder gar provokativ sein. Bei einer Headline in einer Werbeanzeige ist die Sachlage evtl. gerade umgekehrt.

17 Welche Merkmale weist eine gute Buchschrift auf?

Eine Buchschrift muss das richtige Verhältnis der Versalien zu den Gemeinen haben. Die Versalien dürfen das Gesamtbild nicht stören und deshalb etwas niedriger als die Oberlängen der Gemeinen sein.

18 Wodurch unterscheiden sich Schriften hinsichtlich ihres Aussehens? Zählen Sie fünf wesentliche Merkmale auf.

Serifen, Schriftschnitt, Schriftweite, Laufweite, Höhe der Mittellänge, Symmetrieachse, Strichstärke, Strichstärkenunterschiede bei Grund- und Haarstrich, Dachansatz usw.

19 Erklären Sie die Begriffe
a) Grund- und Haarstrich
b) Serife.

a) Grundstriche sind die breiten Striche (Linien) bei den einzelnen Schriftzeichen, im Gegensatz dazu sind Haarstriche sehr dünne Striche (Linien) der einzelnen Schriftzeichen.
b) Die Serifen sind Schlussstriche bei Buchstabengrund- bzw. Haarstrichen.

20 Welche DIN regelt die Schriftenklassifikation?

Die DIN 16 518-1964 (11 Gruppen). Die DIN 16 518 (5 Gruppen-Entwurf).

21 Eine Klassifikation verfolgt einen bestimmten Zweck. Erklären Sie.

Die Klassifikation soll erreichen, dass die bisherige Unsicherheit in der Benennung der Schriftgruppen beseitigt und damit die Grundlage für eine einheitliche Schriftenanordnung geschaffen wird. Der Druck- und Medienbranche und ihren Kunden wird die Auswahl der Schriften erleichtert und den Schulen eine Unterstützung für den Unterricht gegeben.

4.3 Typografie

22 Zählen Sie die Schriftgruppen der DIN 16 518-1964 Klassifikation der Schriften auf.

Gruppe I	Venezianische Renaissance-Antiqua
Gruppe II	Französische Renaissance-Antiqua
Gruppe III	Barock-Antiqua
Gruppe IV	Klassizistische Antiqua
Gruppe V	Serifenbetonte Linear-Antiqua
Gruppe VI	Serifenlose Linear-Antiqua
Gruppe VII	Antiqua-Varianten
Gruppe VIII	Schreibschriften
Gruppe IX	Handschriftliche Antiqua
Gruppe X	Gebrochene Schriften
Gruppe XI	Fremde Schriften

23 Beschreiben Sie Schriften der Schriftgruppe I „Venezianische Renaissance-Antiqua".

Die Venezianische Renaissance-Antiqua ist hervorgegangen aus der humanistischen Minuskel des 15. Jahrhunderts, die mit der schräg angesetzten Breitfeder im Wechselzug geschrieben worden ist. Der Querstrich des Kleinbuchstabens e liegt schräg. Die Achse der Rundungen ist nach links geneigt. Haar- und Grundstriche sind in der Dicke nicht sehr verschieden. Die Serifen (An- und Abstriche) sind ein wenig ausgerundet. In der Regel sind die oberen Serifen der Versalien (Großbuchstaben) M und N nach beiden Seiten ausgebildet.

24 Beschreiben Sie Schriften der Schriftgruppe II „Französische Renaissance-Antiqua".

Die Französische Renaissance-Antiqua gleicht ihrer Herkunft nach wie auch in ihren Eigenschaften der Venezianischen Renaissance-Antiqua. Sie weist jedoch größere Unterschiede in der Strichdicke auf. Der Querstrich des Kleinbuchstabens e liegt waagerecht.

25 Beschreiben Sie Schriften der Schriftgruppe III „Barock-Antiqua".

Die Barock-Antiqua weist größere Unterschiede in der Strichdicke auf als die Renaissance-Antiqua. Die Achse der Rundungen ist fast senkrecht. Die Serifen sind wenig oder gar nicht ausgerundet. In der Regel sind die Serifen der Kleinbuchstaben oben schräg, unten aber waagerecht angesetzt.

26 Beschreiben Sie Schriften der Schriftgruppe IV „Klassizistische Antiqua".

Die Klassizistische Antiqua steht den Römischen Schriften besonders nahe. Die Serifen sind waagerecht angesetzt. Die Winkel zwischen den Serifen und den Grundstrichen oder schrägen Haarstrichen sind kaum merklich oder gar nicht ausgerundet. Haar- und Grundstriche unterscheiden sich kräftig. Die Achse der Rundungen steht senkrecht.

27 Beschreiben Sie Schriften der Schriftgruppe V „Serifenbetonte Linear-Antiqua".

Die Haar- und Grundstriche der Serifenbetonten Linear-Antiqua unterscheiden sich wenig in der Dicke oder sind sogar, einschließlich der Serifen, optisch einheitlich – linear. Allen Schriften dieser Gruppe ist die mehr oder weniger starke, aber immer auffallende Betonung der Serifen gemeinsam.

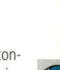

28 Beschreiben Sie Schriften der Schriftgruppe VI „Serifenlose Linear-Antiqua".

Die Schriften der Serifenlosen Linear-Antiqua sind in der Strichdicke vorwiegend oder sogar optisch ganz einheitlich. Bei einem anderen Teil dieser Schriftgruppe unterscheiden sich die Strichdicken erheblich. Diese Schriften haben keine Serifen.

29 Beschreiben Sie Schriften der Schriftgruppe VII „Antiqua-Varianten".

Zu den Antiqua-Varianten gehören alle Antiqua-Schriften, die den Gruppen I bis VI, VII und IX nicht zugeordnet werden können, weil ihre Strichführung vom Charakter der genannten Gruppen abweicht. Den Kern der Gruppe bilden Versalschriften für dekorative und monumentale Zwecke.

30 Beschreiben Sie Schriften der Schriftgruppe VIII „Schreibschriften".

Schreibschriften nennt man die zur Drucktype gewordenen lateinischen Schul- und Kanzleischriften.

31 Beschreiben Sie Schriften der Schriftgruppe IX „Handschriftliche Antiqua".

Handschriftliche Antiqua werden die Schriften benannt, die von der Antiqua oder deren Kursiv herkommend das Alphabet in einer persönlichen Weise handschriftlich abwandeln.

4.3 Typografie

32 **Die Schriften der Schriftgruppe X „Gebrochene Schriften" unterteilt man in Untergruppen. Zählen Sie die Untergruppen auf.**

Gebrochene Schriften unterscheidet man in

- Xa Gotisch,
- Xb Rundgotisch,
- Xc Schwabacher,
- Xd Fraktur und
- Xe Fraktur-Varianten.

33 **Warum unterteilte man die Schriften der Schriftgruppe X „Gebrochene Schriften" in Untergruppen?**

Die Gruppe X „Gebrochene Schriften" wurden mit Rücksicht auf die besonderen Verhältnisse der deutschen Schriftentwicklung aufgeteilt.

34 **Beschreiben Sie die Untergruppe der Schriftgruppe X „Gebrochene Schriften".**

- Xa Gotisch: Mit der Untergruppe Gotisch werden die nach dem Vorbild der schmallaufenden Textur des 15. Jahrhunderts geschnittenen Schriften benannt, desgleichen deren breitere Formen aus späterer Zeit. Die Gotische Schrift ist eng und hochstrebend. Die Grundstriche der Kleinbuchstaben sind gebrochen, Anfänge und Endungen zeigen Würfelform.
- Xb Rundgotisch: Die Untergruppe Rundgotisch beruht auf der Rotunda der Frühdruckzeit. Die gebrochenen Formen der Gotisch sind hier in herben Rundungen abgefangen. Anfänge und Endungen zeigen keine Würfelform.
- Xc Schwabacher: Die Schriften der Untergruppe Schwabacher sind im 15. Jahrhundert entstanden. Die breitlaufenden volkstümlichen Schriften erhielten später den Sammelnamen Schwabacher. Typisch ist der kräftige Querstrich des Kleinbuchstabens g.
- Xd Fraktur: Die Schriften der Untergruppe Fraktur sind aus dem Kulturkreis Maximilians I. hervorgegangene gebrochene Werkschriften. Frakturschrift hat schwungvolle Großbuchstaben sowie überwiegend schmale Kleinbuchstaben mit gegabelten Oberlängen bei b, h, k und l.

▷ *Fortsetzung der Antwort* ▷

• Xe Fraktur-Varianten: Zu der Untergruppe Fraktur-Varianten gehören alle gebrochenen Schriften, die Xa bis Xd nicht zugeordnet werden können, weil ihre Strichführung vom Charakter der genannten Untergruppen abweicht.

35 Beschreiben Sie Schriften der Schriftgruppe XI „Fremde Schriften".

Diese Schriftgruppe umfasst Schriften, die nicht römischen Ursprungs sind. Dazu gehören beispielsweise Bilderschriften, griechische und kyrillische Schriften sowie außereuropäische Alphabetschriften (hebräisch, arabisch).

36 Ordnen Sie den Schriftbeispielen die entsprechende Schriftgruppe nach DIN 16 518 „Klassifikation der Schriften" zu.

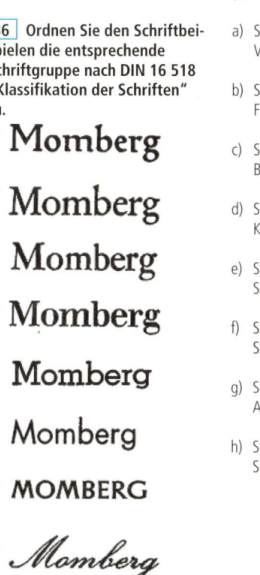

a) Schriftgruppe I
Venezianische Renaissance-Antiqua

b) Schriftgruppe II
Französische Renaissance-Antiqua

c) Schriftgruppe III
Barock-Antiqua

d) Schriftgruppe IV
Klassizistische Antiqua

e) Schriftgruppe V
Serifenbetonte Linear-Antiqua

f) Schriftgruppe VI
Serifenlose Linear-Antiqua

g) Schriftgruppe VII
Antiqua-Varianten

h) Schriftgruppe VIII
Schreibschriften

4.3 Typografie

▷ *Fortsetzung der Antwort* ▷

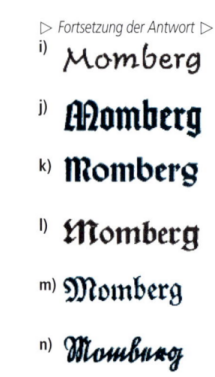

i)	Schriftgruppe IX Handschriftliche Antiqua
j)	Schriftgruppe Xa Gebrochene Schriften – Gotisch
k)	Schriftgruppe Xb Gebrochene Schriften – Rundgotisch
l)	Schriftgruppe Xc Gebrochene Schriften – Schwabacher
m)	Schriftgruppe Xd Gebrochene Schriften – Fraktur
n)	Schriftgruppe Xe Gebrochene Schriften – Fraktur-Varianten

37 Nach der Schriftenklassifikation wurden die Schriften in 10 Gruppen eingeordnet. Nach einem Neuvorschlag gibt es noch fünf Hauptgruppen. Erstellen Sie eine Tabelle der Schriftenklassifikation mit den fünf Hauptgruppen im Tabellenkopf.

Gruppe 1 Gebrochene Schriften	Gruppe 2 Römische Serifenschriften	Gruppe 3 Lineare Schriften	Gruppe 4 Serifenbetonte Schriften	Gruppe 5 Geschriebene Schriften
1.1 Gotische	2.1 Renaissance-Antiqua	3.1 Grotesk	4.1 Egyptienne	5.1 Flachfeder-schrift
1.2 Rundgotische	2.2 Barock-Antiqua	3.2 Anglo-Grotesk	4.2 Clarendon	5.2 Spitzfeder-schrift
1.3 Schwabacher	2.3 Klassizistische Antiqua	3.3 Konstruierte Grotesk	4.3 Italienne	5.3 Rundfeder-schrift
1.4 Fraktur	2.4 Varianten	3.4 Geschriebene Grotesk	4.4 Fraktur	5.4 Pinselschrift
1.5 Varianten	2.5 Dekorative	3.5 Varianten	4.5 Varianten	5.5 Varianten
1.6 Dekorative	–	3.6 Dekorative	4.6 Dekorative	5.6 Dekorative

4 Gestaltung

38 Ordnen Sie folgende Schriften den Schriftgruppen zu (nach DIN 16 518-1998):

a) Bodoni
b) Century
c) Hebräisch
d) Garamond

a) Klassizistische Antiqua
b) Barock-Antiqua
c) Sonstige Schriften
d) Renaissance-Antiqua

39 Klassifizieren Sie folgende Schriften (nach DIN 16 518-1998)

a) Courier
b) Futura
c) Times
d) Memphis

a) Serifenbetonte Linear-Antiqua
b) Serifenlose Linear-Antiqua
c) Barock-Antiqua
d) Serifenbetonte Linear-Antiqua

40 Als „Grotesk" bezeichnet man umgangssprachlich und geschichtlich eine Schriftgruppe. Welche ist damit gemeint?

Die Grotesk entspricht der Schriftgruppe Serifenlose Linear-Antiqua.

41 Eine Schriftfamilie besteht aus mehreren Schriftschnitten.

a) Erklären Sie den Begriff Schriftschnitt.
b) Zählen Sie fünf Beispiele für Schriftschnitte auf.

a) Der Schriftschnitt ist eine Variante der Schriftart. Das heißt, dass die Grundschrift vom Schriftkünstler abgewandelt wurde.
b) Schriftschnitte sind halbfett, fett, kursiv, schmal, breit, Buch, mager, Kapitälchen usw.

42 Beim elektronischen Publizieren spricht man von einer echten Kursivschrift und einer unechten Kursivschrift. Erklären Sie den Unterschied.

Eine echte Kursivschrift ist vom Schriftkünstler erstellt, ästhetisch aufbereitet und als eigener Schriftfont verfügbar. Im Gegensatz dazu ist eine unechte Kursivschrift, z. B. aus dem Schriftschnitt mager, nur elektronisch schräg gestellt.

43 Welche Schriftschnitte sind hinsichtlich der Lesbarkeit im Allgemeinen ungünstig?

Die Lesbarkeit beeinträchtigen:
- Spationierte Schriften, das heißt gesperrte, in der Laufweite erweiterte Schriften,
- Kursivschriften,
- Kapitälchen.

4.3 Typografie

44 Sie haben in einem Werk die Grundschrift Times. Welche Auszeichnungen wären theoretisch möglich?

Als Auszeichnung könnte man Kursive, Kapitälchen, Versalien, halbfette Schrift, Unterstreichung, größere Schrift, andere Schriftart oder farbige Schrift verwenden.

45 Bei den Auszeichnungsschriften unterscheidet man Kursive, Kapitälchen, Versalien, halbfette Schrift, Unterstreichung, größere Schrift, andere Schriftart, farbige Schrift. Welche Auszeichnung ist im Mengentext zu bevorzugen. Begründen Sie.

Die klassische Auszeichnung ist die Kursive der Grundschrift. Kursive Schriften werden zwar etwas langsamer gelesen, aber sie besitzen den Vorteil, die Aufmerksamkeit des Lesers zu wecken ohne den Satzverbund zu zerstören.

Ähnlich verhält es sich bei Kapitälchen, wobei diese etwas schlechter lesbar sind, auch wenn es sich um echte Kapitälchen, die gut ausgeglichen sind, handelt.

Andere Auszeichnungen ergeben ein unruhiges Satzbild und hemmen den Lesefluss. Sie können jedoch erfrischend wirken und je nach Anwendungsgebiet zweckmäßig sein.

46 Wie viele Schriftschnitte sind bei der Anwendung im Grundtext sinnvoll?

Maximal drei.

47 Ein Schriftzeichen kann in der Größe in mehrfacher Weise definiert werden. Zählen Sie zwei Definitionen für die Schriftgröße auf.

Die Größe der Schriftzeichen kann man über:
- Versalhöhe,
- Höhe der Mittellänge
- Ausdehnung über das 4-Linien-System festlegen.

48 Gibt es eine eindeutige optische Schriftgrößendefinition? Begründen Sie.

Nein, da bedingt durch die unterschiedliche Aufteilung der Schrift in Ober-, Mittel- und Unterlänge eine unterschiedliche Größenwirkung entsteht.

49 Definieren Sie die vertikale Ausdehnung der Schriftgröße.

Die Schriftgröße erstreckt sich von der Oberlänge bis zur Unterlänge eines Schriftzeichens.

4 Gestaltung

50 Definieren Sie die vertikale Ausdehnung der Versalhöhe.

Die Versalhöhe erstreckt sich von der Oberlänge bis zur Schriftlinie eines Schriftzeichens.

51 In welcher Maßeinheit wird die Schriftgröße angegeben?

In Point. 1 pt = 0,35 mm.
(exakt: 0,3528 mm)
(Veraltet Punkt. 1 p = 0,376 mm).
Man unterscheidet je nach Betriebssystemen Pica-Point oder DTP-Point.

52 Woraus errechnet sich ein Pica-Point?

1/72 Zoll (1 Zoll = 2,54 cm) ergibt einen Pica-Point.

53 In welcher Maßeinheit wird die Versalhöhe angegeben?

In Millimeter.

54 Worin unterscheiden sich die Begriffe Schriftgröße und Versalhöhe?

Die Schriftgröße beinhaltet Ober-, Mittel- und Unterlänge, wobei die Versalhöhe nur aus Ober- und Mittellänge besteht.

55 Ordnen Sie die Begriffe:
a) Haarstrich,
b) Serife,
c) Anstrich,
d) Endstrich,
e) Kehlung und
f) Dachansatz
den nachfolgenden Buchstaben zu.

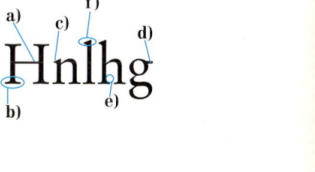

4.3 Typografie

56 Erklären Sie anhand einer Skizze mit den Buchstaben Hnlhg
a) Versalhöhe,
b) Schriftgröße,
c) Zeilenabstand,
d) Durchschuss,
e) Mittellänge,
f) Oberlänge und
g) Unterlänge.

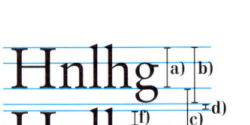

57 Wie entsteht die Laufweite einer Schriftzeile?

Durch die Breite der einzelnen Schriftzeichen (Schriftbild) und die Vor- und Nachbreite des jeweiligen Zeichens.

58 Was versteht man unter:
a) Vor- und Nachbreite,
b) Unterschneiden,
c) Spationieren (= Sperren)?

a) Die Vorbreite ist der Weißraum, welcher vor dem jeweiligen Zeichen steht. D. h., es wird dadurch der Abstand zum vorhergehenden Zeichen mit beeinflusst. Die Nachbreite ist der Weißraum nach dem Zeichen.
b) Unterschneiden bedeutet, dass die Nachbreite reduziert wird, sodass die Zeichen näher zusammenrücken.
c) Spationieren ist das Gegenteil von Unterschneidung, d.h. es wird die Nachbreite vergrößert.

59 Jede Schrift ist auf einem Einheitensystem aufgebaut. Das bedeutet, dass ein Geviert in kleinere Teile gegliedert wird.
Beispielsweise wird beim 48-Einheitensystem das Geviert in 48 Teile zerlegt.
Welche Größe in Point hat eine Einheit bei einer
a) 48-pt-Schrift,
b) 12-pt-Schrift,
c) 8-pt-Schrift?

a) 48 pt : 48 Teile = 1 pt/Teil
b) 12 pt : 48 Teile = $\frac{1}{4}$ pt/Teil
c) 8 pt : 48 Teile = $\frac{1}{6}$ pt/Teil

4 Gestaltung

60 **Erklären Sie den Unterschied zwischen Normal- und Mediävalziffern.**

Normalziffern sind immer auf der Mittel- und Oberlänge. Mediävalziffern sind teilweise nur auf Mittellängenhöhe (0, 1, 2), teilweise auf Mittel- und Unterlängenhöhe (3, 4, 5, 7), teilweise wie Normalziffern auf Mittel- und Oberlängenhöhe (6, 8, 9).

61 **Was versteht man unter Halbgeviert-Ziffern?**

Halbgeviert-Ziffern haben die Eigenschaft, dass jede Ziffer gleich breit ist. Dies ist im normalen Zeichensatz nicht so. Die Ziffer 1 hat eine geringere Dickte als die Ziffer 2.

62 **Wozu benötigt man Halbgeviert-Ziffern?**

Halbgeviert-Ziffern benötigt man überall dort, wo die Ziffern untereinander stehen sollen, z. B. Tabellen, Bilanzen.

63 **Was versteht man unter Dick(t)e?**

Die Dickte ist die Breite eines Buchstabenbildes plus die Vor- und Nachbreite.

64 **Was versteht man unter Laufweite?**

Die Laufweite ergibt sich aus der Breite der Buchstabenbilder und der Vor- und Nachbreite, also aus der Summe der Dickten einer Schriftzeile.

65 **Was versteht man unter Schriftweite?**

Die Schriftweite ist die Breite des Buchstabenbildes.

66 **Welche Schriftgruppe wirkt technisch?**

Die Schriftgruppe Serifenlose Linear-Antiqua wirkt technisch.

67 **Welche Schriftarten wirken elegant?**

Schriften, die unterschiedliche Strichstärken bei Grund- und Haarstrichen aufweisen, wirken elegant.

68 **Ergänzen Sie: In der Zeit des Barocks wandelte sich die Schrift. Die Dachansätze und die Serifen wurden . . . a) . . . und die Symmetrieachsen . . . b) . . .**

a) flacher
b) fast senkrecht.

4.3 Typografie

69 Welche Schrift benutzte Gutenberg in seiner 42-zeiligen Bibel?

Gutenberg benutzte in seiner 42-zeiligen Bibel die Textura.

70 Wie muss die Laufweite von Schriften eingestellt sein, damit die Schriften gut lesbar sind?

Schriften sind im Allgemeinen gut lesbar, wenn sich die einzelnen Zeichen nicht berühren.

71 Wie viele Zeichen sollte eine Zeile Grundtext im Druck bei guter Lesbarkeit enthalten?

55 bis 70 Zeichen pro Zeile.

72 Wie viele Zeichen sollte eine Zeile Grundtext am Monitor bei guter Lesbarkeit enthalten?

30 bis 40 Zeichen pro Zeile.

73 Man liest in „Leseschritten" den so genannten Fixationen. Wie viele Zeichen erfasst man bei guter Lesbarkeit mit einer Fixation?

Bei guter Lesbarkeit erfasst man pro Leseschritt ca. 10 Zeichen, abhängig vom Schriftgrad.

74 Welche Satzarten gibt es? Zählen Sie auf.

Es gibt die Satzarten rechtsbündiger oder linksbündiger Flattersatz, rechtsbündiger oder linksbündiger Rausatz, zentrierter Satz (Mittelachsensatz), Blocksatz, Figurensatz (Formsatz), Formensatz, Gedichtsatz.

75 Welche Satzart ist von einem Europäer am besten lesbar? Begründen Sie.

Von einem Europäer ist linksbündiger Flattersatz am besten lesbar, da die Europäer von links nach rechts lesen. Die Satzart Blocksatz hat die Nachteile, dass die Wortabstände ungleichmäßig sind und somit die Fixationen beeinträchtigen.

76 Welche Anwendungsgebiete gibt es für den zentrierten Satz?

Zentrierter Satz wird häufig bei Urkunden, Einladungen, Anzeigen usw. angewandt.

4 Gestaltung

77 **Wofür eignet sich der linksbündige Flattersatz?**

Der linksbündige Flattersatz eignet sich für Publikationen mit großen Textmengen.

78 **Beschreiben Sie die Satzart Blocksatz.**

Die Zeilen sind an der linken und der rechten Satzkante gefüllt.

79 **Der Blocksatz wird in den USA und in Europa unterschiedlich erstellt. Erklären Sie die Unterschiede.**

Der Blocksatz wird in Europa durch Veränderung des Wortabstandes erzeugt. In den USA werden zusätzlich die Zeichenabstände verändert.

80 **Welche Art des Blocksatzes ist hinsichtlich der Lesbarkeit zu empfehlen. Begründen Sie.**

Durch die Veränderung des Wortabstandes wird die Lesbarkeit weniger stark beeinträchtigt. Deshalb ist diese Art zu empfehlen. Die Erzwingung des Blocksatzes durch die Veränderung der Zeichenabstände ist abzuraten, da dadurch die Lesbarkeit und die Grauwirkung beeinträchtigt wird.

81 **Welche Grundbedingung sollte für einen sinnvollen Einsatz eines Blocksatzes gegeben sein?**

Die Grundbedingung für einen sinnvollen Einsatz eines Blocksatzes ist, dass die Zeilen mindestens sieben Wortabstände aufweisen sollten.

82 **Welche Kriterien entscheiden über die Satzart?**

Es sind bei der Wahl der Satzart die Breite des Satzspiegels bzw. Spaltenbreite und die Produktart zu berücksichtigen.

83 **Welche Satzart ist bei einer schmalen Satzbreite zu wählen?**

Bei einer schmalen Satzbreite ist die Satzart Flatter- bzw. Rausatz zu wählen.

84 **Erklären Sie den Unterschied zwischen einem Rausatz und einem Flattersatz.**

- Bei der Satzart Flattersatz wird jedes Zeilenende, also auch jede Trennung, vom Bediener manuell erzeugt.
- Beim Rausatz wird das Zeilenende nicht manuell sondern elektronisch erzeugt. Die Qualität leidet beim Rausatz, d. h. der Flattersatz ist qualitativ hochwertiger und besser lesbar.

4.3 Typografie

85 Was versteht man unter Zeilenabstand?

Der Zeilenabstand ist der vertikale Abstand von Schriftlinie zu Schriftlinie.

86 Was versteht man unter Durchschuss?

Der Durchschuss ist der vertikale Abstand von Schriftunterkante (Unterlänge) bis zur nächsten Schriftoberkante.

87 Der Zeilenabstand ist ein wichtiges typografisches Instrument. Wie groß sollte der Zeilenabstand sein?

Der Zeilenabstand sollte so groß sein, dass die Grauwirkung des Wortabstandes und die Grauwirkung zwischen den Zeilen optisch gleich wirkt.

88 Für den Wortabstand gibt es Faustregeln. Zählen Sie zwei davon auf.

- $\frac{1}{3}$-Geviert
- Innenraum des kleinen „n"
- Dickte des „t"
- Dickte des „i"

89 Die Lesbarkeit wird von Wort-Trennungen stark beeinflusst. Wie viele Trennungen sind bei einem guten Satz maximal in Folge zulässig?

Bei einem qualitativ guten Satz sollten nicht mehr als drei Trennungen in Folge vorhanden sein.

90 Was versteht man unter einer Trennfuge bzw. weichen Trennung?

Unter einer Trennfuge bzw. einer weichen Trennung versteht man, dass nach Ändern des Textes die Trennung automatisch beseitigt wird, ohne dass das Divis (der Bindestrich) stehen bleibt.

91 Welches Programm-Modul ist für die Silbentrennung verantwortlich und nach welchen Regeln trennt es?

Die Silbentrennung übernimmt das Silbentrennprogramm, es trennt nach den Trennregeln des Dudens und nach dem Ausnahmewortlexikon.

92 Wozu benötigt man ein Ausnahmewortlexikon?

Es gibt viele Wörter, die nach den Trennregeln des Duden richtig getrennt sind, aber den Sinn entstellen. Zum Beispiel:
Ur- instinkt Urin- stinkt,
Erb- lasser Er- blasser,
Druck- erzeugnis Drucker- zeugnis,
Wachs- tube Wach- stube.

4 Gestaltung

93 Die Schriftgröße ist in Computerprogrammen stark variierbar. Wovon hängt die zu wählende Schriftgröße ab?

Die Wahl der Schriftgröße wird durch das Medium, die Zielgruppe und die Gestaltungswirkung beeinflusst.

94 Welche Schriftgrößen sind die so genannten Lesegrößen bzw. die Brotschriften?

Die Lesegrößen bzw. die Brotschriften sind die Schriftgrößen 8 pt bis 12 pt.

95 Für das normalsichtige Auge gibt es eine untere Grenze der optimalen Lesbarkeit hinsichtlich der Schriftgröße. Welche Schriftgröße markiert diese untere Grenze?

Die untere Grenze der optimalen Lesbarkeit entspricht einer Schriftgröße von 8 - 9 pt.

96 Bei den Schriftgrößen verwendet man die Begriffe
a) Konsultationsgröße,
b) Schaugröße und
c) Plakat- bzw. Displayschriften.
Welche Schriftgrößen verbergen sich hinter diesen Begriffen?

a) Konsultationsgröße: kleiner 8 pt.
b) Schaugröße: größer als 12 pt, bis 48 pt.
c) Plakat- und Displayschriften: größer als 48 pt.

97 Wie viele Schriften darf man in einem Layout mischen? Welche Voraussetzung sollte gegeben sein?

Man darf zwei Schriften mischen, sofern sich die Schriften im Charakter deutlich unterscheiden.

98 Wie viele Schriftgrößen darf man in einem Layout verwenden? Welche Voraussetzung ist hierfür erforderlich?

Es sollten nur so viele Schriftgrößen wie nötig verwendet werden. Es muss jedoch jeder Schriftgrad eine eigene Wertigkeit besitzen und der Schriftgrößenunterschied muss deutlich sein (also nicht 8 pt und 9 pt, sondern 8 pt und 11 pt).

99 Welche Regel kann man prinzipiell nennen, wenn man die Häufigkeit von Schriften, Schriftschnitten, Schriftgrößen, Kontrasten usw. anspricht?

So wenig wie möglich, aber so viel wie nötig.

4.3 Typografie

100 Sie sehen zwei Anzeigen, eine gefüllt mit Text und Elementen, die andere mit unbeschriebener bzw. unbedruckter Fläche (Weißraum). Welche Anzeige erzeugt mehr Spannung? Begründen Sie.

Weißraum erzeugt prinzipiell Kontrast zur bedruckten Fläche, daher ist die Anzeige mit mehr Weißraum spannender und wesentlich interessanter. Weißraum ermuntert zum Lesen, da die Fläche nicht „zugekleistert" ist.

101 Warum wird im Anzeigensatz bei kleineren Anzeigen häufig auf Weißraum verzichtet?

Der Weißraum muss bezahlt werden und zudem kann die Anzeige auf einer Anzeigenseite mit vielen Kleinanzeigen „zerrissen" wirken, d. h. als ob es zwei unterschiedliche Anzeigen wären.

102 Welche Funktionen haben Linien bei der Gestaltung?

Linien haben die Funktionen der Gliederung, Übersichtlichkeit, Schreib- bzw. Ausfüllhilfe und Trennung.

103 Nennen Sie Anwendungsgebiete von Linien.

Linien werden bei Tabellen, Formularen, Anzeigen, Plakaten, Kolumnentitel, Umrandung, als Schreiblinie usw. wie auch als Gestaltungselement verwendet.

104 Welche Aufgabe hat eine Umrandung?

Eine Umrandung kann abgrenzen, beruhigen und ordnen.

105 Zählen Sie Kontrastelemente auf, die in der Typografie anwendbar sind und nennen Sie drei Beispiele.

Kontrastelemente sind:

- Groß – klein: Schriftgröße,
- Schmal – breit: schmalnormale und breitfette Schrift,
- Dünn – dick: schmalnormale und breitfette Schrift,
- Hell – dunkel: beschriebene und unbeschriebene Fläche,
- Positiv – negativ: weiße Schrift auf farbigem/schwarzem Grund, schwarze Schrift auf weißem/farbigem Grund,
- Konservativ – modern: Schriftart Klassizistische Schrift und moderne Schrift,
- Schwarz-weiß – farbig: schwarz-weiße Schrift und farbige Abbildungen.

4 Gestaltung

106 Was versteht man unter semantischer Typografie?

Semantik = Bedeutungslehre: es wird die Beziehung der Zeichen zu den Abbildern der objektiven Realität und deren Bedeutung im Bewusstsein aufgezeigt.

107 Zeigen Sie drei Beispiele semantischer Typografie auf.

Beispiele für semantische Typografie sind s p l e n d i d, reduzieren, , **voll.**

108 Sie lesen die Wörter 1sam, ver2felt, Kla4 oder 8ung. Welche Bedeutungslehre steht hinter solchen Wörtern?

Dahinter steht die Bedeutungslehre der Semantik.

109 Großbuchstaben-Texte sind in der Anwendung problematisch. Erklären Sie diese Aussage.

Die Lesbarkeit ist beeinträchtigt, vor allem wenn Versalzeilen nicht richtig ausgeglichen sind. Das heißt, dass die Vor- und Nachbreite der einzelnen Zeichen zueinander als ein Gesamtbild erscheinen muss, sodass in der gesamten Zeile ein gleicher optischer Abstand gegeben ist.

110 Beim Schriftzeichensatz spricht man von
a) Versalien,
b) Gemeinen,
c) Kapitälchen,
d) Akzentbuchstaben,
e) Interpunktionen,
f) Klammern,
g) Sonderzeichen,
h) mathematischen Zeichen,
i) Währungssymbolen,
j) Typosymbolen.

Erklären Sie die Begriffe und nennen Sie je ein Beispiel.

a) Versalien sind Großbuchstaben: XYZ.
b) Gemeine sind Kleinbuchstaben: xyz.
c) Kapitälchen sind Versalien auf Mittellängenhöhe: KAPITÄLCHEN.
d) Akzentbuchstaben: Akut (á), Gravis (à), Zirkumflex (â), Cedille (ç), Trema (ë), Angström (Å)
e) Interpunktionen: . , ; ? ! : > < „"
f) Klammern: () Paranthesen, {} Akkoladen, [] eckige Klammern
g) Sonderzeichen: § $ % ‰ & # @ € © ®
h) Mathematische Zeichen: + − / _. √ ∞ ≠ ≈
i) Währungssymbole: € £ $
j) Typosymbole: ▲ ▼ ● ◆ ♥

111 Es gibt Schmucklinien bzw. Sicherheitslinien. Nennen Sie drei Beispiele dafür.

Azureelinie, Wellenlinie, Mäanderrand, Schmuckrand.

4.3 Typografie

112 Bei der Schrift-Animation spricht man von:

a) Blinkender Hintergrund
b) Funkelnder Text
c) Las Vegas
d) Ameisenkolonne
e) Schimmernd.

Erklären Sie diese Funktionen.

a) Blinkender Hintergrund bedeutet, dass der Text stehen bleibt, aber der Hintergrund blinkt.
b) Funkelnder Text bedeutet, dass der Text stehen bleibt, aber „Sterne" im und um den Text funkeln.
c) Las Vegas bedeutet, dass der Text durch einen sich ständig ändernden blinkenden Rand umgeben ist.
d) Ameisenkolonne bedeutet, dass der Text von einem Rand aus gestrichelten Linien umgeben ist und diese gestrichelten Linien „wandern".
e) Schimmernd bedeutet, dass der Text schimmert, d. h. dass der Text im ständigen Wechsel unscharf und danach wieder scharf wird.

113 Es gibt unterschiedliche Seitenverhältnisse, beispielsweise 2 : 3 (Bildformat), 4 : 3 (Monitor), 5 : 7 (DIN-Formate), 8 : 13 (Goldener Schnitt). Bei welchem Verhältnis spricht man von einem harmonischen Verhältnis für die Typografie?

Beim Seitenverhältnis 8 : 13 spricht man von einem harmonischen Verhältnis.

114 Erklären Sie das Verhältnis des Goldenen Schnittes.

Die kürzere Strecke verhält sich zur längeren wie die längere zur gesamten Strecke.

115 Das Format einer Broschur (Hochformat) soll im Goldenen-Schnitt-Verhältnis von 8 : 13 angelegt werden. Berechnen Sie das Seitenformat dieser Broschur, wenn die Seitenbreite 12 cm gewünscht wird.

Das Seitenformat der Broschüre entspricht nach dem Goldenen-Schnitt-Verhältnis 12 cm × 19,5 cm. *(Lösungsweg auf Seite 395)*

116 Das Bildformat-Seitenverhältnis ist 2 : 3. Berechnen Sie die Breite, wenn die Höhe 15 cm ist.

Die Breite der Abbildung beträgt 10 cm. *(Lösungsweg auf Seite 395)*

4 Gestaltung

117 Das Seitenformat ist DIN A5 (148 mm × 210 mm), der Satzspiegel beträgt 96 mm × 132 mm. Die Weißräume vom Papierrand bis zur bedruckten Fläche sollen links 5 Teile, rechts 8 Teile, oben 5 Teile und unten 8 Teile betragen. Berechnen Sie die Weißräume in Millimeter.

Die Weißräume sind 20 mm links, 32 mm rechts, 30 mm oben und 48 mm unten. *(Lösungsweg auf Seite 395)*

118 Ermitteln Sie die Höhe eines Textblockes, wenn der Textblock aus 12 Zeilen mit einem Zeilenabstand von 4,5 mm und einer Versalhöhe von 3 mm besteht.

Die Textblockhöhe beträgt 52,5 mm. *(Lösungsweg auf Seite 395)*

119 Eine Abbildung ist 40 mm hoch. Daneben sollen 11 Textzeilen stehen. Die Schriftgröße des Textes ist 10 pt bei einer Versalhöhe von 2,5 mm. Welcher Zeilenabstand muss eingestellt werden, sodass Schriftoberkante der ersten Zeile und die Schriftlinie der letzten Zeile mit der Abbildung Achsen halten?

Der Zeilenabstand muss auf 3,75 mm eingestellt werden. *(Lösungsweg auf Seite 395)*

120 Auf einer Seite stehen 47 Zeilen in 12 pt, Versalhöhe 3 mm. Satzspiegelhöhe 233 mm. Der Kunde bringt eine Textergänzung von 5 Zeilen. Diese 5 Zeilen sollen durch eine Satzbreitenerweiterung um 10 mm und durch Zeilenabstandsverringerung auf dieser Seite eingebracht werden. Welcher Zeilenabstand ergibt sich?

Zeilenabstand: 4,8936 mm. *(Lösungsweg auf Seite 395)*

4.4 Bild- und Videogestaltung

1 **Was ist die Basis jeglicher Bildgestaltung?**

Der Aussagewunsch.

2 **Welche Art der Perspektive zeigen die folgenden Bilder?**

a) Zentralperspektive, alle Fluchtlinien laufen im Zentrum zusammen
b) Zweipunktperspektive
c) Froschperspektive, die Senkrechten treffen sich oben in einem Fluchtpunkt
d) Luftperspektive

4 Gestaltung

3 **Erklären Sie jeweils das Prinzip der Fluchtpunktperspektiven.**
a) Zentralperspektive
b) Zweipunktperspektive
c) Froschperspektive

a) Alle parallel in die Raumtiefe verlaufenden Linien treffen sich in einem zentralen Fluchtpunkt. Die Senkrechten bleiben senkrecht.
b) Bei der Zweipunktperspektive sind alle senkrecht stehenden parallelen Flächen jeweils auf einen Fluchtpunkt ausgerichtet. Die senkrechten Kanten bleiben senkrecht.
c) Bei sehr hohen Objekten ist die Augenhöhe weit unten. Die Senkrechten treffen sich im Himmel in einem dritten Fluchtpunkt.

4 **Was versteht man unter Luftperspektive?**

Mit zunehmender Entfernung vermindert sich der Kontrast bei Landschaftsaufnahmen. Die Tiefe des Raumes scheint im Dunst zu verschwinden.

5 **Wie verändert sich die Horizontlinie, wenn der Betrachter einer Landschaft**
a) auf dem Boden steht
b) auf einer Bank sitzt
c) auf einer Leiter steht?

Die Horizontlinie befindet sich immer auf Augenhöhe. Sie ist deshalb bei b) tiefer und bei c) höher als bei a).

6 **Welche Position hat der Augenpunkt des Betrachters?**

Der Augenpunkt ist immer in der Mitte des Gesichtsfeldes.

7 **Nennen Sie drei Hauptkomponenten der Bildkomposition.**

Hauptmotiv, Hintergrund und Vordergrund.

8 **Wodurch kann der Blickeintritt in das Bild gesteuert werden?**

1. Hell-Dunkel-Verteilung
2. Flächenaufteilung
3. Farbigkeit

9 **Aus welchen Komponenten besteht der klassische Beleuchtungsaufbau?**

1. Hintergrundbeleuchtung
2. Hauptlicht
3. Aufhellung
4. Effektlicht

4.4 Bild- und Videogestaltung

10 Welche Aufgaben hat der Vordergrund bei der Bildgestaltung?

Der Vordergrund kann vielfältige Aufgaben erfüllen. Er leitet auf das Hauptmotiv hin, er bildet einen Rahmen, er kaschiert/verdeckt unerwünschte Teile des Hauptmotivs usw.

11 Welche Aufgaben hat der Hintergrund in der Bildgestaltung?

Der Hintergrund kann vielfältige Aufgaben erfüllen. Er schließt das Bild, er lenkt nicht vom Hauptmotiv ab, er ist nicht langweilig und nicht aufdringlich usw.

12 Beschreiben Sie das Prinzip des Bildaufbaus nach der Drittel-Regel.

Die Drittel-Regel orientiert sich beim Bildaufbau nicht an der Bildmitte, sondern teilt das Format mit gedachten Linien in neun gleich große Felder ein. Das Hauptmotiv wird in den Schnittpunkt oder die Nähe des Schnittpunktes zweier Linien positioniert. Das Ergebnis ist ein dynamischer Bildaufbau, das Auge wird angeregt sich über das Bild zu bewegen.

13 Beschreiben Sie Aufbau und Wirkung des Bildes unter Berücksichtigung der Bildkomposition.

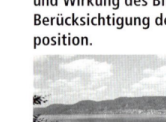

Die gegenüberliegende Uferlinie ist etwa zwei Drittel vom unteren Bildrand entfernt. Dadurch wird die Weite des Sees betont. Die beiden Bäume des Vordergrunds geben dem Bild Halt. Der Betrachter blickt vom sicheren Ufer auf den See. Der filigrane, nicht direkt am Bildrand stehende, rechte Baum gibt dem Bild Leichtigkeit und vermeidet eine strenge Symmetrie.

14 Wohin führt der Blick?

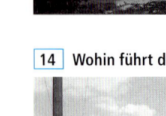

Durch den symmetrischen horizontalen Aufbau und die Linienführung des Weges, unterstützt durch die Stromleitung am linken Rand, wandert der Blick zwangsläufig zum Ziel, dem Dorf.

4 Gestaltung

15 Was sind Bildführungslinien?

Bildführungslinien sind Bildelemente, die den Betrachter durch das Bild führen, z. B. Straßen oder Felder in Landschaftsaufnahmen.

16 Nennen Sie drei Systeme zur automatischen Schärfeeinstellung bei Kameras.

1. Infrarot
2. Piezo
3. Kontrast-Systeme

17 Bei welchen Motiv-Situationen kann es zu Problemen beim Einsatz von Autofocus-Systemen kommen? Nennen Sie vier Beispiele.

- Glänzende Gegenstände mit hoher Lichtreflexion
- Sich schnell bewegende Motive
- Unterschiedlich entfernte Motive in der gleichen Sucherzone
- Motive mit geringem Kontrast
- Dunkle Motive
- Benutzung spezieller Effektfilter

18 Beschreiben Sie den Einsatz der beiden Beleuchtungsarten
a) direktes Licht
b) indirektes Licht.

a) Das Licht ist direkt auf das Motiv gerichtet. Licht, Schatten und Strukturen werden durch die direkte Beleuchtung gefördert.
b) Das indirekte Licht fällt meist entweder durch einen Reflexschirm oder durch eine Diffusionsfolie auf das Motiv. Das indirekte Licht ist weicher als das direkte Licht.

19 In welcher Weise unterstützen Licht und Schatten die Bildwirkung?

Die Form bestimmt den räumlichen Eindruck eines Körpers nicht alleine. Erst im Zusammenspiel der Form-Erscheinung und der Hell-Dunkel-Erscheinung aus Licht und Schatten wirkt ein Gegenstand räumlich und plastisch. Auch werden Gegenstände, die hell erscheinen, eher wahrgenommen als dunklere. Wenn Licht auf einen Körper trifft, entsteht Schatten. Neben der Art der Lichtquelle, ob Punktlicht oder Flächenlicht, ist die Position zum Gegenstand wichtig. Aus diesen Faktoren ergeben sich Schattenrichtung und Schattenlänge.

4.4 Bild- und Videogestaltung

20 Welche Bedeutung hat die Schärfe in der Bildgestaltung? Erläutern Sie ein Beispiel.

- Durch die Veränderung der Schärfezone bei geringer Schärfentiefe wird die Aufmerksamkeit des Zuschauers gelenkt.
- Bei sich entfernenden oder sich nähernden Motiven und nachgeführter Schärfe bleibt die Aufmerksamkeit des Betrachters beim Motiv.

21 Wodurch wird die Länge einer Einstellung bestimmt?

Die Dauer ist von den Intentionen abhängig. Sollen alle Details einer Einstellung wahrgenommen werden, so muss die Einstellung etwa so lange stehen, wie ihre verbale Beschreibung dauert.

22 Nennen Sie fünf aktive Gestaltungsmittel einer Einstellung.

- Einstellungsgröße
- Bildkomposition
- Brennweite
- Standpunkt und Blickwinkel
- Kamerabewegung
- Lichtgestaltung
- Dauer der Einstellung

23 Was ist bei der Aufnahme mit Kunstlicht zu beachten?

Kunstlicht hat meist eine andere Farbtemperatur als das Tageslicht. Aufnahmen auf für Tageslicht sensibilisierte Materialien können dadurch einen Farbstich bekommen. Der Weißabgleich elektronischer Aufnahmesysteme muss auf das Kunstlicht abgestimmt sein.

24 Warum werden die Farben eines bekannten Gegenstandes auf einer Fotografie oft als verfälscht dargestellt wahrgenommen?

Die eigentliche Farbwahrnehmung erfolgt im Gehirn, nicht im Auge. Da wir wissen welche Farbe ein Gegenstand hat, sehen wir ihn, unabhängig von seiner Beleuchtung, in dieser Farbe. Die Kamera sieht die Farbe so, wie sie unter der bestimmten Beleuchtung objektiv ist, Weißabgleich und korrekte Belichtung vorausgesetzt.

4 Gestaltung

25 **Warum ist vor jeder Aufnahme ein Weißabgleich notwendig?**

Jede Art Lichtquelle besitzt eine andere Farbtemperatur, d.h. unterschiedliche spektrale Emission. Für das menschliche Auge spielen diese Farbunterschiede keine Rolle. Ein Gegenstand von dem bekannt ist, dass er weiß ist, erscheint auch weiß. Der Mensch nimmt Farben so wahr, wie sie aufgrund seiner Erfahrung auszusehen haben.

26 **Beschreiben Sie das Prinzip des Weißabgleichs.**

Beim Weißabgleich wird das Verhältnis von Rot, Grün und Blau so gewählt, dass bei der Aufnahme neutrale Töne auch neutral erfasst bzw. wiedergegeben werden.

27 **In welcher Weise muss der Weißabgleich bei gemischtem Licht erfolgen?**

Der Weißabgleich muss auf die dominierende Lichtquelle eingestellt werden.

28 **Was versteht man unter Mischlicht?**

Mischlicht beschreibt die Situation, bei der das Motiv von mehreren Lichtquellen mit unterschiedlichen Farbtemperaturen beleuchtet wird.

29 **Nennen und erläutern Sie die verschiedenen Einstellungsgrößen.**

- Totale (long shot): Überblick, Orientierung
- Halbtotale (medium long shot): Szenerie, eingeschränktes Blickfeld
- Amerikanische Einstellung (american shot): z.B. vom Knie aufwärts
- Halbnahaufnahme (medium close-up): z.B. obere Körperhälfte
- Nahaufnahme (close-up): z.B. Drittel der Körpergröße
- Großaufnahme (very close-up): z.B. Kopf bildfüllend
- Detailaufnahme (extreme close-up): z.B. Teile des Gesichts

4.4 Bild- und Videogestaltung

30 Ordnen Sie den drei Bildern jeweils die Einstellungsgröße zu.

a) Totale
b) Großaufnahme
c) Halbnahaufnahme

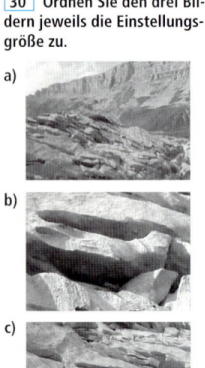

31 Worin unterscheiden sich die geführte und die wissende Kamera?

Die geführte Kamera folgt dem Handlungsträger. Die wissende Kamera weiß, wo es weiter geht.

32 Erläutern Sie das Wesen der Schwenkarten:

a) Langsamer panoramierender Schwenk
b) Zügiger Schwenk
c) Reißschwenk
d) Geführter Schwenk

a) Der langsame panoramierende Schwenk wirkt als erweiterte Totale, hat orientierende und hinführende Wirkung.
b) Der zügige Schwenk verbindet zwei Einstellungen räumlich miteinander, das stehende Anfangsbild und das stehende Schlussbild sind die eigentlichen Aussageträger.
c) Reißschwenk, die Kamera wird so schnell bewegt, dass keine Einzelheiten zu erkennen sind, er schafft räumliche und zeitliche Verbindungen.
d) Beim geführten Schwenk verfolgt die Kamera die Bewegung einer Person oder eines Gegenstandes.

4 Gestaltung

33 **Definieren Sie den Begriff Achsensprung.**

Die Wahrnehmung und Interpretation einer Bewegung vor der Kamera orientiert sich an der Bildachse. Sie ist eine gedachte Linie an der sich die Handlung oder auch nur die Blickrichtung entlang bewegt. Das unvorbereitete Überschreiten der Bildachse heißt Achsensprung. Durch die Montage eines neutralen Zwischenbildes wird der Achsensprung für den Zuschauer nachvollziehbar und somit akzeptabel.

34 **Beschreiben Sie die dramaturgische Wirkung von Schuss und Gegenschuss.**

Bei Schuss und Gegenschuss werden Standort und Blickrichtung gewechselt. Durch Schuss und Gegenschuss kann z.B. zwischen der objektiven Sichtweise/Einstellung des Betrachters und der subjektiven Sichtweise/ Einstellung des Akteurs gewechselt werden. Obwohl die Einstellungen gegebenenfalls nacheinander gedreht werden, erscheinen sie dem Zuschauer durch die Schnittfolge räumlich und zeitlich zusammengehörig.

35 **Der Filmschnitt ist der letzte Bereich der Filmherstellung. Er ist visuell gewordene Assoziation. Er strukturiert den Film durch die aufeinanderfolgende Montage der Einstellungen.**

a) **Definieren Sie den Begriff Einstellung.**
b) **Beschreiben Sie das Wesen der Parallelmontage.**
c) **Nennen Sie ein Beispiel für die Parallelmontage.**

a) Die Einstellung ist die kleinste Einheit eines Films. Sie ist eine nicht unterbrochene Aufnahme.
b) Bei der Parallel-Montage laufen zwei Handlungsstränge parallel nebeneinander her und werden ständig wechselnd geschnitten. Die Stränge wissen meist von Anfang an voneinander. Am Ende werden sie zusammengeführt.
c) Verfolgungsjagd. Zwei Personen auf verschiedenen Wegen zur gemeinsamen Verabredung.

36 **Bei welcher Montageform ist die Filmzeit gleich der Realzeit?**

Horizontale Montage.

37 Welche Angaben muss ein Videodrehbuch enthalten, damit ein Videoclip gedreht werden kann?

Szene mit Szenennummer (Take), Bildeinstellungen mit Einstellungsgrößen, Toneinstellungen mit Angaben zu Sprecher (Dialogtext) und Musikverwendung.

38 Welche Angaben müssen Schnittanweisungen enthalten, um einen Videoclip zu schneiden?

Zeitangabe, Dauer der zu schneidenden Szene, Filminhalt (Scribble der Szenen), Sprache, Text, Bild, Effekte und Überblendungen.

39 Definieren Sie den Begriff „Einstellung" bei der Videofilmaufnahme.

Einstellung = kleinste Einheit eines Filmes. Sie ist eine nicht unterbrochene Aufnahme.

40 Wie wird der Begriff „Szene" bei der Videofilmaufnahme definiert?

Szene = Setzt sich aus mehreren unterschiedlichen Einstellungen zusammen.

4.5 Format und Layout

4.5.1 Format

1 Das Format ist die Basis jeglicher Gestaltung. Nennen Sie die Maße in Millimeter von
a) DIN A4 (Hochformat)
b) Kleinbilddia (Hochformat)

a) $210 \text{ mm} \times 297 \text{ mm}$
b) $24 \text{ mm} \times 36 \text{ mm}$

2 Welches Seitenverhältnis haben die Formate
a) DIN A-Reihe
b) Monitor
c) Kleinbilddia

a) $1 : \sqrt{2}$ (Hochformat), $\sqrt{2} : 1$ (Querformat)
b) $4 : 3$ oder $16 : 9$ oder $16 : 10$
c) $2 : 3$ (Hochformat), $3 : 2$ (Querformat)

4 Gestaltung

3 Beim Format spricht man vom „unbestechlichen Format". Welches Format ist damit gemeint?

Das einzig unbestechliche Format ist das Quadrat.

4 Wir bezeichnen das Briefblatt als Briefbogen. Warum ist die Bezeichnung Briefbogen laut DIN falsch?

Ein Bogen hat nach der Norm das Format $420 \text{ mm} \times 594 \text{ mm}$ und entspricht somit vier Blatt DIN A4. Dies wäre ein sehr umfangreicher Briefbogen!

5 Das Briefblatt wird zwischenzeitlich immer nach DIN eingeteilt, so dass das Briefblatt in eine Fenster-Briefhülle passt. Welche Vorteile ergeben sich bei Verwendung von Fenster-Briefhüllen?

Die Vorteile bei Verwendung einer Fenster-Briefhülle sind:

- die Briefhülle muss nicht beschriftet werden
- die Briefhülle muss nicht mit Absenderangaben versehen werden
- der Brief kann nicht falsch kuvertiert werden, da die Anschrift die des Briefblattes ist. Im Zuge der personalisierten Werbung sehr bedeutend.

6 Skizzieren Sie mit Vermaßung ein DIN A4-Normbriefblatt (DIN 676).

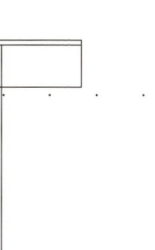

20 mm Heftrand für Falt-, Loch- und Warnmarke. Auf Warnmarke verzichtet man. Schreibbeginn 24 mm von links. Absenderfeld: 5 mm hoch, 85 mm breit, 20 mm von links, 45 mm von oben. Anschriftenfeld: 40 mm hoch, 85 mm breit, 24 mm von links, 50 mm von oben.

4.5 Format und Layout

7 Nennen Sie die drei geometrischen Grundformen des grafischen Gestaltens.

1. Punkt
2. Linie
3. Fläche

8 Wie kann durch die Positionierung eines Punktes im Format
a) Ruhe
b) Bewegung
erzeugt werden?

a) Der Punkt in der Mitte des Formats strahlt Ruhe aus. Durch die gleichwertigen Abstände ergibt sich keine Bewegungsrichtung. Die Größe des Punktes im Verhältnis zum Format zeigt die Bedeutung bzw. Dominanz.
b) Je unterschiedlicher die Abstände zur Formatbegrenzung, desto mehr wird Bewegung und Spannung erzeugt.

9 Visualisieren Sie die geometrische und die optische Mitte einer querformatigen Fläche in einem Scribble.

10 Bei der Gestaltung sind optische Wahrnehmungen wichtiger als genaue Messgeräte. Erklären Sie anhand von Beispielen diese Aussage.

Halbiert man eine Fläche in der Waagerechten, so ergibt sich, dass die obere Hälfte optisch größer wirkt als die untere. Hätten bei der Schrift die eckigen Zeichen (z. B. M) die gleiche Höhe wie runde Zeichen (z. B. O) so würde das eckige Zeichen größer wirken. Des Weiteren tritt dieselbe Wirkung bei gleicher Strichstärke bei Schriftzeichen auf – waagerechte Striche wirken breiter als senkrechte. Die optische Wahrnehmung ist daher wichtiger als die messtechnische Richtigkeit!

11 Warum erzeugt eine asymmetrische Anordnung in der Regel mehr Spannung als eine symmetrische Anordnung?

Die einzelnen Gestaltungselemente können als unterschiedliche Massen angesehen werden. Sie werden optisch auf der Seite balanciert.

12 Weshalb sollte eine asymmetrische Anordnung deutlich von einer symmetrischen Anordnung abweichen?

Knapp außerhalb der Symmetrie liegende Objekte werden vom Betrachter immer als knapp daneben, d. h. als falsch positioniert, empfunden.

13 In der gestalterischen Umsetzung von Gegenständen spricht man von

a) Stilisierung
b) Verfremdung
c) Abstraktion

Erklären Sie die wesentlichen Kennzeichen dieser Techniken.

a) Stilisierung betont das Wesentliche und vernachlässigt das Unwesentliche. Die Wesensmerkmale kommen zum Ausdruck.
b) Die Verfremdung geht über die Stilisierung hinaus. Die Form weicht vom Bekannten ab. Ein Wesensmerkmal wird z. B. durch die Veränderung der Proportionen überbetont.
c) In der Abstraktion löst sich die Darstellung vom Gegenstand, nur das Wesen des Elementes wird abgebildet.

14 Sie haben eine Textzeile in 8 pt und vergrößern diese auf 1000 % am Scanner.

a) Welche Schriftgröße ergibt sich nach der Vergrößerung?
b) Ist diese Textzeile typografisch brauchbar? Begründen Sie ihre Antwort.

a) $100\% = 8\,\text{pt}$
$1000\% = 8\,\text{pt} \times 1000\% /$
$100\% = 80\,\text{pt}$

b) Diese Textzeile ist typografisch unbrauchbar, da große Schriftgrade im Vergleich zu kleinen Schriftgraden schmäler sein müssen. Diese optische Erfordernis wird von den Schriftkünstlern realisiert, indem mehrere Schriftschnitte erstellt werden. Hinweis: Prüfen Sie es an ihrer eigenen Handschrift. Je größer Sie schreiben, desto schlanker werden im Verhältnis die einzelnen Zeichen.

15 Nennen und definieren Sie drei Variablen des visuellen Gewichts.

- Größe: die Abbildungsgröße ist maßgebend, nicht die reale Größe.
- Allgemeine Formatlage: die Spannung steigt mit dem Abstand zum Formatmittelpunkt.
- Vertikale Formatlage: oben hat mehr Gewicht als unten.
- Horizontale Formatlage: der Blick fällt zuerst nach links, allerdings erscheint links leichter als rechts.
- Helligkeit und Farbe: helle Flächenelemente haben mehr Gewicht als dunkle Elemente, warme Farben wie rot, orange oder gelb wiegen schwerer als kalte Farben wie blau oder türkis. Intensive leuchtende Farben sind gewichtiger als zarte oder blasse Farben. →

4.5 Format und Layout

▷ *Fortsetzung der Antwort* ▷

- Form: runde geschlossene Formen wirken schwerer als eckige Formen und senkrechte Ausrichtungen haben ein höheres Gewicht als waagerechte Ausrichtungen.

16 Wodurch kann in der visuellen Gestaltung ein Spannungsfeld erzeugt werden?

Durch verschiedene Reizanordnungen kann ein intensives Spannungsmuster erzeugt werden:
- prägnant abgestufte Spannungshierarchie,
- unterschiedliche Spannungsdichte,
- entgegengesetzt orientierte Spannung.

4.5.2 Layout

17 Was versteht man unter einem Layout?

Ein Layout ist die gestaltete Seite einer Publikation, sei es für den Druck, für das Internet oder CD-ROM. Das Layout wird auch Kundenskizze genannt und muss dem künftigen Ergebnis entsprechen.

18 Ordnen Sie die Begriffe: Reinlayout, Scribble und Rohlayout in die richtige Reihenfolge und erklären Sie diese Begriffe.

1. Scribble: Das Scribble ist eine Ideenskizze, die erste Gedanken visualisiert.
2. Rohlayout: Das Rohlayout ist die Umsetzung des Scribbles. Das Format und die Verhältnisse innerhalb der gestalteten Seite sind stimmig.
3. Reinlayout: Das Reinlayout ist die Verfeinerung des Rohlayouts. Es werden Schriftart, -größe, Laufweite, Zeilenabstand, Satzart, Anordnung der Texte, Bilder usw. eindeutig ersichtlich.

19 Beschreiben Sie den sinnvollen Ablauf beim Entwurf einer Publikation.

Es werden zuerst mehrere Scribbles in verkleinertem Format erstellt. Danach werden zur Präsentation maximal drei Layouts erstellt, je nach Anforderung des Kunden als Roh- oder Reinlayout.

20 Bei der Layouterstellung verwendet man häufig Blindtext. Was versteht man darunter?

Blindtext ist ein willkürlicher Text, der mit dem tatsächlichen Text nichts zu tun hat. Die Textmenge, Schriftart, -größe, Laufweite, Zeilenabstand und Satzart stimmen mit dem späteren Originaltext überein.

4 Gestaltung

21 **Ist die Erstellung von Scribbles am Rechner oder herkömmlich auf Papier sinnvoller? Begründen Sie.**

Am Monitor ist man immer eingeschränkt und nicht frei genug. Deshalb empfiehlt es sich, dass man zuerst Scribbles auf Papier erstellt und danach am Rechner umsetzt.

22 **Erklären Sie den Begriff Satzspiegel.**

Der Satzspiegel ist die beschriebene bzw. bedruckte Fläche einer Seite, die in gutem Verhältnis zum Papier- oder Bildschirmformat stehen soll.

23 **Welche Teile kann ein Satzspiegel beinhalten?**

Der Satzspiegel kann folgende Teile beinhalten:

- Text (Grundtext und Haupt- als auch Zwischenüberschriften),
- Fußnoten,
- Abbildungen und Grafiken,
- Lebende Kolumnentitel (Text, der sich direkt auf den Inhalt dieser Seite bezieht.)

24 **Woraus ergibt sich die Größe eines Satzspiegels?**

Papierformat bzw. Bildschirmformat abzüglich den Räumen von Kopf, Bund bzw. Außenrand, Fuß und Außenrand.

25 **Nennen Sie Methoden zur Ermittlung eines Satzspiegels.**

a) Klassische Methode, d. h. entwerfen mittels Lineal, „Goldener Schnitt" oder Teilung durch große und kleine Diagonalen.
b) Freie Methode, d. h. nach Gutdünken des Gestalters.

26 **Wie erstellen Sie einen Satzspiegel mit den Randverhältnissen des Goldenen Schnitts?**

Eine Seite wird durch eine Diagonale geteilt. Danach wird der linke Seitenrand bestimmt. Die Größe des linken Seitenrands sind dann 2 Anteile. Die Abstände zum Satzspiegel am Kopf, Außen und Fuß müssen danach ermittelt werden. Es ergibt sich daraus die Satzspiegelhöhe und die Satzspiegelbreite. Anteile: s. Antwort zu **27**.

4.5 Format und Layout

27 **Wie erstellen Sie einen Satzspiegel mittels großer und kleiner Diagonalen-Teilung?**

Eine Doppelseite wird durch eine Diagonale über beide Seiten und eine Diagonale über eine Seite eingeteilt. Die gewünschte Satzbreite wird waagerecht zwischen die beiden Diagonalen eingezeichnet. Die Satzspiegelhöhe ergibt sich durch das Fällen des Lots.

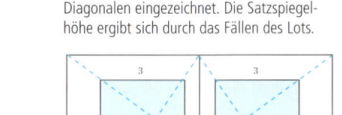

28 **Was versteht man unter einem Gestaltungsraster?**

Satzspiegel-Schema, worin der Satzspiegel in gleichartige Flächen zerlegt wird. Texte und Abbildungen werden somit einheitlich angeordnet.

29 **Weshalb werden Gestaltungsraster angewendet?**

Zur einheitlichen und übersichtlichen Gestaltung und um Anzeigen, Bilder und Texte besser austauschen zu können.

30 **Bevor man einen Gestaltungsraster sinnvoll anlegen kann, müssen drei Punkte geklärt sein. Nennen Sie diese drei Punkte.**

Der Satzspiegel muss in kleinste Parzellen unterteilt werden und dabei sind:
– die Schrift,
– die Spaltenbreite und
– die Satzspiegelhöhe
vorher zu definieren.

31 **Bei der Anwendung eines Gestaltungsrasters spricht man von der 6 x 9 Aufteilung der Rasterzellen. Was versteht man darunter?**

Von der 6 x 9 Aufteilung spricht man, wenn man in der vertikalen 9 und in der horizontalen 6 Quadrate aneinanderfügt. Diese Fläche ergibt nun den Satzspiegel und es ergeben sich daraus die Seitenränder.

4 Gestaltung

32 Erstellen Sie einen Gestaltungsraster auf einem DIN A4-Blatt im Hochformat mit der 6 x 9 Aufteilung. Dabei soll die Quadratkante 24 mm und der Zwischenschlag 3 mm sein. Die Seitenränder sollen im Goldenen Schnitt mit 3 : 5 : 8 : 13 aufgeteilt werden.

Satzspiegel-Breite:
$6 \times 25 \text{ mm} + 5 \times 3 \text{ mm} = 165 \text{ mm}$
Satzspiegel-Höhe:
$9 \times 25 \text{ mm} + 8 \times 3 \text{ mm} = 249 \text{ mm}$
Seitenränder, links und rechts:
$210 \text{ mm} - 165 \text{ mm} = 45 \text{ mm}$
$\Rightarrow 45 \text{ mm} : 11 = 4{,}09 \text{ mm}$
$\quad \Rightarrow \text{links: } 4{,}09 \text{ mm x } 3 = 12{,}27 \text{ mm}$
$\quad \Rightarrow \text{rechts: } 4{,}09 \text{ mm x } 8 = 32{,}72 \text{ mm}$
Seitenränder, oben und unten:
$297 \text{ mm} - 249 \text{ mm} = 48 \text{ mm}$
$\Rightarrow 48 \text{ mm} : 18 = 2{,}67 \text{ mm}$
$\quad \Rightarrow \text{oben: } 2{,}67 \text{ mm x } 5 = 13{,}35 \text{ mm}$
$\quad \Rightarrow \text{unten: } 2{,}67 \text{ mm x } 13 = 34{,}71 \text{ mm}$

33 Erklären Sie die Begriffe
a) Headline,
b) Subline und
c) Rubriktitel.

a) Die Headline ist die Hauptüberschrift, welche als Blickfang dient.
b) Die Subline ist die Zwischenüberschrift bzw. Unterüberschrift.
c) Der Rubriktitel ist ein toter oder lebender Kolumnentitel.

34 Welche Aufgabe hat eine Satzanweisung?

Eine Satzanweisung soll die reibungslose Herstellung in der Electronic-Publishing-Abteilung sicher stellen.

35 Welche Angaben enthält eine Satzanweisung?

Eine Satzanweisung enthält Angaben über Schriftart, Schriftgröße, Zeilenabstand, Einzüge, Auszeichnungen usw.

36 Welche Eigenschaft sollte eine Headline haben?

Eine Headline sollte kurz und klar verständlich sein.

37 Welche Funktion hat die Subline?

Die Subline erklärt bzw. ergänzt die Hauptüberschrift.

38 Wie sollte sich die Headline typografisch von der Subline unterscheiden.

Deutlicher Schriftgrößenunterschied zwischen Haupt- und Zwischenüberschrift.

39 Sie sollen eine Werbeanzeige entwickeln. Welche Grundüberlegungen sind bei der Gestaltung anzustellen?

Es sind Grundüberlegungen hinsichtlich Textmenge, Textanordnung, Bildmaterial, Bildausschnitte, Format, Satzart, Farbigkeit, Schriftwahl usw. anzustellen.

40 Sie sollen zur Analyse von Druckerzeugnissen ein Formblatt entwickeln. Nennen Sie wesentliche Inhalte eines Formblattes.

- Einordnung in eine bestimmte Kategorie nach Art und Funktion. Zum Beispiel gedrucktes Werbemittel, Prospekt.
- Endformat, Umfang, Größe in Bezug auf Funktion und Formgebung.
- Gestaltungsmittel wie Format, Bedruckstoff, Schrift, Gestaltungsraster, Bild und Farbe.
- Bedruckstoff
- Druckweiterverarbeitung

41 Analysieren Sie ihr vorliegendes Prüfungsbuch und nennen Sie wesentliche Merkmale.

- Verlagsprodukt, Broschur
- 120 mm $\times$ 180 mm, 420 Seiten, Inhalt zweifarbig schwarz und cyan,
- vierfarbige Seiten: 33, 35, 39, 40, 230 und 285.
- Seiten mit Kolumnentitel, i. A. zweispaltiger Inhalt, halbfette Auszeichnungen, serifenlose Schrift, Überschriften 11 pt, Grundschrift 8,5 pt, Kapitelüberschriften 14 pt cyan, jeweils neue rechte Seite bei Kapitelbeginn, ...
- chlorfrei gebleichtes Bilderdruckpapier mit 80 g/m^2
- Klebegebundene Broschur

4.6 Screendesign

1 Welche Vorüberlegungen (Untersuchungen/Fragen) sind vor der Durchführung der Gestaltung und Programmierung einer Internet-Site zu machen?

- Was will man als Web-Designer mit der Site bewirken?
- Welcher Personenkreis soll erreicht werden?
- Welche Reaktion wird von der Zielgruppe erhofft?
- Welchen Stellenwert hat die geplante Site im Vergleich zu anderen Medien?

4 Gestaltung

2 Welche Bildauflösung (in ppi) wird für eine Screenpräsentation meist gewählt?

72 ppi

3 Welche Schriften eignen sich besonders gut zur Darstellung von Fließtext bei einer Bildschirmpräsentation? Begründen Sie ihre Aussage.

Generell eignen sich serifenlose Schriften besser als Serifen-Schriften, da die Serifen bei der Bildschirmdarstellung oft pixelig und unproportional erscheinen. Beispiele für geeignete Bildschirmschriften sind Arial, Helvetica, Tahoma, Verdana.

4 Welche Wirkung hat die Funktion „Anti-Aliasing" bei Schriften, die für eine Multimedia CD-ROM eingesetzt werden? Nennen Sie Vor- und Nachteile.

Anti-Aliasing bewirkt eine Kantenglättung durch Hinzufügen von Pixeln mit geringerer Farbdeckung (Grautöne) entlang der Außenkante eines Buchstabens.
Vorteil: Für das Auge entsteht eine glattere Außenkante, die Schrift erscheint nicht mehr so „pixelig".
Nachteil: Serifen-Schriften, filigrane Schriften erscheinen am Bildschirm unscharf, besonders kleine Schriften sind dadurch schlechter lesbar.

5 In einer MM-Präsentation ist umfangreicher Text generell schwieriger lesbar als in gedruckter Form.

a) Welche Ursachen sind hierfür ausschlaggebend?
b) Welche Möglichkeiten gibt es, umfangreichen Text auf Bildschirmen möglichst gut lesbar darzustellen?

a) Zu lange Zeilen, zu viele Zeilen/Screen, zu kleiner Schriftgrad, zu lange Wörter und Wortzusammensetzungen, erzwungener Blocksatz, Flimmern des Bildschirms, geringerer Kontrast als auf dem Papier, Verwendung von nicht bildschirmgeeigneten Schriftfonts (Serifen-Schriften),

b) Verwendung serifenloser Screenfonts, Mindestgröße 12 Point, maximal 30 Zeichen/Zeile, Flattersatz, (Untersuchungen ergaben beste Lesbarkeit bei pastellfarbenen Hintergründen ähnlich einer vergilbten Papierseite, Unterteilung des Textes in sinnvolle Blöcke, Verwendung von scrollbaren Fenstern.)

4.6 Screendesign

6 Für eine Internetpräsentation sollen statt Fotografien stellvertretend Piktogramme im Form von Thumbnails verwendet werden.

a) Welche Vorteile haben im Internet Piktogramme aus gestalterischer und technischer Sicht?
b) Welche Möglichkeiten gibt es in diesem Fall für den Benutzer, falls er es wünscht, trotzdem die Fotografien zu sehen?

a) Aus technischer Sicht: Piktogramme in Form von Thumbnails ergeben kleinere Datenmengen und dadurch kurze Ladezeiten. Grafikkarten mit geringer Farbtiefe können die Piktogramme leichter darstellen als Farbbilder.
Aus gestalterischer Sicht: Piktogramme sind schneller und einfacher wahrnehmbar, hohe Einprägsamkeit, international erkennbar.
b) Die Piktogramme könnten mit einem Link auf das Originalbild verknüpft werden.

---

7 Farbbilder im TIF-Format (8 Bit/Pixel), die für eine Printproduktion in der Größe 1000×800 Pixel im CMYK-Modus vorliegen, sollen für einen Internetauftritt bearbeitet werden.

a) Welche Dateigröße in KB besitzt ein Bild unkomprimiert?
b) Welche Maßnahmen sind für die Übernahme ins Internet erforderlich?
c) Welche weiteren Überlegungen sind hinsichtlich Dateigröße und Bildformat zu machen?

a) 3125 KB (Dateiheader kann vernachlässigt werden) *(Lösungsweg auf S. 396)*
b) Modusänderung von CMYK in RGB für JPEG-Format oder indizierte Farben für Gif-Format; Änderung der Auflösung auf 72 ppi.
c) Das ursprüngliche Format ist für eine Screendarstellung zu groß, der Benutzer müsste im Browser zum Betrachten des Bildes scrollen; die Ladezeit für ein Bild wird zu lang, die maximale Dateigröße für ein Bild beträgt ca. 40 – 60 KB.

---

8 Ein Farbbild für den Offsetdruck, Format $225 \text{ mm} \times 150 \text{ mm}$, 60 L/cm, CMYK, soll für einen Internetauftritt in das Gif-Format, Größe 400×300 Pixel, umgewandelt werden. Das Bild wurde auf einem Scanner mit dem Qualitätsfaktor 1,5; Größe 100 % eingescannt und digitalisiert.

4 Gestaltung

a) **Welche Auswirkungen sind hinsichtlich der Ursprungsgröße und der Zielgröße des Bildes zu berücksichtigen?**

b) **Welche Auflösung hat das Bild nach dem Scannen? Welche Auflösung benötigt das Bild für die Verwendung im Internet?**

c) **Welche weiteren Parameter müssen bei der Überarbeitung für das Web berücksichtigt werden?**

d) **Die Farbqualität des Gif-Bildes entspricht nicht den Erwartungen. Welche Möglichkeit gibt es, um Verbesserungen zu erzielen?**

e) **Die Ladezeiten des Gif-Bildes sind auf Grund der Dateigröße zu lang. Welche Möglichkeiten der Optimierung gibt es?**

a) Seitenverhältnisse Ursprungsbild 225 : 150 entspricht nicht dem Seitenverhältnis des Gif-Bildes 400 : 300; deshalb Bildbeschnitt.

b) 229 ppi, gerundet 200 ppi, Reduktion auf die Bildschirmauflösung 72 ppi. *(Lösungsweg auf S. 396)*

c) Änderung des Farbmodus: für Gif-Format Umwandlung in indizierte Farben (Palette exakt oder ähnlich), Bildbeschnitt (siehe a).

d) Umwandlung in JPEG-Format mit 16,7 Mio Farben oder PNG-Format (nicht auf jedem Browser lesbar), statt in Gif-Format.

e) Die Dateigröße könnte durch die Reduktion der Farbtiefe bei der Auswahl der indizierten Farbpalette verringert werden z.B. 6 statt 8 Bit/Pixel, Nachteil hierbei: Qualität wird schlechter. Weitere Möglichkeit: Aufteilung des Gesamtbildes in kleinere, schneller ladbare Einzelbilder (Slices), die in eine unsichtbare Tabelle eingebaut werden können.

---

9 Welche Anforderungen sind an eine Startseite für ein Multimediaprodukt (Internet oder CD-ROM) zu stellen?

Schneller Aufbau der Seite durch kurze Ladezeit, Vermeidung von Multimediainhalten, welche die Ladezeit unnötig verlängern wie Video, Sound, Animationen.

---

10 Eine Multimediaproduktion soll für die Darstellung auf einem Touchscreen (PoI) in einem Kaufhaus optimiert werden. Welche Vorüberlegungen sind hinsichtlich der Screengestaltung, der Benutzerführung und der Informationsausgabe durchzuführen?

Die Größe der Navigationselemente ist für einen Touchscreen anzupassen. Die Gestaltung des Screens sollte dem Corporate Design des Kaufhauses entsprechen. Die Lesbarkeit und die Anordnung der Texte und Navigationsbuttons müssen so gewählt werden, dass sie von allen Benutzern eindeutig erkannt werden können. Die Ausgabe könnte in Form von Text und Sprache gewählt werden.

4.6 Screendesign

11 Was versteht man unter einem Touch-Screen?

Touch-Screens sind berührungsempfindliche Monitore, die durch Fingerdruck eine Softwareapplikation steuern und Informationen abrufen können. Auf dem eigentlichen Monitor liegt eine Touch-Scheibe mit eingelassenem Steuerungssystem, das mithilfe einer Steuerungssoftware die Berührung der Finger aufnimmt und weiterleitet. Die eigentlich für die Maus bestimmten Steuerungsfunktionen werden so durch den berührungssensitiven Monitor aufgenommen und Steuern die Funktionen eines Kiosksystems.

12 Was versteht man unter einem Kiosksystem?

Mithilfe dieser Kiosksysteme werden Informationen abgerufen oder z. B. Geldauszahlungen veranlasst. Infoterminals finden sich an Flughäfen, Bahnhöfen, Schulen, Messen, Banken usw. Gesteuert werden diese Systeme durch so genannte Touch-Screens.

13 Was ist bei der Interfacegestaltung einer Touch-Screen-Anwendung zu beachten?

Die Bedienungselemente müssen sich auch durch ungeübte Nutzer gut „drücken" lassen. Es sind gut zu lesende und gut zu bedienende Navigationselemente zu gestalten. Auf Rollover u. ä. Effekte sollte zu Gunsten einer klaren und einfachen Navigation verzichtet werden. Eindeutige und klare Farbkontraste sind herzustellen, damit der Anwender auch bei ungünstigen Beleuchtungs- und Sichtverhältnissen notwendige Informationen abrufen kann.

14 Im Zusammenhang mit Kiosksystemen wird oft die Abkürzung PoI verwendet. Was bedeutet dies?

PoI = Point of Information.

15 Erläutern Sie den Begriff „medienintegratives Autorensystem".

Darunter versteht man Softwarepakete zur Herstellung hochwertiger multimedialer Präsentationen für CD-ROM, DVD oder Kiosksysteme. Diese Autorensysteme sind medienintegrativ, das bedeutet, dass Bild-, Text-, →

4 Gestaltung

▷ *Fortsetzung der Antwort* ▷

Sound-, Video- und Animationsdaten hier zu einer Multimediaapplikation zusammengeführt werden können. Weiter ist es möglich, Daten aus Datenbanken sowie Netzwerknutzungen zu integrieren. Kennzeichen dieser Autorensysteme ist die Anwendung einer Programmiersprache, um die Navigation und unterschiedliche Funktionalitäten herzustellen.

16 Erläutern Sie den Begriff „medienintegrative Web-Editoren".

Medienintegrative Web-Editoren verknüpfen Bild-, Text-, Sound-, Video- und Animationsdaten zu einem Multimedia-Auftritt. Die Einbindung von Datenbanken ist hier oft notwendig und gewünscht, um E-Commerce-Systeme (Shop-Systeme), Informationsnetzwerke, Videoserver oder eine WWW-Firmendarstellung zu erstellen.

17 Die Navigation innerhalb eines Multimediaproduktes (CD-ROM oder Internet) kann über ein Pulldown-Menü erfolgen, wie hier am Beispiel „Förderprogramme für Schulen". Welche Vorteile bietet diese Form der Navigation im Vergleich zu Lösungen mit Schaltbuttons?

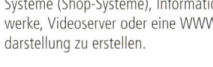

Pulldown-Menüs können platzsparend am oberen Bildschirmrand platziert werden. Es lässt sich längerer Text unterbringen als in Buttons. Die Menüeinträge lassen leichter auf Inhalte schließen als manche Buttons.

18 Welche grundsätzlichen Anforderungen sind an die Gestaltung eines Formulars (Internet, CD-ROM) zu stellen, das am Bildschirm ausgefüllt werden soll?

- Einteilung der Eingabefelder in Muss- und Kannfelder, der Benutzer muss hierüber informiert werden z. B. durch Markierung mit *,
- leichte und verständliche Beschriftung der Eingabefelder,
- unmissverständliche Bedienungselemente,
- Sprung von Feld zu Feld mittels TAB-Taste, Korrekturmöglichkeit mittels Reset-Button.

4.6 Screendesign

19 In einer Multimediaproduktion soll ein neuer Sportwagen vorgestellt werden. Hierzu ist eine Animation geplant, die ein Bild des Fahrzeugs von der Seite her auf dem Bildschirm auftreten zu lassen. Von welcher Seite muss sich der Wagen ins Bild bewegen?

Das Fahrzeug sollte sich von links nach rechts bewegen. Die entspricht am ehesten unserer Lesegewohnheit und der normalen Blickrichtung.

20 Die Kosten für die Schaltung von Werbebannern auf einer kommerziellen Internetseite sind für Werbebanner, die am oberen, linken Bildschirmrand erscheinen meist teurer als für Werbebanner, die am rechten Rand oder am Ende der Seite erscheinen. Worin könnten hier die Ursachen liegen?

Der Browser beginnt in der Regel den Seitenaufbau von links nach rechts und von oben nach unten. Die Werbebanner links oben werden also zuerst sichtbar und zuerst gelesen. Der Betrachtungs- und Lesefluss in Europa und USA geht von Links nach Rechts. Werbebanner am unteren oder rechten Rand können, je nach Browsergröße, erst nach längerem Scrollen erreicht werden. Zudem werden Informationen am unteren oder rechten Rand weniger Bedeutung zugewiesen.

21 Welche Funktion hat die Analyse der Zielgruppe und des Zielmarktes bei der Planung eines Internetauftritts?

Man erhält Daten über die potenziellen Kunden hinsichtlich Alter, Geschlecht, Ausbildung, Kaufkraft, Medienzugang. Daraus lässt sich der Stellenwert der Internetsite im Vergleich zu anderen Medien wie z. B. einem gedruckten Katalog ableiten. Unter Umständen lohnt es sich nicht einen aufwändigen Internetauftritt zu erstellen.

22 Sie erhalten den Auftrag einen Internetauftritt für eine Sportversandfirma, die hauptsächlich Tennisschläger und Zubehör vertreibt, zu planen und zu gestalten.

a) Welche Ergebnisse könnten bei der Zielgruppenanalyse hinsichtlich Alter, Geschlecht, Ausbildung, Kaufkraft und Medienzugang erwartet werden?
b) Wie könnten die Ergebnisse aus a) bei der Herstellung der Internetsite eingebaut werden? Nennen Sie drei Beispiele.

a) Alter: von 6 bis 60; Geschlecht: männlich und weiblich gleich vertreten; Ausbildung: mittlere bis gehobene Positionen; Kaufkraft: hoch; Medienzugang: mindestens 1 Computer/Haushalt vorhanden, grundlegende Internetkenntnisse vorhanden. Andere Lösungen sind möglich.
b) Für geübte Internetuser könnte ein Online-Shop angeboten werden, ungeübtere Besucher könnten stattdessen einen gedruckten Katalog per Formular und e-Mail anfordern. Angebot von Linkseiten, die auf Tennissportseiten verweisen; Seiten mit Ranglisten; Online-Gewinnspiele für Jugendliche, Eintrittskarten-Bestellservice, Seite mit Sonderangeboten usw.

23 Eine Stellenanzeige in einer Tageszeitung soll in möglichst ähnlicher Form auf einer Webseite veröffentlicht werden. Die Anzeige ist im Format 140 mm $\times$ 220 mm in gedruckter Form erschienen. Als Schrift wurde die Bodoni (10, 12 und 14 Point) verwendet, da diese Schrift auch in allen übrigen Druckpublikationen des Auftraggebers verwendet wird. Welche grundsätzlichen Probleme treten bei der Umsetzung hierbei auf? Welche Möglichkeiten der Problemlösung gibt es?

Zeitungen erscheinen im Hochformat, die Stellenanzeige erscheint ebenfalls in Hochformat. Webseiten werden für das Medium Bildschirm im Querformat gemacht.

Falls der Kunde auf das Hochformat besteht, muss die Anzeige im Web so angelegt werden, dass man u. U. scrollen muss um die ganze Anzeige zu lesen. Dies ist ein zusätzlicher Aufwand für den Anwender.

Serifen-Schriften, speziell klassizistische Schriften wie die Bodoni, sind am Bildschirm schwer lesbar. Zudem kann die Bodoni nur angezeigt werden, wenn sie auch auf dem Zielrechner vorhanden ist, dies dürfte nicht immer der Fall sein. Besser wäre es hier eine serifenlose Schrift wie z. B. die Arial zu verwenden, da sie besser am Bildschirm lesbar ist und zudem auf fast allen Betriebssystemen verwendet wird. Falls der Auftraggeber aus Gründen des Corporate Designs auf der Verwendung der Bodoni besteht, gibt es nur die Möglichkeit die Anzeige in eine Bilddatei umzuwandeln (Gif oder JPEG). Hierbei →

4.6 Screendesign

▷ *Fortsetzung der Antwort* ▷

muss aber die schlechtere Lesbarkeit der Bodoni bei Schriftgrößen unter 12 Point am Bildschirm berücksichtigt werden.

24 Aus einer Multimedia Präsentation, bestehend aus Text und Bildern, soll ein Prospekt 4-farbig, DIN A4 Hochformat, im Offsetdruck hergestellt werden. Ist dies ohne weiteres möglich? Welche Hinweise sind dem Kunden zu geben?

Dies ist nicht ohne weiteres möglich. Eine Bildschirmpräsentation verwendet normalerweise ein Querformat während das Druckprodukt im Hochformat erscheinen soll. Die Bilder, die für die Bildschirmpräsentation hergestellt wurden haben meist nur eine Auflösung von 72 oder 96 dpi. Druckprodukte benötigen eine Bildauflösung von 300 dpi. Die Bilder werden also äußerst unscharf und pixelig erscheinen. Die Bilder müssen in der Regel für eine Druckproduktion neu erstellt werden.

25 Sie erhalten den Auftrag für eine Behörde eine Internetsite über mögliche Förderprogramme von Schulen zu erstellen. Bei der Erstellung entscheiden Sie sich für eine hierarchisch verzweigte Navigationsstruktur. Welche Vorteile hat diese Struktur gegenüber einer linearen Struktur?

- Benutzer kann sofort nach eigenem Ermessen navigieren, er wird nicht zwangsweise geführt.
- Die große Menge an Informationen wird strukturiert.
- Gliederung in verschiedene Informationsebenen wird möglich.
- Übersichtliche leicht zu verstehende Navigationsstruktur.

26 Ein vierseitiger Firmenprospekt, Format DIN A5 hoch, soll als Grundlage für einen Internetauftritt dienen. Die vorhandenen DTP-Dateien für die Belichtung bestehen aus:

Fließtext: Times 10 pt mit ca. 60 Zeichen/Zeile, Überschriften: Times 20 pt und 16 pt sowie einer Schreibschrift 16 pt halbfett; Bilder im EPS- und Tif-Format.

a) Was muss hinsichtlich der Verwendung von Schriften bei der Herstellung von Internetseiten in diesem Fall beachtet werden?
b) Können die vorhandenen Bilddateien direkt übernommen werden oder sind die Bilder noch zu überarbeiten? Wenn eine Überarbeitung nötig ist, welche Aufgaben sind noch durchzuführen?

▽ *Fortsetzung der Frage* ▽

c) **Der Kunde verlangt, dass einige Überschriften aus Gründen des Corporate Design weiterhin in der bisherigen Schreibschrift erscheinen müssen. Diese Überschriften sollen, wie der normale Fließtext, in Schwarz auf einem sich wiederholenden Hintergrundbild (Wallpaper) erscheinen. Wie lösen Sie diese Aufgabe?**
d) **Auf der Startseite wünscht der Kunde, dass mindestens drei Bilder als so genannte „animierte Bilder" (Format 150 × 70 Pixel) erscheinen. In welchem Dateiformat sind die Bilder anzufertigen? Welche technischen und gestalterischen Probleme ergeben sich dadurch?**

a) Serifen-Schriften sind für eine Bildschirmdarstellung nicht geeignet. Serifen erscheinen pixelig und erschweren die Lesbarkeit. Statt der Times sollte eine serifenlose Schrift wie Arial, Helvetica, Verdana usw. verwendet werden. Die Schriftgrößen für Bildschirmdarstellung sollte mindestens 12 pt betragen.
10 pt-Schriften sind nur noch auf Windows-Rechnern mit einer Bildschirmauflösung von 96 dpi gut lesbar.
60 Zeichen/Zeile sind am Bildschirm schwerer lesbar, deshalb Reduzierung auf 30 Zeichen/Zeile, d. h. zweispaltiger Text. Schreibschriften können normalerweise nicht als Text wiedergegeben werden, da davon auszugehen ist, dass auf dem Rechner des künftigen Seitenbesuchers diese Schrift nicht verfügbar ist.
b) Die Bilddateien können nur nach Nachbearbeitung übernommen werden. EPS- und TIF-Bilder können vom normalen Browser nicht dargestellt werden. Eine Umwandlung in GIF- oder JPEG-Format sowie eine Änderung des Farbmodus von CMYK auf RGB im JPEG-Format bzw. in indizierte Farben für das GIF-Format ist notwendig. Das ebenfalls zulässige, aber weniger verbreitete PNG-Format benötigt ebenfalls den RGB-Modus. Die Auflösung der Bilder muss auf 72 dpi reduziert werden.
c) Setzen des Textes in einem Bildbearbeitungsprogramm (z. B. Photoshop). Umwandlung in ein Bild im GIF-Format. Die Hintergrundfarbe des Bildes muss als transparent markiert werden (GIF89a-Format).
d) Animierte Bilder für das Internet müssen im GIF-Format hergestellt werden. Problematisch ist hierbei die lange Ladezeit für drei animierte GIF-Bilder in dieser Größe. Gestalterisch sind drei animierte Bilder nicht sinnvoll, ein animiertes GIF-Bild wäre besser. Zu viele bewegte Bilder lenken den Besucher der Website vom eigentlichen Inhalt ab.

5 Medienproduktion

5.1 Bilddatenerfassung

5.1.1 Vorlagen und Datenübernahme

1 Wie werden Vorlagen unterschieden?

Bei Vorlagen unterscheidet man zwischen Strich- oder Halbtonvorlagen sowie Kombinationsformen. Dabei kann es sich um ein- oder mehrfarbige, positive oder negative sowie um Aufsichts- bzw. Durchsichtsvorlagen handeln.

2 Definieren Sie die drei Kategorien zur Vorlagenanalyse:
a) reproreif
b) reprofähig
c) nicht reprofähig

a) reproreif: ohne Mehraufwand direkt reproduzierbar.
b) reprofähig: mit angemessenem Aufwand reproduzierbar.
c) nicht reprofähig: nicht oder nur mit unverhältnismäßig hohem Aufwand reproduzierbar.

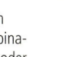

3 Was ist ein Graustufenbild?

Ein Halbtonbild, das nur aus Schwarz-, Weiß- und Grautonwerten besteht.

4 Definieren Sie den Begriff Halbtonbild.

Ein Halbtonbild ist ein Farb- oder Graustufenbild, das im Gegensatz zu Strichbildern kontinuierlich variierende Tonwerte hat.

5 Worin unterscheiden sich Strichvorlagen von Halbtonvorlagen?

Strichvorlagen bestehen nur aus Volltönen: Schwarz, Weiß oder Buntfarben. In Halbtonvorlagen variieren die Ton- und/oder Farbwerte in Helligkeit und Sättigung.

6 Nennen Sie zu den drei Kategorien der Einteilung von Strichvorlagen jeweils ein Beispiel:
a) Grobstrich
b) Feinstrich
c) Feinststrich.

a) Flächige Grafik mit dicken Linien.
b) Strichvorlage mit feinen Details, z. B. auch Texte kleinerer Schriftgrade mit Serifen.
c) Kupferstich oder Radierung mit feinsten Details wie Haarlinien.

5.1 Bilddatenerfassung

7 Welche Vorlagenart hat grundsätzlich einen höheren Dichteumfang?
a) Aufsichtsvorlage
b) Durchsichtsvorlage

b) Durchsichtsvorlage

8 Definieren Sie die Begriffe zur Tonwertcharakterisierung:
a) Licht
b) Vierteltöne
c) Mitteltöne
d) Dreivierteltöne
e) Tiefe

a) Lichter sind die hellen Bildbereiche, bis ca. 10 Prozent.
b) Vierteltöne sind die Tonwerte zwischen den Lichtern und den Mitteltönen, von ca. 10 bis 40 Prozent.
c) Mitteltöne liegen zwischen 40 und 60 Prozent.
d) Dreivierteltöne sind die Tonwerte zwischen Mitteltönen und Tiefen, von 60 bis 80 Prozent.
e) Tiefen sind die dunklen Bildbereiche ab ca. 80 Prozent.

9 Wie ist der optische Kontrast definiert?

Der optische Kontrast ist die visuell bewertete Differenz zwischen Ton- bzw. Farbwerten.

10 Was versteht man unter dem Begriff Zeichnung?

Die Zeichnung eines Bildes sind regelmäßige und/oder unregelmäßige Strukturen im Bild. Ein erhöhter Kontrast unterstützt die Wirkung der Zeichnung.

11 Wodurch unterscheiden sich
a) optischer Kontrast und
b) optische Dichte?

a) Der optische Kontrast wird nur visuell bewertet.
b) Die optische Dichte ist der dekadische Logarithmus des Verhältnisses zwischen auftreffender und durchgelassener bzw. remittierter Lichtintensität bei der densitometrischen Messung.

12 Definieren Sie die Begriffe
a) Tonwertumfang
b) Tonwert

a) Der Tonwertumfang ist der Bereich vom hellsten Weiß bis zum dunkelsten Schwarz.
b) Die Stufen zwischen hellster und dunkelster Bildstelle heißen Tonwerte.

5 Medienproduktion

13 Nennen Sie drei Bildparameter, die Sie bei der Bilddatenübernahme überprüfen müssen.

- Auflösung
- Farbmodus
- Farbprofile
- Dateiformat

14 Wie nennt man Software, die speziell zur Überprüfung von Daten eingesetzt wird?

Preflight-Software.

15 In einer Richtlinie zur Datenübernahme fordert eine Druckerei: Bilder nur in 4c. Erläutern Sie diese Spezifikation.

4c, d.h. die Bilddatei umfasst nur die vier Farbkanäle für CMYK, keine Alphakanäle und keine Sonderfarben.

16 Welche zwei Dateiformate werden für den Bilddatenaustausch hauptsächlich verwendet?

TIFF und EPS.

17 Ein Bild soll randabfallend auf der Seite stehen. Welche Besonderheit müssen Sie überprüfen?

Randabfallende Bilder müssen auf der Außenseite 3 mm Beschnitt zusätzlich zum Endformat haben.

18 Nennen Sie eine Möglichkeit, wie garantiert werden kann, dass die Schrift bei der Belichtung zur Verfügung steht.

Einbinden des Zeichensatzes, z. B. in eine PDF-Datei.

19 Bei der Überprüfung gelieferter Vektorgrafiken müssen verschiedene Parameter überprüft werde. Nennen Sie zwei wesentliche Punkte.

- Überfüllung
- Definition gleicher Farbe mit den gleichen Prozessfarbanteilen
- Überdruckeneinstellung

20 Was versteht man unter der Lieferung einer offenen Datei?

Offene Dateien sind Dateien, z. B aus QuarkXPress oder InDesign, welche die uneingeschränkte Bearbeitung zulassen. PDF-Dateien sind keine offene Dateien.

5.1.2 Scanner

21 Scanner werden meist nach der Vorlagenaufnahme unterschieden. Nennen Sie drei Scannertypen.

1. Trommelscanner
2. Flachbettscanner
3. Filmscanner

22 Nennen Sie die vier wesentlichen Komponenten eines Scanners.

1. Vorlagenaufnahme, Vorlagenhalter
2. Lichtsensor
3. Optik und Farbfiltersystem
4. A/D-Wandler

23 Nennen Sie die Sensorentypen, die bei der Umwandlung von Licht in Strom bei der Bilderfassung verwendet werden. Bei welchen Geräten werden die jeweiligen Sensoren hauptsächlich verwendet? (Sensortyp; Gerät)

- Fotomultiplierröhre (PMT: Photo Multiplier Tube): Trommelscanner
- CCD-Zeilensensor (CCD: Charge Coupled Device): Flachbettscanner
- CCD-Flächensensor: Digitalkamera, Videokamera
- CIS (CMOS): Flachbettscanner

24 Erklären Sie die Begriffe „Supersampling" und „Downsampling" beim Scannen in Verbindung mit der Ausgabe auf einem PostScript-Belichter.

Supersampling: pro erfasstem Bildpixel werden mehr als 8 Bit je Farbe vergeben = erhöhte Datentiefe z. B.: 10 Bit, 12 Bit, Grund: mehr Details können erfasst und dargestellt werden.

Downsampling: nach der Bildbearbeitung Reduzierung auf 8 Bit pro Pixel, Grund: PostScript belichtet nur mit 8 Bit/Pixel.

25 Welche Bedeutung hat die Abkürzung CCD?

Charged Coupled Device: Ladungsgekoppelte Bauelemente, die als Zeilen- oder Flächenchip in Flachbettscannern und Digitalkameras die optische Information in elektronische Information umwandeln.

5 Medienproduktion

26 Welche Aufgabe haben CCD-Elemente bei der Bilddatenerfassung?

Die in Scannern als schmale Zeile nebeneinander angeordneten optoelektronischen Sensoren tasten eine Vorlage Zeile für Zeile fotografisch ab und zerlegen das aufgenommene Bild in Tausende winziger Bildpunkte (Pixel). In Digitalkameras kommen meist Flächen-CCD-Elemente zum Einsatz.

27 Erklären Sie den Begriff Blooming.

Blooming (Überstrahlen) ist ein Störeffekt beim Scannen, digitalen Filmen oder Fotografieren, der sich u. a. im Nachziehen einer Szene beim Kameraschwenk in zu großen, farbsäumigen Hellbereichen äußert.

28 Wie sind analoge Signale definiert?

Analoge Signale sind sich kontinuierlich verändernde variable Signale.

29 Was kennzeichnet digitale Signale?

Digitale Signale verändern sich diskontinuierlich. Sie können sich innerhalb des zulässigen Wertebereichs, z. B. Licht und Tiefe, nur in endlich vielen Stufen verändern.

30 Beschreiben Sie das Prinzip der Analog-/Digital-Wandlung.

Bei der A/D-Wandlung wird der analoge Pegel, etwa eines CCD-Sensors, in digitale Informationen umgewandelt. Ein 8-Bit-A/D-Wandler wandelt die Analoginformationen in 256 unterscheidbare Werte.

31 Nennen Sie zwei wichtige Kenngrößen, welche die Qualität eines Flachbettscanners darstellen.

Die Enddichte (D_{max}) und die Datentiefe des Analog-Digital-Wandlers.

32 Erklären Sie die Begriffe „Enddichte" und „Datentiefe" beim Flachbettscanner.

Der Enddichtewert ist ein Maß für die Empfindlichkeit des CCD-Sensors. Er gibt an, bis zu welcher Vorlagendichte der Sensor noch einen Tonwertunterschied wahrnehmen kann. Die Datentiefe des A/D-Wandlers beschreibt, mit welcher Feinheit das analoge Signal, das der CCD-Chip liefert, in digitale Informationen umgewandelt werden kann. Die Angabe erfolgt in Bit pro Farbkanal.

5.1 Bilddatenerfassung

33 Definieren Sie den Begriff Pixel.

Ein Pixel, die Abkürzung für Picture Element (englisch: Bildelement), ist in der Bildverarbeitung die Bezeichnung für einen Bildpunkt, das heißt die kleinste Einheit eines digital dargestellten Bildes.

34 Wodurch wird der Speicherbedarf eines Pixelbildes beeinflusst?

Der Speicherbedarf eines aus Pixeln bestehenden Bildes richtet sich nach seiner Größe, seiner Auflösung und der Anzahl darstellbarer Farben.

35 Welche Tonwerte werden mit den Begriffen a) Schwarzpunkt und b) Weißpunkt bezeichnet?

a) Der Schwarzpunkt bezeichnet die dunkelste neutrale Stelle einer Vorlage.
b) Der Weißpunkt ist der hellste neutrale Punkt einer Bildvorlage.

36 Welche Funktion hat ein Copydot-Scanner?

Mit einem Copydot-Scanner werden gerasterte Filme hoch aufgelöst eingescannt. Die Bildinformation wird anschließend in digitale Halbtoninformation umgerechnet.

37 Welche Funktionalität des Scanners wird durch den Schwellwert festgelegt?

Der Schwellwert wird bei Strichzeichnungen verwendet. Er gibt an, welche Grauwerte vom Scanner als Weiß und welche als Schwarz gesehen werden sollen.

38 Beschreiben Sie das Prinzip des Entrasterns.

Unter Entrastern versteht man das Beseitigen von Rasterpunktmustern während oder nach dem Scannen bereits gedruckter Vorlagen. Dies geschieht durch Defokussierung des Bildes oder mittels spezieller Rechenalgorithmen in der Bildverarbeitungssoftware. Hierdurch werden Moiré und Farbverschiebungen bei der anschließenden Rasterproduktion verhindert.

39 Welche Bedeutung hat der Qualitätsfaktor beim Scannen von Halbtonbildern?

Eine Vorlage wird meist um den Qualitätsfaktor 2 höher auflösend eingescannt als die Rasterweite der Ausgabe. Dies ist notwendig, um bei einer Rasterwinkelung von 45 Grad für jede Rasterzelle unabhängige Information zur Verfügung zu haben.

5 Medienproduktion

40 Ein Scanner und das zugehörige Bildbearbeitungsprogramm sind in der Lage Bilder mit einer Farbtiefe von
a) 10 Bit/Pixel
b) 12 Bit/Pixel und
c) 14 Bit/Pixel zu scannen.
Berechnen Sie die Anzahl der darstellbaren Graustufen (Tonwertstufen).

a) $2^{10} = 1\,024$
b) $2^{12} = 4\,096$
c) $2^{14} = 16\,384$

41 Eine Halbtonvorlage wird mithilfe eines Flachbettscanners eingescannt. Welche Scanauflösung (in dpi) ist zu wählen wenn das Bild auf 200 % vergrößert im Offsetdruck (60er Raster) wiedergegeben werden soll? (Qualitätsfaktor, QF = 1,5)

Gerundet ca. 460 ppi bzw. 500 dpi *(Lösungsweg auf S. 396)*

42 Welche Rasterweite (L/cm) kann erreicht werden, wenn ein Bild 1:1 mit 300 dpi gescannt wird? (Vorgabe QF = 2)

Gerundet: 60 Linien/cm *(Lösungsweg auf S. 396)*

43 Bis zu welchem Abbildungsmaßstab kann ein 800 dpi-CD-Scanner ein Bild, das im 60er Raster gedruckt werden soll, in der dafür geeigneten Scanauflösung scannen? (QF = 1,5).

Abbildungsmaßstab = 350 % *(Lösungsweg auf S. 396)*

44 Für eine Schulung wird ein Satz OH-Folien hergestellt. Als Vorlagen dienen Farbdias, die um 250 % vergrößert werden und auf einem Proof-Printer (Ink-Jet-Drucker, 600 dpi) auf Transparentfolie ausgegeben werden. Welche Scannerauflösung ist zu wählen?

2 100 dpi *(Lösungsweg auf S. 396)*

5.1 Bilddatenerfassung

45 In einem Druckunternehmen wird im Offsetdruck ausschließlich mit einem Raster von 48 Linien/cm gedruckt. Für die Druckvorstufe steht ein preiswerter DTP-Scanner mit einer max. Auflösung von 1200 dpi zur Verfügung. Welche Vergrößerungswerte in % sind maximal auf diesem Scanner erreichbar? (QF = 2)

Ca. 500 %
(Lösungsweg auf S. 396)

46 Für ein DTP-Studio wurde ein Flachbettscanner angeschafft, der eine maximale Auflösung von 2400 ppi erreicht. Bis zu welcher Größe in cm können Sie Dias im Format 24 mm × 36 mm beim Scannen vergrößern, wenn diese später im Offsetdruck in einer Rasterweite von 80 Linien/cm gedruckt werden. (Qualitätsfaktor = 1,5) (Ergebnis auf ganze Zahlen runden).

19,2 cm × 28,8 cm
(Lösungsweg auf S. 397)

47 Für eine Bildschirmpräsentation (Bühnengröße 640 × 480 Pixel) sollen Dias eingescannt und in doppelter Größe wiedergegeben werden. Welche Scannerauflösung ist zu wählen? Ergebnis auf ganze Zahlen runden.

144 dpi, gerundet 150 dpi
(Lösungsweg auf S. 397)

5.1.3 Digitalkamera

48 Warum entsprechen die Objektivbrennweiten von analogen Kameras meist nicht denjenigen von Digitalkameras?

Die Bildsensoren der meisten Digitalkameras sind kleiner als das Kleinbildformat. Dadurch verändert sich der wirksame Bildwinkel und somit die Bildwirkung des Objektivs.

5 Medienproduktion

49 | Nennen Sie drei Speichermedien, die in Digitalkameras zur Bildspeicherung verwendet werden.

CompactFlash-Card, SmartMedia-Card, MicroDrive, MemoryStick

50 | Beschreiben Sie zwei Möglichkeiten die Bilddaten von der Digitalkamera auf den Computer zu übertragen.

- Die Kamera wird mit einem Datenkabel, USB oder Firewire, direkt an den Computer angeschlossen und die Daten übertragen.
- Das Speichermedium der Digitalkamera wird in einen mit dem Computer verbundenen oder in den Computer eingebauten Kartenleser eingelegt und die Daten anschließend übertragen.

51 | Welchen Vorteil bietet die Verwendung eines Kartenlesegeräts?

Das Lesegerät ist dauerhaft mit dem Computer verbunden, es entfällt also die „Kabelstöpselei". Bei Verwendung einer zweiten Karte ist die Kamera während der Datenübertragung schon wieder einsatzfähig.

52 | Die meisten Digitalkameras bieten einen LCD-Monitor zur Kontrolle der Aufnahme. Können Sie darauf auch die Farbrichtigkeit Ihrer Aufnahme kontrollieren?

Nein, die eingebauten Monitore sind nicht farbverbindlich. Hinzu kommen die unterschiedlichen Lichtverhältnisse beim Betrachten des Monitorbildes.

53 | In hochwertigen Digitalkameras sind oftmals Systeme zur optischen Bildstabilisation eingebaut. Beschreiben Sie das Funktionsprinzip eines dieser Systeme.

- Ein Bewegungssensor im Objektiv steuert die Bewegung einer Linse um der Kamerabewegung entgegen zu wirken.
- Der Bewegungssensor liefert die Information der Kamerabewegung an den Kamerarechner. Dort werden die typischen Strukturen der Verwacklungsunschärfe digital ausgefiltert.

54 | Erklären Sie das Prinzip des Digitalzooms.

Die Funktion des Digitalzooms ist ein Interpolationsvorgang im Kamerarechner. Dabei werden über bestimmte Algorithmen neue Pixel eingefügt. Die Funktion ist vergleichbar mit der Option „Bildgröße" z. B. in Adobe Photoshop.

5.1 Bilddatenerfassung

55 Vergleichen Sie die Bildqualität eines optisch gezoomten Bildes mit einem digital gezoomten Bildes.

Beim optischen Zoom wird die tatsächliche Bildinformation erfasst. Das Digitalzoom ermöglicht lediglich eine Berechnung neuer Bildinhalte. Die Qualität des optischen Zooms ist deshalb immer höher als die des Digitalzooms.

56 Was sind Zoomobjektive?

Zoomobjektive sind Objektive, die über einen Brennweitenbereich die stufenlose Variation der Brennweite ermöglichen.

57 Erklären Sie die Ursache und Wirkung des Blooming.

Blooming tritt vor allem in hellen Bildbereichen auf. Wenn die maximale Ladungskapazität des Pixels überschritten ist, fließen die Elektronen zu den benachbarten Sensorelementen. Sie führen dort zu Überstrahlungseffekten.

58 Wodurch kann in Digitalfotografien ein Moiré auftreten?

Durch die Überlagerung von Bildstrukturen des Motivs mit der Struktur des Sensors kann es zu Moiréerscheinungen in der Aufnahme kommen.

59 Warum führt die Steigerung der Empfindlichkeit zu stärkerem Verrauschen der Aufnahme?

Zur Erhöhung der Empfindlichkeit muss die Spannung der CCD-Elemente erhöht werden. Dies führt zu einer stärkeren gegenseitigen Beeinflussung der Pixel vor allem in den Bildtiefen.

60 Wie viele Pixel besitzt ein Bild mit den Pixelmaßen
a) 480 px x 640 px
b) 768 px x 1024 px
c) 2560 px x 1920 px?

a) 307 200
b) 786 342
c) 4 915 200

61 Digitalkameras bieten verschiedene Optionen zur Belichtungsmessung. Erklären Sie das Prinzip der Optionen
a) Matrix
b) Spot
c) Mittenbetont

a) Das Aufnahmeformat ist in mehrere Messfelder aufgeteilt. Die Integration der Teilmessungen ergibt die Belichtungsvorgabe.
b) Die Belichtung wird nur aus der Messung der Bildmitte gesteuert
c) Zusätzlich zur Messung der Bildmitte werden die Lichtverhältnisse im gesamten Bildfeld berücksichtigt. Die Messung der Bildmitte erhält ein erhöhtes Gewicht bei der Belichtungssteuerung.

5.2 Bildbearbeitung

5.2.1 Retusche und Composing

62 Welche Aufgabe hat der Weißabgleich?	Beim Weißabgleich wird die Kamera auf die Farbtemperatur der Lichtquelle abgestimmt.
63 Warum ist bei der Digitalfotografie ein Weißabgleich notwendig?	Der Weißabgleich ist notwendig, um in der Aufnahme eine Verfälschung der Bildfarben bzw. einen Farbstich zu vermeiden.

1 Welche Aufgabe hat die Bildretusche?	Mit der Retusche werden Bildmängel korrigiert.
2 Beschreiben Sie die Funktionalität der Stempelretusche in Bildverarbeitungsprogrammen.	Der Stempel ist ein Klonwerkzeug. Mit ihm werden Bildteile aus einem Bereich in einen anderen Bildbereich kopiert. Als wichtigste Parameter lassen sich u. a. die Größe der Werkzeugspitze und die Transparenz einstellen.
3 Welche Bildkorrekturen können durch Verändern der Gradationskurve durchgeführt werden?	Durch Verändern der Gradationskurve wird die Verteilung der Tonwerte innerhalb eines Bildes verändert. So können z. B. die Tonwertbereiche für Lichter und Tiefen gestaucht und gleichzeitig der Bereich der Mitteltöne gestreckt werden.
4 Die Gradationskurve verläuft im Bildverarbeitungsprogramm ohne Korrektur geradlinig vom Bildlicht zur Tiefe. In der Abbildung ist ein zur Bildkorrektur modifizierter Verlauf dargestellt. Beschreiben Sie die Auswirkungen dieser Gradationskorrektur auf ein Bild.	Die Gradationskurve in den Mitteltönen ist zu Lasten der Lichter und Tiefen aufgeteilt. Der Kontrast wird dadurch in den Mitteltönen des Bildes deutlich gesteigert.

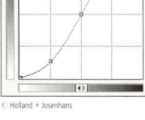

© Holland + Josenhans

5.2 Bildbearbeitung

5 Wie verläuft die Gradationskurve bei einer Tonwertumkehr?

Die Gradationskurve steigt nicht von links nach rechts an, sondern sie fällt von links nach rechts ab.

6 Im Einstellungs-Dialogfeld „Tonwertkorrektur" von Bildverarbeitungs- oder Scanprogrammen wird oft ein Histogramm dargestellt. Welche Information wird darin dargestellt?

Das Histogramm zeigt an, wie viel Pixel in einem Bild einem bestimmten Helligkeitswert entsprechen.

7 Welche Bildeigenschaft wird durch ein Histogramm beschrieben?

Ein Histogramm ist die grafische Darstellung der Tonwertverteilung in einem Bild. Für jede der 256 Stufen in einem 8-Bit-Bild oder -Kanal wird die Anzahl der Bildpunkte ermittelt, die diesen Wert repräsentieren.

8 Im folgenden Histogramm ist die charakteristische Tonwertverteilung eines Graustufenbildes dargestellt.

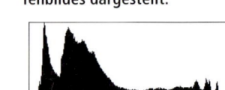

a) Interpretieren Sie das Histogramm.
b) Welche Funktion haben die dreieckigen Regler?

a) Das Histogramm zeigt deutlich mehr Dreivierteltöne und Tiefen als helle Tonwerte. Ein Bild wird durch die Häufigkeit seiner Tonwerte charakterisiert. Das Bild wird also eher dunkel sein. Die Zeichnung im bestimmenden Tonwertbereich ist relativ hoch, da die Tonwertverteilung nicht gleichmäßig ist.
b) Tiefenregler, Mittelton-/Gammaregler, Lichterregler

9 Erklären Sie den Begriff Composing.

Composing bedeutet die Zusammenführung bzw. Kombination mehrerer Bilder zu einem neuen Bild.

10 Die Kombination zweier oder mehrerer Bilder zu einem neuen Bild heißt Composing. Nennen Sie vier wesentliche Bildparameter, die beim Composing beachtet werden müssen.

- Schärfe
- Farbcharakter
- Lichteinfall und Schatten
- Perspektive
- Größenverhältnisse
- Proportionen

11 Nennen Sie zwei synonyme Fachbegriffe für Composing.

Fotomontage, Bildmontage, Seitenmontage.

12 Beim Composing wird häufig mit Bildebenen gearbeitet. Nennen Sie zwei Vorteile, die der Einsatz von Bildebenen bietet.

- In den Bildebenen können die einzelnen Bildteile unabhängig positioniert und bearbeitet werden.
- Über Ebenen können verschiedene Versionen durch Ein- und Ausblenden kombiniert werden.

13 Beschreiben Sie das Prinzip der selektiven Farbkorrektur.

Zur selektiven Farbkorrektur wird der Farbbereich ausgewählt, der die zu korrigierende Farbe enthält. Einige Programme ermöglichen zusätzlich die Feinjustierung des Farbbereichs. Alle Farben, die dem selektierten Bereich zugeordnet sind, werden beeinflusst. Deshalb muss gegebenenfalls zu der Farbselektion noch die geometrische Maskierung erfolgen.

14 Worin liegen die wesentlichen Vorteile der LAB-Farbkorrektur?

In verschiedenen Bildverarbeitungsprogrammen sind Farbkorrekturen im LAB-Farbenraum möglich. Dabei ist es meist nicht notwendig, das Bild in den LAB-Modus zu konvertieren. Durch die voneinander unabhängige Steuerung der drei Kenngrößen Farbton, Sättigung und Helligkeit sind komplexe Farbkorrekturen und sogar Umfärbungen einfach durchzuführen.

15 Welche Aufgabe hat ein neutral graues Kontrollfeld bei der Farbkorrektur?

Das neutrale Grau steht stellvertretend für das ausgewogene Verhältnis der Teilfarben. Die nachträgliche Festlegung ist u. a. zum Farbstichausgleich notwendig.

16 Durch die Wahl des Farbmodus werden verschiedene Bildeigenschaften bestimmt. Nennen Sie vier Parameter.

- Anzahl der Kanäle
- Dateigröße
- Dateiformat
- Anzahl der darstellbaren Farben
- Übernahmemöglichkeiten der Bilddatei in andere Programme

5.2 Bildbearbeitung

17 Nennen Sie jeweils die Anzahl der Kanäle und der maximal darstellbaren Farben für folgende Farbmodi:

a) Bitmap
b) Graustufen
c) Indizierte Farben
d) RGB
e) LAB
f) CMYK

a) Bitmap (Strich) mit 1 Bit Farbtiefe (1 Bit $\times$ 1 Kanal), 2 Tonwerte (Schwarz und Weiß)
b) Graustufen mit 8 Bit Farbtiefe (8 Bit $\times$ 1 Kanal), 256 Tonwerte (Graustufen)
c) Indizierte Farben mit max. 8 Bit Farbtiefe (max. 8 Bit $\times$ 1 Kanal), 256 Farben
d) RGB mit 24 Bit Farbtiefe (8 Bit $\times$ 3 Kanäle), 16,7 Millionen Farben
e) LAB mit 24 Bit Farbtiefe (8 Bit $\times$ 3 Kanäle), 16,7 Millionen Farben
f) CMYK mit 32 Bit Farbtiefe (8 Bit $\times$ 4 Kanäle), 16,7 Millionen Farben.

18 Was passiert, wenn Sie zwei Bilder mit unterschiedlichen Farbmodi kombinieren?

Die einkopierten Bildteile werden automatisch in den Farbmodus der Zieldatei konvertiert.

19 Welche Auflösung hat die Bildmontage, wenn zwei Bilder mit unterschiedlicher Auflösung kombiniert werden?

Die Zieldatei bestimmt die Auflösung, d. h. die einkopierten Bildteile werden automatisch angepasst.

20 Welche Bildwirkung hat die Funktion Aufhellen in der Bildverarbeitung?

Aufhellen bedeutet in der Bildbearbeitung, dass der Helligkeitswert eines jeden Pixels um den gleichen Wert erhöht wird. Kontrast und Tonwertumfang bleiben gleich.

21 Erklären Sie die Funktion der Interpolation bei der Bildberechnung.

In Zusammenhang mit der Bildbearbeitung bezeichnet Interpolation die Erhöhung der Bildauflösung durch Hinzufügung neuer Pixel im gesamten Bild. Zur Berechnung der neuen Pixel werden die Nachbarpixel herangezogen.

22 Wie wird ein Bild im Positiv dargestellt?

Das Positiv zeigt die farb- und tonwertrichtige Wiedergabe einer Vorlage.

23 Wodurch unterscheiden sich das Positiv und das Negativ eines Bildes?

Das Positiv gibt die Ton- und Farbwerte der Vorlage entsprechend wieder. Beim Negativ sind die Ton- und Farbwerte umgekehrt. Es ist das Komplement des Positivs.

24 **Erklären Sie den Begriff seitenverkehrt.**

Der Begriff seitenverkehrt beschreibt die spiegelverkehrte Darstellung einer Vorlage.

25 **Welcher Vorgang der Bildverarbeitung wird mit dem Begriff Scharfzeichnen bezeichnet?**

Beim Scharfzeichnen werden in einem Bild per Software die Konturen geschärft. Dies geschieht durch die Hervorhebung von Linien, Kanten und Übergängen mittels Kontraststeigerung.

26 **Was ist ein Alpha-Kanal?**

Ein Alpha-Kanal ist ein in verschiedenen Bildbearbeitungsprogrammen für Masken, Transparenz oder zusätzliche Farbinformationen reservierter Kanal.

27 **Nennen Sie drei Möglichkeiten der geometrischen Freistellung in einem Bildbearbeitungsprogramm.**

- Zauberstab, automatische Auswahl nach Ton- und/oder Farbwertbereichen
- Auswahllasso
- Geometrische Auswahlformen, z. B. Rechteckauswahl
- Auswahlpfad

28 **Nennen und beschreiben Sie die drei Verlaufsarten.**

Durch stufenlos veränderte Rasterung erzeugter allmählicher Übergang zwischen mindestens zwei Farbnuancen (Farbverlauf), zwei Grautönen (Helligkeitsverlauf) oder bunter und unbunter Farbnuancen (Sättigungsverlauf); mit der geeigneten Bildbearbeitungssoftware lassen sich Verläufe auch in geometrischen Figuren wie Vielecken und Kreisen mit beliebig vielen Bezugsfarbnuancen erzeugen.

5.2.2 Format- und Maßstabsänderungen

29 **Wie lautet die Formel zur Berechnung des Abbildungsmaßstabes?**

$v = y' / y$

v: Abbildungsmaßstab als Vergrößerungs- bzw. Verkleinerungsfaktor

y': lineare Bildgröße (Reproduktion)

y: lineare Gegenstandsgröße (Vorlage)

5.2 Bildbearbeitung

30 **Ein Kleinbilddia soll im Format DIN A5 reproduziert werden.**

a) Welche Bildgröße in mm haben beide Formate?
b) Welches Seitenverhältnis haben beide Formate?
c) Durch geeignete Bildretusche soll das Motiv ergänzt werden. Welche Seite der Reproduktion muss um wie viel mm angesetzt werden?

a) Kleinbilddia: 24 mm × 36 mm; DIN A5: 148 mm × 210 mm
b) Kleinbilddia: 2 : 3; DIN A5: $1 : \sqrt{2}$
c) Die Breite der Reproduktion muss um 8 mm angesetzt werden.
(Lösungsweg auf S. 397)

---

31 **Ein Bild wird als DIN-A5-Hochformat im 60er Raster gedruckt. Die RGB-Datei soll in einer Multimediaproduktion zur Anwendung kommen. Dazu wird die Auflösung mit 72 ppi in einem Bildverarbeitungsprogramm neu berechnet.**

a) **Berechnen Sie die Bildgröße in Pixel nach der Neuberechnung.**
b) **Welche Dateigröße in Kilobyte hat die neue Datei?**
c) **Wodurch lässt sich die Dateigröße weiter reduzieren? Nennen Sie zwei Faktoren, die dabei zu beachten sind.**

a) 420 px × 595 px *(Lösungsweg auf S. 397)*
b) 733 Kilobyte *(Lösungsweg auf S. 397)*
c) Durch Komprimierung in geeigneten Dateiformaten, z. B. TIFF, GIF, JPEG oder PNG. Das Dateiformat und die Stärke der Komprimierung sind vom Motiv und der späteren Anwendung abhängig.

---

32 **Definieren Sie den Begriff randabfallend.**

Eine oder mehrere Seiten des Bildes schließen mit dem Seitenrand ab.

---

33 **Was ist bei der Bildgröße von randabfallenden Bildern zu beachten?**

Um ein Blitzen zu vermeiden, wird das Bild an diesen Seiten 3 mm größer reproduziert. Diese 3 mm fallen in den Beschnitt.

---

34 **Definieren Sie den Begriff Beschnitt.**

Beschnitt ist der verarbeitungstechnisch notwendige Papierrand um das Endformat.

5 Medienproduktion

35 Was sind Beschnittmarken und welche Funktion haben sie?

Beschnittmarken sind kurze Linien, die mit auf den Druckbogen gedruckt werden. Sie zeigen an, wo ein Schnitt erfolgen soll.

36 Ein Kleinbilddia soll um 130 % vergrößert werden. Welches Format hat die Reproduktion?

KB-Dia = 24 mm x 36 mm, Vergrößerung um 130 % bedeutet, dass 100 % + 130 % = 230 % der Vergrößerungsfaktor ist.
$\Rightarrow$ 24 mm x 230 %/100 % = 55,2 mm
$\Rightarrow$ 36 mm x 230 %/100 % = 82,8 mm
Es ergibt sich ein Reproduktionsformat von 55,2 mm x 82,8 mm.

37 Eine Aufsichtsvorlage im Format 4,8 cm x 7 cm soll auf 120 % vergrößert werden. Welche Höhe und Breite der Reproduktion ergibt sich?

120 % ist der Vergrößerungsfaktor, d. h.:
Breite: 4,8 cm x 120 %/100 % = 5,76 cm
Höhe: 7,0 cm x 120 %/100 % = 8,4 cm

38 Eine Durchsichtsvorlage 120 mm x 70 mm soll auf 80 mm Breite linear verkleinert werden. Welcher Abbildungsmaßstab ergibt sich?

120 mm = 100 %
80 mm = 80 mm x 100 %/120 mm = 66,67 %.

39 Eine Strichvorlage im Format 148 mm x 105 mm soll das Endformat 120 mm x 75 mm haben. Auf welcher Seite und um wie viel Millimeter muss die Vorlage beschnitten werden?

120 mm/ 48 mm x 100 % = 81,08 %
75 mm/105 mm x 100 % = 71,42 %
$\Rightarrow$ größerer Prozentwert muss verwendet werden, um einen Beschnitt zu erzeugen, also 81,08 %
$\Rightarrow$ 105 mm x 81,08 % = 85,13 mm
$\Rightarrow$ 85,13 mm − 75 mm = 10,13 mm
Beschnitt in der Höhe.

40 Eine 52 x 89 mm große Abbildung soll auf 105 x 148 mm plus 3 mm Rundum-Beschnitt vergrößert werden, ohne dass Bildteile abgeschnitten werden. Das Reproduktionsformat soll durch Bildansatz (Bilderweiterung) erzeugt werden. Welche Seite muss um wie viel Millimeter angesetzt werden?

Reproduktionsformat: 105 mm + 3 mm + 3 mm = 111 mm, 148 mm + 3 mm + 3 mm = 154 mm $\Rightarrow$ 111 mm x 154 mm
111 mm / 52 mm x 100 % = 213,46 %
154 mm / 89 mm x 100 % = 173,03 %
$\Rightarrow$ kleinerer Prozentwert muss verwendet werden, um einen Ansatz zu erzeugen, also 173,03 %
$\Rightarrow$ 52 mm x 173,03 % = 89,98 mm
$\Rightarrow$ 105 mm − 89,98 mm = 15,02 mm
Ansatz in der Breite.

41 Eine 12-pt-Schrift soll auf 14 pt vergrößert werden. Welchen Abbildungsmaßstab benötigt man?

$12 \text{ pt} = 100\%$
$14 \text{ pt} = 14 \text{ pt} \times 100\% / 12 \text{ pt} = 116{,}67\%$

5.3 Schrifttechnologie

1 Erklären Sie den Begriff „Bitmap-Font".

Bei „Bitmap-Fonts" werden für jeden Buchstaben in einer Matrix die Pixel gespeichert, die auf dem Bildschirm dargestellt werden sollen. Jedes Pixel in der Matrix entspricht einem Pixel auf dem Bildschirm.

2 Für welchen Verwendungszweck eignen sich Bitmap-Schriften?

Sie eignen sich für die Bildschirmdarstellung. Man bezeichnet Sie auch deshalb als „Screen-Fonts".

3 Aus welchem Grund sind Bitmap-Schriften nicht für die Ausgabe auf Drucker bzw. Belichter geeignet?

Auf Grund ihrer Struktur lassen sich Bitmap-Schriften nur mit großen Qualitätseinschränkungen vergrößern oder verkleinern. Es würde für jede Schriftgröße eine eigene Bitmap-Font-Datei benötigt.

4 Wie hoch, in Pixel, ist eine 12 Point große Bitmap-Schrift auf einem Bildschirm mit einer Auflösung von 72 dpi?

In der Regel ist die Schrift 12 Pixel hoch. (Anmerkung: Der DTP-Point beträgt 1/72 Inch)

5 Erklären Sie den Begriff „Anti-Aliasing" im Zusammenhang mit Bitmap-Fonts.

Auf Grund ihrer Pixelstruktur haben Schriften besonders bei vergrößerter Darstellung auf dem Bildschirm unschöne, treppenstufenartige Außenkonturen. Um für das Auge ein glatteres Schriftbild darzustellen, werden beim „Anti-Aliasing" an den Außenkanten zusätzliche Pixel in verschiedenen Grauabstufungen hinzugefügt.

6 Erklären Sie den Begriff „Outline-Font".

Bei „Outline-Fonts" wird die Außenkontur der Zeichen in einer mathematischen Beschreibung abgespeichert.

5 Medienproduktion

7 Welchen Vorteil haben „Outline-Fonts" gegenüber „Bitmap-Fonts"?

Sie sind in Größe und Auflösung frei veränderbar. Erst im Ausgabegerät wird aus der Außenkonturbeschreibung ein aus einzelnen Punkten (Belichterpixel) aufgebautes Bild berechnet.

8 Nennen Sie zwei bekannte „Outline-Font"-Formate.

- Type 1 (Adobe)
- Type 3 (Adobe)
- TrueType (Apple/Microsoft)
- OpenType (Adobe/Microsoft)

9 „Type 1"-Schriften werden auch als „PostScript-Fonts" bezeichnet. Erklären Sie den Begriff „PostScript-Font".

PostScript ist eine Seitenbeschreibungssprache der Fa. Adobe. Schriften im Type 1-Format bestehen aus PostScript-Code, bei dem mittels Bézierkurven und mathematischer Beschreibungen die komplexe Außenkontur eines Schriftzeichens beschrieben wird.

10 Aus welchen Gründen ist bei einigen Betriebssystemen zur Darstellung von „Type 1-Schriften" auf dem Bildschirm ein zusätzlicher Bitmap-Font oder das Programm (Systemerweiterung) Adobe Type Manager notwendig?

Bei „Type 1-Schriften" handelt es sich um PostScript-Code. Die meisten Betriebssysteme können PostScript-Code nicht für die Bildschirmdarstellung interpretieren. Um trotzdem die Schrift so detailgetreu als möglich am Bildschirm darzustellen, kann ein gleichartiger Bitmap-Font verwendet oder mittels des Programms (Systemerweiterung) Adobe Type Manager ein Bitmap-Font aus dem PostScript-Font errechnet werden.

11 Erklären Sie den Begriff „TrueType-Format"

Beim „TrueType-Format" handelt es sich ebenfalls um ein Outline-Format. Es wurde von Microsoft und Apple in Konkurrenz zum „Type 1-Format" entwickelt. Die Konturen werden durch Eck-, Tangenten- und Kurvenpunkte mittels so genannter B-Splines beschrieben. Pro Schrift genügt eine Datei für die Bildschirm- und Druckausgabe.

12 Warum ist die Qualität von Outline Schriften (Type 1 und Type 3) beim Ausbelichten meistens besser als die von TrueType-Schriften?

Belichter arbeiten meist mit PostScript-RIP. Erst wenige RIP sind in der Lage TrueType-Fonts direkt in eine Belichter-Bitmap umzusetzen. Die meisten RIP müssen zuerst die TrueType Fonts in eine PostScript Beschreibung umrechnen. Hierbei kommt es zu Qualitäts- und Zeitverlusten.

13 Welche Vorteile hat das Outline-Format „Open-Type" im Vergleich zu „TrueType" bzw. „Type 1"?

- Dieselbe Schriftdatei kann sowohl auf MacOS als auch auf Windows (Windows 2000 und XP) verwendet werden.
- Es gibt keine Trennung in Drucker- und Bildschirmfont.
- Es ist kein zusätzliches Programm (Systemerweiterung) zur Bildschirmdarstellung notwendig.
- Da die Zeichensatzbelegung UNICODE verwendet wird, kann ein Font bis zu 65 536 Zeichen enthalten.
- Die Datenmenge innerhalb eines Fonts lässt sich sehr stark komprimieren.

14 Erläutern Sie die Aufgaben von Schriftverwaltungsprogrammen.

Im Laufe der Zeit wird das Schriftenmenü auf einem PC immer länger und damit unübersichtlicher, da viele Programme neue Schriften installieren. DTP benötigt für Belichtungs- und Gestaltungszwecke eine Vielzahl unterschiedlicher Schriften. Daher ist es sinnvoll, ein Schriftverwaltungsprogramm zu verwenden, das Schriften nach verschiedenen Kriterien zusammenfassen kann. Dies kann wie folgt geschehen: Ordnen nach Schriftklassen, nach Auftragsstruktur, nach Zeichensatztypen u. Ä. Die Schriften werden in Sets zusammengefasst und nach Bedarf aktiviert bzw. deaktiviert.

5.4 Database Publishing

1 Erklären Sie den Begriff Database Publishing an einem Beispiel.

Die datenbankgestützte Produktion von Print- oder Nonprintmedien heißt Database Publishing. Dabei werden die variablen

▷ *Fortsetzung der Antwort* ▷

Daten aus einer Datenbank geladen, z. B. Preise in einem aktuellen Prospekt, Last-Minute-Angebote auf einer Website und Bilder bei der Medienproduktion oder beim Aufrufen der Seite im Browser.

2 **Nennen Sie vier Einsatzbereiche von Database Publishing.**

1. Publikationen mit großem Umfang und hohem Anteil an strukturierten Daten, z. B. Kataloge.
2. Regelmäßige Publikationen mit wechselndem Inhalt, z. B. Zeitschriften, Verzeichnisse.
3. Verschiedene Publikationen mit gleicher Struktur, z. B. mehrsprachige Publikationen.
4. Verschiedene Publikationen mit gemeinsamen Inhalten, z. B. Produktverzeichnisse und Bestelllisten.
5. Aktuelle Publikationen mit ständig wechselndem Inhalt, z. B. Online-Abfragen.

3 **Welche Bedeutung hat die Abkürzung DBMS?**

Data Base Management System, Datenbanksystem.

4 **Definieren Sie die Begriffe**
a) Datenbank
b) Datenverwaltungssystem
c) Datenbanksystem.

Datenbanken sind systematische Sammlungen von Daten. Zur Verwaltung und Nutzung der Daten benötigt man ein Datenverwaltungssystem. Datenbank und Datenverwaltungssystem heißen zusammen Data Base Management System (DBMS).

5 **DDL – welche Bedeutung hat dieses Kürzel?**

Data Description/Definition Language = Datenbeschreibungssprache. Diese legt die logische Struktur der Datenbank fest. Enthält Anweisungen zur Anlage und Verwaltung von Tabellenstrukturen und Datensichten, Domänen- und Tabellendefinitionen und Anweisungen zur Verwaltung von Benutzern und deren Zugriffsrechte. Die Syntax der Anweisungen ist zum Teil stark vom gewählten Datenbanksystem abhängig.

5.4 Database Publishing

6 Was wird unter dem Benutzer einer Datenbank verstanden?

Datenbankanwender, der in der Datenbank eingetragen ist und bestimmte Zugriffsrechte auf die Daten besitzt. Beispiel: Administrator – Managen des Datenbanksystems; Gast – Abfragen von allgemein zugänglichen Daten.

7 Beschreiben Sie das Prinzip einer relationalen Datenbank.

Eine relationale Datenbank ist, vereinfacht gesagt, eine Tabellenkalkulation, auf die mehrere Benutzer zur gleichen Zeit zugreifen können. Alle Daten werden in zweidimensionale Tabellen/Relationen geschrieben. Die Tabelle besteht aus Zeilen/Tupeln und Spalten/Attributen. Jedes Objekt in einer Datenbank (z. B. Artikel in einer Produktdatenbank) wird durch seine Position in der jeweiligen Tabelle beschrieben. Die Attribute bilden die Datenelemente (z. B. Farbe, Größe), die wiederum zu einem Datensatz zusammengefasst werden. Die zusammengehörigen Datensätze ergeben eine Datei. Einzelne Dateien mit einer logischen Beziehung bilden die Datenbank.

8 Relationale Datenbank Management Systeme (RDBMS) werden in zweidimensionalen Tabellen/Relationen geschrieben. Aus welchen Teilen besteht eine solche relationale Datenbank?

Tabelle besteht aus Zeilen oder Tupeln (horizontale Ausrichtung) und aus Spalten oder Attributen (vertikale Ausrichtung). Beispiel:

Unternehmen	Name	PLZ	Ort	Postfach	= **Tupel**
Verlag	Holland + Josenhans	70019	Stuttgart	102352	
Verlag	Handwerk + Technik	22331	Hamburg	6305500	
Verlag	XmediaSpringer	69121	Heidelberg	105280	

= **Spalten/Attribute**

9 DML – welche Bedeutung hat dieses Kürzel?

Data Manipulation Language = Datenmanipulationssprache. Enthält für den Benutzer Anweisungen zur Eingabe, Speicherung, Änderung und Löschung von Daten in vorhandenen Tabellen und Anweisungen zur Definition und Steuerung von Transaktionen.

5 Medienproduktion

10 QL – erläutern Sie diesen Begriff.

Query Language = Abfragesprache. Enthält für den Benutzer des Datenbanksystems Anweisungen zur Informationsanforderung (Abfrage von Daten).

11 Welche Bedeutung haben die Abkürzungen
a) RBMS,
b) SQL,
c) ODBC?

a) Relational Database Management System, relationales Datenbanksystem.
b) Structured Query Language, Anfrage- und Manipulationssprache der Datenbank.
c) Open Database Connectivity, Datenbank-Schnittstelle.

12 Der Begriff SQL steht für zwei Begriffe. Erklären Sie!

Ursprünglich: Structured Query Language (strukturierte Abfragesprache). Heute: Standard Query Language (standardisierte Abfragesprache). Standardabfragesprache für relationale Datenbanken. Die Anforderungen des SQL-Standards steigern sich in den drei Stufen „Entry-Level", „Intermediate" und „Full SQL". Enthält die Sprachelemente DDL, DML und QL. Orientiert sich an der Relationsalgebra (gewünschte Daten werden durch logische Bedingungen charakterisiert).

13 Erklären Sie das SQL-Schema!

Enthält die von einem Benutzer der Datenbank erzeugten Datenbankobjekte (z. B. Basistabellen, Datensichten, Integritätsbedingungen), die zu genau einem Schema des Benutzers gehören. Ein Benutzer kann mehrere Schemata in einer Datenbank besitzen. Anweisung: `Create Schema` gefolgt von den Anweisungen zur Erzeugung der Datenbankobjekte, z. B. `Create Table`, `Create View`.

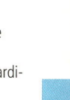

14 Beschreiben Sie das Prinzip einer CGI-Datenbankabfrage.

Bei einer Datenbankabfrage setzt das CGI-Script das auf dem Server ankommende Formular um. Die Abfrage erfolgt meist durch SQL. Das Ergebnis wird nun vom CGI als HTML-Code an den anfragenden Browser geschickt. Auf dem Bildschirm erscheint eine neue Seite, dynamisch generiert vom CGI.

5.4 Database Publishing

15 Welchem Zweck dient eine Abfrage?

Der Suche nach bestimmten Informationen in einer Datenbank.

16 Was ist der Index in einer Datenbank?

Eine sortierte Liste von Begriffen.

17 Welchen Nutzen hat ein Index?

Mithilfe eines Index kann sehr schnell und direkt auf bestimmte Informationen innerhalb einer großen Datenmenge, z. B. einer Datenbank, zugegriffen werden.

18 Welche Bedeutung hat die Abkürzung JDBC?

Java DataBase Connectivity; JDBC ist eine von Sun entwickelte Datenbankschnittstelle.

19 Beschreiben Sie die Arbeitsweise von Groupware?

Groupware-Programme ermöglichen ein verteiltes Arbeiten von Teams in Computernetzen. Die Daten werden über serverbasierte Datenbanken aktualisiert.

20 Welche Bedeutung hat die Abkürzung ASP?

Die Abkürzung ASP hat im Database Publishing zwei Bedeutungen:

a) Active Server Pages; Technologie für dynamische Webseiten, deren Inhalte serverseitig generiert werden.
b) Application Service Provider; Dienstleister, der bestimmte Anwendungen meist über das Internet anbietet.

21 Welche Bedeutung haben die Abkürzungen
a) PERL
b) PHP?

a) PERL heißt in der Langform Practical Extraction and Report Language; Interpreter-Skript-Sprache; zur Programmierung von CGI-Anwendungen.
b) PHP steht für Hypertext Preprocessor, eine serverseitige Scriptsprache für dynamische Internetseiten.

22 Was wird mit dem Begriff „File" bezeichnet?

File ist die englische Bezeichnung für Datei.

23 Welche Funktion hat ein Backup?

Ein Backup ist eine Sicherheitskopie auf einen anderen Datenträger. Er soll Datenverluste verhindern.

24 Welche Bedeutung hat „CMS" im Database Publishing?

CMS ist die Abkürzung von Content Management System; Software zur datenbankgestützten Generierung des Seiteninhalts.

25 Das untenstehende Bild zeigt einen Ausschnitt aus einer Datenbank. Ordnen sie die folgenden Begriffe der Abbildung richtig zu: Datensatz, Datenfeld, Relation.

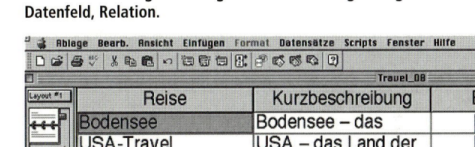

Bodensee = Datenfeld
Zeile CAR-Travel = Datensatz
Alle Positionen unter dem Begriff Reise bilden eine Relation

5.5 Digitaldruck und Personalisierung

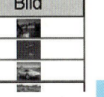

1 Definieren Sie den Begriff „Digitaldruck".

Digitaldruck ist die Gesamtheit aller mit virtuellen (z. B. Inkjet, Thermosublimation) oder temporären (z. B. Elektrofotografie, Ionografie, Magnetografie) Druckformen arbeitenden Verfahren zur unmittelbaren Ausgabe von in Computern gespeicherten typografisch aufbereiteten Informationen auf materielle Datenträger.

2 Der echte oder dynamische Digitaldruck arbeitet mit einer variablen Druckform. Was ist darunter zu verstehen?

Digitale Drucksysteme können bei jeder Zylinderumdrehung ein komplett neues Druckbild mit völlig veränderten Inhalten aufbauen. Der Druck kann von Exemplar zu Exemplar völlig andere Bilder, Texte, Grafiken und Farben enthalten.

3 Was ist unter der Auflagenhöhe 1 zu verstehen?

Der Digitaldruck kann ein Einzelexemplar z. B. eines Buches erstellen, das direkt aus einem vorhandenen Datenbestand heraus gedruckt wird. Dies ist im Offsetdruck aufgrund der hohen Fixkosten und des hohen technischen Aufwandes nicht praktikabel.

5.5 Digitaldruck und Personalisierung

4 Im Zusammenhang mit Database Publishing taucht immer wieder der Begriff „Crossmedia" auf. Erklären Sie, was darunter zu verstehen ist.

Crossmedia sieht die Nutzung einer Datei für verschiedene Ausgabemedien vor. Dabei müssen die Ausgabeformate und die technischen Beschreibungen der Datei für das jeweilige Medium angepasst werden.
Beispiel: Die Farben eines Bildes werden nach dem Scannen im CIE LAB-Farbraum ausgabeneutral beschrieben. Daraus abgeleitet werden die Farbdarstellungen für den Druck in CMYK und für das Internet in Monitor-RGB oder als indizierte Farben dargestellt.

5 Das Schlagwort „Personalisierung" oder „Individualisierung" wird im Zusammenhang mit dem Digitaldruck genannt. Erläutern Sie diese Schlagworte.

Jedes Exemplar einer Drucksache kann anders sein. Es können von Exemplar zu Exemplar Bilder, Texte oder Grafiken ausgetauscht werden. Dabei bleibt das Grundlayout der ausgegebenen Seite in der Regel gleichartig. Kommen die Daten zum Ändern der Seite aus einer personenbezogenen Datenbank, spricht man von Personalisierung.

6 Nennen Sie die Voraussetzungen für das Personalisieren von Drucksachen.

- Datenbankprogramm
- Personalisierungssoftware
- Schnelles RIP zur Aufbereitung der Daten in Maschinengeschwindigkeit
- Ausgabeformat für den personalisierten Druck

7 Welche Funktionen muss eine Datenbank erfüllen, damit sie zur Personalisierung verwendet werden kann?

Die Datenbank muss gleichartig aufgebaute Inhalte aufweisen, die nach einem bestimmten Ordnungssystem sortiert und damit zu finden sind. Dies ist z. B. die Kunden- bzw. Adressdatenbank eines Autoherstellers. Hier können mithilfe eines Zugriffssystems z. B. alle Käufer eines bestimmten PKWs angeschrieben werden. In einer derartigen Datenbank werden üblicherweise nur textorientierte Daten abgelegt. Für Bilder werden in der Regel nur der Speicherort und die Dateinamen angegeben.

8 Wir unterscheiden die Personalisierung mit einfarbigem Texttausch und den so genannten variablen Datendruck. Wo liegt der Unterschied?

Für den einfarbigen Texttausch werden nur ASCII-Textformate ausgetauscht. Üblicherweise sind dies Name, Anschrift, Anrede in personalisierten Anschreiben an Kunden, Haushalte usw. Der variable Datendruck →

5 Medienproduktion

▷ *Fortsetzung der Antwort* ▷

erfordert einen höheren Aufwand, da hier nicht nur Texte, sondern auch Bilder und Grafiken ausgetauscht werden können. Dazu sind für den Datenaustausch mit der Personalisierungssoftware die Austauschregeln bzw. -bedingungen für den Druck der gespeicherten Inhalte festzulegen.

9 Was bedeutet die Abkürzung VDP?

VDP = Variable Data Printing

10 **Die Ausgabeformate PostScript und PDF beschreiben nur statische Inhalte. Für die dynamischen Inhalte des variablen Datendrucks sind andere Ausgabeformate notwendig. Welche sind das? Nennen sie einige herstellerspezifische Ausgabeformate.**

	Ausgabeformat	Hersteller
AFP	Advanced Funktion Printing	IBM
VPS	Variable PostScript	Creo
VIPP	Variable Data Intelligent PostScript Printware	Xerox
JLYT	J-Layout	HP Indigo

11 **In den letzten Jahren wurde zur Vereinheitlichung des variablen Datendrucks ein Standardformat entwickelt. Nennen Sie dieses Format.**

PPML = Personalized Print Markup Language

12 **Nennen Sie einige Beispiele für PPML-fähige Personalisierungssoftware.**

Atlas Printshop, Creo Darwin, Techno-Design PersonalizerX, Pageflex Persona, HP Indigo Yours Truly Designer. Diese Personalisierungssoftware arbeitet in der Regel als Xtension innerhalb des Layoutprogramms QuarkXPress.

13 **Computer-to-Plate-on-Press ist ein häufig gelesener Begriff im Zusammenhang mit dem Digitaldruck. Ist dies eine richtige Zuordnung oder nicht? Begründen Sie.**

Das Computer-to-Plate-on-Press Verfahren wird auch Direct Imaging (DI) genannt. Gemeint ist damit ein Verfahren, das die Druckform digital gesteuert in der Druckmaschine selbst herstellt, also die Integration von Computer-to-Plate in die Druckmaschine. Bei der so genannten Bebilderung der →

5.5 Digitaldruck und Personalisierung

▷ Fortsetzung der Antwort ▷

Druckmaschine steht die Maschine und es kann kein Druck erzeugt werden. Beim Direct Imaging handelt es sich um die höchste Stufe der Digitalisierung bei Druckverfahren mit stabiler, nicht veränderbarer Druckform. Dieses Verfahren arbeitet aber nicht in allen Fällen wirtschaftlich, da die Stillstandszeiten zur Bebilderung nicht unerheblich sind. Es handelt sich hier aber um kein Digitaldruckverfahren, sondern es wird im Offsetdruckverfahren (i. d. R. Trockenoffset) gedruckt.

14 Computer-to-Print – Erklären Sie!

Darunter versteht man die digitale Datenübertragung an eine digitale Druckmaschine mit dynamischer Druckform und der Möglichkeit der Individualisierung. Die verwendete Technik ist in der Regel der elektrofotografische Druck mit Flüssig- oder Festtoner.

15 Computer-to-Paper – Erläutern Sie!

Die digitale Datenübertragung erfolgt ohne Druckform direkt auf den Bedruckstoff. Die verwendete Technologie ist in der Regel das Inkjet-Verfahren oder ein thermografisches Verfahren.

16 Wie hoch ist die Druckgeschwindigkeit im Digitaldruck?

Der eigentliche Druckvorgang im Digitaldruck ist verhältnismäßig langsam und abhängig vom Drucksystem. Der Hauptvorteil des Digitaldrucks liegt in der Schnelligkeit des Gesamtsystems von der Vorstufe bis zur Weiterverarbeitung. Dieses Zusammenwirken des Gesamtsystems macht es möglich, in kürzester Zeit aus einem Datenbestand ein qualitativ hochwertiges fertiges Druckprodukt zu erhalten.

17 Erklären sie die folgenden Begriffe: BoD, PoD.

BoD = Book on Demand (Druck von einzelnen Büchern nach Bestellung).
PoD = Printing on Demand (Drucken nach Bestellung, Drucken nach Bedarf). Publishing on Demand (Nachfrageorientiertes Publizieren). Die Abruf-Datei wird als Demand-File bezeichnet.

6 Medienproduktion – Printmedien

6.1 Farbtechnologie

6.1.1 Separation

1 Welche Funktion hat die Farbseparation?

In der Reproduktionstechnik wird eine Farbvorlage durch das Vorschalten von Filtern (analog) oder durch die Berechnung von Farbanteilen (digital) in Farbauszüge (Teilbilder bzw. Farbkanäle) zerlegt. Sinn der Farbseparation ist es, ein viele Farben beinhaltendes Farbbild durch geeignete Kombination weniger Auszugsfarben (Primärfarben, z. B. Cyan, Magenta, Gelb und Schwarz) darzustellen.

2 Was versteht man unter In-RIP-Separation?

Die Datei wird erst bei der Ausgabeberechnung im RIP (Raster Image Processor) separiert.

3 Worin besteht der wesentliche Unterschied zwischen einer Compositedatei und einer separierten Datei?

In der Compositedatei ist die Farbinformation noch nicht den einzelnen Farbauszügen zugeordnet.

4 Mit welchem Fachbegriff wird die Teilfarbe eines Druckbildes bezeichnet?

Mit Farbauszug bezeichnet man den Farbanteil einer Druckvorlage, die einer Farbe eines Mehrfarbendrucks entspricht. Für den zumeist verwendeten Vierfarbdruck mit dem CMYK-Farbmodell sind vier Farbauszüge in den Farben Cyan, Magenta, Gelb und Schwarz erforderlich, die zur Herstellung der entsprechenden Druckplatten dienen.

5 Wie heißt die Summe aller Farbauszüge?

Die Farbauszüge, die zusammen wieder das komplette farbige Bild ergeben, nennt man Farbsatz.

6 Wie lauten die Abkürzungen GCR und UCR ausgeschrieben und mit ihren deutschen Bezeichnungen?

GCR: Gray Component Replacement, Unbuntaufbau
UCR: Under Color Removal, Unterfarbenreduzierung

6.1 Farbtechnologie

7 Beschreiben Sie das Prinzip der Unterfarbenreduzierung UCR.

Die Unterfarbenreduzierung oder Under Color Removal (UCR) ist eine Art der Separation von Farbbildern im CMYK-Farbmodus. UCR reduziert an den Stellen, an denen lediglich Schwarz erscheinen soll, die anderen drei Farbkomponenten Cyan, Magenta und Gelb und vermeidet auf diese Weise einen unnötigen Farbauftrag.

8 Beschreiben Sie das Prinzip des Unbuntaufbaus GCR.

Der Unbuntaufbau ist ein Verfahren zur Farbseparation, bei der Herstellung von Farbsätzen für den Vierfarbendruck, bei dem man sämtliche (gleichen) Anteile der drei Buntfarben Cyan, Magenta und Gelb des CMYK-Farbsystems, die im Idealfall zusammen einen Grauwert ergeben, durch entsprechende Anteile der Farbe Schwarz ersetzt.

9 Welcher der beiden Farbsätze ist mit GCR, welcher mit UCR separiert?

Der Farbsatz 1 ist mit GCR separiert. Sämtliche Unbuntanteile sind dem Schwarzauszug zugerechnet.

Der Farbsatz 2 ist mit UCR separiert. Schwarz dient nur zur Kontraststeigerung in den Tiefen.

6 Medienproduktion – Printmedien

10 Was wird durch den Farbmodus festgelegt?

Der Farbmodus bestimmt das Farbmodell für die Anzeige und Ausgabe von Bildern.

11 Erklären Sie den Begriff „Moduswandlung"

Bei der Moduswandlung, z. B. im Bildverarbeitungsprogramm, wird die Farbdatei aus dem Farbraum eines Farbmodus in einen neuen Farbraum umgerechnet. Beispielsweise von RGB nach CMYK.

12 Welche Rolle spielen bei der Moduswandlung die eingestellten Arbeitsfarbräume?

Die in den Farbvoreinstellungen der Software gewählten Arbeitsfarbräume definieren Quell- und Zielfarbraum bei der Wandlung.

13 Beschreiben Sie das Prinzip der Farbmischung im Mehrfarbendruck.

Hier werden additive und subtraktive Farbmischung vereinigt. Das remittierte Licht der nebeneinander liegenden Farbflächen mischt sich additiv im Auge. Die eingesetzten Druckfarben sind lasierend. Dadurch mischen sich die übereinander gedruckten Flächenelemente subtraktiv auf dem Bedruckstoff. Die Farbempfindung ist das Ergebnis der Integration des remittierten Lichtes.

14 Erklären Sie den Begriff Skalenfarben.

Skalenfarben sind die im Mehrfarbendruck eingesetzten Druckfarben.

15 Was versteht man unter der Euroskala?

Die Euroskala oder Europa-Skala ist eine in Europa verwendete, normierte Farbtabelle, welche die im Vierfarbdruck eingesetzten Druckfarben Gelb, Magenta, Cyan und Schwarz (CMYK), die Druckreihenfolge, die Sättigung und den Buntton festlegt. Die Skala liegt als Nachschlagewerk oder Farbatlas vor und gibt die im Druck möglichen Farbtöne wieder.

16 Welche Bedeutung hat die Farbdichte D bei der Produktionskontrolle im Druck?

Mit Farbdichte bezeichnet man die optische Dichte von farbig gedruckten Flächen. Dieser Wert spielt in der Qualitätskontrolle im Druckprozess eine Rolle, er lässt sich dazu mit speziellen Geräten (Auflichtdensitometer) messen. Dabei kann man aber immer nur Farbdichten eines einzelnen Farbtons miteinander vergleichen.

6.1.2 Color-Management

17 Was wird durch Color-Management gesteuert?

Mit Color-Management bezeichnet man die Steuerung der Farbwiedergabe in einem digitalen grafischen Produktionsprozess. Die verschiedenen Ein- und Ausgabegeräte vom Scanner bis zur Druckmaschine arbeiten gerätebedingt mit unterschiedlichen Farbräumen. Um die Farbdarstellung über den Produktionsprozess hinweg zu vereinheitlichen, werden Farbprofile für die beteiligten Geräte und Verfahren gebildet. Aus ihrer Verbindung ergeben sich die zur Umrechnung Farben aus einem Farbraum, die in einem anderen nicht darstellbar sind, werden weitestmöglich angenähert.

18 Welche Aufgabe hat ein Color-Management-System (CMS)?

Die Software des CMS sorgt entweder auf Betriebssystemebene oder im Rahmen von Anwendungsprogrammen dafür, dass die Ausgabe in möglichst hohem Maß der Bildschirmdarstellung und der gescannten Vorlage entspricht. Ein CMS korrigiert die Farbverfälschungen, indem es die Daten in einem geräteunabhängigen Farbraum definiert und sie in den gerätespezifischen umrechnet. So kalibriert ein CMS beliebige Publishingsysteme, das heißt, es stimmt Eingabe- und Ausgabeeinheiten aufeinander ab.

19 Beschreiben Sie die Funktion von ColorSync.

ColorSync ist eine von der Firma Apple definierte Betriebssystemerweiterung. Sie besteht aus einem standardisierten Farbrechneralgorithmus und einer Modul- und Programmschnittstelle. ColorSync wird automatisch aktiv, wenn eine Color-Management-Software Geräteprofile erstellt sowie zur Verwendung in ICC-konformen Bildbearbeitungs- und Layout-Programmen oder zur Verknüpfung aufruft.

20 Für welche Organisation stehen die drei Buchstaben ICC?

International Color Consortium.

21 **Welche Aufgaben hat das ICC?**

Unter der Federführung der Fogra (Deutsche Forschungsgemeinschaft für Druck- und Reproduktionstechnik e. V.) arbeitet dieses Komitee an der Standardisierung der Handhabung von Farbbildern und von Farbprofilen. Ziel ist es, das Color-Management in Zukunft unabhängig von Plattformen und Applikationen zu realisieren.

22 **Was ist die European Color Initiative?**

Die European Color Initiative (ECI) ist eine Expertengruppe, die sich mit der medienneutralen Verarbeitung von Farbdaten in digitalen Publikationssystemen beschäftigt. Sie wurde 1996 gegründet.

23 **Welcher Farbraum wurde vom ICC als farbmetrisches Referenzsystem festgelegt?**

Das ICC wählte als farbmetrisches Referenzsystem den CIE-L*a*b*-Farbraum.

24 **Was ist ein ICC-Profil?**

Eine Datei, die das Farbverhalten eines bestimmten Ein- oder Ausgabegeräts in einer vom ICC definierten Form beschreibt.

25 **Bei der Profilkonvertierung stehen verschiedene Arten zur Wahl. Welche Funktion haben die Optionen**
a) perzeptiv
b) absolut farbmetrisch und
c) relativ farbmetrisch
d) Sättigung?

a) Die Einstellung „perzeptiv" bewirkt beim Gamut-Mapping eine nichtlineare Anpassung des Quellfarbsystems an das Zielfarbsystem. Der größere Farbraum wird auf den Umfang des kleineren Zielfarbraums gestaucht.

b) Die Option „absolut farbmetrisch" passt den Weißpunkt des Zielfarbraums (Proof) an den Weißpunkt des Quellfarbraums (Druck) an. Die Papierfärbung wird also im geprooften Bild simuliert.

c) Bei der Option „relativ farbmetrisch" wir der Weißpunkt des Zeilfarbraums (Proof) nicht an den Weißpunkt des Quellfarbraums (Druck) angepasst. „Relativ farbmetrisch" ist also zu wählen, wenn das Proofpapier farblich dem Auflagenpapier entspricht. →

6.1 Farbtechnologie

▷ *Fortsetzung der Antwort* ▷

d) Sättigung bewirkt, dass die Farbsättigung zu Lasten des Farbtons erhalten bleibt. Diese Option ist für Bilder ungeeignet. Sie wird vor allem bei der Konvertierung bunter Informationsgrafiken eingesetzt.

26 Erläutern Sie die Funktion einer CLUT.

CLUT ist die Abkürzung von Color Look-up Table. In dieser Farbwertetabelle ist bei der Bild- und Grafikdatenbearbeitung die Zuordnung zu den Graustufen angelegt. So werden z. B. bei 24-Bit-Datenformaten jedem Farbkanal (RGB) $2^8 = 256$ Graustufen zugeordnet ($2^8 \times 2^8 \times 2^8 = 16{,}7$ Mio. Farben). In Video-/ Grafikkarten standardisierte Tabellen sollen für eine farbgleiche Darstellung in verschiedenen Formaten und Programmen sowie auf Ein- und Ausgabegeräten sorgen.

27 Warum sind Farbprofile notwendig?

Alle Geräte, die Farbe verarbeiten, verfälschen diese auch in gewissem Maß. Jeder Scanner, Monitor oder Drucker hat seine eigene Farbcharakteristik, denn verschiedene Gerätetypen und Baureihen unterscheiden sich. Außerdem kommen individuelle Abweichungen von Gerät zu Gerät hinzu, die sich im Lauf der Zeit weiter ändern. Farbprofile dienen dazu, die Farbeigenschaften eines Geräts zu beschreiben. Entweder liefert der Hersteller ein Profil oder der Anwender generiert mithilfe entsprechender Tools individuelle Profile für seine Geräte. Aufgrund dieser Farbprofile kann das Color-Management-System die einzelnen Komponenten aufeinander abstimmen (Farbkalibrierung).

28 Was versteht man unter Kalibrierung?

Die Einstellung von Geräten und Maschinen auf einen Standardwert zur Erzielung gleichmäßiger Ergebnisse. Die Kalibrierung und stabile Arbeitsweise farbverarbeitender Geräte ist zugleich eine Voraussetzung für erfolgreiches Color-Management.

29 **Warum ist die Farbkalibrierung notwendig?**

Zur korrekten Reproduktion von Bildern im Druck sollten sämtliche eingesetzten Geräte, etwa Farbbildschirm und Grafikkarte, Farbdrucker und Belichter, aufeinander abgestimmt sein, so dass sie nummerisch festgelegte Werte für Rot, Grün und Blau, aber auch für Cyan, Magenta, Gelb und den Schwarzanteil, übereinstimmend darstellen.

30 **Wie heißt der englische Fachbegriff für Farbumfang?**

Gamut.

31 **Wodurch wird der Farbumfang bestimmt?**

Über seine Größe entscheidet die Sättigung der Basisfarben des jeweiligen Farbraums, z. B. die Farbstoffe in einem Dia (am größten), die Bildschirmphosphore, die Inkjet-Tintenpigmente oder die Druckfarben-Skalenpigmente (am kleinsten). Zwischen Dia und Druck muss also eine Farbraumkompression stattfinden, wenn die ursprüngliche Beziehung der Farben zueinander erhalten bleiben soll.

32 **Welche Bedeutung haben Farbräume beim Color-Management?**

Beim Color-Management werden die individuellen Farbraumfehler der beteiligten Geräte mittels Geräteprofil neutralisiert, indem sie in einen geräteunabhängigen Basisfarbraum eingerechnet (Farbraumtransformation) und an den Farbraumumfang (Gamut) der Zielfarbwiedergabegeräte, z. B. der Druckmaschine, angepasst werden (Gamut-Mapping).

33 **Beschreiben Sie das Prinzip des Gamut-Mapping.**

Eingabe-, Betrachtungs- und Ausgabesysteme arbeiten mit unterschiedlichen Techniken der farbmetrischen Darstellung. Ein Color-Management-System sollte daher die Aufgabe erfüllen, diese verschiedenen Techniken im Arbeitsprozess so zu optimieren, dass bei jedem Verarbeitungsschritt – auch bei der optischen Kontrolle – eine zur Ausgabe deckungsgleiche Information simuliert wird. Im Zusammenhang damit muss das Problem gelöst werden, dass insbesondere die häufig genutzten →

6.1 Farbtechnologie

▷ *Fortsetzung der Antwort* ▷

Farbräume CMYK und RGB nicht einheitlich sind. Und immer gilt es, Farbräume mit höherem Informationsumfang zu einem solchen mit niedrigem Umfang zu transformieren. Von dem Referenzfarbraum mit dem größtmöglichen Farbumfang wird dann zum jeweiligen Zielfarbraum umgerechnet.

34 Wann wählen Sie „Perzeptiv" und wann „Farbmetrisch" als Rendering Intent?

„Perzeptiv" ist die übliche Einstellung bei allen Farbraumtransformationen von Farbbildern, außer bei der Prooferstellung. Bei der Prooferstellung erfolgt das Gamut-Mapping farbmetrisch.

35 Was bedeutet die Abkürzung CMM?

CMM steht für Color Matching Modul. Es ist der Teil des Betriebsystems der als Farbrechner das Gamut-Mapping ausführt.

36 Was ist ein Rendering Intent?

Das Rendering Intent ist der Umrechnungsalgorithmus zur Farbraumtransformation.

37 Welchem Zweck dient ein FOGRA/Ugra-Medienkeil beim Color Management?

Wenn man mit der Farbdatei zusammen den Ugra/FOGRA-Medienkeil konvertiert, dann kann man die unterschiedlichen Transformationen visuell und messtechnisch vergleichen und nachvollziehen.

38 Was definiert ein Arbeitsfarbraum?

Mit dem Arbeitsfarbraum definiert man den Farbraum innerhalb des Farbmodus, z. B. sRGB oder ECI-RGB.

39 Welche Bedeutung hat die Abkürzung PCS?

Profile Connection Space, der gemeinsame Referenzfarbraum für das Gamut-Mapping.

40 Welche PCS gibt es?

LAB, XYZ, Yxy.

41 Was ist die Altona Testsuite?

Die Altona Testsuite sind digitale Testformen. Sie besteht aus drei PDF-Dateien zur Überprüfung der digitalen Datenausgabe.

42 Was ist ICM?

Image Color Matching, Windowssystembestandteil für das Color Management.

6.2 Ausgabetechnologie

6.2.1 Raster-Technologie

1 Welche Bedeutung hat die Kurzform RIP?

Raster Image Processor

2 Welche Aufgaben übernimmt der RIP im digitalen Workflow?

Im RIP werden die erfassten Daten (Texte, Bilder, Grafik), die als PostScript Code vorliegen, in Steuerinformationen für das angeschlossene Ausgabegerät (Belichter, Drucker) berechnet. Hierbei erzeugt der RIP eine Belichter-Bitmap, die alle auszugebenden Objekte in Form von Belichterpixel aufweist.

3 In der Ausgabetechnologie werden Hard- und Software-RIPs unterschieden. Erklären Sie den Unterschied.

Hardware-RIP: Beim Hardware-RIP ist die Rechnerarchitektur speziell für die RIP-Software erstellt und optimiert. Es handelt sich dabei um einen speziellen Rechner zur Verarbeitung von PS oder PDF-Daten, der einen Film- oder Plattenbelichter direkt ansteuert und den Belichtungslaser steuert.

Software-RIP: Software-RIPs sind spezielle Computerprogramme, die auf Standardhardware wie MAC oder PC laufen. Dabei unterscheiden wir Interpreter zur Verarbeitung fertiger PS-Dateien und Software-RIPs in Form von PS-Druckertreibern, die in die Systemumgebung eines Rechners integriert werden.

4 Ein RIP berechnet eine PostScript-Seite oder eine PDF-Seite mithilfe von drei internen „Stationen", nämlich dem „Interpreter", dem „Renderer" und dem „Rasterizer". Erläutern Sie die Aufgaben dieser drei Module eines RIPs.

Interpreter: Übersetzt die Befehle einer PS-Datei in die Display-List. Alle Dateielemente werden in ein einheitliches Format zwischengespeichert.

Renderer: Alle Dateien der Display-List werden durch das Renderer-Modul in die gerätespezifische Auflösung umgesetzt. Das dabei entstehende Halbtonbild wird im Rasterizer weiterverarbeitet.

Rasterizer: Das durch den Renderer entstandene Halbtonbild wird durch den Rasterizer in Rasterpunkte zerlegt und in das Bitmap-Datenformat des Ausgabegerätes umgesetzt.

6.2 Ausgabetechnologie

5 Sie haben die folgenden Fachbegriffe, die Sie in eine fachlich richtige Reihenfolge bringen müssen. Ist die Reihenfolge richtig, haben Sie eine korrekte PostScript-RIP-Konfiguration erstellt: Ausgabegerät (Belichter/Drucker), Anwendungsprogramm (Pixelbild/Vektorgrafik/Text), Interpreter (Display-List), Rasterizer (Bitmap/Dots), Renderer (Bytemap/Halbton), PostScript-Treiber (Systemtreiber/PPD).

Anwendungs-Programm	PostScript-Treiber	Interpreter	Renderer	Rasterizer	Ausgabe-gerät
Pixelbild/ Vektorgrafik/ Text	Systemtreiber PPD	Display-List	Bytemap Halbtonbild	Bitmap Dots	Belichter Drucker
	Raster-Image-Prozessor RIP				

6 Welche Rasterpunktformen können bei modernen Belichtern üblicherweise ausgegeben werden?

- Quadratische Rasterpunkte
- Runde Rasterpunkte
- Elliptische Rasterpunkt oder Kettenpunktraster
- FM-Raster (Frequenzmodulierter Raster)
- Effektraster (z. B. Kornraster, unterschiedliche Linienraster)

7 Was wird unter dem Begriff „In-RIP-Trapping" verstanden?

Die Überfüllung/Trapping kann im jeweiligen Anwendungsprogramm (z.B. QuarkXPress/ Freehand) oder im RIP erfolgen. Da oft nicht klar ist, wie Überfüllungen angelegt sind, ist es sinnvoll, IN-RIP-Trapping anzuwenden. Die Einstellungen aus den vorherigen Programmen werden dann ignoriert.

8 Was wird unter dem Begriff „In-RIP-Separation" verstanden?

Eine Composite-Datei wird beim RIP-Vorgang entweder klassisch, UCR, GCR oder über ICC-Profile separiert.

9 Was wird unter dem Kürzel „R.O.O.M" verstanden?

R.O.O.M = Rip once, output many. Beim R.O.O.M-Workflow-Konzept wird im RIP ein Datenformat erzeugt, das grundsätzlich systemunabhängig ist. Damit ist es möglich, einmal gerippte Dateien ohne erneuten RIP-Vorgang direkt zu Proofen oder auf verschiedenen Belichtern auszugeben.

10 Sie werden bei einem Kundengespräch nach dem Begriff „OPI" gefragt, erklären Sie in kurzen Worten diesen Begriff.

OPI = Open Prepress Interface: Es werden zwei Dateien von einem Bild erzeugt, eine ist für die Druckausgabe optimiert (große Datei), die andere ist für den Umbruch am Bildschirm optimiert (kleine Datei). Bei der Ausgabe am Belichter wird nun durch einen speziellen OPI-Server das niedrig aufgelöste Bild durch das hoch aufgelöste ausgewechselt.

11 Erklären Sie die Begriffe
a) Grobdaten
b) Feindaten

a) Grobdaten/Layoutdaten sind niedrig aufgelöste Daten für die Layoutarbeit mit einer Auflösung zwischen 72 und 150 dpi. Bei dieser Auflösung ist der Speicherplatzbedarf nicht so hoch.

b) Hoch aufgelöste Daten zur Belichtung mit einer Auflösung von z. B. 304,8 dpi (120 Dots/cm) bei einem 58er- bis 64er Raster. Ein Bild (CMYK-Modus) im Format DIN-A4 benötigt ca. 30 MB Speicherplatz.

12 Welche Vorteile hat die Ausgabe von PDF-Dateien gegenüber den herkömmlichen PostScript-Dateien auf einem RIP?

PDF-Dateien sind kleiner, die Belichtungsberechnung erfolgt Seitenweise, Fehler innerhalb einer Seite beeinflussen die Ausgabe der restlichen Seiten nicht.

6.2.2 Andruck/Proof

13 Erklären Sie den Begriff Andruck und dessen Aufgabe.

Andrucke sind Probedrucke (oder Prüfdrucke) auf einer Druckmaschine oder einer Andruckpresse. Sie dienen zur Kontrolle der Ton- und Farbwerte und zur Abstimmung mit der Vorlage.

14 Der Andruck ist das klassische Prüfdruckverfahren der Farbreproduktion. Erläutern sie, was darunter zu verstehen ist.

Am Ende der Reproduktionskette wird an einer Flachoffset-Andruckmaschine oder an einer Produktionsmaschine der Andruck eines Farbsatzes erstellt. Dabei sollte für die genaue Beurteilung und Kontrolle des Reproduktionsergebnisses zum Andruck das spätere Auflagenpapier und die Druckfarbe des Auflagendrucks verwendet werden. →

6.2 Ausgabetechnologie

▷ *Fortsetzung der Antwort* ▷

Die Andrucke sind nach der Genehmigung durch den Auftraggeber verbindliches Druckmuster für den Auflagendruck (auch Fortdruck genannt).

15 Nach welchem Druckprinzip arbeitet eine klassische Flachoffset-Andruckpresse?

Prinzip Fläche gegen Zylinder (flach – rund – flach), Druckform liegt flach, Gummizylinder ist rund.

16 Nach welchem Druckprinzip arbeitet eine Offset-Bogendruckmaschine?

Prinzip Zylinder gegen Zylinder (rund – rund), Druckform ist rund, Gummi- und Druckzylinder sind rund.

17 Was versteht man unter dem Begriff „Auflagenpapier".

Auflagenpapier ist die Papiersorte, auf der die gesamte Auflage z. B. eines Buches gedruckt wird. Das Auflagenpapier muss für den Andruck zur Verfügung stehen, damit die Reproduktion auf den Weißgrad und die Eigenschaften des Bedruckstoffs abgestimmt werden kann.

18 Erklären sie den Begriff „Proof".

Ein Proof ist das Ergebnis eines Proofverfahrens zur Kontrolle von Filmen (Analog-Proof) und elektronischen Dateien (Digital-Proof), bevor sie im Auflagendruck produziert werden.

19 Erklären sie den Unterschied zwischen Analog- und Digitalproof.

Analog-Proofs sind Prüfdrucke, die von Filmen hergestellt werden. Die Filme weisen normalerweise die korrekte Rasterung (Rasterweite/Rasterwinkelung) und die korrekten Tonwerte aus.

Digital-Proofs werden mit Hilfe eines kalibrierbaren Farbdruckers direkt aus dem Datenbestand heraus erstellt. Um einen verwertbaren Proofdruck zu erhalten, müssen folgende Bedingungen erfüllt werden: Auflagenpapier oder die Simulation des Weißgrades des Auflagenpapiers, Originalfarbe nach der verwendeten Auflagenfarbe (üblicherweise Europaskala), Originalrasterung, Druckkontrollstreifen entsprechend der späteren Verwendung in der Druckmaschine, Simulation der Tonwertzunahme im Druck.

6 Medienproduktion – Printmedien

20 Für die Ausgabe von Farbproofs aus einem DTP-Programm (QuarkXpress, InDesign) bis Format DIN A2 soll ein Drucker beschafft werden. Welcher Druckertyp kommt hierfür zum Einsatz? Welche weiteren Geräte bzw. weitere Software muss beschafft werden?

Ink-Jet-Drucker im DIN A2 Format; Software RIP, evtl. Rechner mit Netzwerkkarte.

21 Was versteht man unter Digitalproofs? Nennen Sie Beispiele von Digitalproof-Prinzipien.

Digitalproofs sind Ausdrucke, die direkt aus digitalen Daten ohne Filme erstellt werden. Beispiele für Digitalproof-Prinzipien sind Laser-, Tintenstrahl-, Thermotransfer- und Thermosublimationsdrucke.

22 Analogproof-Verfahren sind immer mehr auf dem Rückzug. Erklären Sie ein analoges Farbprüfverfahren und nennen Sie die Ziele dieses Verfahrens.

Das Analogproof-Verfahren dient zur Proof-Herstellung, das dazu in der Regel vier gerasterte Farbauszüge benötigt. Ziele dieses Verfahrens sind die Darstellung eines reproduktionstechnischen Arbeitsergebnisses anhand eines Farbbildes zur Qualitätskontrolle, aber auch die Simulation des Auflagendrucks und der Ersatz des konventionellen Andrucks.

23 Was wird unter einem Softproof verstanden?

Ein Softproof bezeichnet die Darstellung von Bilddaten auf einem kalibrierten Monitor. Man kann z. B. im Programm Photoshop (Menü > Ansicht > Farb-Proof) den Softproof einer Bilddatei direkt auf dem Bildschirm darstellen. Dabei ist allerdings zu beachten, dass eine entsprechende Farbraumumwandlung für einen bestimmten Druckprozess durchgeführt wird. Nur wenn dies geschieht, kann über die Farbqualität und eventuelle Farbverschiebungen eine Aussage getroffen werden. Der Softproof simuliert das spätere Druckergebnis am Monitor.

6.2 Ausgabetechnologie

24 Welche Drucker eignen sich besonders gut für die Herstellung von Digitalproofs

Die Thermosublimationsdrucker. Diese Drucker sind besonders für Proofs geeignet, da das Drucken echter Halbtöne möglich ist. Daneben werden kalibrierbare Tintenstrahldrucker eingesetzt, die deutlich kostengünstiger sind.

25 Bei Andrucken und Proofs werden Druckkontrollstreifen verwendet. Welche Funktion und welche Aufgaben haben diese Kontrollstreifen für den Andruck und den Fortdruck?

- Kontrolle der Farbdichte durch Volltonfelder
- Kontrolle des Punktzuwachses
- Kontrolle von Schieben und Dublieren im Druck
- Kontrolle der Graubalance
- Kontrolle der Farbannahme
- Kontrolle der Plattenkopie

Druckkontrollstreifen werden visuell und messtechnisch ausgewertet. Sie müssen auf jedem Druckbogen für jede Farbe parallel zur Längsseite positioniert und mitgedruckt werden. Druckkontrollstreifen des Andrucks und des Fortdrucks sollten identisch sein, um gleichwertige und vergleichbare Messergebnissen zu erhalten.

26 Nennen Sie fünf Einsatzgebiete von Proofs.

Die Einsatzgebiete von Proofs sind Layoutgestaltung, Präsentation, interne Prüfung, Endkontrolle, Vorabkontrolle für Farbwiedergabe, Formproof, Vorabauflagen, Kleinaufträge.

27 Zählen Sie fünf Anforderungen an einen guten Proof auf.

Anforderungen an einen Proof: Zuverlässigkeit, kostengünstig, kurze Arbeitsabläufe, chemiefrei, umweltfreundlich, Wiederholgenauigkeit, Anpassung an Druck, farbverbindlich, qualitativ hochwertig, Simulation des Druckergebnisses, prozesslos.

28 Nennen Sie fünf „Technologien" für die Proof-Herstellung.

„Technologien" für die Proof-Herstellung sind

- Softproof (kalibrierte Monitore),
- Laserdrucker
- Thermotransfer
- Thermosublimation
- Ink-On-Demand

▷ *Fortsetzung der Antwort* ▷

- Continuose Ink-Jet
- Kontraktproof
- Andruck

29 Um einen Andruck mit einem Offsetdruck abzugleichen benötigt man Messergebnisse. Welche Messwerte sind vonnöten?

Man benötigt die Messwerte von Tonwertzuwachs, Volltondichte und Graubalance.

30 Die Art der Farberzeugung weicht beim Digitalproof sehr weit vom Offsetdruck ab. Die herkömmlichen Werte wie Tonwertzuwachs, Volltondichte und Graubalance reichen nicht aus. Wie kann man eine objektive Beurteilung erzeugen?

Eine objektive Beurteilung für die Abweichung von Digitalproof und Offsetdruck herbeizuführen wird mittels von Standards nach FOGRA, BVDM und ISO, nach denen ein Digitalproofsystem mit ICC-Profilen ausgestattet wird, geschaffen.

Der Weg zur druckverbindlichen Farbe führt über die Kalibrierung mithilfe individueller ICC-Profile passend zum Papier und Prozess.

31 Erklären Sie den Einsatz von ICC-Profilen.

Um ICC-Profile einsetzen zu können, wird ein ICC-Profil für das jeweilige Proofgerät erstellt. Dieses ICC-Profil wird im entsprechenden Layoutprogramm aufgerufen und die Anwendung von Druckertreiber und PostScript-RIP sowie der Verrechnung von ICC-Profilen im RIP möglich.

32 Wie wird ein Digitalproof nach der qualitativen Abweichung beurteilt?

Die Beurteilung des Digitalproofs erfolgt neben dem Einsatz des geübten Auges über Software, die den Farbabstand Delta E für die korrelierenden Felder errechnet.

33 Digitalproofs unterscheidet man in zwei prinzipielle Ausgabesysteme. Nennen Sie diese.

Bei den Digitalproofs unterscheidet man in:
- rasterlose Digitalproofs
- Digitalproofs mit Raster

34 Was versteht man unter einem Kontraktproof?

Kontraktproof bedeutet verbindlicher Prüfdruck. Ein Kontrakt ist ein Abkommen (Vertrag) – also eine verbindliche Festlegung.

6.2 Ausgabetechnologie

35 Wann spricht man von einem Kontraktproof?

Liegt der Mittelwert aller Farbabstände unter Delta E von 10, so ist der Digitalproof nach FOGRA und BVDM ein Kontraktproof.

36 Was versteht man im Zusammenhang mit Proof-Geräten unter Gerätecharakterisierung?

Unter Gerätecharakterisierung wird in diesem Zusammenhang die momentane Zustandsbeschreibung bzw. Einstellung eines Gerätes in Verbindung mit den eingesetzten Materialien verstanden.

37 Was versteht man unter einem Remoteproof?

Ein Remoteproof (Fernproof) bezeichnet die visuelle Kontrolle von gesendeten und empfangenen Bilddaten, die sowohl am Monitor (Softproof) als auch über einen Prüfdrucker (Proof in Hardcopy-Form) ausgegeben werden können.

Damit Sender und Empfänger einen gleichen Farbeindruck erhalten, müssen organisatorische Merkmale bezüglich „Sicherstellung der Farbverbindlichkeit" bei den Ausgabegeräten beachtet werden.

38 Man unterscheidet in Fachjargon gerne einen farbverbindlichen und einen druckverbindlichen Proof. Erklären Sie den druckverbindlichen Proof.

Unter einem druckverbindlichen Proof versteht man, dass der Proof dem Fortdruck entsprechen muss. Somit muss der Druck simuliert werden, indem die zu erwartende Qualität der Rasterung (Punktzuwachs, Rasterpunktmodell, Rasterweite, Rasterwinkelung) sowie die Über- und Unterfüllung auf dem Proof dargestellt wird.

Dazu ist zwingend ein gerastertes Proof-Ergebnis erforderlich.

39 Man unterscheidet in Fachjargon gerne einen farbverbindlichen und einen druckverbindlichen Proof. Erklären Sie den farbverbindlichen Proof.

Ein farbverbindlicher Proof muss dem Fortdruck nur hinsichtlich der Farbe entsprechen. Dieser Proof kann also rasterlos sein.

40 Immer wieder hört man die Bezeichnung Vorabproof. Was ist damit gemeint?

Ein Vorabproof ist ein nicht farbverbindlicher Ausdruck, der den jeweiligen Zwischenstand der laufenden Arbeiten dokumentiert.

6 Medienproduktion – Printmedien

41 Was versteht man unter einem Formproof?

Ein Formproof ist ein großformatiger Ausdruck, welcher den Stand einer Druckform wiedergibt. Der Formproof dient zur Vollständigkeitskontrolle und Standkontrolle.

42 Bei den Proofgeräten spricht man von LFP. Erklären Sie.

LFP bedeutet Large Format Printer. Damit sind digitale großformatige Proofgeräte im Formatbereich DIN A0 und größer gemeint.

43 Welche Einsatzgebiete haben Large Format Printer?

Large Format Printer eignen sich zur Herstellung von Postern, Plakaten, Kontrakt- und Formproofs.

44 Welche Technologie wird bei LFP eingesetzt?

Hauptsächlich werden Inkjetsysteme bei LFP eingesetzt. Genauer sind es thermische Tintenstrahldrucker und Piezo-Tintenstrahldrucker. Hier und da trifft man auch noch Elektrostatenplotter an – diese sind inzwischen zur Ausnahme geworden.

45 Die LFP unterscheiden sich zudem in Breite und Geschwindigkeit. Welche Werte erreichen die Inkjetsysteme?

Die Breite erstreckt sich von ca. 1 bis 2 Meter und die Geschwindigkeit beträgt ca. 10 bis 60 qm/Stunde.

46 Warum wird bei höherwertigeren LFP-Geräten der Bedruckstoff erwärmt?

Durch das Erwärmen des Bedruckstoffs wird die Wellenbildung vermieden. Die Wellenbildung entsteht durch sehr viel Tinte, welche in kurzer Zeit auf kaltes Papier gelangt.

47 Bei LFP-Inkjet-Geräten unterscheidet man Standardtinten auf Farbstoffbasis, pigmentierte Tinten sowie Lösemittel- oder Solventtinten. Welche Anwendungen erfordern welche Tinten?

Die Standardtinten auf Farbstoffbasis sind für die „normalen" Ausdrucke gedacht. Pigmentierte Tinten werden für Außenanwendungen benötigt und die Lösemittel- bzw. Solventtinten werden angewandt, wenn extreme Belastbarkeit gefordert ist.

48 Beschreiben Sie einen einfachen Farbmanagement-Workflow zum Kontraktproof.

Ein einfacher Farbmanagement-Workflow bedeutet, dass die Eingabedaten die Profile für die Eingangsdaten und ISO-Coated durchlaufen. Der Monitor simuliert ISO-Coated. →

6.2 Ausgabetechnologie

▷ *Fortsetzung der Antwort* ▷

Für den Druck erzeugt man eine CMYK-PDF/X-Datei, die der Proofer gemäß Druckstandard ISO-Coated als Prüfdruck ausgibt.

49 Wozu sind die ISO-Profile gut?

Die ISO-Profile dienen hauptsächlich zwei Einsatzgebieten:
- RGB-Daten mit den ISO-Profilen nach CMYK separieren.
- Die separierten CMYK-Daten werden über ISO-Profile in den Farbraum des Proofers umgewandelt, um den Druck nach ISO 12647 zu simulieren.

Mit diesen zwei Schritten ist ein Kontraktproof erstellt, der den Normen entspricht.

50 Was beinhaltet DIN/ISO 12647?

Bei der DIN/ISO 12647 handelt es sich um eine internationale sowie deutsche Norm für Druckdaten, Proofs und den Offsetdruck. Die zentrale Aussage der Norm ist, dass sie die Vielzahl der unterschiedlichen Papiere in verschiedene Typen einteilt. Diese Papier-Typen sind gestrichene Papiere, dünne LWC-Papiere sowie weiße und gelbliche ungestrichene Papiere.

51 Die DIN/ISO 12647 löste für die Druck- und Medienindustrie eine wesentliche Norm ab. Welche?

Die DIN/ISO 12647 löste die „Europa-Skala", umgangssprachlich Euroskala, ab. D.h. Aussagen nach Farbmusterbuch, Proof oder Druck nach Euroskala haben keine Relevanz mehr.

52 Ein Kunde beschwert sich beim Druck- und Medienbetrieb, da das Druckprodukt nicht nach den Vorgaben der Euroskala umgesetzt wurde. Welche Antwort ist vom Druck- und Medienbetrieb zu erwarten?

Die Euroskala hat keine Bedeutung mehr, also würde ein Gutachter vor Gericht nur nach DIN/ISO 12647 untersuchen und die Beschwerde des Kunden nach Euroskala ist nicht haltbar.

6 Medienproduktion – Printmedien

53 **Was versteht man unter ECI?**

ECI = European Color Initiative war ursprünglich ein Anwendergremium von Farbmanagement-Profis, welche die Idee eines Farbmanagement-Workflows nach ICC-Profilen in der Druck- und Medienbranche vorantreiben wollten. Inzwischen sind die FOGRA und der BVDM Mitglied der ECI.

54 **Welche Aufgaben haben die ISO-Profile der ECI?**

Die ISO-Profile der ECI funktionieren wie ein Scharnier zwischen den Standards von FOGRA, BVDM und den Farbmanagement-Anwendern. Einerseits testen die ECI-Mitglieder die Richtlinien und Vorgaben von FOGRA und BVDM auf ihre Tauglichkeit in der Praxis, andererseits stellen sie der Allgemeinheit Hilfsmittel zur Verfügung, um einfach und effizient gemäß den Vorgaben zu arbeiten. Die wichtigsten Hilfsmittel sind dabei die ISO-Profile, die kostenlos im Internet (www.eci.org) heruntergeladen werden können.

55 **Beschreiben Sie die Aufgabe des Ugra/FOGRA-Medienkeil CMYK.**

Damit aus einem Proof ein Kontraktproof wird muss ein Medienkeil CMYK auf dem Proof vorhanden sein. Durch das Messen der einzelnen Farbfelder des Medienkeils CMYK mit einem Spektralfotometer kann eindeutig die Farbigkeit des Proof definiert werden. Mit klar bestimmten Toleranzen und der Vorgabe des Papiertyps ist das Druckergebnis als „guter" oder „schlechter" Druck zu bestimmen.

56 **Erklären Sie den TIFF-Ugra/FOGRA-Medienkeil CMYK.**

Der Medienkeil CMYK ist eine TIFF-Datei im CMYK-Farbraum, der aus 46 verschiedenfarbigen Feldern besteht.

57 **Was versteht man unter einem rechtsverbindlichen Digitalproof?**

Ein rechtsverbindlicher Digitalproof entspricht den Richtlinien von FOGRA und BVDM und in der Farbwiedergabe an den jeweiligen Papiertyp des Auflagendrucks angepasst. Für jeden Papiertyp muss gemäß ISO 12647 eine klar definierte Farbvorgabe vorhanden sein. →

6.2 Ausgabetechnologie

▷ *Fortsetzung der Antwort* ▷

Damit die Einhaltung der Farbvorgaben auf dem Proof gemessen werden kann, muss der Ugra/FOGRA-Medienkeil CMYK auf dem Proof vorhanden sein. Des Weiteren sollte der Proof noch eine Kontrollzeile mit dem Dateinamen, verwendeten Farbprofilen und Datum enthalten.

58 Um einen rechtsverbindlichen Digitalproof zu vereinbaren sind Toleranzen vorzugeben. Welche Toleranzen müssen definiert werden?

Bei einem rechtsverbindlichen Proof müssen vier Kennzahlen definiert werden:
- Farbort des Bedruckstoffes (Papierweiß)
- Mittleres Delta E über alle Felder des Medienkeiles CMYK
- Maximales Delta E
- Delta E der Primärfarben.

59 Warum dürfen Proofmedien möglichst keine optischen Aufheller enthalten?

Optische Aufheller wandeln nicht sichtbares UV-Licht in sichtbares Licht um. Möchte man mit Digitalproofs ICC-Profile anwenden, so verfälschen Proofmedien mit optischen Aufhellern das Proofergebnis und führen zu Farben im Ausdruck, die den Anforderungen eines Kontraktproofs widersprechen.

60 Welche Probleme ergeben sich bei längerer Lagerung von Digitalproofs auf Tinten-Basis?

Digitalproofs auf Tinten-Basis können in den ersten 48 Stunden Reaktionen zwischen Tinte und Proofmedium herbeiführen und damit Farbänderungen verursachen. Bei Tinten, die nicht gegenüber Licht- und Umwelteinflüssen resistent sind verursachen sie ebenfalls Farbänderungen nach einer gewissen Zeit. Zwei bis drei Monate sind keine Farbänderungen zu erwarten, wenn es sich um gegen Licht- und Umwelteinflüsse resistente Tinten handelt.

61 Was versteht man unter einem Andruck?

Ein Andruck ist ein Probedruck auf einer Druckmaschine mit dem Zweck, das Ergebnis des Farbauszugsvorganges in der Weise darzustellen, welche das Ergebnis auf einer Auflagenmaschine nahezu nachbildet. Andrucke sollten auf Auflagenpapier gedruckt werden.

6 Medienproduktion – Printmedien

62 **Im Gegensatz zum Andruck gibt es einen Auflagendruck. Was ist mit dem Auflagendruck gemeint?**

Der Auflagendruck ist das Erstellen des Auftrages. Den Auflagendruck bezeichnet man auch als Produktionsdruck, Fortdruck oder Maschinendruck.

63 **Was ist Auflagenpapier?**

Auflagenpapier ist die Papiersorte, auf der die gesamte Auflage gedruckt wird.

64 **Welche Aufgabe hat der Andruck?**

Der Andruck dient zur Kontrolle der Ton- und Farbwerte und zum Abstimmen mit der Vorlage.

65 **Ist der Andruck noch zeitgemäß? Begründen Sie.**

Ja, denn es gibt Druck-Aufträge, die vom Kosteneinsatz so groß sind, dass die Kosten des Andrucks keine bedeutende Rolle spielen, z. B. Riesen-Auflagen (Zigarettenschachteln), Blechdrucke.

66 **Welche Vorteile hat die Weitergabe einer PDF-Datei zu Proofzwecken gegenüber der bisherigen Weitergabe von gedruckten Proofs bzw. Postscript-Dateien.**

PDF-Dateien können auf Grund der geringen Datenmenge auch per E-Mail weitergegeben werden = Geschwindigkeitsvorteil, geringe Kosten.

In der PDF-Datei sind alle Bilder und Schriften enthalten, der Anwender benötigt keine Schriftenfonts und Originalbilder. Den kostenlosen PDF-Reader (Acrobat Reader) gibt es für fast alle gängigen Betriebssysteme.

Mittels Acrobat-Vollversion können in der PDF-Datei Korrekturhinweise oder kleinere Korrekturen angebracht werden.

PostScript-Dateien sind sehr umfangreich und können nur mittels ISDN bzw. CD-ROM und Postversand an den Kunden gegeben werden = Geschwindigkeitsnachteil, höhere Kosten.

Gedruckte Proofs können nur per Post o. Ä. weitergegeben werden = Geschwindigkeitsnachteil/Zeitverlust, hohe Kosten.

6.2.3 Belichtungstechnologie

67 **Definieren Sie den Begriff Bilddatenausgabe.**

Visualisierung der Bilddaten auf dem Monitor, im Belichter oder Drucker.

6.2 Ausgabetechnologie

68 Erklären Sie die drei Bilddatenausgabevarianten
a) Computer-to-Film
b) Computer-to-Plate
c) Computer-to-Press

a) Bebilderung eines Filmes mit einer einzelnen Seite (Einzelseitenbelichtung) oder mit einer ausgeschossenen Druckform mit digitalen Daten.
b) Bebilderung einer permanenten Druckform mit digitalen Daten außerhalb der Druckmaschine mit hierfür speziell geeigneten Einrichtungen.
c) Bebilderung einer permanenten Druckform mit digitalen Daten innerhalb der Druckmaschine.

69 Erklären Sie den Begriff Belichtung.

Einwirkung von Licht auf lichtempfindliche Schichten (Film, Druckplatte, Druckfolie).

70 Wie lautet die mathematische Formel zur Bestimmung der Belichtung?

$H = E * t$
H: Belichtung; E: Beleuchtungsstärke; t: Belichtungszeit

71 Welche physikalische Einheit hat die Belichtung?

Luxsekunden (lxs).

72 Nennen Sie die wichtigsten Laserarten, die in der Druckvorstufe zum Einsatz kommen.

- Argon-Ionen-Laser (Gaslaser)
- HeNe (Gaslaser)
- Diodenlaser (Halbleiterlaser)
- Nd-YAG-Laser (Festkörperlaser)

73 Nennen Sie die gesetzlich vorgeschriebenen Laserklassen nach DIN EN 60825-1/11.01.

- Klasse 1 Laser: führen unabhängig von Betriebeart, Expositionszeit und Wellenlänge zu keinerlei Gesundheitsschäden. Dauerstrichlaser im sichtbaren Bereich mit einer Leistung unter 0,0004 mW.
- Klasse 1 M Laser: wie Klasse 1 Laser, Wellenlänge von 302, 5 bis 4000 nm
- Klasse 2 Laser: Dauerstrichlaser im sichtbaren Bereich. Die Dauerstrichleistung liegt im Bereich höchstens 1 mW und ist kurzzeitig (Lidschlussreflex) für das menschliche Auge ungefährlich.
- Klasse 3R Laser: Wellenlänge von 302,5 bis 700 nm, Dauerstrichleistung < 5 mW, separater Schlüsselschalter erforderlich. →

6 Medienproduktion – Printmedien

▷ *Fortsetzung der Antwort* ▷

- Klasse 3 B Laser: 500 mW Dauerstrichleistung, separater Schlüsselschalter vorgeschrieben.
- Klasse 4 Laser: Hochleistungsgeräte, separater Schlüsselschalter vorgeschrieben.

74 Was ist ein Belichter?

Ein Gerät zur Aufzeichnung von digitalen Daten auf Filmen, Platten oder speziellen Druckmaschinenzylindern mithilfe eines oder mehrerer intermittierender Lichtstrahlen.

75 Nennen Sie drei Baukonzepte für Plattenbelichter.

- Flachbettbelichter
- Innentrommelbelichter
- Außentrommelbelichter

76 Erklären Sie das Bauprinzip eines Außentrommelbelichters.

Bei einem Außentrommelbelichter wird der Film oder die Druckplatte auf eine Trommel aufgespannt. Während der Belichtung dreht sich die Trommel und die Belichtungseinheit bewegt sich horizontal außen an der Trommel entlang.

77 Nach welchem Prinzip erfolgt die Belichtung bei einem Innentrommelbelichter?

Bei einem Innentrommelbelichter wird das Material im Inneren der Trommel aufgespannt. Die Belichtung erfolgt horizontal durch einen rotierenden Spiegel, der den Strahl auf die Platte leitet.

78 Nennen Sie die Vor- und Nachteile eines Flachbettbelichters.

Vorteile: problemloses Bebildern von Platten in verschiedenen Stärken, einfaches Plattenhandling.

Nachteile: Geringere Qualität in der Auflösung, nicht für sehr große Druckplatten geeignet.

79 Nennen Sie die Vor- und Nachteile eines Innentrommelbelichters.

Vorteile: kompakte Bauweise, Eignung für große Plattenformate, hohe Auflösung, hohe Qualität, Eignung für viele Laserlichtarten.

Nachteile: bei kleinen Druckplattenformaten unwirtschaftlich (Laser hat keine Arbeit), hohe Drehzahlen ergeben eine Saugwirkung, die Staub anzieht, Maschinenschwingungen machen sich störend bemerkbar.

6.2 Ausgabetechnologie

80 Nennen Sie die Vor- und Nachteile eines Außentrommelbelichters.

Vorteile: hohe Bebilderungsqualität, kurze Belichtungszeiten, wenn mehrere Laser parallel verwendet werden.
Nachteile: Unwucht der Trommel muss ausgeglichen werden bei verschiedenen Plattenstärken und Größen, beim Einsatz von mehreren, parallel arbeitenden Laserstrahlen ist eine optimale Kalibrierung notwendig. Hohe Umdrehungsgeschwindigkeiten erhöhen die Gefahr, dass sich die Platte von der Trommel abhebt.

81 Erklären Sie das Prinzip der Kontaktkopie.

Die Kontaktkopie ist die Direktübertragung (1:1) von Bildstellen einer Vorlage auf zu belichtendes Material. Die Vorlage und das zu belichtende Material liegen dabei Schicht auf Schicht übereinander.

82 Erklären Sie den Begriff Dot.

Ein Dot ist das kleinste auf Ausgabegeräten (d.h. Druckern oder Belichtern) darstellbare grafische Element.

83 Wovon ist die Dotgröße abhängig?

Die Dotgröße ist von der Auflösung des Ausgabegerätes (dots per inch) abhängig.

84 Ein Plattenbelichter hat ein Auflösungsvermögen (Ausgabeauflösung) von 2400 und 3200 dpi. Berechnen Sie die Belichterpunktgröße in mm.

0,0105 mm und 0,00793 mm *(Lösungsweg s. S.397)*

85 Welche Maßeinheit wird mit dpi bezeichnet?

Dots per inch. Maßeinheit, die die Auflösung bei der Bilddatenausgabe angibt.

86 Besteht ein Zusammenhang zwischen der Dotgröße und der Auflösung des Eingabegerätes?

Nein, sie ist unabhängig von der Auflösung des Eingabegerätes, welches eine Halbton-Auflösung (Pixel per inch, ppi) liefert.

87 Was ist ein Rel?

Rel ist die Abkürzung von Recorderelement, die kleinste adressierbare Einheit eines Belichters.

6 Medienproduktion – Printmedien

88 Von welchen Faktoren ist die Anzahl der darstellbaren Tonwertstufen bei der Belichtung abhängig?

- Zahl der gewünschten Tonwerte in der Ausgabe (Belichtung, Druck)
- Rasterweite (lpi oder L/cm)
- Auflösung des Ausgabegerätes

89 Erklären Sie den Begriff Passer.

Der Passer beschreibt den präzisen Über- bzw. Nebeneinanderdruck der einzelnen Farben im Mehrfarbendruck.

90 Was sind Passkreuze?

Passkreuze sind feine Fadenkreuze o. Ä. auf Farbauszügen und Druckplatten.

91 Welche Funktion haben Passkreuze?

Sie dienen als Hilfsmittel zum genauen Einpassen bei der Montage, beim Einrichten der Druckplatten und zur ständigen Kontrolle im Fortdruck.

92 Was sind Blitzer?

Blitzer sind Störungen beim Druck. Aneinandergrenzende Farbflächen lassen das Trägermaterial (in der Regel weißes Papier) „durchblitzen". Eine Folge ungenauer Bogenmontage bzw. ungenauer Papierführung in der Druckmaschine. Eine Gegenmaßnahme ist das Überfüllen oder Überdrucken.

93 Erklären Sie das Prinzip des Überfüllens.

Das Überfüllen dient zur Vermeidung von Blitzern. Benachbarte Farbflächen werden dabei so verändert, dass sie an den Rändern gegenseitig ein wenig überlappen. Die hellere Farbe wird dabei immer über die dunklere geschoben.

94 Beschreiben Sie das Prinzip des Rasterns.

In der Bildverarbeitung versteht man unter einem Raster eine Fläche mit kleinen, regelmäßig oder zufällig angeordneten geometrischen Formen (z. B. runde, quadratische oder anders geformte Punkte, Linien). Mit seiner Hilfe setzt man Halbtonbilder in eine für das Drucken erforderliche reine Schwarzweiß- bzw. vollfarbige Darstellung um. Dabei wird entweder die Größe oder die Häufigkeit der Elemente gemäß der Bildhelligkeit variiert.

6.2 Ausgabetechnologie

95 Wie ist der Rastertonwert definiert?

Der Rastertonwert ist der prozentuale Anteil der mit Rasterpunkten bedeckten Fläche zur Gesamtfläche.

96 Was beschreibt der Flächendeckungsgrad?

Den Anteil der bedruckten Fläche an der Gesamtfläche in Prozent.

97 Wie lässt sich der Rastertonwert messen?

Der Tonwert lässt sich exakt nur densitometrisch bestimmen.

98 Was bezeichnet die Rasterweite?

Mit der Rasterweite bezeichnet man die Anzahl der Rasterpunkte pro Längeneinheit. Gängige Angaben sind L/cm (Linien pro cm) und lpi (lines per inch).

99 Welche optische Erscheinung wird mit dem Begriff Moiré bezeichnet?

Mit Moiré (französisch: Moiré = Gewebe mit Schillermuster) bezeichnet man eine störende Musterbildung.

100 Welche Bedeutung hat der Rasterwinkel bei der Rasterung?

Bei regelmäßigen Rastern gibt der Rasterwinkel die Richtung der Rasterung von der Senkrechten aus gemessen an. Für einfarbige Darstellungen ist die Diagonalstellung des Rasters (45 oder 135 Grad) üblich. Bei mehrfarbigem Druck sollte man für die verschiedenen Farben unterschiedliche Rasterwinkel verwenden, um Überlagerungseffekte (Moiré) zu vermeiden.

101 Wie lauten die Rasterwinkelungen für CMYK nach der DIN-Norm 12 647-2?

Die Winkelung der zeichnenden Farbe sollte $45°$ bzw. $135°$ betragen, z. B. C $75°$, M $45°$, Y $0°$, K $15°$.

102 Erklären Sie die beiden Begriffe Punktzuwachs und Tonwertzunahme.

Beide Begriffe sind synonym. Sie beschreiben die Vergrößerung der Rasterpunkte im Druck. Ein Bild kann dadurch dunkler (voller) erscheinen, und/oder es kann eine Farbverschiebung auftreten.

103 Definieren Sie den Begriff Rasterzelle.

Die Rasterzelle ist eine Matrix von Recorderelementen (Rels), in der ein Rasterpunkt durch Belichtung gebildet wird. Die Anzahl der belichteten Rels in einer Rasterzelle bestimmt den Rastertonwert.

104 **Beschreiben Sie das Prinzip der autotypischen Rasterung.**

Die autotypische Rasterung ist eine flächenvariable Rasterung von Bildvorlagen durch Amplituden-Modulation. Bildhelligkeiten ergeben sich durch flächenmäßig unterschiedlich große Rasterpunkte. Der Mittelpunktabstand der Rasterpunkte ist in allen Tonwerten gleich.

105 **Erklären Sie das Prinzip des frequenzmodulierten Rasters.**

Beim frequenzmodulierten Raster haben alle Rasterpunkte die gleiche Größe. Die Anzahl der Punkte pro Flächeneinheit wird verändert. Ihre räumliche Verteilung erfolgt nach mathematischen Zufallsprinzipien.

106 **Was versteht man unter einem Hybridraster?**

Hybridraster sind eine Mischung aus FM-Raster und AM-Rasterung, wobei die Mitteltöne als AM-Raster und Tiefen und Lichter als FM-Raster ausgeführt werden, um die Körnigkeit des FM-Rasters in den Mitteltönen auszugleichen.

6.2.4 Formherstellung

107 **Definieren Sie den Begriff „Ausschießen".**

Unter Ausschießen versteht man das Anordnen der Druckseiten oder Kopiervorlagen eines mehrseitigen Druckproduktes zu einer Druckform unter Beachtung der Seitenreihenfolge nach dem Falzen.

108 **Wie wird heute überwiegend ausgeschossen?**

Vereinzelt wird heute noch bei der manuellen Bogenmontage am Leuchttisch ausgeschossen. Überwiegend findet das Ausschießen als Teil eines Workflows am PC mit Ausschießprogrammen statt.

109 **Was ist sowohl beim manuellen als auch beim digitalen Ausschießen zu beachten?**

- Die Wendearten des Druckbogens
- Die buchbinderische Weiterverarbeitung

110 **Welche Aufgabe hat ein Einteilungsbogen?**

Der Einteilungsbogen ist die Vorlage für die genaue Platzierung von Texten und Bildern bei der Montage. Er enthält Angaben für Druck und Weiterverarbeitung.

6.2 Ausgabetechnologie

111 Welche Informationen und Elemente müssen auf einem Einteilungsbogen vorhanden sein?

- Bogenformat
- Nutzenformat
- Druckbeginn
- Greiferrand
- Beschnitt
- Mittelsenkrechte
- Schneidemarken
- Falzmarken
- Passkreuze
- Satzspiegel
- Seitenzahlen
- Flattermarke
- Anlagezeichen
- Druckkontrollstreifen

112 Was wird unter den „Wendearten des Druckbogens" verstanden?

Darunter versteht man, wie ein Bogen in der Druckmaschine beidseitig (Schön- und Widerdruck) bedruckt wird.
Dabei wird unterschieden:

- Umschlagen in einer Form
- Umstülpen in einer Form
- Umschlagen für Schön- und Widerdruck
- Umstülpen für Schön- und Widerdruckmaschinen
- Druck mit Mehrfachnutzen

113 Welche Wendearten gibt es für einen Druckbogen?

Umschlagen, Umstülpen, Umdrehen.

114 Beschreiben Sie die Wendeart „Umschlagen".

Vorderanlage oder -marke bleibt, Seitenanlage oder -marke wechselt. Der Bogen muss an zwei Seiten beschnitten werden, damit die Rechtwinkligkeit gegeben ist.

115 Beschreiben Sie die Wendeart „Umstülpen".

Vorderanlage wechselt, Seitenanlage bleibt. Der Bogen muss an drei Seiten beschnitten werden, damit die Rechtwinkligkeit gegeben ist.

116 Beschreiben Sie die Wendeart „Umdrehen".

Vorderanlage wechselt, Seitenanlage wechselt. Der Bogen muss an allen Seiten beschnitten werden, damit die Rechtwinkligkeit gegeben ist.

6 Medienproduktion – Printmedien

117 Unterscheiden Sie:
a) Schöndruck
b) Widerdruck

a) Schöndruck ist der erste Druck auf einen Bedruckstoffbogen.
b) Widerdruck ist der Druck auf die Rückseite eines bereits bedruckten Bogens.

118 Erklären Sie den Begriff „Kreuzfalz" und den Begriff „Parallelfalz".

Kreuzfalz: Beim Kreuzfalz wird stets die längere Bogenseite halbiert. Man spricht, je nach der Zahl der Falzungen von 1-, 2-, 3- und 4-Bruch-Falzungen.

Parallelfalz: Beim Parallelfalz wird der 2. und alle folgenden Brüche parallel zum ersten Bruch durchgeführt. Wir kennen als wichtige Parallelfalzungen den Zickzackfalz (Leporellofalz) und Wickelfalz. Es sind auch Kombinationen zwischen Parallelfalz und Kreuzfalz möglich und üblich.

119 Wie viele Blätter und Seiten weisen die folgenden Bogen auf: Einbruchbogen, Zweibruchbogen, Dreibruchbogen, Vierbruchbogen?

	Blätter	**Seiten**	**Bezeichnung**
Einbruchbogen	2	4	Folio
Zweibruchbogen	4	8	Quart
Dreibruchbogen	8	16	Oktav
Vierbruchbogen	16	32	Sedez

120 Welche Seiten müssen bei den folgenden Formen in der Anlage stehen?

a) 4 Seiten Hochformat Umschlagen — Anlage: Seite 3 + 4
b) 4 Seiten Querformat Umschlagen — Anlage: Seite 3 + 4
c) 8 Seiten Hochformat Umschlagen — Anlage: Seite 3 + 4
d) 8 Seiten Querformat Umschlagen — Anlage: Seite 3 + 4
e) 16 Seiten Hochformat Umschlagen — Anlage: Seite 5 + 6
f) 16 Seiten Hochformat Umstülpen — Anlage: Seite 3 + 4
g) 16 Seiten Querformat Umschlagen — Anlage: Seite 3 + 4
h) 16 Seiten Querformat Umstülpen — Anlage: Seite 5 + 6
i) 32 Seiten Hochformat Umschlagen — Anlage: Seite 3 + 4
j) 32 Seiten Querformat Umschlagen — Anlage: Seite 5 + 6

121 Erläutern Sie den Begriff Beschnitt.

Beschnitt ist der verarbeitungstechnisch notwendige Papierrand um das Endformat. Als Mindestbeschnitt für die Weiterverarbeitung in der Buchbinderei gelten 3 mm.

6.2 Ausgabetechnologie

122 **Was sind Beschnittmarken und welche Funktion haben sie?**

Beschnittmarken sind kurze Linien, die auf dem Druckbogen gedruckt werden. Sie zeigen an, wo ein Schnitt erfolgen soll.

123 **Was ist bei der Herstellung von randabfallenden Bildern zu beachten?**

Um ein Blitzen zu vermeiden, wird das Bild an den beschnittenen Seiten 3 mm größer reproduziert. Diese 3 mm fallen in den Beschnitt.

124 **Welcher Arbeitsvorgang erfolgt bei einem Umbruch?**

Die Zusammenstellung von Texten und Bildern zu einer Druckseite.

125 **Was ist ein Standbogen?**

Ein Standbogen ist ein auslinierter Druckbogen zur Kontrolle des genauen Standes aller Druckseiten oder Bildstellen.

126 **Erklären Sie den Begriff Nutzen.**

Anzahl gleichartiger Exemplare auf einem Produkt, z. B. Nutzen auf einem Film oder auf einem Druckbogen.

127 **Schießen Sie die folgenden Formen aus:**

Die Lösungen finden Sie im Lösungsteil, S. 398/399

1) 4 Seiten zum Umschlagen für Maschinenfalz a) im Hochformat und b) im Querformat.
2) 8 Seiten zum Umschlagen für Maschinen-Kreuzfalz a) im Hochformat und b) im Querformat.
3) 8 Seiten im Streifen zum Umschlagen für Maschinen-Parallelfalz im Hochformat.
4) 16 Seiten für Maschinen-Kreuzfalz a) im Hochformat zum Umschlagen und b) im Querformat zum Umstülpen.
5) 32 Seiten Hochformat zum Umschlagen für Maschinen-Kreuzfalz.

128 Digitale Ausschießsysteme übernehmen PDF-Dateien und schießen diese zu einer Form aus. Dabei spielen zunehmend „Jobtickets" eine Rolle. Welche Funktion und welche Information enthalten diese Jobtickets?

PDF-Workflowsysteme trennen Seiteninhalt und Verarbeitungsinformationen. Aktuelle Ausschießsysteme speichern die Verarbeitungsinformationen als Job-Ticket. Verarbeitungsinformationen sind: Überfüllungsparameter, Ausgabeeinstellungen für Film-, Plattenbelichter oder Druckmaschine (Rasterweite, Rastertyp), Ausschießparameter, Farbzonenvoreinstellung, Weiterverarbeitungsangaben für Falzen, Schneiden, Heften, Planungsdaten wie z. B. Termine, Sachbearbeiter, Auftragsnummer, Kalkulationsinformationen. Bei Änderungen müssen nur die Jobticket-Informationen angepasst werden, die eigentlichen Auftragsdaten bleiben unberührt, da sie nur anders ausgegeben werden müssen. Dies ist z. B. dann gegeben, wenn von einer kleinformatigen Druckmaschine auf eine größere Maschine gegangen wird und es muss neu ausgeschossen werden. Dann werden die Job-Ticket-Parameter der neuen Drucksituation angepasst.

129 Im Bogenoffset-Druckbereich unterscheidet man die Druckformate nach Maschinenklassen. Zählen Sie die wesentlichen Maschinenklassen mit Druckformaten auf.

Maschinenklasse	Format
3	36 cm x 52 cm
I	52 cm x 74 cm
III b	72 cm x 102 cm
VI	100 cm x 140 cm

130 Welcher Unterschied entsteht beim Ausschießen, wenn ein Druckprodukt zusammengetragen (z. B. Klebebindung) oder gesammelt (z. B. Rückstichheftung) wird? Erklären Sie stichwortartig.

Beim Zusammentragen entsteht ein Druckprodukt aus einzelnen Bogen, die aufeinandergelegt werden. Somit ergibt sich für jeden Druckbogen eine fortlaufende Paginierung (Seitenzahl).

Im Gegensatz dazu ergibt sich beim Sammeln, da die einzelnen Druckbogen ineinander gesteckt werden, für jeden Druckbogen keine durchgehende Paginierung.

6.2 Ausgabetechnologie

131 Sie haben eine 12-seitige einlagige Broschur, die aus drei 4-seitigen Bogenteilen besteht. Nennen Sie die jeweiligen Seitenzahlen zu den Bogen 1 – 3.

Bei einer einlagigen Broschur werden die Druckbogen ineinander gesteckt und es ergeben sich somit die Bogen mit den Seitenzahlen:
Bogen 1: 1 – 2, 11 – 12
Bogen 2: 3 – 4, 9 – 10
Bogen 3: 5 – 6, 7 – 8

132 Sie haben eine 16-seitige mehrlagige Broschur, die aus zwei 8-seitigen Bogenteilen besteht. Nennen Sie die jeweiligen Seitenzahlen zu den Bogen 1 und 2.

Bei einer mehrlagigen Broschur werden die Druckbogen aufeinander gelegt und es ergeben sich somit die Bogen mit den Seitenzahlen:
Bogen 1: 1 – 8
Bogen 2: 9 – 16

133 Erstellen Sie ein Ausschießschemata für einen 4-seitigen Flyer, Hochformat, Schön- und Widerdruck.

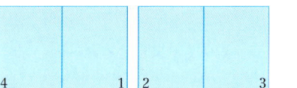

134 Erstellen Sie ein Ausschießschemata für einen 6-seitigen Flyer, Hochformat, Wickelfalz, Schön- und Widerdruck.

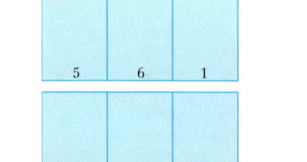

6 Medienproduktion – Printmedien

135 Sie sollen ein 12-seitiges Druckprodukt (4-seitiger Umschlag, 8-seitiger Inhalt), 5-farbig, DIN A4, Hochformat, Auflage 10 000, 5-Farben-Druckmaschine Klasse I, sinnvoll vorbereiten.

a) Wie viele Druckbogen müssen Sie für den Umschlag, wie viel für den Inhalt ohne Zuschuss bestellen?
b) Wie viele Drucke müssen Sie für diesen Auftrag ohne Zuschuss auf der Druckmaschine fertigen?
c) Wie viele Druckformen müssen hergestellt werden?
d) Wie viele Druckplatten müssen produziert werden?

a) Für den Umschlag müssen 5000 Druckbogen ohne Zuschuss bestellt werden, da die Auflage 10 000 ist und beim Umschlagen 2 Umschlagnutzen entstehen. Für den Inhalt müssen 10 000 Druckbogen ohne Zuschuss bestellt werden.

b) Für den Umschlag sind 10 000 Druck ohne Zuschuss nötig. Für den Inhalt sind 20 000 Druck ohne Zuschuss nötig, da 10 000 Schön- und 10 000 Widerdruck erforderlich sind.

c) Es müssen für den Umschlag eine Druckform und für den Inhalt zwei Druckformen erstellt werden.

d) Der Umschlag besteht aus 5 Druckplatten und der Inhalt aus 10 Druckplatten.

136 Was versteht man unter Druckformherstellung?

Bei der Druckformherstellung werden die Druckplatten für die Druckmaschinen erstellt. Man spricht vom Druckbildträger, welcher direkt oder indirekt das Druckbild auf den Bedruckstoff überträgt.

137 Nennen Sie die zwei Arten der Druckformherstellung für den Offsetdruck.

Die Arten für die Druckformherstellung für den Offsetdruck sind die konventionelle Kopie und Computer-to-Plate.

138 Erklären Sie stichwortartig die kopiertechnische Herstellung von Offsetdruckplatten.

Bei der kopiertechnischen Herstellung von Offsetdruckplatten wird das Druckbild fotomechanisch durch Belichten von einem Film auf eine Aluminiumplatte mit eloxierter (elektrolytisch oxidierter) Oberfläche übertragen. Die Aluminiumplatte ist mit einer dünnen lichtempfindlichen Kopierschicht aufbereitet, welche bei der Belichtung verändert wird, sodass es bildfreie Stellen (nichtdruckende) und Bildstellen (druckende) Stellen gibt. Nach dem Belichtungsvorgang wird die belichtete Aluminiumplatte entwickelt und gespült.

6.2 Ausgabetechnologie

139 **Erklären Sie stichwortartig die Herstellung von Offsetdruckplatten mittels Computer-to-Plate (CtP).**

Bei der Herstellung von Offsetdruckplatten mittels CtP werden keine Filme und Kopiervorlagen benötigt. Eine Lichtquelle belichtet aus den Daten einzelne „Punkte" auf die Druckform. Die Druckform wird entwickelt und im Anschluss entschichtet.

140 **Bei der Herstellung von Offsetdruckplatten mittels CtP gibt es unterschiedliche Plattentypen. Nennen Sie vier Hauptgruppen.**

Die Hauptgruppen der Druckplattentypen sind Polymerplatten, Silberhalogenid-Diffusionsplatten, Hybridplatten und Thermoplatten.

141 **Bei der Herstellung von Offsetdruckplatten mittels CtP spricht man gerne von prozesslosen Druckplatten. Was versteht man darunter?**

Unter prozesslos hergestellten Druckplatten versteht man, dass keine Entwicklung mit Chemikalien nötig ist. Man erspart sich also den gesamten chemischen Nassbereich.

142 **Erläutern Sie den Begriff „Spektrogramm".**

Ein Spektrogramm zeigt die spektrale Empfindlichkeit eines Filmes oder einer Druckplatte an. Dabei wird der empfindliche Spektralbereich in nm angegeben. Wir unterscheiden folgende Spektralbereiche:

UV-empfindliches Material	= unempfindlich für Raumlicht, Infra-Rot
Blauempfindliches Material	= unempfindlich für Rot, Infra-Rot
Orthochromatisches Material	= unempfindlich für Rot, Infra-Rot
Panchromatisches Material	= empfindlich über das gesamte Spektrum
IR-empfindliches Material	= unempfindlich für Raumlicht, UV-Licht

143 **Welche Laserlichtquellen werden heute in der Druckindustrie zur Belichtung von Filmen und Druckplatten eingesetzt?**

Lichtquelle	Spektralbereich
Violettdiode	405 – 410 nm
Argon-Ionen-Laser, blau	488 nm
FD-YAG-Laser, grün	532 nm
Helium-Neon-Laser, rot	633 nm
Rote Laserdiode	670 nm
Thermo-Laser	830 nm
Thermo-ND-YAG-Laser	1064 nm

144 Was bedeutet die Abkürzung „LASER".

Der Begriff LASER entstand aus den Anfangsbuchstaben der englischen Bezeichnung „**L**ight **A**mplification by **S**timulated **E**mission of **R**adiation". Übersetzt bedeutet dies „Lichtverstärkung durch angeregte Strahlenemission".

145 Welche physikalische Eigenschaft weist Laserlicht auf?

Laserlicht ist ein extrem gebündeltes Licht gleicher Wellenlänge und Schwingungsart, so genanntes kohärentes Licht mit einer hohen Energiedichte.

6.2.5 Film

146 Nennen Sie die Schichten eines grafischen Films beginnend mit der oberen Schutzschicht.

1. Schutzschicht,
2. Emulsionsschicht (lichtempfindliche Schicht),
3. Haftschicht,
4. Träger,
5. Haftschicht,
6. Rückschicht.

147 Erklären Sie die vier sensitometrischen Filmeigenschaften
a) Spektrale Empfindlichkeit
b) Allgemeinempfindlichkeit
c) Gradation
d) Auflösungsvermögen

a) Die spektrale Empfindlichkeit beschreibt, für welche Wellenlängenbereiche die Emulsion eine besonders hohe Lichtempfindlichkeit aufweist. Die spektrale Empfindlichkeit des Aufnahmematerials und die spektrale Emission der Lichtquelle müssen den gleichen Spektralbereich umfassen.
b) Die Allgemeinempfindlichkeit beschreibt die notwendige Energiemenge, um eine Belichtung auszulösen.
c) Die Gradation beschreibt die Tonwertabstufung des Aufnahmematerials nach der Belichtung. Maß für die Gradation ist Gamma, der Tangens des Steigungswinkels der Gradationskurve.
d) Das Auflösungsvermögen ist die Fähigkeit eines fotografischen Materials, zwei Informationen getrennt darzustellen. Es steht im Widerspruch zur Allgemeinempfindlichkeit. Je höher die Allgemeinempfindlichkeit, desto geringer das Auflösungsvermögen.

6.2 Ausgabetechnologie

148 Welche Filmeigenschaften visualisieren folgende Kennlinien:
a) Gradationskurve
b) Spektrogramm?

a) Fähigkeit der Tonwertabstufung
b) Spektralbereich der maximalen Empfindlichkeit

149 Erläutern Sie den Begriff der „Gradation".

Die Gradationskurve wird auch als „charakteristische Kurve" oder „Schwärzungskurve" bezeichnet. Mithilfe der Gradationskurve lässt sich die Tonwertwiedergabe darstellen. Die Gradationskurve beschreibt die Tonwertübertragung.

150 Zeichnen sie eine Gradationskurve und benennen Sie die Hauptbereiche der Kurve.

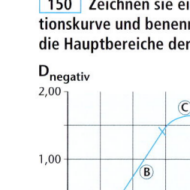

A = Durchhang: Gebiet der Unterbelichtung. Die Kurve beginnt nicht bei D 0.00. Es ist immer ein Grundschleier vorhanden. Ein Film besitzt auch an transparenten Stellen einen Grundschleier bzw. eine Minimaldichte, die visuell nicht wahrgenommen wird. Nach einem parallelen Verlauf zur Abszisse erhebt sich die Kurve an einer bestimmten Stelle, die man Schwellwert nennt.

B = Gerader Teil: Gebiet der Normalbelichtung. Der Hauptteil der Kurve verläuft fortlaufend ansteigend. In diesem Bereich der Kurve nimmt die Dichte im gleichen Verhältnis wie die Lichtmenge zu. Hier werden die Tonwerte der Vorlage richtig abgestuft wiedergegeben.

C = Schulter: Gebiet der Überbelichtung. Ab einer bestimmten Lichtmenge ist die Schwärzungskurve nicht mehr verhältnisgleich. Die Kurve strebt nicht mehr in die Höhe. Es entsteht die Form einer Schulter. Im Wendepunkt ist die Höchstschwärzung eines Filmes erreicht. Wird darüber hinaus belichtet, entsteht ein Solarisationseffekt.

151 Erläutern Sie die folgenden Begriffe:
a) Positivfilm,
b) Negativfilm,
c) Halbtonfilm,
d) Strichfilm,
e) Rasterfilm

a) Eine zunehmende Belichtung des Films führt zu zunehmender Dichte. Es findet keine Tonwertumkehrung statt.
b) Eine zunehmende Belichtung des Films führt zu abnehmender Dichte. Es findet eine Tonwertumkehr statt.

▷ *Fortsetzung der Antwort* ▷

c) Ein Film mit der Eigenschaft, echte Halbtöne dazustellen. Es werden alle Farb- oder/bzw. Grauabstufungen als echte Tonwerte wiedergegeben, die zwischen Schwarz und Weiß liegen.

d) Es entsteht bei der Belichtung entweder eine absolute Schwärzung oder eine absolute Transparenz. Zwischenstufen sind nicht möglich.

e) Ein Rasterfilm stellt Halbtöne dadurch dar, dass nicht die Schichtdicke den Tonwert bestimmt, sondern die Größe bzw. Fläche der Rasterpunkte. Um eine Rasterfilm zu erhalten wird ein Strichfilm verwendet.

152 **Was wird unter dem Auflösungsvermögen eines Filmes verstanden?**

Dies ist die Eigenschaft eines Filmes, Informationen getrennt darzustellen. Das Auflösungsvermögen ist abhängig vom Aufbau des Filmes, insbesondere von der Körnigkeit. Ein hohes Auflösungsvermögen bedingt eine geringe Allgemeinempfindlichkeit.

153 **Erläutern Sie den Begriff Computer-to-Film**

Mit Computer-to-Film wird das Verfahren zur Erzeugung von Filmen für die Druckplattenerstellung bezeichnet, bei dem die Bogenmontage elektronisch erfolgt. Dazu werden Daten aus verschiedenen Quellen zusammengeführt und an einen Filmbelichter übergeben. Eine neuere, für Strich- oder Halbton-Vorlagen geeignete Variante ist Desktop Computer-to-Film. Hier wird der zur Druckplattenerstellung verwendete Film nicht fotografisch erzeugt, sondern gedruckt. Voraussetzung dafür ist, dass der verwendete Drucker (Laser-, Inkjet-Drucker) die Folie maßgerecht bedrucken kann.

6.2.6 Platten

154 **Was bedeuten die Abkürzungen CTP und CTPP?**

CTP = Computer-to-Plate: Bei dem Verfahren Computer-to-Plate werden Daten aus dem Computer direkt ohne das Übertragungsmedium Film auf die Druckplatte belichtet. →

6.2 Ausgabetechnologie

▷ *Fortsetzung der Antwort* ▷

Besser wäre statt dem Begriff „Druckplatte" der Begriff „Druckform", da diese sowohl eine Druckfolie als auch eine Aluminiumdruckplatte sein kann.
CTPP = Computer-to-Polyester-Plate: Bei dem Verfahren Computer-to-Polyester-Plate werden Daten aus dem Computer direkt auf eine Polyester-Druckplatte belichtet.

155 Was wird unter einer Thermodruckplatte verstanden?

Direkt digital bebilderbare Druckplatte mit einer Belichtung innerhalb des sichtbaren Spektrums. Die Thermotechnologie ermöglicht eine prozesslose bzw. chemielose Entwicklung zur druckfertigen Platte.

156 Ordnen sie den folgenden Abbildungen von Offsetplattenoberflächen den richtigen Offsetplattentyp zu.

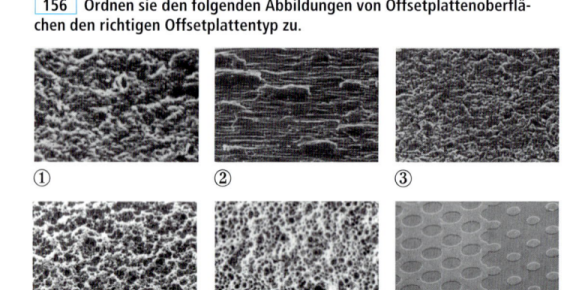

① Mechanisch gekörnte Aluminiumplatte
② Mechanisch durch Trockenbürsten gekörnte Aluminiumplatte
③ Mechanisch durch Nassbürsten gekörnte Aluminiumplatte
④ Elektrochemisch aufgeraute Aluminiumplatte
⑤ Elektrochemisch aufgeraute und anodisierte Aluminiumplatte
⑥ Oberflächenstruktur einer Toray-Platte für den wasserlosen Offsetdruck

6 Medienproduktion – Printmedien

157 **Sie erkennen auf der Abbildung Rasterpunkte auf zwei verschiedenen Aluminiumdruckplatten. Begründen Sie, warum die Rasterpunkte nicht auf beiden Plattenoberflächen gleich randscharf abgebildet sind.**

Der Rasterpunkt kann sich auf der rauen Oberfläche der mikrogekörnten Aluminiumplatte nicht so randscharf in der Oberfläche verankern wie auf der anodisierten Aluminiumplatte in der unteren Abbildung. Hier ist durch die Oberflächenbeschaffenheit eine festere Verankerung der Rasterpunkte möglich. Die Rasterpunkte sind, bedingt durch die höhere Oberflächenfeinheit fester und randschärfer in der kapillaren Oberfläche verankert.

Rasterpunkte auf einer mikrogekörnten Alu-Platte

Rasterpunkte auf einer Eloxal-Aluminium-Platte

158 **Welche drucktechnischen Vorteile bietet eine elektrochemisch aufgeraute und anodisierte Aluminiumoffsetdruckplatte.**

Diese Druckplatte bietet eine feine, gleichmäßige und durch die Eloxalschicht bedingte wasserfreundliche und damit offsetgünstige Oberfläche. Durch die Feinporigkeit der Oberfläche haftet die druckende Kopierschicht gut und bietet eine hohe Auflagenbeständigkeit durch die Oberflächenhärte der Schicht. Durch die Feinporigkeit der Oberfläche können feinste Raster und FM-Raster mit dieser Plattenart gedruckt werden. Die feine Oberflächenstruktur begünstigt eine reduzierte, aber sehr gleichmäßige Feuchtwasserführung in der Offsetdruckmaschine.

6.2 Ausgabetechnologie

159 In welcher Maßeinheit wird die Empfindlichkeit von CtP-Platten für den Offsetdruck angegeben?

mJ/cm^2

160 Eine UV-Brennerlampe für die konventionelle Offsetplattenbelichtung erbringt bei 400 nm eine Leistung von maximal 8 000 Watt. Eine Violett-Laserdiode hat bei 400 nm eine belichtungswirksame Leistung von 0,01 Watt. Wie viele Laserdioden müssten gleichzeitig eingesetzt werden um die Leistung der UV-Brennerlampe zu erreichen?

$8000 \text{ W} : 0{,}01 \text{ W} = 800\,000$ Laserdioden

161 Eine IR-Diode 830 nm erreicht bei 830 nm 1 Watt Leistung. Eine CtP Thermoplatte hat eine Empfindlichkeit von 100 mJ/cm^2. Wie lange benötigt die Diode zur Belichtung einer Fläche von 20 x 20 cm?

40 Sekunden
Lösungsweg Seite 400

162 Nennen Sie die Offset-Druckplattenarten, die für eine digitale Bebilderung in einer CtP-Anlage geeignet sind.

- Silberhalogenidplatten
- Fotopolymerplatten
- Thermoplatten
- Thermoplatten für den Trockenoffset
- Prozessfreie Platten

163 Erklären Sie die Eigenschaften einer Silberhalogenidplatte bei der digitalen Belichtung.

- Die Lichtempfindlichkeit entspricht einem fotografischen Reprofilm.
- Die Belichtung erfolgt mit einem Laser der mit sichtbarem Licht arbeitet.
- Die nicht druckenden Stellen werden belichtet und bei der Entwicklung entfernt, so dass die wasserführenden Stellen auf der Platte freigelegt werden

164 Erklären Sie die Vor- und Nachteile von Silberhalogenidplatten bei der CtP-Belichtung.

Vorteile: nur geringe Belichtungsenergie notwendig, hohe Auflösung, FM-Raster möglich. *Nachteile:* Verarbeitung nur lichtgeschützt möglich, unscharfer Punktaufbau, hoher Aufwand bei der Entwicklung bzw. bei der Entsorgung des Entwicklers

165 Erklären Sie die Eigenschaften einer Fotopolymerplatte bei der digitalen Belichtung.

Eine Kunststoffpolymerschicht wird mittels Laser an den druckenden Stellen polymerisiert (dreidimensionale Vernetzung des Kunststoffs). Durch anschließende Nacherwärmung wird die Polymerisationsreaktion verlängert. Die nicht polymerisierten Stellen werden in der Entwicklung ausgewaschen und ausgebürstet.

166 Erklären Sie die Vor- und Nachteile von Fotopolymerplatten bei der CtP-Belichtung.

Vorteile: geringe Belichtungsenergie, die notwendig Restenergie erfolgt durch Nachwärme, hohe Auflagenbeständigkeit, gute Verdruckbarkeit. *Nachteile:* hoher Reinigungsaufwand für die Entwicklerchemie, genaue Kontrolle der Nacherwärmung notwendig.

167 Erklären Sie den Begriff „binäre Reaktion" bei Thermoplatten in der digitalen Belichtung.

Thermoplatten haben eine thermisch empfindliche Beschichtung, die erst bei Erreichen eines Temperaturschwellenwerts eine druckende Stelle ergeben. Tiefere Belichtungstemperaturen ergeben keinen druckenden Punkt, höher liegende Temperaturen ergeben keinen größeren Rasterpunkt.

168 Erklären Sie die Vor- und Nachteile von Thermoplatten bei der CtP-Belichtung.

Vorteile: Verarbeitung bei Tageslicht, exakte randscharfe Punkte, hohe Auflösung, FM-Raster möglich. *Nachteile:* hohe Laserenergie notwendig, Temperatur muss exakt auf Plattenhersteller abgestimmt sein.

169 Was versteht man unter prozesslosen Druckplatten?

Platten müssen nicht mehr nachbehandelt oder entwickelt werden, sie sind sofort druckbereit.

6.2 Ausgabetechnologie

170 Was versteht man unter ablativen Offsetdruckplatten?

Bei der Belichtung in der CtP-Anlage wird je nach Plattentyp eine oben liegende farbfreundliche oder wasserfreundliche Schicht durch den Laserstrahl „abgebrannt".

171 Erklären Sie den Begriff CtcP.

Computer to conventional Plate, digitale Plattenbelichtung von konventionellen Offsetdruckplatten.

6.2.7 Ausgabeberechnungen

172 Wie viele Tonwertstufen lassen sich bei einer Belichtereinstellung von 2400 dpi und einer Rasterweite von 150 lpi in der Belichtung erzielen?

Anzahl der Tonwertstufen = 256 *(Lösungsweg auf S. 400)*

173 Sie wollen ein Bild im 60er Raster auf einem 600 dpi Laserdrucker bzw. 1 270 dpi Belichter ausgeben. Berechnen Sie die Anzahl der darstellbaren Tonwertstufen (Graustufen).

Anzahl der Tonwertstufen = 16 bzw. 72 *(Lösungsweg auf S. 400)*

174 Ein Bild soll 1:1 im 36er Raster ausbelichtet werden, der Tonwertumfang soll 256 Graustufen betragen. Welche Belichterauflösung ist zu wählen?

Gerundet 1 500 dpi *(Lösungsweg auf S. 400)*

175 Welche Informationen benötigen Sie, um eine einfache Vorauswahl für den Kauf eines Belichters treffen zu können? Nennen Sie 4 sinnvolle Informationen.

Anzahl der Belichtungsjobs pro Tag (Geschwindigkeit), benötigte Formate, Qualität, Integrationsfähigkeit in den bestehenden Workflow, Platzbedarf, Kosten/cm^2 belichteter Film, Anschaffungskosten, Service usw.

6 Medienproduktion – Printmedien

176 Ein Rasterpunkt mit 50 % Flächendeckung wird auf einem PostScript-Laserbelichter ausgegeben.

a) Wie viele Rasterelemente der Rasterzelle müssen geschwärzt (belichtet) werden?
b) Wie baut sich der Rasterpunkt beim amplitudenmodulierten Raster auf?
c) Wie baut sich der Rasterpunkt beim frequenzmodulierten Raster auf?

a) PostScript = 256 davon
50 % = 128 Rasterelemente.
b) Von innen nach außen, nebeneinander.
c) Nach einem Zufallsprinzip bzw. nach einem speziellen Algorithmus werden die zu belichtenden Rasterelemente in einer Rasterzelle festgelegt.

---

177 Welcher integralen Dichte entspricht ein Rastertonwert von 90 %?

1.0
(Lösungsweg auf S. 400)

---

178 Welche Auflösung muss ein Belichter zur Belichtung eines autotypisch gerasterten Bildes im 60er-Raster bei 8 Bit Datentiefe/Farbe haben?

2 400 dpi (1 inch $\approx$ 2,5 cm)
(Lösungsweg auf S. 400)

---

179 Wie viel Tonwerte (Rasterpunkte unterschiedlicher Größe) umfasst ein Tonwertumfang von 5 % bis 95 %?

230 Tonwerte
(Lösungsweg auf S. 400)

---

180 Kann mit einem Belichter mit 2 540 dpi Auflösung ein 80er Raster mit 256 Tonwerten belichtet werden (Standardpostscriptkonfiguration)?

Nein.
(Lösungsweg auf S. 400)

---

181 Welche maximale Rasterweite ist auf einem 3 600 dpi-Belichter bei 8 Bit Datentiefe möglich?

90 L/cm (1 inch $\approx$ 2,5 cm)
(Lösungsweg auf S. 400)

182 Welche Auflösung muss eine Bilddatei haben, die mit 70 L/cm belichtet wird (Qualitätsfaktor QF = 2)?

350 ppi (1 inch $\approx$ 2,5 cm)
(Lösungsweg auf S. 400)

$\frac{70 \cdot 2 = 140 p/cm}{2,54} = 354,6$

183 Berechnen Sie jeweils den Durchmesser des fünfprozentigen Rasterpunkts eines 60er Rasters und eines 120er Rasters.

42 μ (60 L/cm), 21 μ (120 L/cm)
(Lösungsweg auf S. 401)

184 Belichter werden nach ihren Konstruktionsmerkmalen in Flachbett-, Außentrommel- und Innentrommelbelichter unterteilt. Welche Aussage hinsichtlich der Geschwindigkeit, der Qualität und der Rasterweite gilt hauptsächlich für den Einsatzbereich von Innentrommelbelichtern?

- Mittlere Geschwindigkeit,
- höchste Qualität,
- über 70er Raster.

6.3 Drucktechnik

6.3.1 Werkstoffe

1 Nach DIN 6730 ist „Papier... ein flächiger, im Wesentlichen aus Fasern meist pflanzlicher Herkunft bestehender Werkstoff, der durch Entwässerung einer Faserstoffaufschwemmung auf einem Sieb gebildet wird." Beschreiben Sie den Ablauf der Papierherstellung.

1. Aufbereiten der Faserrohstoffe
2. Mischen der Grundstoffe für eine bestimmte Papiersorte und -qualität
3. Auflaufen des Stoffs (99 % Wasser) auf das Sieb der Papiermaschine
4. Blattbildung auf dem Sieb durch Entwässerung (bis zu 10 m Arbeitsbreite und einer Geschwindigkeit von 1 600 m/s)
5. Pressen in der Pressenpartie
6. Trocknen und ggf. Oberflächenleimen in der Trockenpartie
7. Glätten im Glättwerk
8. Aufrollen auf den Tambour
9. Veredelung und Ausrüstung je nach Papierqualität und -sorte: →

6 Medienproduktion – Printmedien

▷ *Fortsetzung der Antwort* ▷

- Streichen in der Streichmaschine und/ oder Satinieren im Kalander
- Rollen- oder Formatschneiden
- als Rolle, auf Palette oder als Ries verpacken

2 Welche Aufgabe hat Zellstoff bei der Papierherstellung?

Ein Fasergrundstoff der Papierherstellung. Bei der Herstellung des Zellstoffes wird die Faser nicht primär mechanisch, sondern chemisch aus dem Rohstoff (i. d. R. Holz) herausgelöst.

3 Nennen Sie die beiden Hauptverfahren zur Zellstoffgewinnung.

a) Sulfatverfahren
b) Sulfitverfahren

4 Was versteht man unter Holzschliff?

Ein Fasergrundstoff zur Papierherstellung. Das Holz wird bei der Holzschliffgewinnung mechanisch in Holzschleifern zerfasert. Durch den rein mechanischen Prozess ist die Stoffausbeute höher als beim chemischen Aufschluss. Allerdings befinden sich auch noch Harze und Lignine im Holzschliff.

5 Welcher Faserstoffanteil ist für das Vergilben von Papier verantwortlich?

Lignin

6 Auf welche Art der Faserstoffbleiche beziehen sich die Bezeichnungen chlorarm bzw. chlorfrei?

Diese Bezeichnungen beschreiben die Bleiche der Faserstoffherstellung zur Papierherstellung. Dabei bedeutet chlorarm (cfa), dass beim Bleichvorgang weitestgehend auf elementares Chlor (Chlorgas) verzichtet und stattdessen Chlordioxid verwendet wird. Chlorfrei (tcf) bedeutet, dass absolut kein elementares Chlor verwendet wird.

7 Welcher Vorgang der Papierherstellung wird mit dem Begriff De-Inking beschrieben?

Beim Recyceln von Altpapier müssen die aufgedruckten Farben entfernt werden. Diesen Vorgang nennt man De-Inking.

8 Welche Eigenschaft kennzeichnet Feinpapiere?

Sie sind auf Basis besonders hochwertiger Rohstoffe hergestellt.

6.3 Drucktechnik

9 Definieren Sie die Papiereigenschaften
a) holzfrei
b) holzhaltig

a) Holzfreie Papiere sind aus reinem Zellstoff (mind. 95 %) hergestellt.
b) Holzhaltige Papiere bestehen zu 10 bis 100 % aus Holzschliff.

10 Wodurch erhalten Papiere ihre Laufrichtung?

Die Laufrichtung, d. h. die vorherrschende Faserrichtung im Papier, ist durch den Fertigungsprozess in der Papiermaschine bedingt. Die Papierfasern richten sich auf dem Sieb in Fließ-/Fertigungsrichtung aus.

11 Erklären Sie die beiden Begriffe
a) Schmalbahn
b) Breitbahn

a) Bei der Schmalbahn ist die Laufrichtung parallel zur langen Formatseite.
b) Die Breitbahn hat die Laufrichtung parallel zur kurzen Formatseite.

12 Erklären Sie einen Kalander.

Eine Maschine, die mit einer Kombination mehrerer Walzen das Papier während der Herstellung glättet (satiniert).

13 Was geschieht beim Satinieren des Papiers im Kalander?

Satinage ist das Glätten und Verdichten durch Reibung, Hitze und Druck zwischen den Walzen des Kalanders.

14 Erklären Sie das Prinzip des Streichens von Papieren.

Ein Prozess der Oberflächenveredelung in der Papierherstellung. Dabei wird in Streichmaschinen eine spezielle Schicht aus Bindemitteln, Pigmenten etc. aufgebracht. Dieses so genannte Streichen optimiert die Oberfläche des Papiers entsprechend dem jeweiligen Verwendungszweck. Es spielt eine wichtige Rolle z. B. für die Bedruckbarkeit im Offsetdruck oder die Tonerfixierung auf dem Kopierpapier.

15 Worin unterscheiden sich glänzend gestrichene Papiere von gussgestrichenen Papieren?

Das Gussstreichen ist eine spezielle Form der Oberflächenveredelung von Papier. Dabei wird ein so genannter Strich auf die Oberfläche aufgebracht. Gussgestrichene Papiere erhalten ihren Glanz nicht durch Satinieren, sondern dadurch, dass die feuchte Strichoberfläche am Mantel eines hochpolierten, verchromten Trockenzylinders abgeformt wird.

16 Wodurch werden Masse, Dicke und Volumen von Papier bestimmt?

Sie sind durch die Stoffauswahl, -aufbereitung und die Papierherstellung bedingt.

17 Definieren Sie den Begriff Papiervolumen.

Die unterschiedliche Dicke von Papieren mit der gleichen flächenbezogenen Masse wird als Faktor des Volumens angegeben:
1-faches Volumen,
100 g/m^2 = 0,1 mm dick.
1,5-faches Volumen,
100 g/m^2 = 0,15 mm dick.
Berechnung des Volumens: m^3/g,
Volumen = Dicke × 1000/Masse.

18 Teilen Sie nach ihrer flächenbezogenen Masse ein
a) Papier
b) Karton
c) Pappe

a) Papier bis 150 g/m^2.
b) Karton zwischen 150 g/m^2 und 600 g/m^2.
c) Pappe über 600 g/m^2. (Hinweis: Nach DIN 6730 spricht man innerhalb der EU bereits ab 225 g/m^2 von einer Pappe.)

19 Wie viele Bogen/Blatt umfasst ein Ries?

Ein Ries ist eine bestimmte, abgepackte Menge an Papierbogen. Üblicherweise bezeichnet man damit die Menge von 500 Bogen bzw. Blatt. Abhängig von der flächenbezogenen Masse und dem Papiervolumen kann ein Ries aber auch andere Mengen umfassen.

20 Welche Papiere werden mit der Sortenbezeichnung Recycling-Papier beschrieben?

Papiere, die je nach Recycling-Anteil eine bestimmte Menge an recycelten Papierfasern enthalten.

21 Definieren Sie kurz die folgenden Sortenbezeichnungen
a) maschinenglatte Papiere
b) matt gestrichene Papiere
c) mittelfeine Papiere
d) Naturpapier
e) AP-Papiere
f) SD-Papiere

a) Papiere, die nur das Glättwerk der Papiermaschine durchlaufen haben.
b) Gestrichene Papiere ohne oder mit nur geringer Satinierung.
c) Leicht holzhaltige Papiere.
d) Sämtliche ungestrichenen Papiere; kann maschinenglatt oder satiniert sein.
e) Abkürzung für Altpapier-Papiere. Dabei handelt es sich um Papiere mit einem Mindestgehalt von 70 % Altpapier.
f) Selbst durchschreibende Papiere.

6.3 Drucktechnik

22 Was ist ein LWC-Papier?

LWC steht für light weight coated paper, ein leichtgewichtiges, gestrichenes, holzhaltiges Rollendruckpapier.

23 Nach DIN/ISO 12647-2 sind fünf Papiertypen Standardpapier für den „Prozessstandard Offsetdruck". Nennen sie für jeden Papiertyp das Aussehen, die Stoffklasse und die Grammatur.

Papiertyp 1: glänzend gestrichen, weiß, holzfrei, 115 g/m^2
Papiertyp 2: matt gestrichen, weiß, holzfrei, 115 g/m^2
Papiertyp 3: glänzend gestrichen, LWC, 65 g/m^2
Papiertyp 4: ungestrichen, weiß, Offset, 115 g/m^2
Papiertyp 5: ungestrichen, gelblich, Offset, 115 g/m^2

24 Warum wurden für den Prozessstandard Papierklassen definiert?

Die Zahl der Papiere ist sehr groß. Es ist deshalb sinnvoll, für einen Standard eine kleine repräsentative Auswahl zu treffen.

25 Was wird mit den Begriffen Akklimatisierung/Konditionierung beschrieben?

Unter Akklimatisierung/Konditionierung versteht man das langsame Anpassen des Papieres an das Raumklima, welches durch Temperatur und relative Feuchte gekennzeichnet ist.

26 Wie ist die relative Feuchte definiert?

Die relative Feuchte gibt an, wie viel Prozent der maximal speicherbaren Menge Wasser bei einer bestimmten Temperatur die Luft derzeit enthält. Bei einem gleich bleibenden absoluten Feuchtegehalt nimmt der relative Feuchtegehalt bei steigenden Temperaturen ab. Die Formel lautet: F(relativ) [%] = (absolute Feuchte/maximal mögliche Feuchte) × 100 %

27 Nennen Sie die drei Hauptkomponenten, aus denen Druckfarben aufgebaut sind.

1. Farbpigmente, Farbstoffe
2. Bindemittel
3. Hilfsstoffe

28 Nach welchen zwei grundsätzlichen Prinzipien erfolgt die Druckfarbentrocknung? Nennen Sie jeweils zwei Beispiele.

1. physikalisch: wegschlagen, verdunsten
2. chemisch: oxidativ, UV-Trocknung

6 Medienproduktion – Printmedien

29 Beschreiben Sie das Prinzip der wegschlagend physikalischen Trocknung.

Binde- oder Lösungsmittel der Druckfarben dringen in Papier ein, Harzanteile mit Pigmenten bleiben an der Oberfläche und verhärten später (Trocknung).

30 Definieren sie die beiden Begriffe
a) Verdruckbarkeit/runability
b) Bedruckbarkeit/printability

a) Die Verdruckbarkeit/runability beschreibt das Verhalten im Betrieb der Druckmaschine.
b) Die Bedruckbarkeit/printability beschreibt die Wechselwirkung zwischen Farbe und Bedruckstoff.

31 Nennen Sie drei optische Eigenschaften des Druckprodukts, die durch den Trocknungsmechanismus der Druckfarbe beeinflusst werden.

- Glanz
- Glätte
- Tonwertzuwachs
- Randschärfe gedruckter Flächen

32 Was versteht man unter Nass-In-Nass-Druck?

Beim Nass-In-Nass-Druck ist die eben gedruckte Farbe noch nicht trocken, wenn der Druck im nachfolgenden Druckwerk mit der nächsten Farbe bedruckt wird. Beim Nass-In-Nass-Druck werden also Druckfarben auf nasse Druckfarben gedruckt.

33 Welche Eigenschaften von Flüssigkeiten behandelt die Rheologie?

Die Rheologie ist die Lehre vom Fließen.

34 Erläutern Sie die drei rheologischen Eigenschaften der Druckfarben:
a) Viskosität
b) Zügigkeit
c) Thixotropie

a) Viskosität: Maß für die innere Reibung von Flüssigkeiten, hoch viskos – hohe innere Reibung – zähflüssig – pastös
b) Zügigkeit/Tack: Widerstand, den die Farbe ihrer Spaltung entgegensetzt.
c) Thixotropie: Herabsetzung der Viskosität durch mechanische Einflüsse, z. B. Rühren oder Verreiben im Farbwerk der Druckmaschine.

35 Welche Druckfarbeneigenschaft wird mit dem Begriff Lichtechtheit beschrieben?

Die Resistenz der Druckfarben gegen Einwirkung von Tageslicht.

6.3 Drucktechnik

36 **Nach welcher Einteilung ist die Lichtechtheit klassifiziert?**

Wollskala: Klasse 1 (= geringste) bis 8 (= höchste) Lichtechtheit.

37 **Nennen Sie vier Druckfarbenechtheiten.**

1. Optische Eigenschaften wie die Lichtechtheit oder der Farbton
2. Beständigkeit gegen Lösemittel, z. B. Nitro und Spiritus
3. Kaschierfähigkeit
4. Lackierfähigkeit
5. Mechanische Widerstandsfähigkeit, z. B. Scheuer- und Falzfestigkeit
6. Neutralität im Verpackungsdruck gegenüber Füllgut, z. B. gerucharm oder käseecht

6.3.2 Druckverfahren

38 **Welcher Arbeitsvorgang erfolgt bei einem Umbruch?**

Die Zusammenstellung von Texten und Bildern zu einer Druckseite.

39 **Wozu dient ein Einteilungsbogen?**

Der Einteilungsbogen ist die Vorlage für die genaue Platzierung von Texten und Bildern bei der Montage. Er enthält außerdem Angaben für Druck und Druckverarbeitung.

40 **Was ist ein Standbogen?**

Ein Standbogen ist ein auslinierter Druckbogen zur Kontrolle des genauen Standes aller Druckseiten oder Bildstellen.

41 **Erklären Sie den Begriff Nutzen.**

Anzahl gleichartiger Exemplare eines Produktes, z. B. Etiketten auf einem Film oder auf einem Druckbogen.

42 **Welchen Zweck hat der Zuschuss im Druck?**

Druckbogenüberschuss, der zum Einrichten der Druckmaschine für Fortdruck und die Druckweiterverarbeitung benötigt wird.

43 **Nach welchem Unterscheidungsmerkmal werden die Hauptdruckverfahren eingeteilt?**

Die Druckverfahren werden je nach Art der Druckform unterteilt.

6 Medienproduktion – Printmedien

44 Nennen Sie die vier konventionellen Hauptdruckverfahren.

a) Hochdruck
b) Tiefdruck
c) Flachdruck
d) Durchdruck

45 Man spricht inzwischen von fünf Hauptdruckverfahren. Welches wurde als fünftes Hauptdruckverfahren aufgenommen?

Das fünfte Hauptdruckverfahren ist der Digitaldruck, welcher in den letzten Jahren einen erheblichen Marktanteil gewonnen hat.

46 Beschreiben Sie das Prinzip des Hochdrucks und nennen Sie Beispiele.

Hochdruckverfahren: Die druckenden Elemente der Druckform sind erhaben und werden eingefärbt. Das Einfärben geschieht mittels farbführender Walzen. Nicht druckende Bildelemente liegen in der Druckform vertieft und werden nicht eingefärbt. Die erhabenen Stellen der Hochdruckform übertragen die Farbinformationen direkt auf den Bedruckstoff. Die Druckform kann dabei rund oder flach sein, beide Druckprinzipen (rund/flach) können prinzipiell dazu verwendet werden. Vertreter dieses Verfahrens sind Buchdruck, Flexodruck und Letterset-Druck.

47 Wo wird der Hochdruck heute noch als wichtige Drucktechnologie verwendet.

Flexodruck – seine Druckform besteht aus flexiblen, gummiartigen erhabenen Stellen, welche die Druckfarbe auf die unterschiedlichsten Bedruckstoffe übertragen. Der Bedruckstoff kann Papier in den unterschiedlichsten Qualitäten sein (z. B. Lottoscheine), es kann aber auch Blech, Glas oder Kunststoff bedruckt werden.

48 Beschreiben Sie das Prinzip des Tiefdrucks und nennen Sie Beispiele.

Tiefdruckverfahren: Die druckenden Elemente der Druckform (Näpfchen) sind vertieft und werden mit flüssiger Farbe gefüllt. Die Farbe aus den Näpfchen wird auf den Bedruckstoff übertragen. Alle Informationen auf der Tiefdruckform bestehen aus Rasternäpfchen. Das Volumen der Rasternäpfchen definiert die Menge des Farbauftrages und damit den Tonwert auf dem Bedruckstoff. Nicht druckende →

6.3 Drucktechnik

▷ *Fortsetzung der Antwort* ▷

Bildelemente liegen in der oberen Ebene der Druckform. Von ihnen wird die Farbe abgerakelt. Zu den Tiefdruckverfahren gehören Illustrationstiefdruck und Tampondruck.

49 Wie wird die Tiefdruckform, also der Tiefdruckzylinder hergestellt. Beschreiben Sie das Verfahren kurz.

In der Regel werden die Vertiefungen durch die elektromechanische Gravur erstellt. Ein Diamantstichel schlägt in gleichmäßigem Rhythmus auf den sich drehenden Druckzylinder mehr oder weniger tiefe Näpfchen in die Kupferhaut (Ballardhaut). Die Näpfchen sind, bedingt durch die Diamantenstruktur des Stichels, flächen- und tiefenvariabel.

50 Benennen Sie die Abbildung einer Tiefdruckform mit den richtigen Fachbegriffen.

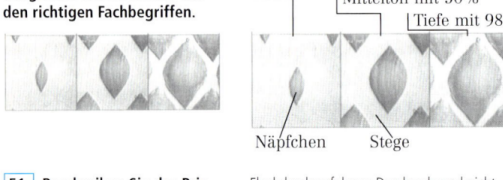

Näpfchen Stege

51 Beschreiben Sie das Prinzip des Flachdrucks und nennen Sie Beispiele.

Flachdruckverfahren: Druckende und nicht druckende Elemente der Druckform liegen in einer Ebene. Die druckenden Stellen der Druckform werden von Farbe benetzt, die nicht druckenden werden nicht benetzt. Hierzu gehören der Offsetdruck, der Steindruck und der Lichtdruck.

52 Die meisten Bogendrucke, die in der Bundesrepublik gedruckt werden, sind im Offsetdruckverfahren hergestellt. Die Druckform weist farbfreundliche und wasserfreundliche Stellen auf. Wie sind die korrekten Fachbegriffe für diese beiden druckenden bzw. nicht druckenden Stellen auf der Offsetplatte?

Farbfreundliche Stelle = hydrophobe Stelle = wasserabstoßende Stelle.
Wasserfreundliche Stelle = hydrophile Stelle = farbabstoßende Stelle.

6 Medienproduktion – Printmedien

53 Aus welchen Materialien besteht die Standarddruckform für den Offsetdruck?

Die Druckform besteht aus Aluminium, einer hydrophilen Schicht und einer hydrophoben Kunststoffschicht. An den nicht druckenden Stellen wird die Kunststoffschicht beseitigt, so dass die hydrophile Aluminiumoberfläche frei gelegt wird und das Feuchtwasser aufnehmen kann.

54 In welcher Reihenfolge wird die Offsetdruckplatte mit Wasser und Druckfarbe versehen?

Beim Drucken wird die Form zuerst an den hydrophilen Stellen gefeuchtet. Diese Stellen speichern das Feuchtmittel und danach wird die Platte an den hydrophoben Stellen mit Farbe versehen. Die Druckfarbe ist Träger der Information und wird zuerst an das Gummituch und von dort auf den Bedruckstoff übertragen.

55 Beschreiben Sie den prinzipiellen Ablauf beim Druckvorgang des Offsetdrucks.

1. Platte feuchten.
2. Platte einfärben.
3. Farbe wird von der Druckplatte auf das Gummituch übertragen.
4. Farbe wird vom Gummituch auf den Bedruckstoff übertragen.

Dieses Übertragungsverfahren vom Plattenzylinder über den Gummizylinder auf den Druckzylinder mit Bedruckstoff ist notwendig, damit kein Feuchtmittel auf den Bedruckstoff gelangt. Die Farbübertragung zwischen Druckplatte und Gummizylinder ist sehr gut, ebenso die Übertragung des Farbfilms von der Gummioberfläche auf das Papier. Das Offsetdruckverfahren ist damit ein indirektes Druckverfahren, da nicht direkt von der Druckform auf den Bedruckstoff gedruckt wird.

56 Beschreiben Sie das Prinzip des Durchdrucks.

Durchdruckverfahren: Die Druckform ist für Farbe durchlässig. Nicht druckende Stellen werden abgedeckt. Die Farbe wird durch die Druckform hindurch auf den Bedruckstoff gedrückt. Das bekannteste Verfahren ist der Siebdruck.

57 **Beschreiben Sie den Ablauf bei der Formherstellung und beim Druckvorgang des Siebdrucks.**

Die Druckform besteht aus einem feinen Sieb. Dieses Sieb wird mit einer lichtempfindlichen Gelatineschicht versehen. Nach der Belichtung durch einen Film, welcher die zu druckenden Informationen enthält, wird die Gelatine an den druckenden Stellen ausgewaschen. Die Druckfarbe kann jetzt mithilfe eines Rakels durch das feinmaschige Sieb an den offenen Stellen auf den Bedruckstoff gedrückt werden. Das feinmaschige Sieb kann aus Seide, Nylon, Polyester oder rostfreiem Stahl bestehen.

58 **Welche Bedruckstoffe können im Siebdruck bedruckt werden. Nennen Sie einige typische Beispiele.**

Im Siebdruck können die vielfältigsten Formen und Materialien bedruckt werden. Beispiele: Flaschen (CocaCola), Dosen, Aschenbecher, Kugelschreiber, Armaturen, Schalttafeln, Uhrenzifferblätter, Displays aus Metall, Kunststoff, Holz, Papier, Stoff usw. Der Siebdruck ist das universellste Druckverfahren mit nahezu unbegrenzten Möglichkeiten, Materialien und Formen zu bedrucken.

59 **Erklären Sie den Begriff „Computer to Screen".**

Bebilderung einer Siebdruckform mittels computergesteuertem Laserstrahls.

60 **Die abgebildete Druckmaschine arbeitet nach einem bestimmten Druckprinzip. Welches Druckprinzip wird bei dieser Maschine angewendet und um welchen Druckmaschinentyp handelt es sich?**

Das Druckprinzip ist rund-rund. Die meisten modernen Druckmaschinen arbeiten nach diesem Prinzip, da es die höchsten Druckleistungen ermöglicht. Man unterscheidet noch zwischen direktem und indirektem Druck. Die Druckformen müssen dann entsprechend seitenverkehrt oder seitenrichtig sein.

Bei der abgebildeten Maschine handelt es sich um einen Ausschnitt aus einer Bogenoffsetdruckmaschine, die nach dem Druckprinzip rund-rund arbeitet. Da sie mit drei Zylindern ausgestattet ist, muss eine seitenrichtige Druckform für den indirekten Druck erstellt werden.

6 Medienproduktion – Printmedien

61 Definieren Sie den Begriff Digitaldruck.

Unter digitalem Druck versteht man die Übertragung von digitalen Bilddaten, wie sie im Computer vorliegen, direkt auf die druckende Einheit und von dort auf das zu bedruckende Medium ohne Umwege über Belichter, Filme und Druckplatten.

62 Definieren Sie die drei Anforderungsprofile an die Druckqualität
a) Verdruckbarkeit
b) Bedruckbarkeit
c) Verwendungszweck

a) Verdruckbarkeit (runability), das Verhalten bei der Verarbeitung, z. B. Lauf in der Druckmaschine.
b) Bedruckbarkeit (printability), die Wechselwirkung zwischen Druckfarbe und Papier.
c) Verwendungszweck, z. B. Zeitung, Plakat oder Verpackung.

63 Welcher Parameter des Druckprozesses wird in der Druckkennlinie dargestellt?

Die Druckkennlinie zeigt die Abweichung der Größe des gedruckten Punktes vom Punkt auf dem Film bzw. der Platte.

64 Welcher Druckparameter wird durch die Volltondichte beschrieben?

Die Volltondichte ist ein Maß für die Farbschichtdicke und relative Farbsättigung im Druck.

65 Welche Art Drucke werden mit dem Begriff Makulatur bezeichnet?

Fehlerhafte Drucke aller Art.

66 In welcher Farbreihenfolge wird im Offsetdruck üblicherweise gedruckt?

Schwarz, Cyan, Magenta, Gelb.

67 Wo wird der Drucklack aufgebracht und welcher Funktion dient er?

Der Drucklack ist eine farblose Lackschicht (matt oder glänzend), die mit einer normalen Druckmaschine aufgebracht wird. Er erhöht die Abriebfestigkeit und den Glanz des Druckproduktes und ermöglicht eine frühere Druckweiterverarbeitung.

68 Welche Bedeutung hat in der Drucktechnik der Begriff Greifer?

System zum Bogentransport durch die Druckmaschine.

6.3 Drucktechnik

69 **Warum muss bei der Formatausnutzung ein Greiferrand berücksichtigt werden?**

Der Greiferrand kann nicht bedruckt werden, weil der Greifer der Bogen-Druckmaschine an dieser Stelle das Papier festhält (je nach Maschine etwa 6 bis 10 mm).

70 **Definieren Sie die Begriffe**
a) Umschlagen
b) Umstülpen

a) Beim Umschlagen werden die Druckbogen so gewendet, dass die gleiche Seite im Greiferrand verbleibt, aber die Seitenmarke wechselt.

b) Beim Umstülpen verbleibt die gleiche Seite an der Seitenmarke, der Greiferrand wechselt.

71 **Was wird bei der Abmusterung gemacht?**

Visueller Vergleich des Farbmusters mit Druckprodukt unter Normlicht.

72 **Beschreiben Sie das Prinzip des Schön- und Widerdrucks.**

Der Schön- und Widerdruck ist der Druck der Vorder- u. Rückseite eines Bogens mit zwei verschiedenen Druckplatten. Schön- u. Widerdruckmaschinen bedrucken Bogen beidseitig in einem Druckdurchlauf. Der Schöndruck ist der erste Druck auf zweiseitig zu bedruckende Bogen.

6.3.3 Druckkontrolle, Offset-Standard

73 **Betrachten Sie folgenden Messkeil und beschreiben Sie die Aufgaben bzw. Funktionen der einzelnen nummerierten Felder.**

1 = Halbtonskala.
2 = Felder zur visuellen Beurteilung der Druckformbelichtung.
3 = Rasterfelder zur Messung des Tonwertzuwachses im Druck.
4 = Feld zur visuellen Kontrolle von Schieben/Dublieren im Druck.
5 = Lichter und Schattenfelder in verschiedenen Tonwertstufen zur visuellen und messtechnischen Auswertung.

6 Medienproduktion – Printmedien

74 **Betrachten Sie folgenden FOGRA-Messkeil und beschreiben Sie die Aufgaben bzw. Funktionen der einzelnen nummerierten Felder. Dieser Messkeil liegt normalerweise in digitaler Form vor und kann direkt mit einer Seite ausbelichtet werden.**

1 = Halbtonskala und Schriftbelichtungskontrolle.
2 = Felder zur visuellen Kontrolle der Belichtung und der Druckformkopie.
3 = Rasterfelder zur visuellen und messtechnischen Kontrolle des Tonwertzuwachses.
4 = Feld zur visuellen Kontrolle von Schieben/Dublieren im Druck.
5 = Farbfelder zur Kontrolle der Farbführung/Zusammendruck.

75 **Mit dem direkten digitalen Übertragen von Daten auf die Druckplatte oder gar in die Druckmaschine musste ein digitaler Medienkeil entwickelt werden. Nennen und beschreiben Sie diesen Medienkeil.**

Diesen „neuen" Medienkeil nennt man Ugra/FOGRA-Medienkeil CMYK. Damit Farbverbindlichkeit auch bei digitaler Übertragung gewährleistet werden kann, muss ein Medienkeil CMYK eingesetzt werden. Durch Messen der einzelnen Farbfelder des Medienkeils CMYK mit einem Spektralfotometer kann eindeutig die Farbigkeit, z. B. des Proofs, definiert werden. Der Medienkeil CMYK ist eine TIFF-Datei im CMYK-Farbraum, der aus 46 verschiedenfarbigen Feldern besteht.

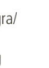

76 **Beschreiben Sie nachfolgende Abbildung.**

Der Ugra/FOGRA-Medienkeil besteht aus 46 unterschiedlichen Farbfeldern, um definierte Farbwerte zu ermitteln und abstimmen zu können.

77 **Prozess-Standard Offsetdruck – Wege zu konstanter Qualität von der Vorstufe bis zum Druckprodukt. Diese Normierung wurde vom BVDM im Mai 2003 aktualisiert. Was soll dadurch besser werden?**

Durch den Prozess-Standard Offsetdruck soll eine Produktionssicherheit, Kostenreduzierung, schnellere Abläufe, sichere Farbsteuerung, weniger Reklamationen und Rechtssicherheit erreicht werden.

6.3 Drucktechnik

78 Der Prozess-Standard schreibt eine Bedruckstoff-Unterlage bzw. eine schwarze Unterlage beim Abmustern vor. Welche Gründe sind dafür verantwortlich?

Zur Abmusterung und Messung ist grundsätzlich eine Messunterlage zu verwenden, die aus drei Bogen des unbedruckten Bedruckstoffs besteht, da damit ein Durchscheinen der Unterlage vermieden wird. Die schwarze Unterlage ist notwendig, wenn die Gefahr besteht, dass von der Rückseite ein Durchscheinen des bedruckten Sujets besteht.

79 Welche Probleme ergeben sich aus der Vorschrift des Prozess-Standards Offsetdruck, dass Bedruckstoff-Unterlagen bzw. eine schwarze Unterlage bei Messungen von Farbwerten unter den Prüfbogen gelegt werden müssen?

Durch das Unterlegen von Bedruckstoff-Unterlagen bzw. einer schwarzen Unterlage bei Messungen ergeben sich andere Werte für L^*, a^* und b^*. Das bedeutet, man muss die neuen Werte kennen, die erreicht werden sollen, um nachzusteuern.

80 Warum wurden neue Farborte und Toleranzen für die Skalenfarben im Akzidenz-Offsetdruck im Prozess-Standard Offsetdruck gewählt?

Die Volltonfärbungen der Primärfarben (Schwarz, Cyan, Magenta und Yellow) sowie der Sekundärfarben (Rot, Grün und Blau) wurden geändert, um sie besser an die Farborte der Druckfarben-Norm ISO 2846 anzupassen. Mit Druckfarben dieser Norm sind die neuen Farborte auf den fünf Papiertypen wesentlich besser erreichbar.

81 Wie viele Felder des Ugra/FOGRA-Medienkeils sind nach Prozess-Standard Offsetdruck auszumessen?

Nach dem Prozess-Standard Offsetdruck müssen alle 46 Farbfelder vermessen werden.

82 Beim Prozess-Standard Offsetdruck gilt für die Abweichungen der Felder des Ugra/FOGRA-Medienkeils von den Sollwerten eindeutige Toleranzen. Geben Sie die wesentlichen Toleranzen an.

Die Toleranzen sind bei den CIELAB-Farbabständen der Primärfarben Schwarz, Cyan, Magenta und Yellow zum jeweiligen Sollwert maximal 2,5. Der Mittelwert aller CIELAB-Farbabstände muss unter 4, der Maximalwert unter 10 liegen. Für die Farbe des Trägermaterials gilt weiterhin die Maximalabweichung von 3.

83 Zählen Sie die fünf Papiertypen nach ISO 12647 auf.

Die Papiertypen nach ISO 12647 sind:

1. 115 g/m^2 glänzend gestrichen Bilderdruck
2. 115 g/m^2 matt gestrichen Bilderdruck
3. 65 g/m^2 LWC Rollenoffset
4. 115 g/m^2 ungestrichen weiß Offset
5. 115 g/m^2 ungestrichen gelblich Offset

84 Beim Papiertyp 1 ermitteln Sie die Messwerte $L^* = 91$, $a^* = -1$ und $b^* = 3$ mit schwarzer Unterlage. Die Sollwerte sind $L^* = 93$, $a^* = 0$ und $b^* = -3$, wobei die Toleranzen $L^* = +3$, $a^* = +/- 2$ und $b^* = +/- 2$ sind. Beurteilen Sie die Messwerte!

Die Messwerte des Papiertyps 1 mit schwarzer Unterlage sind bei L^* und a^* in Ordnung, jedoch ist bei b^* die Toleranz überschritten, da der Sollwert -3 und die Toleranz $+/-2$, aber der Messwert 3 ist.

6.4 Druckweiterverarbeitung

1 Welchen Prozess beschreibt der Begriff Finishing? Unterscheiden Sie dabei Inline und Offline-Finishing.

Finishing ist ein Oberbegriff. Es umfasst die gängige Weiterverarbeitung. Bei direkter Kopplung mit der Druckmaschine spricht man von Inline Finishing. Werden spezielle Maschinen eingesetzt und separate Arbeitsschritte notwendig, heißt der Vorgang Offline Finishing

2 Zählen Sie buchbinderische Produkte auf.

Buchbinderische Produkte sind:

- einzelne Blätter/Bogen,
- Blocks,
- gefalzte Produkte,
- geheftete Produkte und
- gebundene Produkte.

3 Wo werden Beschnittmarken eingesetzt?

Beschnittmarken sind kurze Linien, die mit auf den Druckbogen gedruckt werden. Sie zeigen an, wo ein Schnitt erfolgen soll.

4 Was ist ein Dreimesserautomat?

Eine mit drei Messern ausgerüstete Schneideeinheit zum Buchblockbeschnitt in einem Arbeitsgang.

6.4 Druckweiterverarbeitung

5 Welche Aufgaben haben Falzmarken?

Falzmarken sind dünne Linien, die anzeigen, wo der fertige Druckbogen gefalzt werden soll.

6 Welche Bedeutung hat der Begriff Bruch in der Weiterverarbeitung?

Bruch ist synonym zu Falz. Der Begriff Bruch ist vom Brechen der Papierfasern abgeleitet.

7 Falzarten sind ein wichtiges Gestaltungselement für ein Printprodukt. Zählen sie Falzarten auf.

Falzarten sind:
- Einbruchfalz,
- Wickelfalz,
- Zickzackfalz (Leporellofalz),
- Fensterfalz (Altarfalz),
- Kreuzbruchfalz,
- Parallelfalz und
- Kombinationsfalz

8 Erklären Sie die Falzarten
a) Parallelfalz
b) Kreuzbruchfalz
c) Kombinationsfalz

a) Alle Brüche liegen parallel.
b) Die Brüche kreuzen sich rechtwinklig.
c) Ein Bogen wurde nach beiden Prinzipien gefalzt.

9 Nennen Sie Falzprinzipien.

Schwert- bzw. Messerfalz und Taschen- bzw. Stauchfalz, Pflugfalz, Trichterfalz, Klappenfalz, Bänderfalz.

10 Erklären sie den Schwert- bzw. Messerfalz.

Beim Schwert- bzw. Messerfalz läuft der Falzbogen bis zu einem Anschlag. Danach wird er durch ein dünnes Falzmesser (= Schwert) zwischen zwei sich gegenläufig drehende Falzwalzen gedrückt („geschlagen"). Diese geriffelten Falzwalzen erfassen den Bogen und falzen ihn. Je nach Dicke des Papiers muss der Falzwalzenabstand eingestellt werden.

11 Welche Unterschiede ergeben sich beim Schwert- und Taschenfalz?

Schwertfalz ist unabhängig von der Dicke des Papiers, jedoch ist der Schwertfalz nur für Kreuzbruch geeignet und die Falzgeschwindigkeit ist geringer.

6 Medienproduktion – Printmedien

12 **Erklären Sie Taschen- bzw. Stauchfalz.**

Beim Taschen- bzw. Stauchfalz bilden drei Walzen zusammen mit einer Tasche das Falzwerk. Der Falzbogen wird von zwei Walzen in die Tasche geführt, dort schlägt der Bogen an, wird gestaucht und die dritte Walze greift zusammen mit der zweiten Transportwalze den Falzbogen und erzeugt den Falz. Durch das Verstellen des Anschlags in der Falztasche wird der Falz eingestellt.

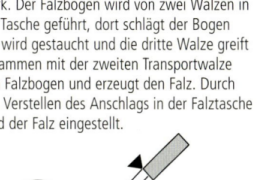

Prinzip der Falzbildung

13 **Für die Falzarten gibt es eine Symbolsprache. Was bedeuten die Symbole**

$= \equiv \perp \top$ **?**

$=$ Zweibruch-Parallelfalz
$\equiv$ Dreibruch-Parallelfalz
$\perp$ Zweibruch-Mittenkreuzfalz
$\top$ Dreibruch-Kombinationsfalz (Zweibruch-Parallelfalz und Kreuzbruchfalz).

14 **Zeigen Sie anhand einer Falzungs-Skizze die Falzarten:**
a) Einbruchfalz
b) Zweibruch-Wickelfalz
c) Dreibruch-Zickzackfalz
d) Zweibruch-Fensterfalz
e) Dreibruch-Kreuzfalz auf.

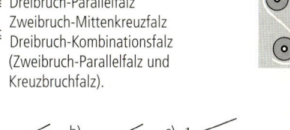

15 **Wie viele Seiten ergeben sich bei einem:**
a) Einbruchfalz
b) Dreibruch-Kreuzfalz
c) Zweibruch-Zickzackfalz
d) Zweibruch-Wickelfalz
e) Zweibruch-Parallelmittenfalz
f) Vierbruch-Kreuzfalz?

Es ergeben sich beim:
a) Einbruchfalz = 4 Seiten
b) Dreibruch-Kreuzfalz = 16 Seiten
c) Zweibruch-Zickzackfalz = 6 Seiten
d) Zweibruch-Wickelfalz = 6 Seiten
e) Zweibruch-Parallelmittenfalz = 8 Seiten
f) Vierbruch-Kreuzfalz = 32 Seiten

6.4 Druckweiterverarbeitung

16 **Zeichnen Sie die nötigen Schnitte zur Trennung des Druckbogens in einzelne Plakate ein. Wie viele Schnitte sind nötig?**

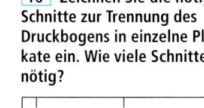

Zur Trennung des Druckbogens in einzelne Plakate sind sechs Schnitte nötig.

17 **Welche Maßnahmen sind erforderlich, damit ein Buchbinder ein Druckprodukt richtig schneiden kann?**

Schneidezeichen für Trenn- und Zwischenschnitte sowie Angabe der Druckmaschinen-Anlage.

18 **Warum ist die Angabe der Druckmaschinen-Anlage für den Buchbinder sehr wichtig?**

Es muss in der Falzmaschine oder Schneidemaschine dieselbe Anlage verwendet werden, damit die Qualität erhalten bleibt. Sollte nämlich die Papiergröße nur geringfügig differieren oder das gedruckte Produkt nicht 100 %-ig im Winkel stehen, so überträgt sich dieser Fehler bei einer veränderten Anlage.

19 **Welchen Arbeitsvorgang in der Weiterverarbeitung beschreibt der Begriff Einstecken?**

Einstecken ist der Fachbegriff für das Ineinanderlegen mehrerer Falzbogen.

20 **Erklären Sie den Vorgang des Zusammentragens.**

Hintereinanderlegen gefalzter Bogen, die zu einem Buchblock gehören. Das Zusammentragen erfolgt maschinell in Zusammentragmaschinen.

6 Medienproduktion – Printmedien

21 **Beim Zusammentragen bedient man sich einer Flattermarke. Wozu benötigt man diese?**

Die Flattermarke ist eine Markierung, welche im Bund zwischen der ersten und letzten Seite eines Falzbogens mitgedruckt wird. Jede Flattermarke hat im nachfolgenden Falzbogen eine tiefere Stelle, sodass eine einfache Sichtkontrolle gegeben ist. Wäre ein Falzbogen beim Zusammentragen vertauscht, so würde dies sofort auffallen, da die Reihenfolge der Flattermarken nicht mehr gegeben ist.

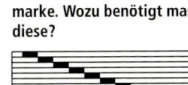

22 **Welcher Fehler ist beim Zusammentragen unterlaufen?**

Falzbogen 4 und 5 sind vertauscht.

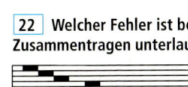

23 **Beim Sammeln (Ineinanderstecken) von Druckbogen benötigt man einen Greiffalz. Wozu? Wo wird der Greiffalz im Ausschießen berücksichtigt?**

Zum Sammeln von Druckbogen müssen die Falzbogen vom Sammelhefter gegriffen werden. Um die Falzbogen öffnen zu können benötigt man einen Greiffalz. Dieser Greiffalz ist im Innern des Ausschießbogens zu berücksichtigen.

24 **Beim Sammeln muss man in der Bogenmontage mit Versatz montieren. Erklären Sie warum.**

Da die Bogen ineinander gesteckt werden, steht der innerste Bogen weiter außen als der äußerste Falzbogen. Daher muss dies beim Ausschießen vom Stand des Satzspiegels berücksichtigt werden, d. h. die Seiten müssen weiter vom Bund entfernt sein.

25 **Nennen Sie Heft- und Bindearten.**

Heft- und Bindearten sind:
- Drahtheftung,
- Fadenheftung,
- Klebebindung,
- Spiral- und Ringheftung.

26 **In der Druckweiterverarbeitung benötigt man Perforieren und Rillen. Was versteht man darunter?**

Das Rillen ist bei dickeren Papieren nötig, um einen „sauberen" und nicht ausgerissenen Bruch zu erzeugen. Das Perforieren benötigt man, um eine Teilung zu ermöglichen, z. B. bei Eintrittskarten, Antwort-Postkarten.

6.4 Druckweiterverarbeitung

27 **Beschreiben Sie das Prinzip der Fadenheftung.**

Die Fadenheftung ist die qualitativ beste Bindetechnik für Bücher. Dabei werden mehrfach gefalzte Druckbogen im Rücken mit dem folgenden Bogen zu einem Buchblock mit einem Faden vernäht.

28 **Erklären Sie die beiden beim Klebevorgang wirkenden Kräfte der**
a) Kohäsion
b) Adhäsion

a) Zusammenhangskraft gleicher Moleküle.
b) Anziehung von Molekülen verschiedener Stoffe.

29 **Beschreiben Sie das Prinzip der Klebebindung.**

Bei der Klebebindung wird ein aus einzelnen Blättern bestehender Buchblock mit Klebstoffen (ohne Faden) gebunden.

30 **Welche Eigenschaften hat Hotmelt und wo wird er hauptsächlich eingesetzt?**

Hotmelt ein lösemittelfreier, thermoplastischer Schmelzklebstoff, der in Klebebindemaschinen und bei Verpackungen eingesetzt wird.

31 **Was sind Kartonagen?**

Verpackungen (Faltschachteln) aus Karton und Pappe.

32 **Erklären Sie die Begriffe**
a) Kaschieren
b) Laminieren

a) Überziehen von Papieren, Kartons u. Pappen mit Papieren, Geweben oder Folien.
b) Überziehen mit transparenten Kunststofffolien.

33 **Was versteht man unter der Ausstattung eines Buches?**

Innere und äußere Ausgestaltung eines Buches.

34 **Eine Broschur ist ungleich einem Buch. Zählen Sie Unterschiede auf.**

Die Broschur
- hat einen biegsamen Umschlag (Papier oder Karton), der nicht übersteht;
- hat keine Vorsätze;
- Block und Umschlag sind im Rückenbereich direkt verbunden.

Das Buch
- hat einen festen Einband und
- steht dreiseitig über den Buchblock.
- Block und Einband sind über die Vorsätze miteinander verbunden.

6 Medienproduktion – Printmedien

35 Man unterscheidet einlagige und mehrlagige Broschuren. Erklären Sie den Unterschied.

Eine einlagige Broschur besteht aus einer Lage Blätter, d. h. die Bogen werden ineinander gesteckt. Sie ist am Rücken meist drahtgeheftet, auch Faden- oder Klebebindung sind möglich.
Eine mehrlagige Broschur besteht aus zwei oder mehreren Lagen gefalzter Bogen, die zusammengetragen werden, d. h. die Bogen werden aufeinander gelegt.

36 Nennen Sie zwei Beispiele für einlagige Broschuren.

- Schulhefte,
- rückstichgeheftete Broschuren.

37 Charakterisieren Sie die beiden Produkte
a) Heft
b) Broschur

a) Einlagiges Erzeugnis ohne oder mit leichtem Umschlag, das durch den Rücken mit Draht oder Faden geheftet ist.
b) Produkt mit meist einfachem, anspruchslosem Einband (Karton)

38 Nennen Sie zwei Beispiele für mehrlagige Broschuren.

- Taschenbücher,
- Kataloge.

39 In der **Verpackungsmittelherstellung** wird zwischen Packstoff, Packmittel und Packhilfsmittel unterschieden. Erläutern Sie diese drei Begriffe.

Packstoff = verwendetes Material wie Karton, Papier, Kunststoff, Holz, Glas, Metall
Packmittel = gefertigte Erzeugnisse wie Tragtasche, Schachtel, Kiste u. Ä.
Packhilfsmittel = z. B. Heftklammern, Klebestreifen, Verschlüsse, Nieten u. Ä.

40 Welche Schachtelbauarten sind Ihnen bekannt?

Faltschachteln, Deckelschachteln, Aufrichteschachteln, Kombinationen und Sonderformen.

41 Benennen Sie die folgenden Faltschachteln nach Bauart und Form.

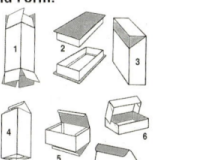

1 = Schachtel mit volldeckenden Klappen
2 = Stülpschachtel
3 = Zigarettenschachtel
4 = Schachtel mit Faltbodenverschluss
5 = Schachtel mit Steckbodenverschluss
6 = Infold-Schachtel
7 = Schachtel mit mittiger Trennwand
8 = Schachtel mit trapezförmigem Einsteckdeckel

6.4 Druckweiterverarbeitung

42 Zeichnen Sie den Zuschnitt einer Faltschachtel, nach dem die Stanzform erstellt werden kann.
Die Maße für die Schachtel sind:
Breite 6 cm
Höhe 8 cm
Tiefe 4,5 cm

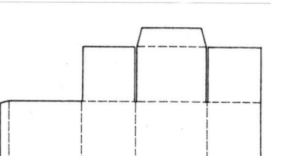

7 Medienproduktion – Digitalmedien

7.1 Internet

1 **Welche Grundaufgaben übernimmt der Browser im Internet?**

Ein Browser ist ein Programm, das in der Lage ist, HTML-Code zu interpretieren und dadurch die zwei wichtigsten Bildformate (JPEG und GIF) einschließlich Text auf dem Bildschirm darzustellen.

Die meisten Browser können darüber hinaus noch Animationen, Sound und Video darstellen. Hierzu sind aber meistens noch Erweiterungen (PlugIn) notwendig.

2 **Erklären Sie den Begriff TCP/IP im Zusammenhang mit dem Internet.**

TCP/IP ist eine Protokollsammlung zur Datenübertragung im Internet. Das IP (Internetprotokoll) adressiert und fragmentiert Daten und übermittelt sie an den Empfänger. Das TCP (Transmission Control Protocol) überwacht den Datentransport und korrigiert Fehler automatisch.

3 **Welche Aufgabe übernimmt ein Domain Name Server (DNS) im Internet?**

Jeder am Internet beteiligte Rechner hat eine eindeutige IP-Adresse, dies ist eine mehrstellige Ziffernfolge. Da diese Ziffernfolge schwer zu merken ist, wird sie durch die Zuordnung einer einprägsameren, „sprechenden" Adresse ersetzt, z. B. „www.spiegel.de". Beim Anwählen einer Internetadresse (Eingabe der URL) wird durch den Domain Name Server die „sprechende" Adresse in eine eindeutige IP-Adresse umgewandelt.

4 **Erklären Sie den Begriff „URL".**

Die URL = **U**niform **R**esource **L**ocator, bezeichnet die Adresse eines jeden Dokuments in Internet eindeutig. Die URL besteht aus: „Protokoll://Server.Domain/Ordner/Dokument" z. B.: „http://www.spiegel.de" oder „ftp://apple.download.com/quicktime/info.htm".

7.1 Internet

5 Erklären Sie die Begriffe „Sub-Level-Domain" und „Top-Level-Domain".

Die Top-Level-Domains stehen in einem Domain Namen an letzter Stelle. Sie bezeichnen entweder Landeskennungen oder Typenkennungen, z. B.: xyz.de für Deutschland, abcd.ch für die Schweiz oder Xyz.org für Organisationen. Unter Sub-Level-Domain versteht man in einer URL die Bezeichnung vor der Top-Level-Domain-Angabe also z. B. ein Name oder ein Begriff wie „alles-umsonst.de" oder „spiegel.de". Eine Sub-Level-Domain kann nochmals untergeordnete Domains enthalten.

6 Nennen Sie drei am häufigsten verwendeten Dienste des Internets und erklären Sie diese in kurzen Sätzen.

- WWW = World Wide Web, hypertextbasiertes Informationssystem mit grafischer Oberfläche, zur Darstellung wird ein WWW-Browser benötigt.
- E-Mail = elektronische Post, Austausch von Texten und Daten, gleichzeitiger Versand an mehrere Empfänger möglich.
- FTP = File Transfer Protocol, zum Herunterladen oder Hinaufladen von Dateien vom Rechner auf einen Server.

7 Erklären Sie die Begriffe „analoger" bzw. „digitaler Zugang" zum Internet.

Analoger Zugang: Zum Übertragen werden die digitalen Daten in ein analoges Signal umgewandelt, dies geschieht mittels eines MODEM (Modulator, Demodulator).
Digitaler Zugang: Die Datenübertragung erfolgt durchgehend digital, hauptsächlich per ISDN bzw. per ADSL.

8 Erklären Sie die Begriffe ISDN und ADSL in Verbindung mit der Datenübertragung im Internet.

In beiden Fällen handelt es sich um eine digitale Datenübertragungstechnik, die grundsätzlich schneller ist als eine analoge Datenübertragungstechnik per MODEM.
- ISDN = Integrated Services Digital Network, besteht in der Regel aus zwei Kanälen mit je 64 kBit/s, bei Kanalbündelung können maximal 128 kBit/s erreicht werden, darüber hinaus gibt es auch die Möglichkeit, noch weitere Kanäle zu bündeln.

7 Medienproduktion – Digitalmedien

▷ *Fortsetzung der Antwort* ▷

– ADSL = Asymetric Digital Subscriber Line, digitale Datenübertragungstechnik über normales Telefonnetz (Kupferkabel), schneller als ISDN, 1,5 bis 9 MBit/s im Download, 16 – 768 kBit/s im Upload.

9 Welche Vorteile hat die Verwendung eines so genannten HTML-Generators bei der Erstellung von HTML-Seiten?

Der Hersteller muss nicht unbedingt den HTML-Code erlernen, man kann im WYSIWYG-Modus eine Internetseite erstellen, Programmierfehler werden vermieden.

10 Welche Anforderungen werden an einen optimalen HTML-Generator gestellt?

- Erzeugung eines fehlerfreien HTML-Codes, der auf allen Plattformen und Browsern ein möglichst gleiches Ergebnis darstellt.
- Der HTML-Code sollte so knapp (speichersparend) wie möglich sein.
- Von Hand eingegebener HTML-Code sollte vom Generator nicht stillschweigend korrigiert oder überschrieben werden.
- Fehlende Verknüpfungen und Bilder sollten erkannt werden.

11 Erklären Sie den Begriff „dynamisches HTML".

Sammelbegriff für eine Reihe von Lösungen, um Website-Inhalte während der Darstellung automatisch oder durch Benutzereinwirkung zu ändern. Dies geht vom einfachen Roll-Over-Befehl für Grafikaustausch bis hin zu aufwändigen, aus Datenbanken generierten Websites (dynamisch generiertes HTML).

12 Nennen Sie Programme, mit denen sich dynamisch generierte HTML-Seiten generieren lassen.

PERL, PHP, ASP (mit JScript oder VBScript); je nach Serverbetriebssystem ist auch die Verwendung von C, C++, Pascal oder Visual Basic usw. denkbar.

13 Erklären Sie den Begriff „CSS".

Cascading Style Sheets sind eine Erweiterung von HTML und erlauben das beliebige Formatieren einzelner HTML-Elemente z. B. hinsichtlich Schriftart, Schriftgröße, Farbe, Position usw.

7.1 Internet

14 Welche Funktionen erfüllen Meta-Tags im HTML-Code?

Meta-Angaben liefern auswertbare Informationen für Suchprogramme (Robots), Web-Server und Web-Browser.

15 Welche Informationen liefern folgende Meta-Tags

a) `<meta name="description" content="Diese Seite liefert neueste Informationen zur Weiterbildung" >`
b) `<meta name="author" content="Mr.X" >`
c) `<meta name="keywords" content="Mediengestalter, Mediengestalterin, Druck, Druckvorstufe,..." >`

Diese Angaben liefern einer Suchmaschine (Suchroboter):
a) eine verbale Beschreibung der Internetseite
b) den Namen des Autors
c) eine Reihe von wichtigen Schlüsselwörtern, die mit dem Seiteninhalt zu tun haben.

16 Welche Bedeutung hat der folgende Meta-Tag-Befehl? `<meta http-equiv="refresh" content="15"; URL=http://schule.bw.de/ >`

Nach 15 Sekunden wird automatisch auf die Internetseite "schule.bw.de" weitergeschaltet.

17 Aus welchen Gründen ist die Verwendung von JavaScript-Funktionen auf Startseiten zur Darstellung grundlegender Details (Bilder, Links usw.) nicht sinnvoll?

Viele Benutzer, insbesondere in Firmen, haben die Verwendung von JavaScript deaktiviert. Anwender, die eine solche Seite aufrufen, sehen dann wichtige Dinge nicht. Auf der Startseite müssen dem Benutzer zumindest einfache Navigationsmöglichkeiten gegeben werden. Ein Hinweis auf die Verwendung von JavaScript sollte ebenfalls erscheinen.

18 Folgende HTML Tags sollen entsprechend der Schreibweise in XHTML 1.0 abgeändert werden. Was ist prinzipiell zu beachten? Wie lauten die geänderten Tags?
`<Html>  </Html>`
`<BODY>  </BODY>`

Tags dürfen nur noch kleingeschrieben werden. Die richtige Schreibweise lautet:
`<html>  </html>`
`<body>  </body>`

7 Medienproduktion – Digitalmedien

19 Welche Bedeutung hat der folgende HTML-Code?
```
<a href="kfz.htm"
target="anzeige">
<img src="button_kfz.gif"
border="0" width="20"
heigth="35"
alt="button1"/> </a>
```

Es wird ein Link (Hypertextreferenz) auf die Datei „kfz.htm" angelegt. Die Datei wird in einem Frame mit der Bezeichnung „anzeige" angezeigt. Die Verknüpfung zur Zielseite liegt auf einer Grafik (Bild) in der Größe 20×35 Pixel, die Grafik hat keine Umrandung. Falls die Grafik nicht angezeigt werden kann, erscheint der alternative Text „button1".

20 Welche Wirkung hat die hexadezimale Farbangabe `<body bgcolor="#FF00FF">` im XHTML-Code?

Die Hintergrundfarbe der Internetseite ist Magenta.
Rot = 255 (FF)
Grün = 00
Blau = 255 (FF)

21 Welches Dateiformat wird hauptsächlich für die Darstellung von animierten Bildern auf WWW-Seiten verwendet?

Das GIF-Format.

22 Was bewirkt die Einstellung „interlaced" bei der Erstellung von Bildern im GIF-Format für WWW-Seiten?

Das Bild erscheint zunächst unscharf, wird aber im Laufe der Ladezeit schärfer, der Besucher der Seite erkennt schneller, dass ein Bild vorhanden ist.

23 Welche Möglichkeiten hinsichtlich der Navigation bieten Internetseiten an, die Frames verwenden?

Bei Internetseiten in Frametechnik werden mehrere HTML-Dokumente in einem Browserfenster gleichzeitig dargestellt. Es ergibt sich hierbei eine vernetzte oder hyperbasierende Navigationsstruktur. In der Praxis wird meist ein so genannter Steuerframe verwendet, der alle relevanten Verknüpfungen enthält und im Browserfenster immer sichtbar bleibt.

24 Welche Nachteile hat der Einsatz der Frametechnik bei Internetseiten?

- Ältere Browser können Frames nicht anzeigen, deshalb ist ein so genannter Noframes-Bereich zu definieren.
- Suchmaschinen können u. U. nicht die Unterseiten auswerten, sondern nur die Startseite. Falls trotzdem Unterseiten ausgewertet werden, sieht man nur die nackte Unterseite, es fehlt dann die übergeordnete Steuerseite. →

7.1 Internet

▷ *Fortsetzung der Antwort* ▷

- Bookmarks auf Unterseiten sind nicht möglich.
- Auf Grund der aufwändigeren Kommunikation zwischen Server und Browser haben Frameseiten längere Ladezeiten.
- Frameseiten können den Webdesigner zum gestalterischen Overkill verleiten.

25 Wie sind grafische Elemente gemäß der „Barrierefreie Informationstechnik-Verordnung" (BITV) in eine Webseite einzubauen?

Für jedes Nicht-Text-Element ist ein äquivalenter Text bereitzustellen. Dies gilt insbesondere für: Bilder, grafisch dargestellten Text einschließlich Symbolen, Regionen von Imagemaps, Animationen, aber auch für Video und Sound. In der Praxis erfolgt dies durch die Hinzufügung von Alt-Tags, Titel-Tags, textbasierenden Hyperlinks.

26 Welche Bedingungen sind hinsichtlich der Farbkontraste bei Bildern und farbigen Texten für barrierefreie Internetseiten zu beachten?

Bilder sind so zu gestalten, dass die Kombinationen aus Vordergrund- und Hintergrundfarbe auf einem Schwarz-Weiß-Bildschirm und bei der Betrachtung durch Menschen mit Farbfehlsichtigkeiten ausreichend kontrastieren.

25 Welche Vorteile bietet die Verwendung von Stylesheets bei barrierefreien Internetseiten?

Durch die Verwendung von Stylesheets erfolgt eine Trennung von Inhalt und Layout. Durch browserseitige Interpretation der Stylesheets kann die Darstellung für sehbehinderte Benutzer optimiert werden.

28 Ist die Verwendung von Frames gemäß der „Barrierefreie Informationstechnik-Verordnung (BITV)" zulässig?

Prinzipiell ist die Verwendung von Frames nicht verboten. Jeder Frame ist mit einem Titel (Titel-Tag) zu versehen, um Navigation und Identifikation zu ermöglichen. Der Zweck von Frames und ihre Beziehung zueinander ist zu beschreiben, soweit dies nicht aus den verwendeten Titeln ersichtlich ist.

7 Medienproduktion – Digitalmedien

29 Welche Nachteile können durch den Einbau von Flash-Dateien in ein HTML-Dokument auftreten?

Seiteninhalte sind nur mittels Flash-Plugin darstellbar. Das Plugin muss u. U. erst vom Internet geladen werden. Nicht alle Suchmaschinen können Flash-Dateien auswerten, deshalb müssen alle wichtigen Suchkriterien nochmals als Meta-Tags in den Head der HTML-Datei geschrieben werden. Die browsereigenen Vor- und Zurückbuttons können nicht als Navigationselemente verwendet werden.

30 Beantworten Sie die folgenden Fragen zu Bildformaten im Internet.

a) Welche drei Bilddateiformate sind für die Darstellung von Internetseiten zulässig?
b) Welche sind davon die gebräuchlichsten?
c) Welches der Bildformate ist für die Darstellung animierter Bilder verwendbar?

a) GIF, JPEG, PNG
b) GIF und JPEG
c) GIF

31 Ein Farbdia soll im Format 320×240 Pixel für einen Internetauftritt aufbereitet werden.

a) Weshalb ist das JPEG-Format in der Regel besser geeignet als das GIF-Format?
b) Berechnen Sie die Datenmenge des Bildes in KB, in Echtfarben, wenn um 75 % komprimiert wird?
c) Wie viele Bilder in der gleichen Größe und Art können auf einer üblichen 3,5"-Diskette gespeichert werden?

a) GIF-Format: maximal 256 Farben, JPEG-Format: 16,7 Mio. Farben (Echtfarbendarstellung)
b) 56,25 KB
c) ca. 26 Bilder
(Lösungsweg auf S. 401)

7.1 Internet

32 Ein Logo 120×80 Pixel wird im GIF-Format für das Internet abgespeichert. Bei der Umsetzung vom RGB-Modus in den indizierten Modus wird eine Datentiefe von 6 Bit gewählt.

a) Wie viele Farbtöne hat die indizierte Farbpalette?
b) Berechnen Sie die Dateigröße in KB, wenn die Datenmenge infolge der LZW-Kompression um 75 % reduziert wird.

a) 64 Farben
b) 1,75 KB
(Lösungsweg auf S. 401)

33 Während des Ladevorgangs einer Internetseite ändert sich die Angabe über die Übertragungsgeschwindigkeit mehrmals. Nennen Sie zwei Gründe, die hierfür verantwortlich sein könnten.

- Die Anzahl der Internetbenutzer, die die gleiche Seite laden wollen, hat zugenommen.
- Die Zugangskapazität des Providers wird auf mehrere Benutzer aufgeteilt.
- Die Knotenvermittlungen können überlastet sein.
- Es werden unter Umständen unterschiedliche Paketleitwege für Teilseiten verwendet.

34 Eine 400 KB große Datei soll per FTP von einem Server heruntergeladen werden. Wie lange dauert die Ladezeit bei einer effektiven Datenübertragungsrate von 5 020 Byte?

652,749 s
(Lösungsweg auf S. 401)

35 Eine 10 MB große Datei soll per FTP unter Verwendung eines ISDN-Kanals mit 64 kBit/s auf einen Server hochgeladen werden. Die Datei wird um 25 % komprimiert, zusätzlich kommen noch 300 KB Steuerdaten hinzu. Wie lange in Minuten und Sekunden dauert der Upload?

17 Minuten 1,44 Sekunden
(Lösungsweg auf S. 402)

36 Erklären Sie den Begriff „Streaming" im Zusammenhang mit der Übertragung von Sound- und Videodaten über das Internet.

Streaming-Audio oder -Video bedeutet, dass sofort mit dem Eintreffen der ersten Daten mit der Ausgabe von Sound oder Video auf dem Zielrechner begonnen wird. Die weiteren Daten werden während des Abspielens nach und nach geliefert. Der Benutzer muss nicht warten, bis die ganze Datei eingetroffen ist, um in den Genuss von Sound und/oder Video zu kommen.

37 Nennen Sie zwei übliche Codecs oder Programme, die für „Streaming-Audio und -Video" eingesetzt werden können.

Es gibt hier einige Programme bzw. PlugIns die Streaming Dateien innerhalb des Browsers anzeigen können, dies sind z. B. RealAudio, Apple Quicktime mit Sorensen Codec, Streaming MP3, Windows Mediaplayer mit DivX Codec.

7.2 CD-ROM

1 Welche CD-Arten kennen Sie? Zählen Sie auf.

- Audio-CD
- Video-CD
- Photo-CD
- Daten-CD
- DVD-CD
- Single-Session-CD
- Multi-Session-CD
- Hybrid-CD
- Mixed-Mode-CD

2 Was bedeutet die Abkürzung CD-ROM?

CD = Compact Disk
ROM = Read Only Memory

3 Wie ist eine CD-ROM aufgebaut? Nennen Sie die einzelnen Schichten von unten nach oben?

1. Trägerschicht aus Kunststoff
2. Aufzeichnungsschicht
3. Reflexionsschicht
4. Schutzschicht
5. Oberflächenbeschichtung mit Label und Titelfeld

7.2 CD-ROM

4 Welchen Durchmesser und welche Dicke hat eine normierte CD-ROM/DVD?

Durchmesser 12 cm bei einer Scheibendicke von 1,2 mm.

5 Was versteht man unter der „WORM-Technologie"?

Write Once Read Many – also schreib einmal, lies häufig. Dieser Begriff umschreibt das einmalige Schreiben oder Brennen einer CD-ROM mit Hilfe eines CD-Brenners.

6 Der beschreibbare Teil einer Daten-CD-ROM enthält folgende Bereiche:
a) Lead-in-Bereich
b) Programmbereich
c) Lead-out-Bereich.
Erklären Sie diese Bereiche und deren Daten.

a) Enthält das Inhaltsverzeichnis der CD-ROM.
b) Enthält die Daten- bzw. Audio-Sektoren.
c) Markiert das Ende einer CD-ROM oder einer Session.

7 Was haben Pits und Lands mit Laserlicht zu tun? Erklären Sie den Zusammenhang.

Pits und Lands sind Erhebungen bzw. Vertiefungen auf der Oberfläche einer CD und repräsentieren die binären Nullen und Einsen des binären Codes. Der Laserstrahl tastet die Oberfläche ab, je nach Reflektion des Laserstrahls, wird die binäre CD-Information über eine Fotodiode an den Rechner weitergegeben.

8 Wenn Sie eine CD-ROM brennen, haben Sie bei allen CD-Brennsoftware-Paketen die Möglichkeit, verschiedene Datenformate auszuwählen. Diese wählbaren Datenformate verleihen der CD-ROM verschiedene Eigenschaften. Erklären Sie die folgenden Formate und die sich daraus ergebende Datenstruktur, die Sie z. B. bei der CD-Brennsoftware Toast-CD-ROM Pro vorfinden.
a) MAC Volume
b) MAC Dateien und Ordner
c) ISO 9660
d) MAC/ISO-Hybrid

a) Erstellt eine CD-ROM für einen Macintosh-Rechner. Es kann eine komplette Festplatte als CD-ROM geschrieben werden.
b) Erstellt eine CD-ROM für einen Macintosh-Rechner. Die CD wird aus vorhandenen Ordnern und Dateien gebildet, die sich auf einer Festplatte befinden. Es wird nicht die gesamte Festplatte gebrannt.
c) Es wird eine CD-ROM erstellt, die nach den ISO-9660-Konventionen geschrieben wird. Vor allem das Dateiverzeichnis und die Namenskonventionen nach ISO müssen beachtet werden.
d) Die CD-ROM wird in drei Teile „zerlegt". Teil 1 enthält MAC-Dateien, Teil 2 PC-Dateien nach ISO 9660 und Teil 3 enthält gemeinsam genutzte Dateien (z. B. auf einer CD-ROM die Sound/Videodaten).

7 Medienproduktion – Digitalmedien

9 ISO-9660 ist ein normiertes CD-Dateiformat, das 1987 als Green-Book-Anhang veröffentlicht wurde. Erläutern Sie, was diese Normung festlegt.

- Standardisierung einer Dateistruktur, die es ermöglicht, Daten auf möglichst vielen Rechnerplattformen zu nutzen.
- Der Datenaustausch ist durch die ISO-Norm vereinfacht worden.
- ISO-Daten werden von jedem Betriebssystem und dem dort jeweils vorhandenen Dateisystem verwaltet.
- ISO-Daten werden auf den gängigen Betriebssystemen durch die Systemtreiber verwaltet.

10 Es gibt so genannte ISO-9660-Konventionen. Was wird darunter verstanden?

Diese Konventionen legen bestimmte Regeln fest, die bei der Herstellung von CD-ROMs beachtet werden müssen, damit eine weitgehend problemlose Datennutzung möglich ist. Im Einzelnen legt die Konvention Folgendes fest:

- Ein Dateiname darf maximal acht Zeichen aufweisen.
- Ein Dateiname muss ein Suffix enthalten, das durch einen Punkt vom Namen getrennt wird.
- Das Suffix darf nur drei Zeichen enthalten.
- Es sind nur Großbuchstaben, Zahlen und Unterstriche zulässig.
- Es dürfen maximal acht Verzeichnisebenen angelegt werden

11 Nennen Sie beliebige Namen für folgende Dateitypen, korrekt nach ISO-9660 benannt.

a) Photoshop-Datei
b) Quark-XPress-Datei
c) Direktor-Datei
d) Bilddatei für Internet
e) Bilddatei für die Bildreproduktion
f) QuickTime-Movie
g) Textdatei
h) Animation aus dem Programm Cinema 4D

a) PRUEFUNG.PSD
b) PRUEFUNG.QXD
c) PRUEFUNG.DIR
d) PRUEFUNG.GIF
e) PRUEFUNG.EPS
f) PRUEFUNG.MOV
g) PRUEFUNG.TXT
h) PRUEFUNG.MOV

© Holland + Josenhans

7.2 CD-ROM

12 Welche Zeichen sind bei der ISO-Konvention beim Schreiben von Dateinamen erlaubt?

- Die Zeichen A bis Z
- Die Ziffern 0 bis 9
- Der Unterstrich (so sieht er aus: TEIL_007.TXT)

13 Da die ISO-9660-Konventionen aus dem Jahr 1987 stammen, gibt es zwischenzeitlich Erweiterungen dieser Norm. Wie heißen diese neueren Normen?

- ISO-9660 Level 2
- ISO-9660 Level 3
- Romeo und Julia (Joliet) für Windows-PC

14 Erläutern Sie die ISO-9660 Level 2 Konventionen.

- Dateinamenlängen von maximal 31 Zeichen sind möglich.
- Die anderen Konventionen bleiben erhalten.

15 Erläutern Sie die ISO-9660 Level 3 Konventionen.

- Dateinamenlängen von maximal 64 Zeichen sind möglich.
- Beliebige Zeichen für Dateinamen.
- Beliebige Staffelung der Unterverzeichnisse.

16 Erläutern Sie die Romeo-Konventionen.

- Beliebige Zeichen für Dateinamen sind erlaubt, auch Sonderzeichen.
- 256 Zeichen für Dateinamenlänge erlaubt.
- Beliebige Staffelung der Unterverzeichnisse.
- Unicode-Zeichensatz wird unterstützt.

17 Erläutern Sie die Julia-Konventionen.

- Beliebige Zeichen für Dateinamen sind erlaubt, sowie alle Sonderzeichen.
- 64 Zeichen für Dateinamenlänge sind erlaubt.
- Beliebige Staffelung der Unterverzeichnisse.
- Verzeichnisnamen dürfen Suffix-Erweiterungen haben.

18 Sie kennen die Begriffe Single-Session-CD und Multi-Session-CD. Was versteht man unter diesen beiden CD-Arten?

Single-Session-CD: Der Inhalt besteht aus einem Lead-In-Bereich + Datenbereich + Lead-out-Bereich.

Multi-Session-CD: Der Inhalt besteht aus einem 1. Lead-In-Bereich + 1. Datenbe- →

7 Medienproduktion – Digitalmedien

▷ *Fortsetzung der Antwort* ▷

reich + 1. Lead-out-Bereich, darauf folgt der 2. Lead-In-Bereich + 2. Datenbereich + 2. Lead-out-Bereich usw.

19 Welche Daten enthält der Lead-In-Bereich einer CD?

Der Lead-In-Bereich enthält das Inhaltsverzeichnis mit sämtlichen Adressen aller vorhandenen Daten im Datenbereich. Das Inhaltsverzeichnis des Lead-In-Bereichs wird auch als Table of Contents (TOC) bezeichnet.

20 Wie ist die Schreibreihenfolge beim Herstellen einer CD-ROM/DVD?

1. Schreiben des Datensatzes
2. Schreiben des Lead-Out-Bereiches
3. Schreiben des Lead-In-Bereiches
4. Schreiben des TOC

Beim Schreiben einer CD wird der berechnete Lead-In-Bereich von der Schreibsoftware freigelassen. Der freie Speicherplatz wird erst nach dem Schreiben des Datensatzes und des Lead-Out-Bereiches geschrieben, da erst dann die exakten Adressen für die einzelnen Datenelemente des Datensatzes vorhanden sind.

21 Eine CD-ROM-Verpackung (Standard-Plastik-Verpackung) enthält das Booklet und die Inlaycard. Erstellen Sie eine Zeichnung mit den korrekten Maßen für
a) das Booklet
b) die Inlaycard

(Lösung auf Seite 402)

22 Eine CD-ROM/DVD liest immer die gleiche Datenmenge pro Sekunde aus. Daher ist es notwendig, dass der Datenträger seine Geschwindigkeit während des Lesevorganges verändert. Wann dreht sich z. B. eine CD-ROM schneller:
a) beim Zugriff auf innere Tracks oder
b) beim Zugriff auf äußere Tracks?

Beim Zugriff auf die inneren Tracks eines optischen Datenträgers dreht sich die CD-ROM schneller als beim Zugriff auf die äußeren Spuren.

© *Holland + Josenhans*

7.3 DVD

23 Beginnt das Lesen auf einer CD-ROM/DVD innen oder außen?

Der erste Zugriff erfolgt immer auf den inneren Tracks, da sich hier der Lead-In-Bereich befindet. Die Latenzzeit beträgt 50 ms. Darunter wird die Zeit verstanden, die notwendig ist, bis sich der Lesekopf und die richtige Umdrehungsgeschwindigkeit synchronisiert haben, um den Auslesevorgang zu ermöglichen.

24 Die heute nicht mehr gebräuchlichen Single-Speed-CD-ROM-Laufwerke lesen in einer Sekunde 150 Kilobyte Daten aus. Dies entspricht 75 Sektoren oder Blöcken pro Sekunde. Welche Übertragungsrate hat ein 24-Speed-Laufwerk pro Sekunde?

3 600 KB Daten/Sekunde *(Lösungsweg auf S. 403)*

25 Errechnen Sie die Übertragungsraten/Sekunde für die folgenden Laufwerke: 48-Speed-Laufwerk, 55-Speed-Laufwerk.

48-Speed-Laufwerk = 7 200 KB/Sekunde
55-Speed-Laufwerk = 8 250 KB/Sekunde
(Lösungsweg auf S. 403)

7.3 DVD

1 Was bedeutet die Abkürzung DVD?

DVD = *D*igital *V*ersatile *D*isk

2 In welcher ISO-Norm sind die allgemeinen Spezifikationen zur DVD festgelegt?

ISO-13490 und ISO 9660. Exakte DVD-Spezifikationen sind nicht offengelegt. Die DVD-Spezifiakationen werden von einem Firmenkonsortium vorwiegend japanischer Firmen gepflegt und vertrieben. Mit dem Kauf einer DVD-Produktionsspezifikation verpflichtet sich der Käufer zur Geheimhaltung.

3 Was ist das Besondere einer DVD im Vergleich zur CD-ROM?

Die DVD beruht auf ähnlichen Prinzipien wie die CD-ROM, sie kann aber deutlich mehr Daten aufnehmen. Die derzeitige Obergrenze liegt bei ca. 17 Gbyte.

7 Medienproduktion – Digitalmedien

4 Wo liegen die technischen Unterschiede zwischen einer CD-ROM und einer DVD?

- Die beschreibbare Fläche wurde von 86 auf 87,6 cm^2 erhöht.
- Die Breite der Datenspur wurde von 1,6 auf 0,74 μm reduziert.
- Die Pit-Länge wurde von 0,833 auf 0,4 μm reduziert.
- Die Sektorinformation wurde von 278 Byte auf 62 Byte je 2048 Byte Nutzdaten reduziert.
- Die Fehlerkorrekturbits wurden von 1064 Byte auf 308 Byte je 2048 Byte Nutzdaten reduziert. Damit beträgt der Umfang eines DVD-Datenpakets mit 2048 Byte Nutzdaten nur noch 2418 Byte statt 3390 Byte bei einer CD.
- Die Eight-to-Fourteen-Modulation wird durch einen 16-Bit-Code ersetzt.

Die Verkleinerung der Pits und die engere Datenspur liefern die größten Beiträge zur Erhöhung der Datenkapazität einer DVD im Vergleich zur CD-ROM.

5 DVDs sind als einseitige Disk und als doppelseitige Disk erhältlich. Wo liegt der Unterschied?

Doppelseitige DVDs mit der Abkürzung DS sind im Prinzip zwei einseitige DVDs, die gegeneinander geklebt werden.

6 Welche DVD-Arten sind Ihnen bekannt?

1. DVD-ROM:
   DVD einseitig, 1 Schicht, 4,7 GB*
   DVD einseitig, 2 Schichten, 8,5 GB
   DVD zweiseitig, 1 Schicht, 9,4 GB
   DVD zweiseitig, 2 Schichten, 17 GB
   DVD Video
   DVD Audio
2. DVD-RAM
   DVD einseitig, 1 Schicht, 2,6 GB*
   DVD zweiseitig, 2 Schichten, 5,2 GB

* Eine Single-Layer-DVD benötigt zur Datenaufnahme nur eine Speicherschicht. Alle DVDs mit mehreren Schichten werden als Dual-Layer-DVD bezeichnet.

7.3 DVD

7 Erläutern Sie die folgenden DVD-Formate:
- DVD-R
- DVD-RAM
- DVD+RW
- DVD-ROM
- DVD-Video
- DVD-Audio.

DVD-R: Einmal beschreibbare DVD. R steht für Recordable.
DVD-RAM: Mehrfach wiederbeschreibbare DVD. RAM steht für Random Access Memory.
DVD+RW: Auch als PC-RW bekannt. Wiederbeschreibbare DVD, universeller einsetzbar als die DVD-RAM, da auf Standardlaufwerken lesbar. RW steht für Rewritable.
DVD-ROM: Read-Only-DVD, die z.B. als Video oder Audio-CD in den Handel gebracht wird.
DVD-Video: Video-Version der DVD.
DVD-Audio: Audioversion der DVD.

8 Erklären Sie den Schreib- und Löschvorgang bei einem DVD-RW Laufwerk im Zusammenhang mit dem „Phase Change Verfahren".

Die Oberflächenbeschichtung einer DVD-RW ist zunächst kristallin (reflektierend). Die binäre Information wird in kristallinen und nicht kristallinen (amorphen, nicht reflektierenden) Zuständen des Aufzeichnungsmaterials gespeichert (Fachbegriff: Phase Change Verfahren). Durch punktuelle Erhitzung mit einem starken Laserstrahl und anschließender schnellen Abkühlung wird beim Schreiben eine amorphe Kristallgitterstruktur erzeugt. Beim Löschvorgang wird die amorphe Stelle nochmals erhitzt und dadurch in die ursprünglich kristalline Struktur zurück verwandelt.

9 Welche Datenübertragungsrate hatten die DVD-Laufwerke der ersten Generation?

1,3 Mbyte/s – aktuelle Laufwerke bieten ein Mehrfaches dieser Lesegeschwindigkeit an.

10 In der Abbildung ist der physikalische Aufbau einer DVD dargestellt. Benennen Sie die fehlenden Bezeichnungen 1 bis 6 der schematischen Darstellung.

1 = Side 1
2 = Side 2
3 = Side 1, Layer 1
4 = Side 1, Layer 2
5 = Side 2, Layer 1
6 = Side 2, Layer 2

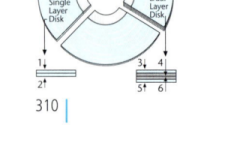

7 Medienproduktion – Digitalmedien

11 Ergänzen Sie die folgende Tabelle mit verschiedenen Kennzahlen zur DVD.

DVD-Größe	Seitenanzahl	Anzahl der Layer pro Seite	Datenkapazität	Videokapazität
DVD 5	?	?	?	?
DVD 9	?	?	?	?
DVD 10	?	?	?	?

(Lösung auf S. 403)

12 Ergänzen Sie den folgenden tabellarischen Vergleich zwischen DVD und CD:

	DVD	CD
Durchmesser der Disk	?	?
Dicke der Disk	?	?
Spurabstand	?	?
Wellenlänge der Laser	?	?
Minimale Pitlänge	?	?
Fehlerkorrektur	?	?
Referenzumdrehungs-Geschwindigkeit	?	?
Datenkapazität	?	?
Maximale Datenrate	?	?

(Lösung auf S. 403)

13 Nennen sie die Regional- oder Ländercodes, die für die DVD international üblich sind.

Regionalcode 1:
USA, Kanada und Puerto Rica.
Regionalcode 2:
Europa, Polen, Rumänien, Bulgarien, Balkanstaaten, Südafrika, Türkei, Ägypten, Saudi-Arabien bis Iran und Japan.
Regionalcode 3:
Südostasien und Hongkong.
Regionalcode 4:
Lateinamerika, Australien und Neuseeland.
Regionalcode 5:
Russland, Nachfolgestaaten der Sowjetunion, Indien, Pakistan und Afrika
Regionalcode 6:
China und Tibet
Regionalcode 0:
keine Länderbeschränkung

7.4 Video

1 Nennen Sie die drei wichtigsten Videonormen für Europa und die USA und beschreiben Sie kurz die Unterschiede.

Europa: PAL-System (Phase Alternating Line) in Westeuropa, SECAM-System (Secuentella á Mémoire) in Frankreich. USA: NTSC-System (National Television Systems Comitte). Unterschiede: Das NTSC-Verfahren USA führt vor allem bei Hauttönen zu Farbübertragungsfehlern. Deshalb wurde in Europa eine Modifikation des NTSC-Verfahrens erarbeitet. Ab 1962 wurde dieses modifizierte Verfahren als PAL-System in Westeuropa (ohne Frankreich) eingeführt. Frankreich nutzt das SECAM-Verfahren, das vor allem bei extremen Bildwechseln und schnellen Farbwechseln zu unerwünschten Flimmereffekten führt.

2 Wie viele Bilder verwendet das PAL-System pro Sekunde?

Die europäischen Systeme PAL und SECAM verwenden 25 Bilder pro Sekunde.

3 Wie viele Zeilen verwendet das PAL-System pro Bild?

Die europäischen Systeme PAL und SECAM verwenden 625 Zeilen pro Bild.

4 Wie viele Bilder verwendet das NTSC-System pro Sekunde?

Das amerikanische NTCS-Systeme verwendet 30 Bilder pro Sekunde.

5 Wie viele Zeilen verwendet das NTSC-System pro Bild?

Das amerikanische NTSC-System verwendet 525 Zeilen pro Bild.

6 Wenn Sie einen Videofilm an einen Kunden, Medienbetrieb o. Ä. weitergeben, sollten immer bestimmte Angaben mitgeliefert werden, damit der Film/Clip gut weiterverarbeitet werden kann. Welche Angaben sind dies?

- Aufnahmeformat
- Fernsehnorm
- Framerate
- Soundeinstellungen
- Verwendungszweck

7 Medienproduktion – Digitalmedien

7 Videofilme setzen sich, ebenso wie der klassische Film, aus einer Reihe von einzelnen Bildern zusammen. Wie werden diese Bilder eines Videofilms bezeichnet?

Einzelbilder eines Videofilmes werden als Frames bezeichnet.

8 Damit die Bilder eines Videofilmes eine ruckfreie und fließende Bewegung erzeugen, ist eine Mindestanzahl an Bildern (Frames) pro Sekunde notwendig. Mit welcher Framezahl sollte ein Videoclip wiedergegeben werden, damit die Wiedergabe für den Betrachter gut ist.

Mit einer Framerate zwischen 24 und 30 Frames pro Sekunde werden flüssige, ruckelfreie und fortlaufende Bewegungsabläufe in Videofilmen erzeugt.

9 Betrachten Sie den Bildausschnitt eines Videoeschnittfensters zur Abspielkontrolle. Sie erkennen die Zeitanzeige links und rechts unten. Was zeigen Ihnen die Darstellungen mit der Zeitanzeige 6:07:00 und die Zeitanzeige 00:03:26:06 an?

Links wird die Gesamtdauer von 6:07:00 des aktuellen Clips angezeigt, rechts wird durch die Anzeige 00:03:26:06 die aktuelle Abspielposition im Clip angezeigt. Die Anzeige gibt folgende Werte wieder: Stunden : Minuten : Sekunden : Frames. Diese Angabe besagt, dass der Filmclip 3 Minuten, 26 Sekunden abgespielt wurde und der sechste Frame für diese Einstellung dargestellt wird.

10 Erläutern Sie den Begriff „Timecode"

Zur Adressierung, Ansteuerung und Definition einzelner Frames auf analogen und digitalen Videobändern wurde durch die „Society of Motion Pictures and Television Engineers SMPTE" ein Code definiert, der Informationen über die fortlaufende Zeit enthält und auch zusätzliche Daten beinhalten kann. Der SMPTE-Timecode besteht aus folgenden Daten: Stunde, Minute, Sekunde und Frame, ausgedrückt im Format hh:mm:ss:ff (siehe Abbildung vorherige Frage). Zusätzliche Daten können z. B. Szenebezeichnungen oder Bandnummern sein.

7.4 Video

11 Welche Angaben müssen vor dem Schnitt eines Videoclips in einem Videoschnittprogramm definiert werden?

- Framegröße in Pixel (z. B. 320×240 Pixel)
- Framerate in Frames pro Sekunde (z. B. 25 fps)
- Farbtiefe (z. B. Tausend, Qualität 100 %)
- Kompressor (z. B. Video, Cinepack oder Sorenson)

12 Ein digitaler Videoclip enthält immer mehrere Spuren. Jede Spur beinhaltet andere Informationen, die beim Abspielen des Clips zeitgleich pro Zeiteinheit wiedergegeben werden. Nennen Sie die wichtigsten Spuren digitaler Videoclips (QuickTime) und die darin enthaltenen Informationen.

- Videospur 1 – enthält visuelle Videoinformationen.
- Audio-Vorschauspur – enthält die Vorschauinformationen für die Audiowiedergabe.
- Audiospur – enthält die digitalen Audioinformationen.
- QTVR-Spur – enthält digitale Videoinformationen virtueller Räume. Hier werden auch so genannte Hot-Spot-Informationen und VR-Panoramainformationen gespeichert.

13 Welche Funktion hat die so genannte Vorschaudarstellung beim Videoschnitt?

Die Vorschau ist eine verkürzte Darstellung des Filmes. Dabei werden weniger Frames pro Sekunde dargestellt als beim späteren fertigen Videoclip. Beim Schneiden nutzt man die Vorschaufunktion zur Kontrolle des Schneideergebnisses. Diese erfolgt in der Regel nach jeder geschnittenen Szene. Die Vorschau kann, da die Framezahl reduziert ist, fehlerhaft oder unvollständig in der Darstellung sein.

14 Im Zusammenhang mit digitalen Videos kann der Begriff des „Posters" oder des „Plakats" auftauchen. Was ist unter diesen Begriffen in diesem Zusammenhang zu verstehen?

Als Poster/Plakat wird üblicherweise das erste Frame eines Videoclips bezeichnet. Das Plakat wird als sichtbare Hilfe für die Positionierung des Videoclips z. B. auf der Bühne eines Autorensystems genutzt. Außerdem ist das Plakat optische Anzeige für den Inhalt eines Filmes und veranlasst den Nutzer, den Videoclip zu starten. Die Auswahl des Posters ist über die Funktion „Titelbild festlegen" bei den meisten Playern möglich.

7 Medienproduktion – Digitalmedien

15 **Welche Hardwarevoraussetzungen sind notwendig, um einen S-VHS-Videoclip zu digitalisieren?**

Schneller PC mit mindestens 256 MB RAM, Videodigitalisierungskarte, PC-Videorecorder, Kontrollmonitor, Lautsprecher.

16 **Welche Hardwarevoraussetzungen sind notwendig, um einen digitalen Videoclip in einen Rechner zu übernehmen?**

Fire-Wire-Schnittstelle am PC und dem abgebenden Gerät (Videokamera, Videoplayer).

17 **Was versteht man unter einem Codec?**

Ein Codec ist ein Programm (Systemerweiterung), welches Videoinformationen so komprimiert und dekomprimiert, dass die Wiedergabe von Videomaterial auf einem PC möglich ist.

18 **Welche Methoden der Datenkomprimierung gibt es?**

Verlustfreie Komprimierungsmethoden und verlustbehaftete Komprimierungsmethoden.

19 **Erläutern Sie die folgenden Begriffe aus der Komprimierungstechnologie:**
a) verlustfreie Komprimierung (engl.: Lossless Compression)
b) verlustbehaftete Komprimierung (engl.: Lossy Compression)

a) Verlustfreie Komprimierungsmethoden erhalten die Originaldaten der Bilder bzw. Filme und stellen sicher, dass das Bildmaterial vor und nach der Komprimierung gleich ist. Verlustfreie Komprimierungsmethoden verwenden in der Regel eine so genannte Lauflängencodierung. Dies ist ein Arbeitsprinzip, das fortlaufend Bereiche gleicher Farbe entfernt. Mit dieser Methode ist kein großer Komprimierungseffekt verbunden, da bei Videos normalerweise nur wenige Bilder bzw. Szenen einen gleichartigen und ruhigen Bildhintergrund aufweisen.

b) Verlustbehaftete Komprimierungsmethoden versuchen, Bildinformationen zu entfernen, welche dem Betrachter nicht auffallen. Diese Methode verändert die Bildinformation, es gehen Farbinformationen verloren. Je nach Komprimierungsgrad ist dieser Verlust sehr gering bis sehr hoch.

7.4 Video

20 Wie wird die Technologie genannt, die zur Übertragung von digitalen Videos im Internet zunehmend verwendet wird?

Videostreaming

21 Geben Sie eine allgemeine Definition des Begriffs „Streaming".

Wird eine Datei bereits während des Ladevorgangs aus dem Internet wiedergegeben, so wird dies als Streaming bezeichnet. Dies ist besonders bei größeren Sound- und Videodateien nützlich, da der Nutzer nicht auf die Wiedergabe warten muss, bis die gesamte Datei auf seinen Rechner geladen ist.

22 Erläutern Sie den Begriff Videostreaming.

Darunter versteht man die Komprimierung, Übertragung und Dekomprimierung von Videodaten im Internet. Ziel ist eine Videoübertragung, die es dem Anwender gestattet, einen Videoclip direkt über das Netz zu betrachten, ohne lange Ladezeiten in Kauf nehmen zu müssen. Das derzeitige Problem bei dieser Videostreamingtechnologie ist nicht das Komprimieren und Dekomprimieren der Videodaten, sondern die Übertragungsgeschwindigkeit des Netzes. Hier sind die „Störfaktoren" vor allem die nicht videostreamingfähigen Router ohne Multicast-Technologie.

23 Nennen Sie die Videocodecs, welche Sie zur Hybridproduktion verwenden können.

- Cinepak
- Sorenson Video
- MPEG

24 Welcher der folgenden Codecs ist besonders für die Video-Internetübertragung geeignet? Erklären Sie Ihre Entscheidung.
a) Cinepak
b) Video
c) SorensonVideo

Antwort c) ist richtig. Begründung: Der Sorenson Video Kompressor gehört seit der Version 3 von QuickTime zum Lieferumfang dieser Systemerweiterung. Dieser Codec ist speziell für die Videoübertragung im Internet entwickelt worden.
Der Codec komprimiert bzw. dekomprimiert Video- und Sounddaten so, dass ein Videostreaming bei guter Qualität und Übertragungszeit möglich ist.

7 Medienproduktion – Digitalmedien

25 Alle Codecs komprimieren die Einzelbilder (Frames) eines Clips. Um Speicherplatz zu sparen, werden die Filme komprimiert. Dabei tauchen die beiden folgenden Begriffe auf: Deltaframe (Deltabild) und Keyframe (Schlüsselbild). Was wird darunter verstanden? Stellen Sie den Zusammenhang her.

Viel Speicherplatz lässt sich einsparen, wenn die Bilder eines Clips miteinander verglichen werden. Es ändert sich von einem Bild zum nächsten oft nur ein geringfügiger Ausschnitt. Es liegt dann nahe, nur diesen veränderten Bildteil zu speichern und nicht die komplette Bildinformation. Ein solches Bild, in dem nur die Unterschiede zum vorherigen Bild gespeichert sind, wird als Deltabild/Deltaframe oder Differenzbild bezeichnet. Im Gegensatz dazu nennt man ein komplett abgespeichertes Bild Schlüsselbild/Keyframe.

26 Welche Besonderheit haben Videodateien im MPEG-Format bezüglich des Videoschnitts?

MPEG-Dateien lassen sich nur an den Keyframes schneiden, alle anderen Frames bestehen aus daraus abgeleiteten Differenzbildern (sind also Deltaframes), die nicht die vollständigen Bildinformationen enthalten.

27 Welche Bedeutung haben die folgenden Kürzel MPEG 1 und MPEG 7?

MPEG ist die Abkürzung für Motion Picture Expert Group. Dies ist der Ausschuss, der die Standards für die Komprimierung und Dekomprimierung von Digitalvideos festlegt. 1992 erfolgte die erste Festlegung, 2001 die Festlegung für MPEG 7. MPEG 1 erlaubt eine Fenstergröße des Digitalvideos von maximal 352×288 Pixel, MPEG 7 ermöglicht eine maximale Größe von $1\,920 \times 1\,080$ Pixeln. Zusätzlich normieren die MPEG-Formate noch die Qualität der Tonkomprimierung, die bei MPEG 7 Stereosound mit einer Samplingrate von 4 498 kHz mit bis zu 6 Kanälen für Raumklang-Systeme umfasst.

28 Erläutern Sie den Begriff Timebase.

Der Begriff bezeichnet die interne Zeitauflösung, mit der ein Videoschnitt programm arbeitet. Die Timebase ist die kleinste Zeiteinheit, die ein Videoschnitt programm verarbeiten kann.

7.4 Video

29 Vervollständigen Sie die folgende Tabelle zur Timebase-Einstellung bei verschiedenen Videos.

Endprodukt	Timebase
PAL-Video	25 fps
SECAM-Video	25 fps
NTSC-Video	29,97 fps
MPEG 1 Computervideo PAL	25 fps
MPEG 1 Computervideo NTSC	29,9 fps
MPEG 2 Computervideo PAL	25 fps
MPEG 2 Computervideo NTSC	29,9 fps
QT-Computervideo 15 fps	30 fps
QT-Computervideo 12 fps	24 fps
QT-Computervideo 24 fps	24 fps
QT-Computervideo 25 fps	25 fps

30 Ergänzen Sie die folgende Tabelle zu den verschiedensten Festlegungen im Bereich der Videonormen:

Norm	PAL	SECAM	NTSC	HDTV PAL+	SVGA
Zeilenzahl	?	?	?	?	?
Bildverhältnis Horizontalfrequenz oder Zeilenfrequenz	?	?	?	?	?
Vertikalfrequenz oder Vollbilder/Sek.	?	?	?	?	?
Zeilensprungverfahren Interlaced	?	?	?	?	?
Einsatz	?	?	?	?	?

(Lösung auf S. 404)

31 Erläutern sie die folgenden Abkürzungen: NTSC, PAL, SECAM, HDTV.

NTSC: Fernsehübertragungsnorm der USA und Kanada, 1953 vom **N**ational **T**elevision **S**ystem **C**ommitee eingeführt.

PAL: **P**hase **Al**ternation Line, Fernsehübertragungsnorm, 1962 in Westeuropa (außer Frankreich) eingeführt.

SECAM: **Sec**uentella **à** **m**émoire, Fernsehübertragungsnorm, 1957 in Frankreich eingeführt.

HDTV: **H**igh **D**efinition **T**ele**v**ision dient als Sammelformat bzw. Sammelbegriff für verschiedene Formate des hochauflösenden Fernsehens.

32 Beschreiben Sie den Begriff HDTV ausführlicher als oben dargestellt.

High Definition Television ist ein Sammelbegriff für hochauflösendes Fernsehen, der eine Reihe von Fernsehnormen bezeichnet, die sich gegenüber dem herkömmlichem Fernsehen durch eine größere Zeilenzahl (720, 1050, 1080, 1125, 1200 oder 1250 Zeilen), erhöhte Auflösung und ein verändertes Bild-Seitenverhältnis (16:9) auszeichnen. HDTV kann mit den bekannten Bildwechselraten 25 Bilder pro Sekunde (PAL-System) und 30 Bilder pro Sekunde (NTSC-System), sowie der Bildwechselrate von Film (24 Bilder pro Sekunde) arbeiten. Desweiteren ist es mit HDTV möglich, progressive Bilder zu verarbeiten (z. B. sog. 24p), also Bilder, die sich nicht wie beim Zeilensprungverfahren in zwei Halbbilder teilen, sondern aus einem Vollbild bestehen. Die höhere Zeilenzahl ermöglicht einen geringeren Betrachtungsabstand von etwa dem 2,5-fachen der Bildhöhe und damit einen eher dem breitwandigem Kinobild entsprechenden Gesamtbildeindruck. Insgesamt bietet HDTV also wesentliche Verbesserungen der Bildqualität.

33 Welche Codecs unterstützen HDTV im PC-Bereich

Bisher unterstützen drei PC-Codecs Auflösungen im HD-Bereich:

- Quicktime von Apple,
- Windows Media von Microsoft – ab Version 9 mit bis zu 720 Zeilen,
- RealVideo von Real Networks – unterstützt ab Version 9 alle HDTV-Formate und Auflösungen.

Ebenfalls in Frage kommt die vom *Joint Video Team* (JVT) MPEG-4-Erweiterung H.264, das die beiden ursprünglich konkurrierenden Formate ISO MPEG-4 und ITU-T H.26L kombiniert. Diese ist (Stand Sommer 2004) im Prinzip fertiggestellt, es mangelt aber noch an geeigneter Soft- und Hardware, welche die Komprimierung und Dekomprimierung bezahlbar und zugleich mit akzeptabler Geschwindigkeit durchführen kann.

7.4 Video

34 Was geschieht mit der Zeiteinstellung, wenn aus einem Video mit einer vorhandenen Timebase von 24 fps ein Clip mit einer neuen Timebase von 25 fps berechnet wird?

Als oberste Priorität erhält ein Schnittprogramm bei einer Neuberechnung immer die Gesamtlänge eines Clips. Da für die Abspielzeit von 25 fps ein Bild fehlt, fügt das Schnittprogramm automatisch ein Bild ein, um die geforderten 25 fps zu erhalten. Mit diesem zusätzlichen Bild ist die Zeitzählung wieder in Ordnung. Eingefügt wird immer das letzte Bild, in diesem Fall also Bild 24.

35 Was geschieht mit der Zeiteinstellung, wenn aus einem Video mit einer vorhandenen Timebase von 15 fps ein QT-Video-Clip mit einer neuen Timebase von 30 fps berechnet wird?

Das Schnittprogramm verdoppelt jedes Bild, sodass der Clip technisch gesehen die geforderten 30 fps aufweist, aber jeweils 2 Bilder identisch sind.

36 Geben Sie einen systematischen Überblick über die Entstehung eines Videos für Multimedia-CD oder Internet.

Planen = Drehbuch schreiben und eventuell Storybord schreiben/zeichnen.

Drehen = Alle Szenen des Drehbuchs werden gefilmt.

Schnitt = Das Drehmaterial wird dem Drehbuch gemäß geschnitten, vertont bzw. nachvertont und mit den notwendigen oder gewünschten Effekten versehen.

Mastering 1: Der fertiggeschnittene Film wird auf ein Videoband überspielt. Dies ist das Masterband. Es sollte mindestens S-VHS-Qualität aufweisen, wenn eine Weiterverarbeitung für den Digitalvideobereich gewünscht ist.

Mastering 2: Der fertig geschnittene Film wird in eine Videodatei konvertiert. Diese Datei muss auf PCs mit einer vordefinierten Mindestausstattung einwandfrei wiedergegeben werden. Diese Datei, meist in Verbund mit anderen Multimediadateien, ist das Master. Dieses wird meistens als CD-ROM oder DVD-WORM an den Produzenten der Multimedia-Applikation geliefert. Die Videodaten werden dann für die CD/DVD-Produktion oder das Videostreaming für Internetanwendungen verwendet bzw. aufbereitet.

37 Digital Video oder DV, was wird darunter verstanden?

Oberbegriff für den DV-Standard der 1996 am Markt eingeführt wurde. Es gibt zwei verschiedene Kassettengrößen (DV und MiniDV). Damit werden Videos mit dem DCT-Verfahren mit 25 MBps aufgezeichnet. Die Qualität ist im Vergleich zu älteren, analogen Verfahren um ein Vielfaches besser.

38 Erläutern Sie den Begriff DCT-Verfahren.

DCT – Kurzform für Discrete Cosinus Transformation. Häufig genutztes System, um eine Datenreduktion bei Videosignalen durchzuführen. Das digitale Videosignal wird zunächst in Datenblöcke, z. B. mit der Größe von 8 x 8 Bildpunkten, zerlegt. Danach wird eine zunächst verlustfreie Umwandlung der Helligkeitsinformation pro Bildpunkt in eine Frequenzinformation durchgeführt. Die so entstandenen Frequenzinformationen werden jetzt so sortiert, dass diagonal verlaufende Bilddetails für die eigentliche, verlustbehaftete Datenreduktion verfügbar sind. Diese diagonal verlaufenden Bilddetails eines Videobildes sind für das Auge und den damit verbundenen Schärfeeindruck weniger bedeutsam und können daher verändert werden. Je nach geforderter Qualitätsstufe können nun sehr feine oder auch etwas deutlichere diagonale Strukturen übertragen werden. Dieser Vorgang wird auch als Quantisieren bezeichnet. Bei nonlinearen Schnittsystemen kann der gewünschte Datenreduktionsfaktor oft eingestellt werden. In der Aufnahmepraxis liegt der Datenreduktionsfaktor fest und kann nicht verändert werden.

39 Geben Sie eine Definition des Begriffs „Digitales Video".

Hinter dem Begriff Digitales Video (DV) verbergen sich mehrere standardisierte Aufzeichnungsformate für Digitalvideo, die sich in den Magnetbändern und damit auch in der Kassettengröße unterscheiden. DV-Kassetten gibt es im Betacam SP-Format, in VHS- und im DV-Mini-Format. →

7.4 Video

▷ Fortsetzung der Antwort ▷

Das DV-Format wurde von mehreren Herstellern definiert und ist bekannt als DVCAM, DVC, DVCPro, Mini-DV und Digital-8 (D8).

40 Erläutern Sie die in Deutschland verwendete PAL-Fernsehnorm.

Phase Alternating Line (PAL) ist eine Fernsehnorm, welche für die Fernsehübertragung eingesetzt wird. Wichtiges Merkmal von PAL ist die von Zeile zu Zeile umgeschaltete Phasenlage des Farbanteils des Bildes. PAL wird mit 625 Zeilen bei 25 Vollbildern, respektive 50 Halbbildern pro Sekunde übertragen. Das unbunte Bild, die so genannte Luminanz (Y), wird mit Einseitenbandmodulation, die Chrominanz (C), also der Farbanteil des Bildes, wird ebenfalls in Amplitudenmodulation und der Ton in Frequenzmodulation übertragen.

41 Wie erfolgt die Darstellung eines Fernsehbildes auf dem Monitor?

Die Darstellung eines Fernseh- oder Videobildes erfolgt in Zeilen von links nach rechts. Das Bild baut sich von von oben nach unten auf. Ein Vollbild besteht aus zwei Halbbildern, wobei in einem Halbbild die ungeraden Zeilen (1, 3, 5 usw.) abgetastet und dargestellt werden, im folgenden Halbbild die geraden Zeilen (2, 4, 6 usw.). Dieses Verfahren wird Zeilensprungverfahren oder Interlace-Verfahren genannt.

42 Die Anzeige eines Fernsehbildes erfolgt durch zwei unterschiedliche Darstellungsformate. Entweder durch das 3:4 TV-Format oder durch das 16:9 TV-Format. Was drücken diese Zahlenverhältnisse aus?

Die Zahlenverhältnisse 4:3 und 16:9 beschreiben das jeweilige Seitenverhältnis der Bildröhren im Verhältnis von Breite zur Höhe. Dividiert man 4 durch 3 ergibt dieses 1,33. Dies besagt, dass das Bild ein Seitenverhältnis von 1,33:1 (Breite:Höhe) besitzt. Wird 16 durch 9 dividiert ergibt dies ein Seitenverhältnis des Bildes von 1,78:1 (Breite:Höhe). Die beiden Verhältniszahlen 1,33:1 und 1,78:1 sind für das Verständnis der Bildverhältnisse untereinander wichtig. Sie verdeutlichen die Darstellungsmöglichkeiten von Videos auf verschiedenen Monitorgrößen.

7 Medienproduktion – Digitalmedien

43 Nennen Sie die Unterscheidung zwischen PAL und PALplus.

Das PAL-Fernsehbild hat ein Bildseitenverhältnis von 4:3, die Pixel sind quadratisch. Für Fernsehen im Bildseitenverhältnis von 16:9 wurde 1991 PALplus vorgestellt.

44 Ein Film im 16:9-Format wird mit einem 4:3-Fernseher betrachtet. Wie wird der Film dargestellt, wenn er wie folgt an das 4:3-Format angepasst wird?
a) proportional in der Breite
b) proportional in der Höhe
c) in der Breite und Höhe

a) Das Fernsehbild zeigt oben und unten schwarze Balken (Letterbox).
b) Links und rechts wird ein Teil des Bildes abgeschnitten.
c) Das Bild wird verzerrt dargestellt („Eierkopfeffekt").

45 Erläutern Sie die Angabe „4:2:2" bei der Digitalisierung von Video.

Videos werden im Farbraum YcbCr beschrieben, wobei Y für die Helligkeit und Cr, Cb für die Farbanteile steht. Bei der Digitalisierung werden von jeweils vier Pixeln alle Helligkeitswerte (4), aber nur zwei Farbwerte Cr (2) und Cb (2) gespeichert. Kurzschreibweise: 4:2:2.

46 Erläutern Sie folgende Fachbegriffe:
a) Framerate
b) Timecode
c) Codec
d) Datenrate

a) Framerate (Bildwiederholfrequenz): Anzahl an Einzelbildern pro Sekunde, z. B. 25 Vollbilder bei PAL.
b) Timecode: Standardisierte Zeitangabe in der Form Stunde:Minute:Sekunde:Frame
c) Codec: Kompressionsalgorithmus zur Reduktion der Datenmenge, z. B. MPEG-2, Sorenson, Motion-JPEG
d) Datenrate: Datenmenge, die pro Sekunde Video anfällt. Einheit: MBit/s

47 FireWire wurde 1986 entwickelt und liegt derzeit in zwei bzw. drei Spezifikationen vor. Nennen Sie diese Spezifikationen zur Digitalvideoübertragung.

- IEEE 1394 mit einer maximalen Übertragungsrate von 400 MBit/s
- IEEE 1394b mit einer maximalen Übertragungsrate von 1.600 MBit/s Eine Erweiterung auf 3.200 MBit/s ist bereits in Planung (Stand August 2005). Da der DV-Datenstrom gemäß Spezifikation lediglich 25 MBit/s beträgt, ist für die digitale Videoübertragung bereits IEEE 1394 völlig ausreichend.

7.4 Video

48 DV basiert auf der europäischen Fernsehnorm PAL bzw. der amerikanisch/japanischen Fernsehnorm NTSC. Nennen sie die üblichen Auflösungen für diese DV-Normen.

Die Auflösungen betragen:
- DV-PAL: 720 x 576 Pixel
- DV-NTSC: 720 x 480 Pixel

Das Bildverhältnis ist in beiden Fällen 4:3, wobei sich keine quadratischen, sondern leicht längliche Pixel ergeben.

49 Nennen Sie Auflösungen für das HDTV-Format 16:9.

Auch für das HDTV-Format 16:9 beträgt die Auflösung von PAL 720 x 576 Pixel. Dies führt zu einer anamorphotischen Verzerrung des Bildes, die bei der Wiedergabe ausgeglichen werden muss.

50 Nennen Sie die Vertikalfrequenz von DV-PAL.

Die Vertikalfrequenz von DV-PAL beträgt 25 Vollbilder bzw. 50 Halbbilder pro Sekunde. Beim Interlaced-Modus wird ein Bild als zwei Halbbilder übertragen, das erste mit geraden, das zweite mit ungeraden Zeilenzahlen.

51 Welches Kompressionsverfahren wird bei DV-Video hauptsächlich eingesetzt?

Die Datenkompression erfolgt bei DV über ein abgewandeltes MPEG-2-Verfahren, auch I-MPEG genannt. Dieses ermöglicht im Unterschied zu MPEG-2 das bildgenaue Schneiden des Videos. Letzteres ist bei MPEG-2 nur bei den so genannten I-Frames möglich.

52 Mit welchem Datenstrom in MBit/s werden DV-Signale übertragen?

Der Datenstrom eines DV-Signals ist konstant und beträgt 25 MBit/s. Eine Minute DV-Video ergibt hochgerechnet also eine Datenmenge von etwa 214 MB.

53 Definieren Sie die folgenden Begriffe: VHS, S-VHS, Video-8-Format, BetacamSP.

- VHS = Video-Home-System. Consumer-MAZ-Format mit einer Auflösung von ca. 250 Linien pro Zeile.
- S-VHS = Super Video-Home-System. Gegenüber dem VHS-Format wird mit einer Auflösung von ca. 400 Linien pro Zeile und einem verbesserten Farbverfahren (Color-Under-Verfahren) gearbeitet. →

7 Medienproduktion – Digitalmedien

▷ *Fortsetzung der Antwort* ▷

- Video-8-Format = verbessertes VHS-Consumer-Verfahren mit einer Auflösung von 270 Linien pro Zeile.
- BetacamSP = Professionelles Video-MAZ-Format. Die Helligkeits- und Farbsignale werden auf getrennten Spuren aufgezeichnet. Die Auflösung ist ca. 700 Linien pro Zeile.

54 Um welche Dateiformate handelt es sich hier: AVI, MOV?

AVI = Audio Video Interleaved: Dateiformat in Video für Windows. MOV = QuickTime Video: Dateiformat für Videos, das für Hybrid-Produktionen verwendet werden kann.

55 Welche Angaben müssen Sie machen, wenn Sie einen fertig gedrehten Videofilm weitergeben?

Aufnahmeformat, Dateiformat und Videonorm.

56 Ein digitaler Videoclip in der Größe 320×240 Pixel soll mit 24 fps in Echtfarben hergestellt werden.

- a) Erklären Sie die Angabe „24 fps".
- b) Berechnen Sie die Datenmenge für eine Sekunde Video.
- c) Nennen Sie drei bekannte Video-Kompressionsverfahren (Codecs).
- d) Erklären Sie die Begriffe räumliche Kompression (Intra-Frame-Kompression) und zeitliche Kompression (Inter-Frame-Kompression)
- e) Nennen Sie zwei weitere Möglichkeiten, die Datenmenge des Videos zu verringern.

a) 24 Frames per Second, Bildwiederholfrequenz: Anzahl der Vollbilder pro Sekunde, in diesem Fall 24.
b) 5 400 KB/s *(Lösungsweg auf S. 404)*
c) Cinepak, Sorensen, Video 1, Animation, MPEG 1 oder 2, MJPEG,
d) Räumliche Kompression: Datenreduktion innerhalb eines Einzelbildes z. B. JPEG. Zeitliche Kompression: Datenreduktion durch Entfernung redundanter Informationen zwischen Einzelbildern oder vorher festgelegten Keyframes, z. B. MPEG.
e) Verwendung eines Codecs mit größerer Kompression, Änderung der Framerate von 24 auf 15 fps, Änderung der Farbtiefe, Herabsetzung der Qualität, Verringerung der Bildgröße.

© Holland + Josenhans

7.5 Sound

1 **Bei der Digitalisierung eines Tones fällt der Ausdruck „Sample and Hold". Was ist unter diesem Fachbegriff zu verstehen?**

Das sinusförmige Analogsignal eines Tones wird in regelmäßigen Abständen abgetastet (Sample) und die elektrischen Abtastsignale (= gemessene Spannungswerte) als digitaler Wert gespeichert (Hold). Aus dem sinusförmigen Analogsignal mit theoretisch unendlich vielen Informationen wird eine genau definierte Anzahl an Abtastwerten herausgenommen (Abtastfrequenz). Diese Werte bilden in ihrer Gesamtheit den wiederzugebenden Ton als Folge digitaler Zahlenwerte.

2 **Welche Aufgaben bzw. Funktionen werden von einer Soundkarte im PC wahrgenommen?**

Die Soundkarte dient der Aufnahme und Wiedergabe von Audiosignalen.

3 **Aus welchen Komponenten besteht eine Soundkarte?**

- Coder/Decoder (Zum Beispiel 16 Bit A/D-Wandler mit einer Sampling-Rate/Abtastfrequenz von 44,1 kHz)
- Soundpuffer (Speichern der in binärer Form vorliegenden Klangfolgen/Samples).
- Synthesizer
- Digitaler Signalprozessor für spezielle Effekte wie z. B. Hall.
- Sound ROM/RAM
- Verschiedene Schnittstellen bzw. Anschlüsse.

4 **Welche Anschlüsse weist eine Soundkarte in der Regel auf?**

- Anschlüsse für Mikrofon (Mono oder Stereo)
- Line In für die Aufnahme z. B. von CD-Player oder Mikrofon
- Line Out für die Soundwiedergabe z. B. für Aktivboxen
- CD-ROM Laufwerksanschluss über eine interne EIDE-Schnittstelle

7 Medienproduktion – Digitalmedien

5 Erklären Sie den Begriff MIDI-Schnittstelle und dessen Funktion.

MIDI ist die Abkürzung für Musical Instrumental Digital Interface. Die MIDI-Schnittstelle ist ein 15-poliger Anschluss für z. B. Keyboard oder Joystick. Beim Eingang von analogen Signalen erfolgt eine Digitalisierung durch den integrierten Game Control Adapter (GCA).

6 Erläutern sie den Begriff „MIDI-Datei".

Eine MIDI-Datei ist eine Standarddatei , die zur Übertragung von Noten bzw. Sound und den dazugehörenden Steuerbefehlen zwischen den unterschiedlichsten elektronischen Instrumenten, einem Computersystem oder einem soundverarbeitenden System dient.

7 Welche Funktion hat ein Synthesizer-Chip auf der Soundkarte?

Er wandelt die in digitaler Form gespeicherten Töne in elektronische Klänge um.

8 Welche Verfahren der Klangerzeugung sind Ihnen bekannt?

- FM-Synthese (Frequenzmodulations-Synthese). Dabei werden durch die Überlagerung von Sinuswellen verschiedener Frequenzen die Töne von Musikinstrumenten nachgebildet.
- Wavetable-Synthese, bei der in digitaler Form gespeicherte Klänge als Grundlage zur Erzeugung neuer Klänge dienen.

9 Zählen Sie vier gängige technische Abtastfrequenzen auf, die in der Medienindustrie verwendet werden.

- 96 kHz = sehr hohe Qualität für Studioeinsatz.
- 44,1 kHz = hohe Qualität, Samplingrate für Audio-CDs, Ausgangsmaterial für Multimedia-CDs.
- 22,05 kHz = mittlere Qualität, für Multimediaanwendungen oft ausreichend.
- 11,025 kHz = niedrige Qualität, nicht empfehlenswert, aber oft bei älteren Multimediaanwendungen zu „hören".

7.5 Sound

10 Die Auflösung eines Sounds wird in Bit angegeben und bezeichnet die Anzahl der Stufen, mit denen ein Sound aufgenommen und digitalisiert wird. Nennen Sie drei technische Auflösungen und deren Einsatz in der Medienindustrie.

1. 24 Bit (16,7 Mio. Stufen) = sehr hohe Soundqualität, Studioeinsatz, Standard für DVD
2. 16 Bit (65.536 Stufen) = hohe Qualität, Audio-CDs, Multimediaproduktion
3. 8 Bit (256 Stufen) = Multimediaproduktion (Mono-Sound, Sprache)

11 Eine Multimediaproduktion soll mit Sprache und Sound unterlegt werden. Welche Parameter sind für die Herstellung des Sounds zu berücksichtigen?

Samplingrate, Auflösung (8 Bit oder 16 Bit), Stereo oder Mono, Dateiformat.

12 Für welche Anwendungsbereiche wird eine Abtastfrequenz von 96 kHz und eine Auflösung von 24 Bit in der Praxis eingesetzt, wie viele Tonwertstufen (Auflösung) sind hierbei darstellbar?

Für sehr hohe Qualitäten im Studiobereich. Es sind 16,7 Mio. Stufen darstellbar.

13 Nennen Sie vier gebräuchliche Dateiformate für Sounds.

WAV-Format: Wave Form Audio Format
AIF: Audio Interchange File Format
WMA: Windows Media Audiofile
RAM: Real Audio Mega Quality Sound File
MP3: MPEG 3 Audio
MPEG: Moving Picture Experts GroupAudio Layer I, II und III

14 Erläutern Sie den Anwendungsbereich des WAV-Formates.

WAV-Format: Aus dem PC-Bereich kommendes Soundformat für die plattformübergreifende Multimediaherstellung. Nachteil des Formates ist die fehlende Datenkompression.

15 Wo wird das AIFF-Soundformat verwendet?

Aus dem Macintosh-Bereich stammendes Soundformat zum Datenaustausch zwischen unterschiedlichen Computerplattformen. Datenkompression wird nicht angeboten.

16 **Was ist unter dem MP3-Format zu verstehen. Erläutern Sie.**

MP3, eigentlich muss es korrekt MPEG-1 Audio Layer-3 heißen, ist ein patentiertes Dateiformat zur verlustbehafteten Audiokompression, entwickelt am Fraunhofer-Institut für integrierte Schaltungen in Erlangen. Wie andere Formate setzt MP3 darauf, dass die Wahrnehmung des Menschen begrenzt ist. Die Menge der Töne, die vom Menschen beispielsweise wegen ihrer Frequenz oder Lautstärke nicht wahrgenommen werden können, wird reduziert. Das ist ein verlustbehaftetes Verfahren, das Ausgangssignal kann nicht reproduziert werden. Die Verluste hängen stark von der Übertragungsfrequenz ab. Bei etwa 128 kBit/s sind die Unterschiede zum Original kaum wahrzunehmen, wenn es sich um Musik mit einem geringen Dynamikumfang handelt (Pop-Musik, Synthesizer, Techno). Beispielsweise bei Gitarren- oder Violinenmusik erkennt man bei 128 kBit/s aber schnell unangenehme akustische Fehler. Hier sind durchschnittliche Datenraten von 192 kBit/s oder höher zu empfehlen.

17 **Erklären Sie das Prinzip der Datenreduktion für MP3-Files.**

- Ein erster Schritt der Datenreduktion beruht z. B. auf der Kanalkopplung des **Stereo**signals durch Differenzbildung. Das ist ein verlustloses Verfahren. Die Ausgangssignale können vollständig reproduziert werden.
- Nicht hörbare **Frequenzen** – das für einen Erwachsenen erfassbare Spektrum deckt ungefähr einen Bereich non 20 Hz bis 18 kHz ab – werden abgeschnitten. Das ist auch wegen des Abtasttheorems notwendig. Wenn mit kleinerer Frequenz als 44 KHz abgetastet wird, muss die Grenzfrequenz noch weiter reduziert werden, z. B. auf 10 KHz bei 22 KHz Abtastfrequenz.
- So genannte **Maskierungseffekte** werden genutzt, um weitere Redundanz →

7.5 Sound

▷ *Fortsetzung der Antwort* ▷

zu beseitigen. Dabei werden vom Menschen nicht wahrgenommene Töne aus dem Signal weggelassen (zum Beispiel sehr leise Töne in lauter Umgebung).
- Getrenntes Komprimieren hoher Frequenzen bei niedrigen Datenübertragungsraten erreicht.

18 **Wo werden MP3-Files verwendet?**

- MP3-Sounddateien werden von Musiktauschbörsen genutzt.
- MP3-Files werden auf MP3-Playern verwendet, mit denen man z. B. unterwegs Musik hören kann. MP3-Player unterscheiden sich im wesentlichen in der Speichertechnik. Es gibt Abspielgeräte mit Festplatten (z. B. iPod), mit Festspeicher, mit verschiedenen Speicherfingern oder Speicherkarten und mit CD oder Mini-CD als Speichermedium.
- MP3-Files werden in der Multimediaproduktion (Internet/CD-ROM/DVD) verwendet, um mit kleinen Dateien eine möglichst optimale Soundqualität bei kurzen Ladezeiten zu erreichen

19 **Für welchen Zweck werden SWA-Sounddateien verwendet?**

SWA-Format: Format mit hoher Kompressionsrate, allerdings bei abnehmender Qualität. Die Anwendung ist vor allem bei Internetauftritten zu finden, da Soundstreaming möglich ist. Das bedeutet, dass ein Abspielen der Datei möglich ist, während der Download aus dem Netz noch erfolgt.

20 **Welche Vorteile bietet das im Internet verbreitete Format MP3 für Sounddateien?**

Hohe Kompression, geringe Dateigröße (ca. $\frac{1}{10}$ der normalen Dateigröße einer Original-Audiodatei bei nahezu gleicher Qualität).

7 Medienproduktion – Digitalmedien

21 Für eine Multimediaproduktion ist die Samplingfrequenz und die Auflösung bei der Sounddigitalisierung festzulegen. Auf Grund der beschränkten Speicherkapazität der CD-ROM sollten die Sounddateien nicht zu groß werden. Begründen Sie ihre Entscheidung.

In diesem Fall empfiehlt sich eine Samplingfrequenz von 22 kHz und eine Auflösung von 16 Bit Stereo. Eine höhere Abtastfrequenz würde zwar die Qualität erhöhen aber auch die Dateigröße. Eine Abtastfrequenz von 11 kHz würde einen Sound nur in Telefonqualität ergeben. Eine Auflösung von nur 8 Bit würde ebenfalls die Qualität hörbar verschlechtern. Je nach verwendetem Autoren- bzw. Produktionsplan können auch MP3-Daten verwendet werden. Dann kann mit höheren Samplingfrequenzen gearbeitet werden.

22 Eine Liveaufnahme eines Orchesters soll für eine Multimedia-CD in Audio-CD-Qualität digitalisiert weden. Wählen Sie aus den folgenden Einstellungsmöglichkeiten des Soundbearbeitungsprogramms die richtigen Einstellungen aus. Samplingrate: 11,025 kHz; 22,05 kHz; 44,1 kHz; 48 kHz. Auflösung: 8 Bit Mono; 16 Bit Mono; 8 Bit Stereo; 16 Bit Stereo.

44,1 kHz, 16 Bit Stereo

23 Berechnen Sie die Datenmenge bzw. den notwendigen Speicherplatz in MB einer 2-minütigen Soundaufnahme bei einer Samplingrate von 22,05 kHz und einer Auflösung von 16 Bit Stereo.

Datenmenge = 10,1 MB *(Lösungsweg auf S. 404)*

24 Nennen Sie drei gebräuchliche Speichermedien, die sich für die digitale Tonaufzeichnung eignen.

- DAT (Digital Audio Tape) Speicherung auf Magnetband,
- MiniDisk, Speicherung auf magneto-optischer Scheibe,
- Hard-Disk, Speicherung auf die magnetische Festplatte,
- CD-ROM,
- Audio-DVD.

7.5 Sound

25 Nennen Sie die Komponenten aus denen ein einfaches Tonstudio für digitale Tonaufnahmen (Sprache und Musik) bestehen sollte?

- Rechnerarbeitsplatz mit Soundkarte, Soundbearbeitungsprogramm, großer Festplatte.
- Mischpult mit mehreren Eingängen für Mikrofone, CD-Player, Ausgänge für Rechner und Audiomonitore bzw. Verstärker.
- Schalldichte Aufnahmekabine.

26 Aus welchen Gründen sollte beim Harddiskrecording der Aufnahmebereich vom Bearbeitungsbereich möglichst schalldicht abgetrennt sein.

Beim Harddiskrecording wird direkt vom Mikrofon auf die Festplatte aufgenommen. Rechner haben relativ laute Komponenten wie Lüfter und Festplatten, die sich auf der Aufnahme störend bemerkbar machen würden.

27 Erklären Sie den Begriff „dynamisches Mikrofon".

Bei **dynamischen Mikrofonen** erzeugt der auftreffende Schall mittels einer Spule und eines Magneten eine schwache elektrische Wechselspannung, die sich analog zum Schall verhält. Dieses elektrische Signal kann nun im Mischpult vorverstärkt und anschließend digitalisiert werden.

28 Erklären Sie den Begriff „statisches Mikrofon".

Statische Mikrofone haben eine eigene eingebaute Spannungsquelle in Form einer Batterie oder einer Phantomspannung, die vom Vorverstärker geliefert wird. Die Schallmembran bildet zusammen mit einer Gegenelektrode einen so genannten Kondensator an dem die Batteriespannung anliegt. Verändert die Schallmembran auf Grund auftreffender Schallwellen ihre Oberfläche, so wird wiederum ein Strom erzeugt, der dann verstärkt werden kann. Statische Mikrofone sind empfindlicher als dynamische.

29 Ein Verstärker in einem Tonstudio hat folgende Angaben auf der Ausgangsseite: 2×100 Watt bei 8 Ohm Impedanz (Innenwiderstand). Es stehen Lautsprecher mit 4 Ohm bzw. 8 Ohm mit je 100 Watt zur Verfügung. Ein Mitarbeiter möchte die Lautsprecher mit 4 Ohm anschließen, da hierbei die Lautsprecher lauter seien und praktisch 200 Watt erreichen würden. Können Sie dem zustimmen? Begründen Sie.

Nein, Sie können nicht zustimmen. Es sollten nur die 8-Ohm-Lautsprecher angeschlossen werden. Bei 4 Ohm Impedanz wird der Verstärker überlastet.

7 Medienproduktion – Digitalmedien

30 Warum eignen sich für den Betrieb eines Tonstudios (Sprach- und Musikaufnahmen) nicht normale Hifi-Lautsprecher sondern nur qualitativ hochwertige Audiomonitore?

Die Wiedergabequalität von normalen Stereoanlagen-Lautsprechern ist hauptsächlich für die Wiedergabe von fertig abgemischter Musik ausgelegt. Bei der Soundaufnahme von Sprache sollte diese, zur exakten Beurteilung, möglichst unverfälscht wiedergegeben werden können.

31 Berechnen Sie die folgende Sounddatenmenge: Welche Datenmenge ergibt sich bei einer fünfminütigen Sprachaufnahme mit folgenden Parametern: 16 Bit, Mono, 22,05 KHz.

Formel $M = (A \times f_A \times Z \times t) : 8$

$M = (16 \times 22\,050 \times$
$1 \times 300) : 8 = 13\,230\,000\,\text{B}$

$M = 12{,}61\,\text{MB}$

32 Für eine Produktion stehen insgesamt für die Sounds 80 MB Speicherplatz zur Verfügung. Schlagen Sie geeignete Aufnahmeparameter vor, wenn Sie für die CD-ROM 30 Minuten Musik benötigen?

Aufnahmeparameter für 30 Minuten Sound:

Formel: $M = (A \times f_A \times Z \times t) : 8$

$A \times f_A \times Z \times t = (M \times 8)$

$A \times f_A \times Z = (M \times S) : t$

$A \times f_A \times Z = (80 \times 1\,024 \times 1\,024 \times 8) : (30 \times 60)$

$A \times f_A \times Z = 372\,827$

Möglich sind alle Kombinationen, bei denen das Produkt aus Auflösung, Abtastrate und Kanalzahl kleiner/gleich 372.827 ist. Beispiele:

	A	f_A	Z	$A \times f_A \times Z$
a)	8	44 100	1	352 800
b)	16	22 050	1	352 800
c)	16	11 025	2	352 800

Im Fall a) führt die geringe Auflösung zu starkem Rauschen.
Fall b) liefert eine brauchbare Monoaufnahme.
Fall c) führt zu einem starken Aliasing-Fehler infolge der geringen Abtastfrequenz.

33 Welcher Datenstrom in KB/s ergibt sich bei der Übertragung von 2,5 Minuten Sound, der mit 8 Bit und 11 025 kHz in Mono aufgenommen wurde?

Berechnung des Datenstroms:
Datenstrom D = Datenmenge M/1 Sekunde

$M = (A \times f_A \times Z \times 1s) : 8$
$D = (A \times f_A \times Z) : 8$
$D = (8 \times 11\,025 \times 1) : 8$
$D = 11\,025$ B/s
$D = 11,025$ kB/s (Hinweis: „k" steht hier für 1 000 und nicht für 1 024)

34 Wie lautet die Formel zur Berechnung der Speicherkapazität S in Byte für digitalisierte Klänge?

$$S = \frac{\text{Abtastfrequenz in Hz x Kanalzahl x Auflösung x Zeitdauer in s}}{8}$$

oder Berechnung der Datenmenge M

$$M = \frac{\text{Abtastfrequenz in Hz x Kanalzahl x Auflösung x Zeitdauer in s}}{8}$$

$$M = \frac{f_A \times Z \times A \times t}{8}$$

Beide Formeln sind in der Literatur zu finden.

7.6 QTVR

1 **QTVR ein oft gelesenes Schlagwort. Was bedeutet dieses Kürzel?**

Quick-Time-Virtuell-Room. Dahinter verbirgt sich eine Technologie, welche
... in der Lage ist, aus eine Serie von Standbildern einen zylindrischen Raum zu erstellen, in dessen Mitte der Betrachter steht. Um diesen Standpunkt in der Mitte des Zylinders bewegt sich der virtuelle Raum so, dass der Betrachter den Eindruck erhält, er befindet sich in der Raummitte.
... in der Lage ist, aus einer Serie von Bildern eines Objektes eine Darstellung zu errechnen, bei welcher der Betrachter um das aufgenommene Objekt gehen und sich dieses von allen Seiten und Blickwinkeln betrachten kann.

7 Medienproduktion – Digitalmedien

2 Was wird unter der HotSpot-Technologie bei virtuellen Räumen verstanden?

Mit Hilfe virtueller Öffnungen in einem QTVR-Film gelangt der Nutzer von einem virtuellen Raum zu einem anderen virtuellen Raum. Der Punkt des Wechselns von einem Raum zum anderen ist der so genannte HotSpot. Diese Technologie ist zwischenzeitlich nicht nur bei virtuellen Räumen aus Standbildern möglich, sondern auch zwischen Videoszenen, d. h. man kann von einem Videoclip mittels eines HotSpots zum nächsten Videoclip navigieren. Die HotSpot-Technologie ermöglicht das „Wandern" durch virtuelle Welten. So kann z. B. ein Fertighaushersteller einem potenziellen Kunden dadurch Einblicke in ein noch zu bauendes Haus geben oder eine Stadt (siehe z. B. www.Muenchen.de > virtuelle Stadt) kann sich mit Hilfe dieser Technik im Internet präsentieren. Zur Herstellung dieser HotSpots benötigt man einen HotSpot-Editor.

3 Erläutern Sie den Begriff „Stitchen".

Der Begriff kommt aus dem Englischen und bedeutet wörtlich übersetzt „Nähen". Bei der Herstellung digitaler Panoramen wird darunter das nahtlose Zusammenfügen von Einzelbildern zu Panoramen verstanden.

4 Rendern – Erklären Sie diesen Fachbegriff.

Englische Bezeichnung für „darstellen" bzw. „wiedergeben". Der Begriff „Rendern" beschreibt den Rechenprozess beim Generieren von Digitalbildern oder Animationen. Im CAD- und 3-D-Bereich werden die Modelle bei der Arbeit in einer einfachen Qualität am Monitor dargestellt. Für die Bildausgabe werden die ausgewählten Bildbereiche durch das Rendern optisch verbessert.

7.6 QTVR

5 Zylindrische Panoramen – Definieren Sie diesen Begriff.

Ein Panoramabild wird zylindrisch projiziert. Der Betrachter steht im Mittelpunkt des Bildes und der Zylinder dreht sich um diesen. Bei der zylindrischen Projektion wird das Panoramabild leicht gewölbt – dadurch bekommt das Panorama eine für den Betrachter realistische Anmutung. Die Schwenkrichtung ist bei diesen Panoramen nach oben und unten begrenzt. Zylindrische Panoramen werden derzeit im Internet und auf CD-ROM am häufigsten verwendet.

6 Sphärische Panoramen oder Projektionen – Erläutern Sie, was darunter zu verstehen ist.

Bei einer derartigen Panoramavariante kann der Betrachter, in der Mitte stehend, den Blick in alle Richtungen schweifen lassen. Die sphärischen Panoramen werden kugelförmig projiziert und der Betrachter befindet sich optisch in der Mitte der Kugel. Die Bildherstellung ist aufwändig, da das Panorama von einem Bild berechnet wird. Ein Schwenken ist in alle Richtungen möglich.

7 Kubische Projektion – wo ist der Unterschied zur sphärischen Projektion.

Wie bei der sphärischen Projektion gibt es keine Beschränkung des vertikalen Blickwinkels. Allerdings ist der Bildaufbau einfacher, da mit sechs Teilbildern ein Würfel erstellt und gestitcht wird, in dessen Mittelpunkt der Betrachter steht. Beim Zoomen ist es möglich, dass die Würfelkanten sichtbar werden.

8 Was wird unter einem Objektmovie verstanden?

Hierbei handelt es sich um einen Film, bei dem verschiedene Ansichten rund um ein Objekt aufgenommen wurden. Diese Bilder werden in einem Film so zusammengerechnet, dass sich das Objekt in der Mitte befindet und der Betrachter das Objekt mit Hilfe der Maus dreht und von allen Seiten betrachten kann. Objektmovies werden häufig für Produktpräsentationen verwendet.

7 Medienproduktion – Digitalmedien

9 Was versteht man unter einem Singlerow-Objektmovie?

Bei diesem Movie kann das jeweilige Objekt vom Betrachter um einen bestimmten Punkt gedreht werden. Auf horizontaler Ebene ist eine Drehung um 360 Grad möglich. Das Schwenken nach oben oder unten ist nicht möglich. Das Objekt wird aus einer Bildreihe (Singlerow) mit mindestens acht Bildern erstellt.

10 Multirow-Objektmovie – wo liegt der Unterschied zu einem Singlerow-Objektmovie?

Bei einem Multirow-Objektmovie kann der Betrachter das Objekt neben der horizontalen Drehung auch vertikal bewegen. Abhängig von der Anzahl der verwendeten Bildreihen (Multirow) kann eine komplette Drehung des Objekts in alle Richtungen durchgeführt werden. Durch die komplette Drehung hat der Betrachter eine sehr realistische Anmutung des Objektes. Die fotografische Herstellung einer solchen Objektreihe mit mehreren Bildwinkeln ist sehr aufwändig.

8 Kommunikation

8.1 Korrekturstandard

1 Welches Ziel verfolgt eine DIN bzw. ISO?

Vereinheitlichung und Regelung innerhalb Deutschlands (DIN) bzw. weltweit (ISO).

2 Wozu wird die DIN 16 511 in der Druck- und Medienindustrie benötigt?

Zur eindeutigen Kennzeichnung von Fehlern, sodass keinerlei Missverständnisse bei der Korrekturausführung auftreten.

3 Welche Hauptregeln sind in der DIN 16 511 aufgeführt?

Die Hauptregeln der DIN 16 511 sind:

- deutliche Eintragungen (irrtumsfrei)
- jedes eingezeichnete Korrekturzeichen ist am Papierrand zu wiederholen
- die erforderliche Änderung ist rechts neben das wiederholte Korrekturzeichen zu schreiben
- das an den Rand Geschriebene muss in seiner Reihenfolge mit den Korrekturzeichen im Text übereinstimmen (in gleicher Zeilenhöhe!)
- mehrere Korrekturen innerhalb einer Zeile sind durch unterschiedliche Zeichen kenntlich zu machen
- erklärende Vermerke sind durch Doppelklammern zu kennzeichnen
- Korrekturen sind farbig anzuzeichnen
- Bei größeren Auslassungen verweist man auf das Manuskript
- Nur im Electronic Publishing vorkommende Fehler (keine Norm) erhalten einen entsprechenden Verweis (Laufweite, falscher ZAB, falsche Schattierung . . .)
- jede gelesene Korrektur (Abzug) ist zu signieren

8.1 Korrekturstandard

4 Was versteht man unter Imprimatur?

Imprimatur: Gut zum Druck, d. h. Freigabe durch den Besteller/Kunden, um zu publizieren.

5 Erklären Sie den Begriff „Deleatur" und dessen Anwendung im Zusammenhang mit DIN 16 511.

Unter Deleatur versteht man tilgen bzw. entfernen. Das Deleatur-Korrekturzeichen wird angewendet, wenn ein Zeichen ersatzlos entfernt werden muss.

6 Seit 1996 gibt es die DIN 16549. Welche Inhalte beschreibt diese Norm?

Die DIN 16549 beschreibt Korrekturzeichen für Bilder und gibt ergänzende Angaben.

7 Nennen Sie Anwendungsbereiche der DIN 16549.

Durch einheitliches Anwenden von Korrekturzeichen auf Vorlagen, Retuschen, Zeichnungen, an Probedrucken sowie Änderungen von digital gespeicherten Daten, an Filmen und an Druckformen können Korrekturen eindeutig ausgeführt werden.

8 Sie wollen den Flächendeckungsgrad erhöhen. Welches Korrekturzeichen wenden Sie an?

Um Flächendeckungsgrad oder Rasterwerte zu verändern wendet man das Korrekturzeichen „+" an.

9 Sie wollen den Flächendeckungsgrad verringern. Welches Korrekturzeichen wenden Sie an?

Um Flächendeckungsgrad oder Rasterwerte zu verändern wendet man das Korrekturzeichen „./." an.

10 Sie wollen einen Farbwert angleichen. Welches Korrekturzeichen wenden Sie an?

Zum Angleichen eines Ton- oder Farbwertes verwendet man das Korrekturzeichen „∼".

11 Sie erkennen auf einem Ausdruck Passerdifferenzen. Wie kennzeichnen Sie diesen Mangel?

Passerdifferenzen werden mit einem „P" an der entsprechenden Stelle markiert.

12 Eine Abbildung ist 45 mm breit. Sie wollen, dass diese Abbildung 60 mm breit wird. Wie kennzeichnen Sie dieses auf dem Korrekturabzug?

Eine Größenänderung wird angegeben, indem man den Sollwert hinschreibt und das entsprechende Korrekturzeichen verwendet. Also |← 60 mm →|.

8 Kommunikation

13 Sie wollen Bildteile entfernen. Wie kennzeichnen Sie dies nach DIN 16549?

Wenn etwas entfernt werden soll, z.B. Bildteile oder Buchstaben, so verwendet man das Deleatur-Zeichen ✓.

14 Nachfolgende Abbildung wünscht ein Kunde in der Breite von 60 mm, in der Höhe von 90 mm. Zeichnen Sie diese Korrekturen nach DIN 16549 ein.

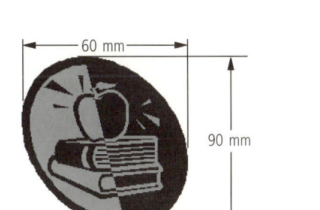

15 Sie wollen in einer vierfarbigen Abbildung die Farbwerte von Magenta um 4 % erhöhen, Cyan um 7 % reduzieren und eine Unterfarbenreduktion (UCR) durchführen. Wie machen Sie das ihrer Werbeagentur nach DIN 16549 deutlich?

Es werden an die Abbildung die Korrekturzeichen „+ M 4 %", „– C 7 %" und „UCR" notiert.

16 Lesen Sie den nachfolgenden Übungs-Korrektur-Text nach Fehlern unter Verwendung der neuen Rechtschreibung. Zeichnen Sie die erkannten Fehler nach DIN 16 511 an.

Übungs-Korrektur-Text:

Siebdruck-Formenherstellung

Beim Siebdruckverfahren wird die Druckfarbe durch eine Schablone auf den Bedruckstof hindurchgerückt. Sibdruck-Formherstellung bedeutet in erster Linie Schablonenherstellung. Das Siebgewebe erfüllt nur eine Hilfs-

© Holland + Josenhans

8.1 Korrekturstandard

funktion, es hält die einzelne Schablonenteile unverrückbar an ihrem Platz fest. Will man den Buchstaben „O" von einer Schablone ohne untergelegtes Gewebe drucken, so muss man den Innentail des Buchstaben durch Stege befestigen, die nach dem Druck sichtbar sind. Wird eine solche Schablone jedoch auf ein Gewerbe geklebt, so können die wenigen stapilen und breiten Stege entfallen. Sie sind durch viele feine Fäden ersetzt. Diese lassen die Druckfarbe hindurch und bilden sich nicht auf dem Bedruckstoff ab, die da unter Farbe ihnen zusammenfließt wieder.

Das Sieb besteht aus einem rechtwinkligen Rahmen, auf den ein farbundurchlässiges Gewebe in der Art eines ganz feinen Siebes aufgespannt ist. Der Siebdruckrahmen ist in der Regel aus Leichtmetall- oder Stahlrohrprofilen hergestellt.

Er hat den früher allgemein üblichen Holzrahmen weitgehend verdrängt. Wichtige Anforderungen muss der Siebdruckrahmen erfüllen:

1. Die Rahmenleisten dürfen sich nicht unter der Zugkraft des aufgespannten Gewebes verziehen.
2. Der Rahmen muss beim Druck völlig plan aufliegen, er darf sich unter der Spannung n i c h t verwinden (Torisonsfestigkeit).
3. Das Material muss gegen die Druckfarbe und die verwendeten Chemiekalien ausreichend wiederstandsfähig sein.

Mit einem Wort, Siebdruckrahmen müssen stabil sein. Holz erfüllt diese Anforderungen bei kleinen Formaten bedingt, bei großen nicht mehr. Leichtmetallrahmen haben gegenüber den Stahlrahmen den Vorteil eines geringeren Gewichtes. Das ist für die Handhabung der Rahmen und für daß Auf- und Abschwingen beim Druck günstig.

(Lösung auf S. 405/406)

17 Lesen Sie den nachfolgenden Übungs-Korrektur-Text nach Fehlern unter Verwendung der neuen Rechtschreibung. Zeichnen Sie die erkannten Fehler nach DIN 16 511 an.

Übungs-Korrektur-Text:

Kommunikation für die Sinne

Menschen sehnen sich heute wieder zunehmend nach sensorischen, endschleunigten Sinneseindrücken die sie greifen und begreifen können. Im Gegensatz zu den visuellen und auditiven Eindrücken, die die schnelle, flüchtige virtuelle Welt des Internets und des E-Commerce vermittelt, greifen viele gerne wieder zu hochwertig gestalteten Büchern, Broschüren oder Geschäftsberichten. Gerade hier sieht man die Möglichkeiten für den Einsatz der konventionellen Drucktechniken.

Bei Geschäftsberichten und -ausstattungen Akzidenzen, Büchern oder Zeitschriften, aber auch bei Verpackungen für Zigaretten und Parfüm sowie bei Etiketten, CD-Hüllen und Klarsichtverpackungen nutzen Designer, Werbe- und Marketingspezialisten die hochwertige Anmutung. Mit dem Bedürfnis nach einer besonderen Qualität und emotionaler Ansprache wird in dem Lifestyleszenarien geworben. Der Einkauf soll zum Erlebnis werden.

Die Produkte sind dabei die Botschafter. Sie transportieren ein Mehr an Informationen, Image und vor allem Wertigkeit. Am Point-of-Sale entscheidet der Kunde bis zu 60 Prozent aus dem Bauch heraus, für welche Marke er sich entscheidet. Durch die verschärfte Wettbewerbssituation von Produkten mit vergleichbarem Profil kommt der Verpackung bei der Kaufentscheidung eine wichtige Rolle zu. Sie ist zu einem aktiven, karismatischen Verkaufshelfer in dem dicht bepackten Regalen geworden. Die habtische Erfahrung der Verpackung lässt den Kunden das Produkt fühlen und durch die Sinnesreize erleben.

(Lösung auf S. 406/407)

8.1 Korrekturstandard

18 Lesen Sie den nachfolgenden Übungs-Korrektur-Text nach Fehlern unter Verwendung der neuen Rechtschreibung. Zeichnen Sie die erkannten Fehler nach DIN 16511 an.

Übungs-Korrektur-Text:

Anwendungsberich der DIN 1654

Diese Norm legt fest wie durch einheitliches anwenden von Korrekturzeichen Änderungen auf Vorlagen, Retuschen, Zeichnungen, an Probedrucken sowie Änderungen von digital gespeicherten Danten, an Filmen und an Druckformen konkret angegeben werden können.

Die Korrekturzeichen werden bei Vorlagen, Retuschen, Zeichnungen auf ein durchsichtiges Deckblatt (mit weichem Stift) und bei Probedrucken neben das Objekt geschrieben. Bei digital gespeicherrten Daten, Druckform und Druckzylindern werden Sie in einer seperaten Anweisung vermerkt.

(Lösung auf S. 407)

8.2 Ablaufpläne beschreiben

1 Beschreiben Sie nachfolgenden Ablaufplan.
Achten Sie dabei auf sprachliche als auch inhaltliche Qualität Ihrer Ausführungen und natürlich auch auf Vollständigkeit und Übersichtlichkeit.

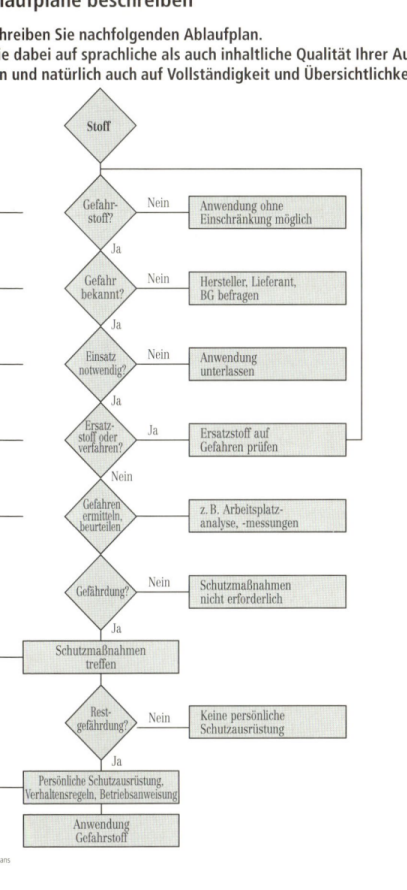

8.2 Ablaufpläne beschreiben

Gefährdungsermittlung eines Stoffes:

Schritt 1:
– Bei der Einführung eines Stoffes ist zuerst zu prüfen, ob es sich um einen Gefahrstoff handelt. Wenn nein, so ist dieser ohne Einschränkung anzuwenden.

Schritt 2:
– Ist es jedoch ein Gefahrstoff so ist zu prüfen, ob dieser bereits im Unternehmen bekannt ist.
– Sollte dieser nicht bekannt sein, so sind Informationen beim Hersteller, Lieferant oder bei der Berufsgenossenschaft einzuholen.

Schritt 3:
– Sind die Gefahren bekannt so ist zu prüfen, ob der Einsatz dieses Gefahrstoffes notwendig ist. Wenn nein, so ist die Anwendung dieses Gefahrstoffes zu unterlassen.

Schritt 4:
– Sollte jedoch der Einsatz nötig sein so ist zu prüfen, ob ein Ersatzstoff oder ein Ersatzverfahren möglich sind. Wenn dies zutreffen sollte so beginnt man mit dem Ersatzstoff bzw. dem Ersatzverfahren wieder bei Schritt 1.
Gibt es jedoch keinen Ersatzstoff oder ein Ersatzverfahren, so folgt Schritt 5.

Schritt 5:
– Es sind die Gefahren des Gefahrstoffes zu ermitteln und zu beurteilen. Dies ist z. B. durch Arbeitsplatzanalysen oder Arbeitsplatzmessungen durchzuführen.
– Sollte keine Gefährdung von dem Gefahrstoff ausgehen, so sind keine Schutzmaßnahmen erforderlich. Wenn jedoch eine Gefährdung vom Gefahrstoff ausgehen kann, so sind Schutzmaßnahmen zu treffen.

Schritt 6:
– Es ist zu prüfen, ob trotz der Schutzmaßnahmen eine Restgefährdung entstehen kann. Wenn nein, ist keine persönliche Schutzausrüstung erforderlich.
– Wenn eine Restgefährdung entstehen kann, so sind Maßnahmen zu ergreifen.

Schritt 7:
– Persönliche Schutzausrüstung, Verhaltensregeln und Betriebsanweisung veranlassen.

Erst wenn alle sieben Handlungsschritte erfüllt sind – sofern diese sieben nötig sind – darf dieser Gefahrstoff eingeführt und angewendet werden!

8.3 Textzusammenfassung

1 Sie finden unten einen Auszug aus einem Sitzungsprotokoll. Berichten Sie kurz über die Geschehnisse. Erstellen Sie eine kurze prägnante schriftliche Ausarbeitung.

Achten Sie dabei auf sprachliche als auch inhaltliche Qualität Ihrer Ausführungen und natürlich auch auf Vollständigkeit und Übersichtlichkeit.

Auszug aus einem Sitzungs-Protokoll:

17. Juli von 14 bis 16 Uhr, Raum 12
Anwesende: Dr. Kühnapfel, Bühler, Böhringer, Jungwirth, Baumstark, Holland
Entschuldigt: Frau Josenhans

...

TOP 3:
Wird ein Umweltmanagementsystem eingeführt in unserem Medienbetrieb?
Die Vorteile einer Einführung eines Umweltmanagementsystems sind dabei, dass das Image verbessert wird, evtl. mehr und neue Kundschaft gewonnen werden kann, also ein Verkaufsargument, evtl. Versicherungsrabatte, Mitarbeitermotivation erzielt werden können. Dagegen spricht eine gigantische Verwaltung und Mehrarbeit für jeden Einzelnen. Des Weiteren sind auch die Kosten allein für die Prüfung und Erlangung des Umweltmanagement-Zertifikats immens.

Nach langer Diskussion kam es zur Abstimmung. Dabei stimmten drei Personen für die Einführung, eine Person dagegen und zwei enthielten sich.
Nach erfolgter Zustimmung wurden 23 Einzelaufgaben definiert.

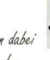

Die Umweltpolitik wird von der Geschäftsleitung festgelegt. Die Umweltleitlinien werden dabei vom Betriebsbeauftragten für Umweltschutz vorgegeben. Die Umwelterklärung wird von der Geschäftsleitung, dem Betriebsbeauftragten und dem Leiter Verkauf in Teamwork erstellt. Die Information der Kunden, der Öffentlichkeit und der Mitarbeiter erfolgt gemeinsam durch die Geschäftsleitung, Leiter Personal, Leiter Verkauf, Technische Leitung, Leiter Vorstufe, Leiter Druck und Druckweiterverarbeitung.

Die Umweltziele werden von den jeweiligen Leitern der Produktions-Abteilungen und dem Betriebsbeauftragten erstellt. Mit der Planung und Durchführung werden die Geschäftsleitung, Leiter Einkauf, Technische Leitung und die Leiter der Produktionsabteilungen beauftragt.

8.3 Textzusammenfassung

Musterlösung – so oder ähnlich könnte Ihre Lösung aussehen.

Bei der Sitzung am 17. Juli wurde mehrheitlich von den Anwesenden Dr. Kühnapfel, Bühler, Böhringer, Jungwirth, Baumstark und Holland beschlossen, dass ein Umweltmanagementsystem eingeführt wird. Frau Josenhans war entschuldigt.

Dabei wurden die Vorteile eines Umweltmanagementsystems erläutert:

- Imagegewinn
- mehr und neue Kundschaft, Verkaufsargument
- evtl. Versicherungsrabatte
- Mitarbeitermotivation.

Die Nachteile sind:

- Verwaltungsaufwand
- Mehrarbeit für jeden Einzelnen
- Kosten

Es wurden 23 Einzelaufgaben festgelegt:

- Geschäftsleitung: Umweltpolitik festlegen, Umwelterklärung im Team erstellen, Kunden, Öffentlichkeit und Mitarbeiter informieren, Planung und Durchführung
- Betriebsbeauftragter: Umweltleitlinien vorgeben, Umwelterklärung im Team erstellen, Umweltziele erstellen
- Leiter Verkauf: Umwelterklärung im Team erstellen, Kunden, Öffentlichkeit und Mitarbeiter informieren
- Leiter Personal: Kunden, Öffentlichkeit und Mitarbeiter informieren
- Technische Leitung: Kunden, Öffentlichkeit und Mitarbeiter informieren, Planung und Durchführung
- Leiter Vorstufe: Kunden, Öffentlichkeit und Mitarbeiter informieren, Umweltziele erstellen, Planung und Durchführung
- Leiter Druck und Druckweiterverarbeitung: Kunden, Öffentlichkeit und Mitarbeiter informieren, Umweltziele erstellen, Planung und Durchführung
- Leiter Einkauf: Planung und Durchführung

8.4 Matrix-Erstellung

1 Erstellen Sie aus dem vorigen Protokoll eine Matrix, welche die Aufgaben auf einen Blick verdeutlicht.

Aufgaben	Geschäfts-leitung	Betriebs-beauftragter Umweltschutz	Leiter Verkauf	Leiter Einkauf	Leiter Personal	Tech-nische Leitung	Leiter Vorstufe	Leiter Druck und Druck-weiterver-arbeitung
Umweltpolitik festlegen	x							
Umweltleitlinien vorgeben		x						
Umwelterklärung erstellen	x	x	x					
Kunden, Öffentlichkeit, Mitarbeiter informieren	x		x		x	x	x	x
Umweltziele festlegen		x					x	x
Audits planen und durchführen	x			x		x	x	x

8.5 Präsentation

1 Was versteht man unter einer Präsentation?

Eine Präsentation soll aufbereitete Informationen darstellen, vorlegen und/oder vorzeigen. Eine Präsentation schließt immer eine bildhafte Darstellung der Inhalte ein, d. h. nicht nur das gesprochene Wort wie bei einem Vortrag.

2 Welche Vorteile hat eine Präsentation im Gegensatz zu einem Vortrag?

Die Vorteile der Präsentation gegenüber einem Vortrag sind:

- kurzweilig
- interessant
- höhere Behaltensquote durch Hören und Sehen.

3 Wie sollte im Allgemeinen eine gute Präsentation Schritt für Schritt aufgebaut werden?

1. Genaue Kenntnisse der Zielgruppe
2. Interesse wecken
3. Ziele formulieren
4. Inhalte sammeln
5. Inhalte gewichten
6. Inhalte darstellen
7. Fazit ziehen / Ausblick

8.5 Präsentation

4 Welche Inhalte sollte eine Checkliste zur Organisation einer Präsentation beinhalten? Nennen Sie fünf.

- Sind alle Personen, die teilnehmen sollen, eingeladen?
- Sind alle „Referenten" eingeladen und über den Ablauf informiert?
- Reicht der Raum und die Sitzgelegenheiten für das Auditorium?
- Ist der Raum ausreichend beleuchtet bzw. ist der Raum zu verdunkeln?
- Sind die zu verwendenden Medien funktionsfähig?
- Wann beginnt und wie lange dauert die Präsentation?
- Sind Pausen geplant?

5 Es gibt verschiedene Arten der Präsentation, die in einem Medienbetrieb vorkommen können. Erläutern Sie die folgenden Präsentationsformen:

a) Agentur-Präsentation
b) Konkurrenz-Präsentation
c) Etat-Präsentation
d) Akquisitions-Präsentation

a) *Agentur-Präsentation:* Sie dient der Selbstdarstellung eines Medienbetriebes und der Gewinnung neuer Kunden.

b) *Konkurrenz-Präsentation:* Klassische Form der Produktvorstellung. Mehrere Agenturen bewerben sich um einen Werbeetat bzw. Werbeauftrag, i. d. R. unter erheblichem Zeit- und Kostendruck. Die Konkurrenz-Präsentation dient der Gewinnung eines Kunden z. B. nach einer Ausschreibung oder einem Wettbewerb.

c) *Etat-Präsentation:* Bei einer bestehenden Geschäftsverbindung wird der Etat (Werbeetat) für das folgende Etatjahr festgelegt. Damit verbunden ist die Entwicklung einer Strategie für die Werbung und die Präsentation des Kunden. Ziel der Etatpräsentation ist es, die Geschäftsbeziehungen zwischen Kunden und Agentur auf eine neue tragfähige Basis zu stellen.

d) *Akquisitions-Präsentation:* Hier wird versucht, einem potenziellen Kunden einen Lösungsvorschlag für seine Probleme anzubieten. Diese Präsentation wird in der Regel bei Firmen durchgeführt, zu denen keine Geschäftsbeziehung besteht. Sie dient der Gewinnung von Neukunden.

8 Kommunikation

6 Der Ablauf einer Präsentation bei einem Kunden vollzieht sich nach einem gewissen Grundschema. Zählen Sie diesen Grundablauf einer Präsentation in der richtigen Reihenfolge auf.

1. Begrüßung/Vorstellung des Teams und die Aufgaben der einzelnen Teammitglieder.
2. Behandlung der Probleme und Chancen des Kunden auf dem Markt.
3. Marketing- und Werbeziele für den Kunden.
4. Kennzeichen der Strategie.
5. Vorstellung verschiedener geplanter Aktionen.
6. Vorstellung der Gestaltungskonzeption.
7. Vorstellung der geplanten Medien.
8. Diskussion der Teilnehmer.
9. Schlussworte und Danksagung.

7 Bei einer Präsentation spricht man von einer Dreier-Gliederung. Was versteht man darunter?

Die Dreier-Gliederung soll ausdrücken, dass die Präsentation in eine Einleitung, einen Hauptteil und ein Fazit/Ausblick eingeteilt wird.

8 Gewichten Sie die Anteile von Einleitung, Hauptteil und Fazit prozentual bei einer gewöhnlichen Präsentation.

Der prozentuale Anteil sollte 10 % für die Einleitung, 80 % für den Hauptteil und 10 % für das Fazit in Anspruch nehmen.

9 Nennen Sie die Grundregel für die Präsentation eines Entwurfs.

Die Grundregel lautet: Der beste Entwurf schlecht präsentiert bringt keinen Erfolg. D. h. man kann weniger gute Entwürfe, die gut präsentiert werden, verkaufen. Nichts verkauft sich von selbst.

10 An welchem Ort findet eine Präsentation am sinnvollsten statt? Begründen Sie.

Am besten im eigenen Betrieb, da gute Vorbereitung möglich ist. Zum Beispiel Empfang, Bewirtung, Präsentationsmedien usw.

11 Man spricht von der Ich-, Er-, Es-Präsentation. Was versteht man darunter?

Ich-Präsentation: Ich lege meine Arbeit vor und präsentiere (wie bei der Abschlussprüfung Fachrichtung Medienberatung).
Er-Präsentation: Man spricht die Präsentation im Dialog durch.
Es-Präsentation: Die Arbeit wird mit einem Erklärungs-, Begleitbrief übermittelt (Wie bei Ihrer Abschlussprüfung Fachrichtung Mediendesign).

8.5 Präsentation

12 Warum ist der erste Eindruck so wichtig?

Man hat nie eine zweite Möglichkeit einen ersten Eindruck zu machen. Aus diesem Grund werden die wenigen ersten Augenblicke darüber entscheiden. Es entscheiden also die ersten Augenblicke darüber, ob das Gefühl der Zuhörer positiv oder negativ ist. Ist das Gefühl negativ, so ist das äußerst schwer zu korrigieren.

13 Was versteht man unter einer Suggestivfrage?

Der Fragende stellt die Frage so, dass die Antwort mit der Meinung des Präsentators übereinstimmt. Die Suggestivfrage ist in einer Präsentation zu vermeiden, da sie auf den Zuhörer Druck ausübt und nicht für die Professionalität des Präsentators spricht.

14 Was versteht man unter einer geschlossenen Frage?

= Entscheidungsfrage. Die geschlossene Frage dient hauptsächlich dazu, dass Entscheidungen getroffen werden und somit ein Punkt erledigt wird.

15 Was versteht man unter einer offenen Frage?

= W-Frage. Offene Fragen bestehen aus den Fragewörtern wer, wie, was, wo, wann, welche, wie viel, warum. Offene Fragen bewirken bei den Zuhörern, dass die Präsentation auch andere Meinungen und Ideen zulässt.

16 Nennen Sie drei persönliche Faktoren, die eine Präsentation beeinflussen.

Persönliche Einflussfaktoren sind:

- Gestik
- Mimik
- Sprache und Dialekt
- Stimme
- Freies Sprechen
- Kleidung
- Blickkontakt
- Auftreten

17 Zählen Sie drei Bewertungskriterien für die Qualität einer Präsentation auf.

Bewertungskriterien für eine Präsentation sind:

- Sprache und Ausdrucksfähigkeit
- Nonverbale Aktivität
- Veranschaulichung
- Ablauf u. Aufbau der Präsentation
- Beantwortung von Fragen bzw. Eingehen auf das Auditorium

8 Kommunikation

18 **Es gibt mehrere Präsentationsmedien. Nennen Sie vier.**

Präsentationsmedien sind:
- Tafel / Whiteboard
- Flipchart / Pinnwand / Meta-Plan
- Overhead-Projektor
- Beamer

19 **Welche Präsentationsmedien eignen sich bestens für ein Auditorium mit mehreren hundert Zuhörern?**

Für ein großes Auditorium eignen sich ein Overhead-Projektor oder ein Beamer am besten.

20 **Welche Vorteile bietet das Präsentationsmedium Tafel bzw. Whiteboard?**

Die Vorteile einer Tafel bzw. eines Whiteboards sind:
- Tafelbild wird Stück für Stück entwickelt und ist nachvollziehbar.
- Durch das Entwickeln eines Tafelbildes kann man spontan auf das Publikum reagieren und neue Ideen umsetzen.
- Einfache Handhabung, keine besonderen Kenntnisse erforderlich.

21 **Welche Vorteile bietet das Präsentationsmedium Meta-Plan?**

Vorteile einer Meta-Plan-Präsentation sind:
- Gedankengänge werden Stück für Stück entwickelt und sind dadurch nachvollziehbar.
- Durch das Entwickeln einer flexiblen Struktur mit Kasten kann man spontan auf neue Ideen reagieren und sie umsetzen.
- Die anzupinnenden Karten können vorher geschrieben und durch die Kartenfarben und -formen Gliederungen und Wertigkeiten erzeugt werden.
- Eine aktive Beteiligung des Auditoriums ist möglich.

22 **Welche Vorteile bietet das Präsentationsmedium Overhead-Projektor?**

Die Vorteile eines Overhead-Projektors sind:
- Einfache und schnelle Herstellung von Overhead-Folien.
- Professionelle Vorbereitung der Folien mittels Computer-Ausdrucken möglich.
- Mittels Einzeichnen mit Folienstiften kann man spontan reagieren.
- Einfache Transportmöglichkeit.

23 Welche Vorteile bietet das Präsentationsmedium Beamer?

Die Vorteile einer Beamer-Präsentation sind:
- Professionelle Vorbereitung mittels Computer.
- Einbinden von Sound, Video und Animation sind möglich.
- Einfache Transportmöglichkeit.
- Modernes Präsentationsmedium.

8.6 Englisch: Übersetzungen und Fragen

Hilfsmittel: zweisprachige Wörterbücher und Fachwörterbücher

1 Sie haben einen neuen Laserdrucker gekauft, im Verpackungskarton befinden sich folgende englische Warnhinweise.
Geben Sie die nachfolgenden Aussagen sinngemäß wieder.

Safety Instructions

Read all of these instructions before operating your printer.

- Follow all warnings and instructions marked on the printer.
- Unplug the printer from the electrical outlet before cleaning. Use a clean, dry, lintfree cloth for cleaning and do not use liquid or aerosol cleaners.
- Do not use printer near water.
- Never spill liquid of any kind onto the printer.
- Do not place the printer on an unstable surface.
- Never push objects of any kind through the slots as they may touch high voltage points or short out parts that could result in fire or electric shock.
- Be sure to keep the consumable components out of the reach of children.

Sicherheitshinweise

Lesen Sie alle Anweisungen vor Inbetriebnahme des Druckers.

- Befolgen Sie alle auf dem Drucker angebrachten Warnungen und Hinweise.
- Trennen Sie den Drucker vor dem Reinigen vom Stromnetz. Verwenden Sie ein sauberes, trockenes, fusselfreies Tuch zum Reinigen und verwenden Sie keine Flüssigkeitsreiniger oder Reinigungssprays.
- Verwenden Sie den Drucker niemals an Standorten, an denen die Gefahr besteht, dass Wasser eindringen könnte.

8 Kommunikation

- Achten Sie darauf, dass keine Flüssigkeiten jeglicher Art ins Innere gelangen können.
- Stellen Sie den Drucker auf eine stabile Unterlage.
- Führen Sie niemals Gegenstände durch die Öffnungen am Gerät, sie könnten spannungsführende Teile berühren und dadurch einen elektrischen Stromschlag erhalten oder einen Gerätebrand verursachen.
- Achten Sie darauf, Verbrauchsmaterialien von Kindern fern zu halten.

(Quelle: Epson Laserprinter EPL 5800 Installationshandbuch)

2 Situationsbeschreibung:

Sie haben im Internet nach Programmen gesucht, die in der Lage sind, Mac-Datenträger und Dateien auf Windows-Rechnern anzuschauen bzw. zu verwenden. Über ein Programm erhalten Sie den folgenden englischen Informationstext, der Ihnen Antwort zu folgenden Fragen gibt (Hinweis: auf Apple-Rechnern wird das Hierarchische File-Format (HFS) verwendet.):

1. **What kind of a software is HFV Explorer and how much does it cost?**
2. **On which operating systems can you directly read from Mac-formatted CDs?**
3. **What kind of structure is used by HFV Explorer to display the files which Windows applications is it comparable to?**
4. **Once you have read a Mac-formated file you want to rename it to use it on your Windows systems. How can you manage this?**

Beantworten Sie die Fragen in grammatikalisch korrektem Deutsch.

HFV/DSK Explorer v. 1.3.0 – a tool for Mac OS/Win32 users. Experimental freeware software.

Features of HFV Explorer

- A read/write, Explorer-like.
- A tree representation of the corresponding HFS file structure.
- Direct access to floppies, works in both Windows 95 and NT 4.0.
- Direct access to CDs, works under Windows 95, 98, NT 4, NT 5.
- You can launch the applications or documents by double-clicking them.
- After you have run the program once, you can start it by double-clicking HFV file name.
- Drag & drop a HFV file to open it.
- Drag & drop file copy/move. If target volume is the same as source, the file will be moved, otherwise it will copied. Override by holding down Shift or Control keys - again, just like in Explorer. Drop item on top of the „up" button and it goes to parent directory.

8.6 Englisch: Übersetzungen und Fragen

- Rename by clicking the highlighted name, or by pressing F2. Just like in Windows Explorer.
- Delete by pressing the „Delete" button.
- Create new folder: right mouse click in an empty window area.
- Enter or double-click opens Application/Document/Folder.
- Format floppies. File menu.
- Create and format new HFS/DSK files. File menu.

Antworten:

1. Bei HFV-Explorer handelt es sich um so genannte Freeware, die sich noch im experimentalen Zustand befindet. Freeware ist frei zugänglich und kostet nichts.
2. Unter den Betriebssystemen Windows 95, 98, Windows NT 4 und NT 5 hat man direkten Zugriff auf CDs.
3. HFV-Explorer verwendet zur Darstellung eine Baumstruktur ähnlich wie der Windows Explorer.
4. Dateien werden umbenannt, indem man auf sie klickt oder die F2-Taste verwendet.

3 **a)** Sie wollen auf einem älteren PC (166 MHz, 128 MB RAM, Prozessor AMD K5, jetziges Betriebssystem Windows 95 B) das Betriebssystem Windows ME installieren, das Sie als vollwertige Einzelplatzlizenz gekauft haben. Der Installationsvorgang wird mit der Meldung „Windows ME benötigt mindestens einen 150 MHz Prozessor" abgebrochen. Sie sind mit der Meldung nicht ganz einverstanden, da Ihr Prozessor 166 MHz hat und somit doch den Ansprüchen genügt. Im Internet finden Sie auf der Homepage von AMD keine Hilfe. Sie entscheiden sich, eine E-Mail auf englisch an AMD (support@amd.processor.com) zu schreiben. Sie beschreiben das Problem und bitten, falls vorhanden, um ein Programm oder Processor Update, das das Problem löst. Vergessen Sie nicht, einen sinnvollen Betreff zu verwenden, damit der Leser der E-Mail Ihre Frage gleich richtig einordnen kann.

Musterlösung:

Subject: Running Windows ME on AMD K5 Installation aborted

I tried to install a new full version of Windows ME on my PC with processor AMD K5, 166 MHz, 128 MB RAM under Windows 95 B. But I always received the information that Windows ME needs a processor with a minimum of 150 MHz. I think that the processor K5 runs with 166 MHz. It should therefore work. If you have a patch for the processor or any other program which solves this problem, please send it to me.

8 Kommunikation

b) Sie erhalten nach kurzer Zeit folgende Antwort:

Subject: Well-known Problem with Windows ME on AMD K5

When the processor AMD K5 was built in 1995 it was as fast as the Intel Pentium II with 150 MHz. But the actual processor speed is only 100 MHz. AMD does not have any existing patches or further supports for the K5 processor.

Übersetzen Sie die E-Mail sinngemäß.

Musterlösung:

Betreff: Bekanntes Problem mit Windows ME und AMD K5

Als der Prozessor AMD K5 1995 gebaut wurde, war er so schnell wie der Intel Pentium II Prozessor mit 150 MHz. Die echte Prozessorgeschwindigkeit beträgt aber nur 100 MHz. Es gibt von AMD keine Programme und weitere Unterstützung für den K5 Processor.

9 Medienrecht

Verwendete Gesetze und deren Abkürzungen:
GG = Grundgesetz
UrhG = Urheberrechtsgesetz
LPG = Landespressegesetz
GeschMG = Geschmacksmustergesetz
GbMG = Gebrauchsmustergesetz
PatG = Patentgesetz
MarkenG = Markengesetz
TDG = Teledienstgesetz
VerlG = Verlagsgesetz
VG = Verwertungsgesellschaften
GEMA = Gesellschaft für musikalische Aufführungs- und mechanische Vervielfältigungsrechte

1 Welche grundsätzlichen Rechtsbereiche regelt das Presse-, Verlags- und Urheberrecht?

- Recht der Kommunikation und Massenkommunikation
- Recht für das Funktionieren der Massenmedien
- Recht für die Kontrolle der Massenmedien

2 Nennen Sie die gesetzlichen Grundlagen für das Presserecht in der Bundesrepublik Deutschland.

Artikel 5 Grundgesetz (GG) und § 3 der Landespressegesetze (LPG) der einzelnen Bundesländer.

3 Welche Werke schützt das Urheberrecht?

Persönliche geistige Schöpfungen und Leistungen auf dem Gebiet der Kunst, Musik, Wissenschaft und Literatur. Dabei beinhaltet der Begriff Schöpfung, dass es sich dabei um etwas Neues oder um etwas Künstlerisches handeln muss.

4 Das Urheberrecht schützt die Schöpfungen bestimmter Personen und Personengruppen. Zählen Sie mögliche Personen der Medienbranche auf, welche durch das Urheberrecht betroffen sein können.

Fotografen, Schriftsteller, Designer, Grafiker, Programmierer, Regisseure, Medieninformatiker, Autoren, Komponisten usw.

9 Medienrecht

5 **Nennen Sie mindestens sechs Werkarten, welche durch das Urheberrecht geschützt sind.**

- Sprachwerke (Reden, Schriftwerke, Computerprogramme)
- Musikwerke
- Werke der Tanzkunst (z. B. Ballettaufführungen)
- Werke der bildenden Kunst und deren Entwürfe
- Werke der Baukunst und deren Entwürfe
- Werke der angewandten Kunst (z. B. Gebrauchsgrafik) und deren Entwürfe
- Lichtbildwerke (Fotos, Filme, Videos)
- Wissenschaftliche oder technische Darstellungen
- Datenbanken
- Sammelwerke, die aus Einzelwerken oder unterschiedlichen Beiträgen zusammengestellt sind und eine eigene geistige Schöpfung darstellen.
- Übersetzungen

6 **Das Urheberrecht unterscheidet zwischen einem immateriellen und einem materiellen Rechtsschutz. Wo liegt der Unterschied zwischen diesen beiden Schutzarten?**

Immaterieller Rechtsschutz = geistiger Rechtsschutz an einer Idee (z. B. an einer Komposition).

Materieller Rechtsschutz = Rechtsschutz an einer Sache (z. B. an einer Plastik, einem Bild).

7 **Das Urheberrecht umfasst 1. das Urheberpersönlichkeitsrecht und 2. das Verwertungsrecht. Nennen sie die wichtigsten Inhalte dieser zwei Rechtsbereiche.**

1. Urheberpersönlichkeitsrecht: Veröffentlichungsrecht – Recht des Urhebers, darüber zu bestimmen, ob, wie und wo sein Werk veröffentlicht wird. Weiter hat ein Urheber das Recht, ein Verbot gegen eine Entstellung oder eine Beeinträchtigung seines Werkes auszusprechen.
2. Verwertungsrecht unterteilt sich in
   - Vervielfältigungsrecht
   - Verbreitungsrecht
   - Ausstellungsrecht
   - Vortragsrecht
   - Aufführungsrecht
   - Vorführungsrecht
   - Senderecht

9 Medienrecht

8 Nennen Sie Werkarten, für die grundsätzlich ein Urheberrecht besteht?

Sprachwerke, Schriftwerke, Musikwerke, Werke der bildenden Kunst, Lichtbilder, lichtbildähnliche Bilder, Digitalbilder, Filmwerke/ Laufbilder, Datenbanken, Sammelwerke, Bearbeitungen (z. B. Übersetzungen).

9 Welche Werkarten umfassen Schrift- und Sprachwerke?

Schriftwerke: Romane, Erzählungen, Gedichte, Drehbücher, Liedertexte, wissenschaftliche und politische Abhandlungen, Zeitungs- und Zeitschriftenartikel.
Sprachwerke: Vorträge, Ansprachen, Vorlesungen, Predigten, Interviews, Reportagen.

10 Zur Vereinheitlichung des Urheberrechtes und der damit zusammenhängenden Schutzrechte bzw. -fristen für immaterielles Eigentum sind in der EU die Schutzfristen an die Schutzdauern in den meisten EU-Ländern angeglichen worden. Welche Schutzfrist gilt in den meisten EU-Staaten für Werke des Urheberrechtsbereiches?

50 Jahre

11 Geben Sie für die folgenden Werke die im § 64 UrhG genannten Schutzfristen an:

a) Lichtbildwerke/Filmwerke/ Filmmusik/AudiovisuelleWerke
b) Lichtbilder und Lichtbildwerke
c) Darbietung von Künstlern (z. B. Zaubertricks)
d) Rechte von Sendeunternehmen (z. B. Rundfunk- und Fernsehsendungen)
e) Rechte von Filmherstellern und Videoproduzenten
f) Kritische und wissenschaftliche Werke bzw. Veröffentlichungen

a) Rechte erlöschen 70 Jahre nach dem Tod des längstlebenden Urhebers.
b) 50 Jahre nach dem Erscheinen des Lichtbildes. 50 Jahre nach dem Herstellen des Lichtbildes, wenn es nicht veröffentlicht wurde.
c) 50 Jahre nach dem ersten Erscheinen der Darbietung.
d) 50 Jahre nach der Erstsendung, unabhängig davon, ob es sich um drahtlose oder drahtgebundene, über Kabel oder Satelliten vermittelte Sendungen handelt.
e) Rechte erlöschen 50 Jahre nach der erstmaligen Aufzeichnung bzw. 50 Jahre nach der erstmaligen Veröffentlichung. Das Recht auf Urheberbenennung bleibt erhalten.
f) 30 Jahre ab der erlaubten Erstveröffentlichung.

9 Medienrecht

12 Erklären sie den Unterschied zwischen Lichtbildwerken und Lichtbildern.

Lichtbildwerke sind wie Werke der Literatur, Musik, Wissenschaft das Ergebnis einer schöpferischen Tätigkeit wie z. B. Licht- oder Kunstinstallationen, die nach der Erstellung abfotografiert wurden.
Lichtbilder sind Werke rein technischer, bzw. phototechnischer Natur, die keiner besonderen schöpferischen Leistung bedürfen. Beispiel hiefür sind normale Pressefotos, Landschaftsaufnahmen usw. die mit normalen Kameras von jedermann erstellt werden können.

13 Nach dem Ablauf der Schutzfrist wird ein Werk „gemeinfrei". Was wird darunter verstanden?

Das Werk kann von jedermann gedruckt und herausgegeben werden.

14 Sind Multimedia-Werke auf der Grundlage von Autorensystemen, ausgegeben auf CD-ROM oder DVD, geschützte Medien im Sinne des UrHG?

Dies ist ein schützenswertes Gesamtwerk durch Verbindung von Text, Ton, Musik, Animation, Video und Bild.

15 Nennen sie stichwortartig einige Beispiele für schützenswerte Sprachwerke im Sinne des UrHG.

Vorträge, Reden, Bedienungsanleitungen, Computerprogramme, Exposés, Filmtreatments, Showkonzepte, Formulare, journalistische Arbeiten, Buchmanuskripte, gedruckte Werke aller Art, Skizzen, Konstruktionszeichnungen, einzelne Textstellen aus Sprachwerken, Verbindungen von Text, Bild und Grafik.

16 Bei einem Auftrag entwickeln Sie ein Konzept für einen Werbeprospekt und präsentieren diesen bei einem Auftraggeber. In dieser Konzeption sind Bilder, Grafiken und Texte enthalten. Besteht der Urheberrechtsschutz
a) auf das entwickelte Gesamtkonzept
b) auf die Bilder, Grafiken und Texte?
Begründen Sie Ihre Antwort.

a) Bei Werbeprospekten und deren Aufbereitung besteht kein Konzeptschutz, eine noch nicht umgesetzte Konzeption ist noch nicht schützenswert.
b) Es sind nur die Bilder, Grafiken und Texte urheberrechtlich geschützt.

9 Medienrecht

17 Neben den Urheberrechten, deren Schutzdauer nach dem Urheberechtsgesetz in der Regel bei 50 Jahren bis 70 Jahren liegt gibt es noch die gewerblichen Schutzrechte. Wo müssen diese Schutzrechte üblicherweise angemeldet werden, um wirksam zu werden?

DPMA = Deutsches Patent- und Markenamt, München.

18 Im Arbeitsbereich von Designern und Gestaltern gilt das GeschmG. Welche Schutzdauer liegt in der Regel bei einem Geschmacksmuster, das beim DPMA angemeldet ist?

Maximal 20 Jahre ab der Anmeldung.

19 Bei technischen Erfindungen werden Patente und Gebrauchsmuster angemeldet. Wie lange sind derartige Werke nach ihrer Anmeldung beim DPMA geschützt?

10 Jahre ab der Anmeldung, maximal 20 Jahre (einmalige Verlängerung möglich).

20 Marken- oder Firmenkennzeichen, Geschäftsbezeichnungen und Werktitel unterliegen der Markenschutzgesetzgebung. Marken- oder Firmenkennzeichen werden beim DPMA angemeldet und registriert. Wie lange gilt der Schutz eines eingetragenen Markennamens?

Die Schutzdauer ist nicht begrenzt, allerdings muss der Markenname oder das Firmenkennzeichen nach jeweils 10 Jahren beim DPMA verlängert werden.

21 Nennen Sie stichwortartig einige Beispiele für schützenswerte Filmwerke im Sinne des UrhG.

- Individuelles Filmwerk
- Filmwerk als Gesamtkunstwerk. Dazu zählt neben dem eigentlichen Film alles, was zur Herstellung eines Filmes erforderlich ist. Dies sind: Exposé, Treatment, Drehbuch, gesprochene Dialoge (Sprachwerke), Filmmusik (Filmwerke), Requisiten, Bühnenbilder, Kulissen (Werke der bildenden →

9 Medienrecht

▷ *Fortsetzung der Antwort* ▷

Kunst/Innenarchitektur), Computer-Animationen (Lichtbildwerke), Leistungen von Kameramann, Maskenbildner, Cutter, Leistungen der ausübenden Künstler.
- Filmähnliche Werke, die mit digitaler Technik angefertigt, bearbeitet und vertrieben werden.

22 Nennen Sie stichwortartig einige Beispiele für schützenswerte Fotos im Sinne des UrhG.

- Individuelle Lichtbildwerke
- Lichtbildähnliche Werke, die mit digitaler Technik angefertigt bzw. bearbeitet wurden.

23 Nennen Sie stichwortartig einige Beispiele für schützenswerte Werke der bildenden und angewandten Kunst im Sinne des UrhG.

Gemälde, Skulpturen, Plastiken, Happenings, Installationen, Gebrauchsgegenständen wie Möbel, Lampen usw.

24 Nennen Sie stichwortartig einige Beispiele für schützenswerte Werke der Baukunst im Sinne des UrhG.

- Raumgestaltende Werke
- Werke der Innenarchitektur
- Bühnenbilder, Szenenbilder

25 § 19 a UrhG regelt das Recht der öffentlichen Zugänglichmachung. Was wird darunter verstanden?

Dabei handelt es sich um das Recht, Werke drahtgebunden oder drahtlos der Öffentlichkeit in der Weise zugänglich zu machen, dass es Mitgliedern der Öffentlichkeit von Orten und Zeiten ihrer Wahl zugänglich ist.

26 Wie wird nach dem UrhG der Begriff Öffentlichkeit definiert?

Zur Öffentlichkeit wird jeder als zugehörig angesehen, der nicht mit demjenigen, der ein Werk verwertet durch direkte persönliche Beziehungen verbunden ist.

27 Das neue UrhG führt den Begriff der vorübergehenden Vervielfältigungshandlungen ein. Was ist darunter zu verstehen?

Dies sind vorübergehende Handlungen flüchtiger oder begleitender Art, die einen integrativen und wesentlichen Bestandteil eines technischen Verfahrens darstellen, dessen alleiniger Zweck es ist, eine Übertragung in ein Netz zwischen Dritten durch einen Vermittler oder eine rechtmäßige Nutzung →

▷ *Fortsetzung der Antwort* ▷

eines Werkes zu ermöglichen, die keine eigene wirtschaftliche Bedeutung haben. Damit sind die Speichervorgänge auf Web-Servern zu verstehen, über die eine ständige Nutzung von Informationen erst möglich wird. Weiter ist das so genannte „Caching" als eine Art der vorübergehenden Zwischenspeicherung erlaubt, also das Zwischenspeichern von Netzinhalten auf Anbieter-Servern, die zu einem schnelleren Abruf von Daten führen und somit das Netz entlasten.

28 **Die öffentliche Zugänglichmachung von Werken für Unterricht und Forschung erlaubt das Kopieren von Werkteilen für Forschung und Lehre. Wie darf dieses Kopieren für diesen Bereich durchgeführt werden?**

Nach § 52 a Abs. 1 UrhG dürfen:

- Kleine Teile eines Werkes (Maßstab etwa 10 %),
- Werke geringen Umfangs (Liedtexte, Gedichte, kurze Erzählungen),
- Einzelne Beiträge aus Zeitschriften/ Zeitungen

zur Veranschaulichung von Sachverhalten öffentlich für Lehre und Forschung zugänglich gemacht werden. Unter öffentlich versteht man eine Klasse, einen Kurs oder einen bestimmten, eingegrenzten Personenkreis. Kommerzielle Zwecke dürfen damit nicht verfolgt werden.

29 **Welche Einrichtungen zählen nach dem UrhG alle zum privilegierten Bereich der Lehre?**

Öffentliche Schulen (Grund-, Haupt-, Realschulen, Gymnasien, alle beruflichen Schulen, alle öffentlich zugänglichen Privatschulen), alle beruflichen Bildungseinrichtungen im Sinne des Berufsbildungsgesetzes (also Betriebe, Lehrwerkstätten, überbetriebliche Ausbildungsstätten, aber *nicht* kommerzielle gewerbliche Bildungseinrichtungen).

30 **Welche Einrichtungen zählen nach dem UrhG alle zum privilegierten Bereich der Forschung?**

Alle Hochschulen. Diese dürfen urheberrechtlich geschützte Werke auch ohne die Zustimmung des Urhebers zur Veranschaulichung des Unterrichts und der Lehre verwenden. Diese Regelung ist derzeit noch sehr umstritten und wird wohl von einem höheren Gericht geklärt werden müssen.

9 Medienrecht

31 Welche Schutzvorkehrungen müssen getroffen werden, wenn an Bildungseinrichtungen Werkteile einem bestimmten Nutzerkreis auf einem Server zur Verfügung gestellt werden?

Der § 52 a Abs. 1 Ziffer 2 UrhG schreibt vor, dass der Teilnehmerkreis, der die geplanten Werkteile nutzt, diesen Zugriff auf das Werk nur über Schutzmechanismen ermöglicht wird. Solche Schutzmechanismen sind z. B. Passwörter, die den Zugriff auf Dateien auf Servern nur bestimmten Personen ermöglichen.

32 Dürfen Sie als Privatperson zum eigenen Gebrauch eine digitale Privatkopie von einem Werk erstellen?

Dies ist zulässig, solange die Kopie ausschließlich dem persönlichen bzw. privaten Gebrauch dient und keine kommerziellen Interessen verfolgt werden. Eine Privatkopie darf auf beliebigen Trägern erstellt werden. Das bedeutet, dass der Gesetzgeber eine vollständige Gleichbehandlung analoger und digitaler privater Kopien herstellt. Es ist also gleichgültig, ob eine Kopie auf einem Blatt Papier oder einer Diskette o. ä. vorgenommen wird, entscheidend ist das Merkmal „Privater Gebrauch".

33 Dürfen Sie eine Kopie des von Ihnen erworbenen Programms Adobe Photoshop herstellen?

Die Vorschrift, dass sie eine Privatkopie von einem Werk herstellen dürfen, gilt nur für Sprachwerke, nicht für Computerprogramme. Jede vollständige oder teilweise Kopie eines Computerprogramms ist nach § 69 c UrhG nicht ohne Lizenzierung zulässig. Dem Erwerber der Software ist die Erstellung einer Sicherungskopie nach § 69 d UrhG gestattet. Lesen Sie dazu auch immer die Lizenzvereinbarung für Ihre Software!

34 Ist es zulässig, regelmäßig MP3-Datei aus dem Internet zum privaten Gebrauch herunterzuladen?

Wenn der Anbieter der MP3-Dateien diese auf seiner Web-Site anbietet, muss es sich offensichtlich um rechtmäßig erworbene Titel handeln. Es muss also auf der Web-Site der Hinweis stehen, dass der Anbieter alle Rechte an der angebotenen Musik (gilt auch für →

▷ *Fortsetzung der Antwort* ▷

angebotene Filmclips) besitzt und keine Rechte Dritter verletzt werden. Fehlt dieser Hinweis, muss der Nutzer von einem illegalen Angebot ausgehen.

35 Nennen sie einige bekannte Anbieter legaler Musikportale.

(Stand Dezember 2005) Musikportale wie **www.emusic.com, www.itunes.com, musicdownloads.aol.de.** Kennzeichen dieser legalen Musikportale ist, dass der Nutzer für den Download eine Gebühr entrichten muss.

36 Um bei CD-ROMs oder DVDs Raubkopien zu verhindern, wurden technische Schutzmaßnahmen auf diesen Datenträger angebracht. Welche Schutzmaßnahmen sind hier vom Gesetzgeber vorgesehen?

Verschlüsselung, Verzerrung, Kopierschutz u. Ä., der vom Endverbraucher nicht „geknackt" werden darf. Allerdings muss der Hersteller eines Kopierschutzes auf diesen hinweisen, damit der Endverbraucher erfährt, dass eine Datei bzw. ein Datenträger mit einer Schutzmaßnahme versehen ist.

37 Dürfen Sie Software in Umlauf bringen oder auf einer Website anbieten, die in der Lage ist, einen Kopierschutz zu umgehen.

Es ist unzulässig, Software herzustellen und zu verbreiten, mit welcher ein wirksamer Kopierschutz umgangen werden kann.

38 Ist es für einen Verlagstitel/Zeitschriftentitel zulässig, eine Headline mit folgendem Inhalt zu texten: Wie knacke ich eine DVD?

Eine Zeitschrift darf nicht zu einer Umgehungshandlung bezüglich des UrhG und den darin festgelegten Schutzmaßnahmen aufrufen. Ein derartiger Titel wäre rechtswidrig.

39 Dürfen Sie kopiergeschützte CDs an einem PC mit Windows-Betriebssystem brennen, indem Sie den Kopierschutz umgehen?

Nach § 95 a UrhG ist ein Umgehen oder Ausschalten des Kopierschutzes nicht gestattet.

9 Medienrecht

40 Welche Sanktionen legt das UrhG fest, wenn eine Kopierschutzmaßnahme von einem Nutzer umgangen wird und dadurch ein Urheberrecht verletzt wurde?

Freiheitsstrafe bis zu einem Jahr (§ 108 b, Abs. 1 UrhG) oder eine Geldbuße bis zu 50.000.00 Euro. (§ 111 a, Abs. 1 und 2 UrhG).

41 Welche Inhalte können sich im Teil über technische Absprachen eines Vertrages wiederfinden?

Leistungskatalog, Nutzungsrechte, Verschwiegenheitspflichten, Konkurrenzklauseln, Protokolle, Haftung, Kündigungsvereinbarungen, CI-Richtlinien, Farbdefinitionen, Mediaanalyse, Marktforschung, Werbekonzeption, Fotografie- und Bildbeschaffung, Druck, Lieferung u. a.

42 Das Urheberrecht unterscheidet nach Datenbankwerken und Datenbanken. Wo liegt der Unterschied?

Datenbankwerke sind Sammelwerke oder Sammlungen, die sich aus Daten oder anderen Elementen zusammensetzen, die bislang unabhängig voneinander waren. Wichtig ist, dass eine bereits geringfügig eigenständige Leistung in der Auswahl und der Anordnung der Daten vorliegt. Es genügt die Zusammenstellung der Daten nach Ordnungsgesichtspunkten, die einen Zugriff auf einzelnen Daten jederzeit ermöglichen. Der Zugriff muss mit elektronischen Mitteln einzeln möglich sein.

Datenbanken sind geordnete, maschinell verwaltete Mengen von Daten, auf die über verschiedene Suchkriterien auf einzelne Daten zurückgegriffen werden kann. Wesentlich ist, dass die Daten systematisch angeordnet sind und einzeln abgerufen werden können. Sammlungen von Links, Cliparts, Prüfungsaufgaben, Vertragsentwürfe oder Kochrezepte sind typische Beispiele für Datenbanken. Eine Datenbank muss mit elektronischen Mitteln abrufbar sein, Printmedien können demzufolge nach § 87a ff UrhG keine Datenbanken sein.

9 Medienrecht

43 Wo liegen die rechtlichen Unterschiede bei der Vervielfältigung zwischen einer Online- und einer Offline-Datenbank?

Offline: Es darf von einer Offline-Datenbank ohne Zustimmung des Datenbankherstellers keine Kopie der Datenbank erstellt werden, auch keine Sicherungskopie.

Online: Eine Online-Datenbank darf oder kann öffentlich angeboten und in Verkehr gebracht werden (§ 17 UrhG). Jede Abfrage einer Online Datenbank erfolgt im Wege der öffentlichen Wiedergabe. Diese liegt vor, wenn mehrere Personen unabhängig voneinander die Darstellung und Abfrage der Datenbank nutzen können. Unter bestimmten Voraussetzungen darf die Datenbank von jedermann frei genutzt werden.

44 Wie lange hat der Ersteller einer Datenbank das Recht zu ausschließlichen Nutzung?

Die Rechte eines Datenbankerstellers verjähren nach 15 Jahren. Allerdings wird durch jede wesentliche Investition das Schutzrecht um weitere 15 Jahre verlängert. Eine wesentliche Investition kann z. B. bereits die Überprüfung der Aktualität der Datenbank durch den Rechteinhaber sein.

45 Datenbanken und Datenbankwerke sind nach dem Urheberrecht geschützt. Wenn der Nutzer einer im Internet zugänglichen Datenbank unberechtigterweise Daten kopiert oder vervielfältigt, kann der Ersteller der Datensammlung gegen den Verletzter des Urheberrechtes verschiedene Rechtsansprüche geltend machen. Welche sind dies?

- Anspruch auf Unterlassung und Schadenersatz
- Anspruch auf Löschung bzw. Vernichtung der unberechtigt erlangten/genutzten Daten
- Anspruch auf Auskunft hinsichtlich möglicher Vertriebswege und weitere Nutzung der unberechtigt erlangten Datensammlung.
- Anspruch auf die Vernichtung der Herstellungsvorrichtung zur Kopie der Datensammlung.

46 Was ist nach dem UrhG der Schutzgegenstand bei Datenbanken?

Eine Datenbank als ganzes wird geschützt, nicht die einzeln vorhandenen Daten der Datenbank. Geschützt werden die Rechte dessen, der die Daten verwaltet und aufbereitet, nicht dessen Daten gespeichert werden.

9 Medienrecht

47 **Welches Gesetz schützt personenbezogene Datenbanken vor dem unberechtigten Zugriff auf Datenbankinhalte und deren Auswertung? Wer überwacht die korrekte Anwendung dieser Gesetze?**

Datenschutzgesetze des Bundes und der Länder. Kontrolliert wird die Einhaltung der Datenschutzgesetze durch die Datenschutzkontrollbehörden des Bundes und der Länder.

48 **Erstellen Sie eine Formulierung für den Haftungsausschluss (Disclaimer) auf einer Homepage.**

Haftungsausschluss (oder Disclaimer) kann wie folgt lauten:

„Wir weisen sie darauf hin, dass wir für die Inhalte der Seiten, auf die wir verlinken nicht verantwortlich sind, sondern die jeweiligen Autoren. Wir distanzieren uns ausdrücklich von den Inhalten dritter und machen uns deren Inhalte nicht zu eigen."

Ein derartiger Disclaimer, so wird häufig interpretiert, entbinde den Linksetzer von der Verantwortung. Dem ist nicht immer so. So sagt der Bundesgerichtshof, dass eine Haftung für rechtswidrige Inhalte einer verlinkten Seite dann in Betracht kommt, wenn sich der rechtswidrige Inhalt geradezu aufdrängt. Die Haftung für Links muss, so der BGH, nach den allgemeinen Grundsätzen des Zivilrechts und nicht nach den Regelungen von TDG und MDStV behandelt werden. An die Überwachungspflicht sollte man, so der BGH, im Hinblick auf die Besonderheiten des Internets keine „überspannten" Anforderungen stellen. Es ist derzeit zu Erwarten, dass es zum Thema „Haftung für Links" und den darauf folgenden Inhalten noch zu einer Reihe von weiteren Urteilen kommen wird, die dann zu beachten und zu bewerten sind.

49 **Auf welche Punkte bezieht sich die Inhaltsverantwortung eines Seitenbetreibers besonders?**

Die Inhaltsverantwortung des Homepage-Betreibers bezieht sich vor allem auf die folgenden Bereiche:

- Pornografie (§184 StGB)
- Kinderpornografie (hier ist bereits der Besitz kinderpornografischer Darstellungen strafbar)

9 Medienrecht

▷ *Fortsetzung der Antwort* ▷

- Bildung krimineller Vereinigungen (§129 StGB)
- Bildung terroristischer Vereinigungen (§129 a StGB)
- Volksverhetzung (§130 StGB)
- Gewaltdarstellung (§131 StGB)
- Beleidigung (§185 StGB)
- Üble Nachrede (§186 StGB)
- Verleumdung (§187 StGB)
- Datenveränderung (§303 a StGB); damit wird der bewusste Einbau von Computerviren z. B. in Mails strafbar.
- Computersabotage (§303 b StGB; so werden z. B. Hackerzugriffe strafbar.)
- Verletzung des Datenschutzes (§43 BDSG); verstecktes Speichern personenbezogener Daten z. B. mit Hilfe v. Cookies ist strafbar.
- Der Verrat von Betriebsgeheimnissen (§ 17 UWG) wird in schweren Fällen mit Freiheitsstrafen bis zu fünf Jahren bestraft.
- Die Verbreitung von unwahren und vor allem kreditgefährdeten Behauptungen führt zu zivilrechtlichen Ansprüchen eines Geschädigten (§ 824 BGB).
- Die Benutzung eines fremden Namens als Domain-Name ist eine Verletzung des Namensrechts (§ 12 BGB).

Hinweis: Die Auflistung ist nicht vollständig, es werden nur die nach Meinung der Autoren wichtigsten Verantwortungsbereich genannt.

50 Wo muss das Impressum auf einer Homepage positioniert werden, damit es dem § 6 TDG entspricht?

§6 des Teledienstgesetzes fordert, dass die Informationen eines Diensteanbieters für geschäftsmäßige Teledienste für jeden Nutzer unmittelbar erreichbar und ständig verfügbar zu halten sind. Wo das Impressum genau zu stehen hat, ist im Gesetz nicht ausdrücklich festgelegt. Es empfiehlt sich aber, von jeder Seite einer Internetpräsentation, mindestens aber von der Start- bzw. Hauptnavigationsseite einen Link zum Impressum gemäss § 6 TDG anzulegen.

9 Medienrecht

51 Nennen Sie die Bedeutung der folgenden Abkürzungen: 1. BDSG, 2. TDG, 3. UrhG, 4. MDStV

1. BDGS = Bundes-Daten-Schutz-Gesetz
2. TDG = Teledienstgesetz
3. UrhG = Urheberrechtsgesetz
4. MDStV = Mediendienststaatsvertrag

52 Formulieren Sie für die Homepage Ihres Ausbildungsbetriebes ein korrektes Impressum. Beachten Sie dabei die Benennung der Verantwortlichkeiten.

Medien-Design Tübingen
Wilhelmstraße 12
72074 Tübingen
Telefon: 07071/458211
Telefax: 07071/458222
E-Mail: info@Medialand.com
Internet: www.mediadesign-tue.com
Vertretungsberechtigte Geschäftsführer:
Hanspeter Krause, Roland Neumann (Vorsitzender), Paul Paulsen
Registergericht: Amtsgericht Tübingen
Registernummer: VR 2004-145
Umsatzsteuer-Identifikationsnummer:
DE 54 28 34 901
Inhaltlich Verantwortlicher nach § 10 Absatz 3 MDStV: Heinz Mayer (Anschrift wie oben)
Haftungshinweis: Trotz sorgfältiger inhaltlicher Kontrolle übernehmen wir keine Haftung für die Inhalte externer Links. Für den Inhalt der verlinkten Seiten sind ausschließlich deren Betreiber verantwortlich.

53 Welche Angaben muss ein Zeitungsimpressum grundsätzlich enthalten?

Zeitungsimpressum:

- Name der Firma
- Drucker mit Anschrift
- Verleger oder Herausgeber mit Anschrift
- Verantwortlicher Redakteur mit vollständigem Vor- und Zunamen. Bei mehreren verantwortlichen Redakteuren muss die Verantwortlichkeit exakt zugeordnet werden.
- Verantwortlicher für den Anzeigenteil
- Verantwortlicher für den Zeitungsmantel
- Wirtschaftliche Beteiligungsverhältnisse müssen offen gelegt werden (gilt nur für Bayern, Sachsen und Hessen nach den dortigen LPG)

9 Medienrecht

54 Welche Angaben muss ein Buchimpressum grundsätzlich enthalten?

Es muss das Copyright, Erscheinungsjahr, der Name des Urhebers, Autor und Verlag mit Anschrift genannt werden. Weiter ist die Auflagenzahl zu nennen und innerhalb der Europäischen Union ist die ISBN auf der Copyright-Seite zu führen.

55 Was bedeuten die Abkürzungen ISBN und ISSN?

Internationale Standard Buch Nummer, Bestell- und Identifikationsnummer für ein Buch.
Internationale Standard Serien Nummer, Identifikationsnummer für Schriftreihen (Zeitschriften, Buchserien usw).

10 Prüfungsvorbereitung

Wir möchten Ihnen in diesem Kapitel eine Orientierungshilfe zur Prüfungsvorbereitung geben. Die kurze Vorstellung der Handlungskompetenz und der Lernfelder zeigt die Zielsetzung des Unterrichts und daraus folgend die Intention der Prüfung. Mit der Prüfungsstruktur (Mediengestalter/in für Digital- und Printmedien, Stand 01. 10. 2005) soll Ihnen die Vorplanung und das Zeitmanagement Ihrer Prüfung erleichtert werden. Und zu guter Letzt erhalten Sie bewährte Leitlinien zur effektiven Prüfungsvorbereitung.

10.1 Handlungskompetenz

Die Ziele des Berufsschulunterrichts sind auf die Entwicklung von Handlungskompetenz gerichtet. Diese wird hier verstanden als die Bereitschaft und Fähigkeit des Einzelnen, sich in beruflichen, gesellschaftlichen und privaten Situationen sachgerecht durchdacht sowie individuell und sozial verantwortlich zu verhalten. Handlungskompetenz entfaltet sich in den Dimensionen von Fachkompetenz, Personalkompetenz und Sozialkompetenz.

Fachkompetenz bezeichnet die Bereitschaft und Fähigkeit, auf der Grundlage fachlichen Wissens und Könnens Aufgaben und Probleme zielorientiert, sachgerecht, methodengeleitet und selbstständig zu lösen und das Ergebnis zu beurteilen.

Personalkompetenz bezeichnet die Bereitschaft und Fähigkeit, als individuelle Persönlichkeit die Entwicklungschancen, Anforderungen und Einschränkungen in Familie, Beruf und öffentlichem Leben zu klären, zu durchdenken und zu beurteilen, eigene Begabungen zu entfalten sowie Lebenspläne zu fassen und fortzuentwickeln. Sie umfasst personale Eigenschaften wie Selbstständigkeit, Kritikfähigkeit, Selbstvertrauen, Zuverlässigkeit, Verantwortungs- und Pflichtbewusstsein. Zu ihr gehören insbesondere auch die Entwicklung durchdachter Wertvorstellungen und die selbstbestimmte Bindung an Werte.

Sozialkompetenz bezeichnet die Bereitschaft und Fähigkeit, soziale Beziehungen in beruflich oder privat begründeten Teams zu leben und zu gestalten, Zuwendungen und Spannungen zu erfassen, zu verstehen sowie sich mit anderen rational und verantwortungsbewusst auseinander zu setzen und zu verständigen. Hierzu gehört insbesondere auch die Entwicklung sozialer Verantwortung und Solidarität.

Das vorliegende Prüfungsbuch soll Ihnen vor allem zu einer Steigerung Ihrer Fachkompetenz verhelfen. Dies wollen Sie durch ein gutes Ergebnis in der Zwischen- oder Abschlussprüfung im Beruf des Mediengestalters/in dokumentieren. Diese Steigerung Ihrer Fachkompetenz hat direkte Auswirkungen auf die anderen, oben angesprochenen Kompetenzfelder, da nur ein Mitarbeiter mit hoher Fachkompetenz in einem Medienbetrieb auch als wichtiger Teamplayer akzeptiert und anerkannt wird.

10.2 Handlungsorientierung

Den Ausgangspunkt des Lernens bilden Handlungen, die möglichst selbst ausgeführt oder aber gedanklich nachvollzogen werden (Lernen durch Handeln). Alle Handlungen im Zusammenhang mit Lernleistungen müssen von den Lernenden möglichst selbstständig geplant, durchgeführt, überprüft, ggf. korrigiert und schließlich bewertet werden. Diese Art des handlungsorientierten Lernens sollte ein ganzheitliches Erfassen der beruflichen Wirklichkeit fördern und z. B. technische, sicherheitstechnische, ökonomische, rechtliche, ökologische sowie soziale Aspekte einbeziehen.

10.3 Lernfelder

Im Lernfeldkonzept ist das traditionelle Strukturprinzip der Unterrichtsfächer nach fachsystematischen Gesichtspunkten aufgegeben. An die Stelle der traditionellen Fächer treten die Lernfelder. Sie sind aus Handlungsfeldern (Tätigkeitsfeldern) abgeleitet. Daraus ergibt sich ein Fächer übergreifender Lehrplan. Die bisherigen Fächer wie Technologie (Theorie), Technische Mathematik, Computertechnik und Technologiepraktikum ist an den meisten beruflichen Schulen in Deutschland aufgelöst. Die traditionellen Fächer werden zusammen mit dem neuen Bereich Kommunikation und Englisch in den Lernfeldern integriert.

In Lernfeldern sind zusammengehörige Aufgabenkomplexe mit beruflichen Handlungssituationen so zusammengefasst, dass fachtheoretische, fachpraktische, wirtschaftliche und soziale Kompetenzen gefördert werden. Lernfelder sind didaktisch begründete, schulisch oder betrieblich aufbereitete Handlungsfelder, in denen Lernsituationen dazu führen sollen, eine vielseitige Kompetenzsteigerung so zu ermöglichen und zu fördern, dass nach einer Ausbildungszeit von drei Jahren die Qualifikation erreicht wird, die notwendig ist, um die Prüfung in dem komplexen Beruf des Mediengestalters zu bestehen.

10.4 Prüfungsstruktur

Unter den folgenden Adressen finden Sie im Internet die jeweils aktuellsten Informationen zu den Prüfungen der Mediengestalter/in für Digital- und Printmedien: www.zfamedien.de www.bvm-online.de

10.4.1 Struktur der Zwischenprüfung: Mediengestalter/in für Digital- und Printmedien

Schriftliche Prüfung Fachlicher Teil

Es gibt zwei getrennte Prüfungsbogen:

- Der Prüfungsbogen 1 beinhaltet die Prüfungsgebiete „Kommunikations- sowie Arbeits- und Sozialrecht" Bearbeitungszeit: 60 Minuten
- Der Prüfungsbogen 2 beinhaltet die fachbezogenen Prüfungsgebiete Bearbeitungszeit: 90 Minuten

Unter www.zfamedien.de werden 6 bis 8 Wochen vor dem schriftlichen Prüfungstermin nähere Prüfungsthemen zur Prüfungsvorbereitung bekannt gegeben.

Hierzu werden jeweils zwei offene Aufgaben aus folgenden Prüfungsgebieten gestellt:

- „Betriebliche Leistungsprozesse und Arbeitsorganisation, Qualitätssicherung"
- „Informations- und kommunikationstechnische Systeme, Datenhandling"
- „Gestaltung (Grundlagen), Systeme, Datenhandling"
- „Medienproduktion"

In den Aufgaben ist ein Anteil technische Mathematik integriert.

Für die Bearbeitung der Prüfungsbögen sind folgende Hilfsmittel zugelassen:

- Prüfungsbogen 1: deutschsprachiges Rechtschreibnachschlagewerk, englisches Wörterbuch (englisch/deutsch – deutsch/englisch), englisches Fachwörterbuch
- Prüfungsbogen 2: nicht programmierbarer Taschenrechner, Lineal oder Typometer

Aufgabe 1 – Prüfungsgebiet Medienintegration

Hier wird anhand einer Aufgabe das Beherrschen von Grafik- und Bildbearbeitungsprogrammen abgeprüft.

Aufgabe 2 – Prüfungsgebiet Gestaltung

Gestaltung und Realisierung für ein Print- oder Nonprintprodukt. Bearbeitungszeit insgesamt 4,5 Stunden. Das Ergebnis wird für jede Aufgabe separat ausgewiesen.

10.4.2 Struktur der schriftlichen Abschlussprüfung: Mediengestalter/in für Digital- und Printmedien – Teil B

Konzeption und Gestaltung

- Zeit: 120 Minuten
- Gleiche Aufgabenstellung für alle Fachrichtungen,
- 10 von 12 wissensorientierten Aufgaben à 6 Punkte (60 % Gewichtung)
- 4 von 5 handlungsorientierten Aufgaben à 10 Punkte, differenziert nach Fachrichtung und Schwerpunkt (40 % Gewichtung)
- Sperrprüfungsbereich für die Fachrichtungen Medienberatung und Mediendesign, d.h. mindestens die Hälfte der erforderlichen Punktzahl zum Bestehen nötig.

Medienintegration und -ausgabe

- Zeit: 120 Minuten
- Gleiche Aufgabenstellung für alle Fachrichtungen, 10 von 12 wissensorientierten Aufgaben à 6 Punkte, (60 % Gewichtung)
- 4 von 5 handlungsorientierten Aufgaben à 10 Punkte, differenziert nach Fachrichtung und Schwerpunkt (40 % Gewichtung)
- Sperrprüfungsbereich für die Fachrichtungen Medienoperating und Medientechnik, d. h. mindestens die Hälfte der erforderlichen Punktzahl zum Bestehen nötig.

Kommunikation

- Zeit: 45 Minuten
- gleiche Aufgabenstellung für alle Fachrichtungen
- Kommunikation (z. B. Korrekturtext) (50 % Gewichtung)
- Englischaufgabe (50 % Gewichtung)

Wirtschafts- und Sozialkunde

Der Aufgabensatz für die Wirtschafts- und Sozialkunde enthält 30 programmierte (gebundene) und 6 offene (ungebundene) Aufgabenstellungen. Von den 30 gebundenen müssen 25 und von den 6 offenen 4 Aufgaben bearbeitet werden.

Für jede richtige Antwort einer gebundenen Aufgabe gibt es 2,8 Punkte, die Höchstpunktzahl jeder ungebunden Aufgaben ist 7,5.

25 Aufgaben × 2,8 Punkte   70 Punkte   4 Aufgaben × 7,5 Punkte   30 Punkte
Gesamt: 100 Punkte

Bearbeitungszeit: 45 Minuten (gilt nicht für Baden-Württemberg ^{1})

¹ In Baden-Württemberg werden 4 Projektaufgaben gestellt, wovon 3 gelöst werden müssen. Bearbeitungszeit: 60 min.

Zugelassene Hilfsmittel:

- Prüfungsbereiche 1 und 2: nicht programmierbarer Taschenrechner, Lineal oder Typometer
- Prüfungsbereich 3: deutschsprachiges Rechtschreibnachschlagewerk, englisches Wörterbuch (englisch/deutsch – deutsch/englisch), englisches Fachwörterbuch

Hinweis: Wirtschafts- und Sozialkunde wird in manchen Kammerbezirken aus der Berufsschulabschlussprüfung übernommen, d. h. es ist keine zusätzliche Wirtschafts- und Sozialkunde-Prüfung nötig. Wenn in Ihrem Bundesland keine Berufsschulabschlussprüfung stattfindet, so kann auch keine Leistungsbewertung in das Kammer-Zeugnis übernommen werden.

Tabelle Abschlussprüfung Mediengestalter für Digital- und Printmedien siehe S. 380.

Die Gesamtpunktzahl berechnet sich aus:

- 30 % Konzeption und Gestaltung
- 30 % Medienintegration und -ausgabe
- 20 % Kommunikation
- 20 % Wirtschafts- und Sozialkunde.

10.4.3 Struktur der praktischen Abschlussprüfung: Mediengestalter/in für Digital- und Printmedien – Teil A

Die Konzeptionsphase der praktischen Abschlussprüfung beträgt 10 Arbeitstage.

Gesamtprüfungszeit 7 Stunden.

Dabei unterscheidet man Aufgabe 1.1 z. B. Konzeption und Gestaltung eines Prospektes und in Aufgabe 1.2 die so genannte W3-Wahlqualifikationseinheit.

Aufgabe 1.1 ist abhängig von der Fachrichtung und dem Schwerpunkt, welcher im Ausbildungsvertrag vereinbart wurde. Bewertungskriterien sind dabei:

- Idee/Grafische Originalität der Gesamtkonzeption
- Typografie
- Logo
- Bilder (Platzierung, Bildauswahl, -ausschnitt, Grafische Elemente)
- Technische Ausführung / Einhaltung der Vorgaben
- Schriftliche Erläuterungen zur Gestaltungsform (Bewertung des Inhaltes und der Begründungen – Fachrichtung Mediendesign)

Aufgabe 1.2 ist abhängig von der fachrichtungsbezogen W3-Wahlqualifikationseinheit, welche wiederum im Ausbildungsvertrag dokumentiert ist.

Hierbei kann es sich um Aufgaben hinsichtlich:

- Kundenspezifische Medienberatung
- Projektdurchführung
- Werbeorientierte Gestaltung
- Storyboarderstellung
- Redaktionstechnik II
- Digitalfotografie II
- Fotogravurzeichnung III
- Text-, Grafik-, Bilddatenverarbeitung
- Bewegtbild- und Audiosignalbearbeitung III
- Datenbankanwendung II
- Herstellung interaktiver Medienprodukte
- Reprografie
- Mikrografie
- Digitaldruck
- Tiefdruckformherstellung
- Digitale Druckformherstellung

handeln.

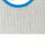

10.4 Prüfungsstruktur

Abschlussprüfung Mediengestalter für Digital- und Printmedien

(3) Der Prüfungsteil B besteht aus den vier Prüfungsbereichen Konzeption und Gestaltung, Medienintegration und Medienausgabe, Kommunikation sowie Wirtschafts- und Sozialkunde. Es kommen Aufgaben, die sich auf praxisbezogene Fälle beziehen sollen, insbesondere aus folgenden Gebieten in Betracht:

§ 9 Abschlussprüfung in der Fachrichtung Medienberatung	§ 10 Abschlussprüfung in der Fachrichtung Webdesign	§ 11 Abschlussprüfung in der Fachrichtung Medienoperating	§ 12 Abschlussprüfung in der Fachrichtung Medientechnik
1. im Prüfungsbereich Konzeption und Gestaltung: a) Arbeitsorganisation, b) kaufmännische Grundlagen, c) Kosten- und Leistungsrechnung, d) Aufgabenbearbeitung, e) Projektmanagement, f) Produkte und Produktionsabläufe, g) Marketing, Werbung, h) Kundenbetreuung, i) Urheber-, Verwaltungs- und Vertragsrecht	1. im Prüfungsbereich Konzeption und Gestaltung: a) Layout, b) Schriftsatz, c) Gestaltung und -elemente, d) Farbe und Farbsysteme, e) Typografie und Normen, f) Produktionsprozesse, g) Wirkung von Medien, h) Webgruppen- und produktionsorientierte Mediengestaltung	1. im Prüfungsbereich Konzeption und Gestaltung: a) Layout, b) Gestaltungsgrundlagen, c) Gestaltungsmittel und -elemente, d) Produktionsprozesse	1. im Prüfungsbereich Konzeption und Gestaltung: a) Designvarianten und -beurteilung, b) Gestaltungsgrundlagen, c) Gestaltungsmittel und -elemente, d) Produktionsprozesse
2. im Prüfungsbereich Medienintegration und Medienausgabe: a) Medienintegration, b) Datenhandling, c) Telekommunikation, d) Datenbanktechnik, e) Qualitätssicherung, f) Sicherheit und Gesundheitsschutz bei der Arbeit, g) Umweltschutz	2. im Prüfungsbereich Medienintegration und Medienausgabe: a) Medienressource- und Übertragungsprozesse, b) Prozessformate, Datenorganisationsprozesse, c) Datenbearbeitung, Datenverwaltung, d) digitale Hardcopy und -ausgabe, e) Zusammenführen digitaler Daten, f) Hard- und Softwarekomponenten, g) Sicherheit und Gesundheitsschutz bei der Arbeit, h) Umweltschutz	2. im Prüfungsbereich Medienintegration und Medienausgabe: a) Hardwarebindung, b) produktionsspezifische Verfahren, c) Medienprodukte, d) Netzwerke, e) Ausgabesysteme, f) elektronische Bildbearbeitung, g) Datenbankanwendungen, h) Qualitätssicherung, i) Sicherheit und Gesundheitsschutz bei der Arbeit, j) Umweltschutz	2. im Prüfungsbereich Medienintegration und Medienausgabe: a) Materialien, b) Messen und Prüfen, c) Ausgabegeräte und -techniken, d) Text-, Bild- und Grafikdatenübernahme, e) Eingabegeräte und -techniken, f) Betriebssysteme, Hardware und Netzwerke, g) Verfahrenswege zur Text-, Bild- und Grafikweiterverarbeitung, h) Qualitätssicherung, i) Sicherheit und Gesundheitsschutz bei der Arbeit, j) Umweltschutz
	3. im Prüfungsbereich Kommunikation: a) Nutzung einschlägiger Medien, b) schriftliche Unterlagen, c) Kommunikationswege und -mittel	3. Kommunikationsformen, Kommunikationsregeln, Teamarbeit, c) Kommunikationswege und -mittel	
	4. im Prüfungsbereich Wirtschafts- und Sozialkunde: allgemeine wirtschaftliche und gesellschaftliche Zusammenhänge der Berufs- und Arbeitswelt		

© Holland + Josenhans

Der Bewertungsschlüssel der Zwischen- und Abschlussprüfung:

Punkte	Bewertung
100 – 92 Punkte:	sehr gut
unter 92 – 81 Punkte:	gut
unter 81 – 67 Punkte:	befriedigend
unter 67 – 50 Punkte:	ausreichend
unter 50 – 30 Punkte:	mangelhaft
unter 30 Punkte:	ungenügend

10.5 Leitlinien zur Prüfungsvorbereitung

Die derzeitigen schriftlichen Prüfungen können der Komplexität der Handlungskompetenz nur in Teilaspekten gerecht werden. Im Wesentlichen wird die Fachkompetenz mit Wissensfragen und mit handlungsorientierten Aufgaben zur Problemlösefähigkeit abgeprüft. Die Personal- und Sozialkompetenz können mit schriftlichen Einzelprüfungen nicht qualifiziert geprüft werden.

Bei der Prüfungsvorbereitung allerdings hilft die in der Ausbildung erworbene Personal- und Sozialkompetenz. Die Vielfalt der fachlichen Inhalte, von der Druckform bis zur Website, und die komplexen praktischen Problemstellungen lassen sich im Austausch und der Zusammenarbeit einfacher erarbeiten. Dabei ergänzen sich die Arbeit im Team, in der Lerngruppe und das Einzellernen.

Vorteile der Lerngruppe

- Arbeitsteilung
- Lernen durch Lehren, Vortrag eines Themas in der Gruppe
- Diskussionen über schwierige Themen schaffen Klarheit
- Austausch über Lernstrategien
- Austausch über Gelerntes
- Wissen auch umsetzen und vortragen können
- Soziale und psychische Stabilität durch die Gruppe

Organisation einer Lerngruppe

- Lernbedarf und Themen ermitteln und festlegen
- Regeln zum Arbeiten in der Gruppe aufstellen
- Protokoll führen
- Aufgabenverteilung
- Zeitplan, Termine festlegen
- Gestaltung, Struktur und Inhalt der Sitzungen festlegen
- Verantwortlichkeiten, Verbindlichkeiten klären

10.5 Leitlinien zur Prüfungsvorbereitung

Zusammensetzung der Lerngruppe

- drei bis fünf Teilnehmer/innen scheinen die für den Lernerfolg optimale Gruppengröße zu sein
- Moderator und Protokollant müssen immer vor der Sitzung feststehen
- „Häuptlinge" und „Trittbrettfahrer" wird es immer geben. Keine falsch verstandene Solidarität!

Einige allgemeine Hinweise zum Lernen:

Was Sie tun sollten:

- kleine Zwischenziele
- Lernen, Pausen, Wiederholungen, Erfolgskontrollen
- Abwechslung schaffen verschiedene Lernarten
- Lernstoff strukturieren
- Lerngewohnheiten entwickeln
- Prüfungsvorbereitung kontinuierlich über die gesamte Ausbildung
- Angenehme Lernatmosphäre
- Störungen, Motivationshemmnisse vermeiden bzw. entfernen
- Lerngruppe organisieren

Was Sie vermeiden sollten:

- Stur und immer wieder Prüfungssätze „durchspielen", bis es irgendwann sitzt.
- Prüfungsvorbereitung reduzieren auf Kenntnisse und Fertigkeiten.
- Prüfungsvorbereitung geballt vor der Prüfung
- Nur alleine lernen

11 Lösungswege

1.1 Mathematische Grundlagen

1.1.1 Römische Ziffern

$\boxed{1}$ CXXXV = 100 + 10 + 10 + 10 + 5 = 135

$\boxed{2}$ IV = 5 − 1 = 4
IX = 10 − 1 = 9

$\boxed{3}$ MCMXCIX = 1999
MMIV = 2004

1.1.3 Dreisatz

$\boxed{4}$ 129,60 € / 8 h = 16,20 € x 7,5 h x 5 Tage = 607,50 € pro Woche

$\boxed{5}$ Ein Mediengestalter würde 2 x 6 h = 12 h benötigen, drei würden 12 h / 3 = 4 h benötigen.

1.1.4 Prozentrechnen

$\boxed{6}$ a) 350 000,00 € / 100 x 2,5 = 8750,00 € Skonto;
b) 350.000,00 € − 8750,00 € = 341.250,00 €

$\boxed{7}$ 100 % = 35 mm; 120 % = 42 mm;
100 % = 24 mm; 120 % = 28,8 mm

1.1.5 Satz des Pythagoras

$\boxed{8}$ Diagonale „c" des Bildschirms in Pixel:
$c^2 = 1280^2 + 1024^2$
$c = \sqrt{1280^2 + 1024^2}$
c = 1639 Pixel (abgerundet);
1639 Pixel = 19 Zoll
1280 Pixel = 19 Zoll / 1639 x 1280 = 14,83 Zoll x 2,54 cm = 37,67 cm Breite
1024 Pixel = 19 Zoll / 1639 x 1024 = 11,87 Zoll x 2,54 cm = 30,15 cm Höhe

11 Lösungswege zu 1.1 Mathematische Grundlagen

9 Die Berechnung von ΔL^* ist nicht notwendig, da in beiden Fällen $L^* = 100$
$\Delta a^* = 117 - 82 = 35$
$\Delta b^* = 92 - 57 = 35$
$c^2 = 35^2 + 35^2$
$c = \sqrt{1225 + 1225}$
$c = 49,497$
$\Delta E^* = 49,5$

1.1.6 Flächenberechnung

10 8 Seiten = 4 Blatt A4
$21 \text{ cm x } 29,7 \text{ cm} = 623,7 \text{ cm}^2 \text{ x } 4 \text{ Blatt} = 2.494,8 \text{ cm}^2 = \textbf{249.480 mm}^2$

1.1.7 Körperberechnungen

11 $45 \text{ mm x } 65 \text{ mm x } 10 \text{ mm} = 29\;250 \text{ mm}^3$

12 800 Seiten = 400 Blatt x 0,1 mm = 40 mm
2 x Umschlag à 0,25 mm = 0,5 mm
Dicke des Taschenbuchs = 40,5 mm
Zuschläge: 40,5 mm + 1 +1 = 42,5 mm Breite des Schubers
DIN A5 = 21 mm Höhe + 1 mm = 22 mm Höhe des Schubers
DIN A5 = 14,8 mm Breite = 14,8 mm Tiefe des Schubers
$42,5 \text{ mm x } 22 \text{ mm x } 14,8 \text{ mm} = \textbf{13 838 mm}^3$

1.2.2 Densitometrie

44 $O = 10^D$ $\qquad$ $O = I_0/I_1$ $\qquad$ Rasterprozentwert $= 100\% - I_1$
$O = 10^{1,3}$ $\qquad$ $I_1 = 100\%/20$ $\qquad$ Rasterprozentwert $= 100\% - 5\%$
$\qquad$ $I_1 = 5\%$ $\qquad$ **Rasterprozentwert = 95%**

48 $O = 10^D$ $\qquad$ $O = I_0/I_1$
$O = 10^{4.0}$
$O = 10\;000$
$I_1 = 100\%/10\;000$
$I_1 = \textbf{0,01\%}$

2 Informationstechnologie

2.1 Hard- und Software

4 2^5 2^4 2^3 2^2 2^1 2^0

32	16	8	4	2	1	Dezimalwert
1	0	1	1	0	0	Dualzahl

$32 + 0 + 8 + 4 + 0 + 0 = 44$

5 $59 : 2 = 29$ Rest 1
$29 : 2 = 14$ Rest 1
$14 : 2 = 7$ Rest 0
$7 : 2 = 3$ Rest 1
$3 : 2 = 1$ Rest 1
$1 : 2 = 0$ Rest 1

Die Restwerte von unten nach oben ergeben die Dualzahl 111011.

7

dezimal	binär	hexadezimal
0	0000	0
1	0001	1
2	0010	2
3	0011	3
4	0100	4
5	0101	5
6	0110	6
7	0111	7
8	1000	8
9	1001	9
10	1010	A
11	1011	B
12	1100	C
13	1101	D
14	1110	E
15	1111	F

8 Dualzahl: 11110001
Vierergruppe: 1111 0001
Hexadezimal: F 1

11 Lösungswege zu 2 Informationstechnologie

16 $60 + 20 + 120$ GB = 200 GB × 1024 = 204 800 MB × 1024 = 209 720 000 KB

36 Full-Speed = 12 Mbit/s;
5 MB × 1 024 = 5 120 KB × 1 024 = 5 242 880 Byte × 8 Bit = 41 943 040 Bit
41 943 040 Bit : 9 600 Bit/s = 4 369,066 Sekunden = **72 Minuten 49 Sekunden serielle Dauer**
5 MB × 8 Bit = 40 MBit : 480 MBit/sec = **0,0833 Sekunden USB-Dauer;**
Hinweise: Abweichend von der DIN 1301-1 (Vorsätze für Einheiten) wird im EDV-Bereich für M (Mega) der Wert 1024 × 1024 verwendet statt 10^6; bei der Angabe der Übertragungsgeschwindigkeiten beim USB wird ebenfalls mit dem Faktor 1024 gerechnet.

2.3 Datenträger

2 55 x 150 KB/s = 8 250 KB/s = **8,06 MB/s** (gerundet)

2.6 Monitor

8 317 mm : 0,28 = 1 132 Pixel, 238 mm : 0,28 = 850 Pixel.

9 1 024 Zeilen + 48 Zeilen = 1 072 Zeilen × 75 Hz = 80,4 kHz.

10 b) 786 Zeilen × 1,05 = 825 Zeilen (abgerundet);
825 Zeilen × 86 Hz = 70,95 kHz.

11 90 000 Hz : (1 150 + 48) Zeilen = 75 Hz liegt unter 85 Hz, folglich ist vom Kauf abzuraten;
oder: (1 150 + 48) Zeilen × 85 Hz = 101 kHz wäre die Soll-Zeilenfrequenz, da aber nur 90 kHz erreicht werden ist vom Kauf abzuraten.

16 1280 x 1024 = 1.310.720 Pixel; 1,3107 x 5 = 7 (math. gerundet) defekte Subpixel

3 Medienkonzeption

3.2 Kalkulation

29 a) $77.000 € : 1\,200 = 64,17 €$
b) $75.750 € : 1\,500 = 50,50 €$

31 Neuwert in Prozent : Nutzungsdauer = Abschreibungssatz

$100\,\% : 5\,\text{Jahre} = 20\,\%$ Abschreibungssatz. Die jährliche Abschreibung beträgt 20 % vom Anschaffungswert.
$20\,\%$ von $80.000 € = 16.000 €$

32 Neuwert – Abschreibung = Buchwert
$80.000 € - 32.000 € = 48.000 €$

33 **a)** $100\,\% : 6\,\text{Jahre} = 16{,}66\,\%$ Abschreibungssatz/Jahr
b) Jährliche Wertminderung (Abschreibung) beträgt 16,66 %
vom Anschaffungspreis des Autos.
$16{,}66\,\%$ von $30.000 € = 5.000 €$ Abschreibung pro Jahr.
c) Wertminderung nach 2,5 Jahren:
$5.000 € \times 2{,}5 = 12.500 €$ Wertminderung nach
2,5 Jahren.
d) Buchwert des Autos nach 3,5 Jahren berechnen:
$5.000 € \times 3{,}5 = 17.500 €$ Wertverlust des Autos nach
3,5 Jahren.
Neuwert $= 25.000 €$
– Wertverlust $= 17.500 €$
= Buchwert $= 12.500 €$

3.3 Kalkulationsbeispiele

1 **b)**
Lösung:
Vorder- und Rückseite:
– Computer-Publishing, 1.1
– Grundrüsten je Auftrag/je Arbeitsplatz, DTP-A = **4,80 €**
– Grundrüsten je Auftrag/je Arbeitsplatz, DTP-B = **5,30 €**
→4,80 € + 5,30 € = **10,10 €**

11 Lösungswege zu 3 Medienkonzeption

Rückseite:

- Mengentexterfassung, 1.1.3 a)
  - Rüsten = 7 Min.
  - Texterfassung, Textklasse 1 = 4,3 Min./1000 Zeichen x 5000 Zeichen = 21,5 Min.
  - →7 Min. + 21,5 Min. = 28,5 Min. x 0,83 €/Min. = **23,66 €**
- Seitengestaltung ohne Texterfassung, 1.1.3 b)
  - Rüsten = 7 Min.
  - Musterseite, einfache Struktur, Fließtext = 7 Min.
  - Textimport = 3,3 Min.
  - →7 Min. + 7 Min. + 3,3 Min. = 17,3 Min. x 1,06 €/Min. = **18,34 €**

Vorderseite:

- Seitengestaltung mit Texterfassung, 1.1.3 c)
  - Rüsten = 0 Min.
  - Musterseite, einfache Struktur, Formular = 25 Min.
  - Seitengestaltung mit Erfassung bei 1000 Zeichen = 25 Min.
  - →0 Min. + 25 Min. + 25 Min. = 50 Min. x 1,06 €/Min. = **53,00 €**

Vorder- und Rückseite:

- Laserdruck (PostScript), 1.1.7 a)
  - S/W-Drucker, DIN A4, 0,25 €/S. x 2 S. = **0,50 €**
- Korrektur lesen, 1.1.6
  - Rüsten = 3 Min.
  - Ausführen Vorderseite Akzidenz = Formular mit Vorlage des Kunden, 9,8 Min./1000 Zeichen x 1000 Zeichen = 9,8 Min.
  - Ausführen Rückseite Fließtext mit Vorlage des Kunden, 5,5 Min./1000 Zeichen x 5000 Zeichen = 27,5 Min.
  - →3 Min. + 9,8 Min. + 27,5 Min. = 40,3 Min. x 0,88 €/Min. = **35,46 €**
- Laserdruck (PostScript), 1.1.7 a), zweifach für Kunde
  - S/W-Drucker, DIN A4, 0,25 €/S. x 2 S.x 2 Exemplare = **1,00 €**
- Digitaler Workflow zur Druckformherstellung, 1.4
  - Grundrüsten je Auftrag = 5 Min.
  - →5 Min. x 1,20 €/Min. = **6,00 €**
- Aufbau Ausschießschema, 1.4.5
  - Grundschema vorhanden → Wechsel Grundschema = 5 Min.
  - →5 Min. x 1,46 €/Min. = **7,30 €**
- Datenaufbereitung geschlossener Daten, 1.4.1 a)
  - Datenübernahme = 10 Min.
  - Datenaufbereitung je 8 S., DIN A4, einfarbig = 0,2 Min.
  - →10 Min. + 0,2 Min. = 10,2 Min. x 1,20 €/Min. = **12,24 €**
- Bogenplott-Revision, 1.4.6 b)
  - einfarbig, bis 52 cm x 72 cm = 12 Min. x 0,88 €/Min. = **10,56 €**
- Druckplattenkontrolle, 1.4.6 a)
  - 3 Min. x 0,88 €/Min. = **2,64 €**

11 Lösungswege zu 3 Medienkonzeption

- Vollautomatische Plattenbelichtung bis Format 46 cm x 55 cm, 1.4.4.1 a)
  - Rüsten = 5 Min. = 5,80 €
  - 1. Bogenplott + 1. Platte, einfarbig = 14,50 €
  - →5,80 € + 14,50 € = **20,30 €**
- Papierzuschuss-Berechnung, 5.3.1
  - Einrichtezuschuss. Einfarbendruck je Maschine = 30 Bogen + Einfarbendruck je Platte = 15 Bogen → 45 Bogen.
  - Fortdruckzuschuss bei einem Druckwerk und einem Druckgang 0,6 % x 5000 Bogen x 2 Druckgänge = 60 Bogen.
  - →45 Bogen + 60 Bogen = 105 Bogen
- Offsetdruck, 2.2, 1a: Einfarben-Maschine Klasse 3, 36 cm x 52 cm
  - Rüsten: Grundeinrichten der Maschine = 7 Min.
  - Rüsten: 1 Platten- und 1 Farbwechsel = 21 Min.
  - Ausführen Druck zum Umschlagen: Grundwert je Druckgang – 8 Min. x 1 (da Umschlagen) = 8 Min.
  - Fortdruck bei Papier bis 150 g/qm = 11,3 Min./1000 Bogen x 10 105 Druck = 114,2 Min.
  - →7 Min. + 21 Min. + 8 Min. +114,2 Min. = 150,2 Min. x 1,13 €/Min. = **169,73 €**
- Druckweiterverarbeitung, Schneiden, 3.1.1
  - Rüsten: 1. Schnitt = 5 Min.
  - Rüsten: jeder weitere Schnitt = 1 Min./Schnitt x 4 Schnitte = 4 Min. (4 Schnitte für Rundum-Beschnitt und einen Trennschnitt)
  - Ausführen, 3.1.1 a) ungestrichene Papiere 60 bis 80 g/qm bis 52 cm x 74 cm, 2 Nutzen, 1 Schnitt = 2,9 Min. + 4 weitere Schnitte x 0,3 Min./Schnitt = 1,2 Min. bei 8 cm Schneidlagenhöhe.
  - Schneidlagenhöhe bei 70 g/qm = 0,07 mm pro Blatt → 8 cm: 0,007 cm/Bogen = 1142 Bogen. Bei 10 000 Auflage : 1142 Bogen/Schneidlage = 8,76 Schneidlagen, d. h. 9 Schneidlagen
  - → (2,9 Min. + 1,2 Min.) x 9 = 36,9 Min.
  - →5 Min. + 4 Min. + 36,9 Min. = 45,9 Min. x 1,20 €/Min. = **55,08 €**
- Druckweiterverarbeitung, zu Paketen verpacken, 3.9.2, 1000-stückweise Einzelblätter DIN A4 verpacken
  - Rüsten = 5 Min.
  - Verpacken = 4 Min./1000 Stück x 10 000 Stück = 40 Min.
  - →5 Min. + 40 Min. = 45 Min. x 0,67 €/Min. = **30,15 €**

→Gesamtkosten für Fertigungszeit: 10,10 € + 23,66 € + 18,34 € + 53,00 € + 0,50 € + 35,46 € + 1,00 € + 6,00 € + 7,30 € + 12,24 € + 10,56 € + 2,64 € + 20,30 € + 169,73 € + 55,08 € + 30,15 € = **456,06 €**.

11 Lösungswege zu 3 Medienkonzeption

2 Lösung:

b) bis Kunden-Proof und ab Druck identisch.
D. h. Gesamtkosten für Fertigungszeit = 456,06 € − 6,00 € − 7,30 € − 12,24 € − 10,56 € − 2,64 € − 20,30 € = 397,02 €
- \+ Filmbelichtung, 1.2.1
  - S/W-Produkte, DIN A4, 1,65 /Film x 2 Filme = **3,30 €**
- \+ Bogenmontage, 1.3.1
  - Rüsten = 10 Min.
  - Einteilungsbogen erstellen bis Format 37 cm x 52 cm = 12 Min.
    - \+ Zuschlag je Seite: 1 Min./S. x 2 S. = 2 Min.
  - Einfarbige Form montieren bis Format 37 cm x 52 cm = 10 Min.
    - \+ Zuschlag je Seite: 2 Min./S. x 2 S. = 4 Min.
  - → 10 Min. + 12 Min. + 2 Min. + 10 Min. + 4 Min. = 38 Min.
  - x 1,07 €/Min. = **40,66 €**
- \+ Montagerevision, 1.3.1
  - je Montage, 2 Nutzen = **9,60 €**
- \+ Lichtpause, 1.3.2 a)
  - Lichtpausen von Bogenmontage, zweiseitig, ungefalzt = **12,40 €**
- \+ Rahmenkopie mit maschineller Druckplattenentwicklung bis Format 52 cm x 74 cm, 1.3.3 a)
  - Druckplattenkopie bis Format 37 cm x 52 cm = **17 €**
- → Differenz konventionelle Druckformherstellung zu CtP:
  397,02 € + 3,30 € + 40,66 € + 9,60 € + 12,40 € + 17,00 € = 479,98 €.
  479,98 € − 456,06 € = **23,92 € ist mittels CtP günstiger!**

---

3 b)

Lösung:
- Computer-Publishing, 1.1
  - Grundrüsten je Auftrag/je Arbeitsplatz, DTP-A = 4,80 €
  - Grundrüsten je Auftrag/je Arbeitsplatz, DTP-B = 5,30 €
  - → 4,80 € + 5,30 € = **10,10 €**
- Mengentexterfassung, 1.1.3 a)
  - Rüsten = 7 Min.
  - Texterfassung, Textklasse 2, da Fachtext = 5,8 Min./1000 Zeichen x 54 x 113 x 27 Zeichen = 955,6 Min.
  - → 7 Min. + 955,6 Min. = 962,6 Min. x 0,83 €/Min. = **798,96 €**
- Anzahl Layoutseiten:
  - Manuskriptzeichen = 54 x 113 x 27 = 164 754 Zeichen
  - Layoutseiten = 164 754 Zeichen : (2 x 50 x 35) = 47,1 S. → 48 Seiten, also 24 Blatt.

11 Lösungswege zu 3 Medienkonzeption

- Seitengestaltung ohne Texterfassung, 1.1.3 b)
  - Rüsten = 7 Min.
  - Musterseite, einfache Struktur, Fließtext = 7 Min.
  - Textimport = 3,3 Min.
  - Textimport weiterer Textelemente = (48 S. – 1 S.) x 0,9 Min. = 42,3 Min.
  - →7 Min. + 7 Min. + 3,3 Min. + 42,3 Min. = 59,6 Min. x 1,06 €/Min. = **63,18 €**
- Laserdruck (PostScript), 1.1.7 a)
  - S/W-Drucker, DIN A4, 0,25 /S. x 48 S. = **12,00 €**
- Korrektur lesen, 1.1.6
  - Rüsten = 3 Min.
  - Ausführen Fließtext mit Vorlage des Kunden, 5,5 Min./1000 Zeichen x 164 754 Zeichen = 906,1 Min.
  - →3 Min. + 906,1 Min. = 909,1 Min. x 0,88 €/Min. = **800,01 €**
- Laserdruck (PostScript), 1.1.7 a), zweifach für Kunde
  - Farb-Drucker, DIN A4, 0,30 /S. x 48 S.x 2 Exemplare = **28,80 €**
- Digitaler Workflow zur Druckformherstellung, 1.4
  - Grundrüsten je Auftrag = 5 Min.
  - →5 Min. x 1,20 €/Min. = **6,00 €**
- Aufbau Ausschießschema, 1.4.5
  - Grundschema vorhanden → Wechsel Grundschema = 5 Min.
  - →5 Min. x 1,46 €/Min. = **7,30 €**
- Datenaufbereitung geschlossener Daten, 1.4.1 a)
  - Datenübernahme = 10 Min.
  - Datenaufbereitung je 8 S., DIN A4, einfarbig = 0,2 Min. 0,2 Min. x 12 Formen = 2,4 Min. (48 S. : 4 S./Form = 12 Formen)
  - →10 Min. + 2,4 Min. = 12,4 Min. x 1,20 €/Min. = **14,88 €**
- Bogenplott-Revision, 1.4.6 b)
  - einfarbig, bis 52 cm x 72 cm = 12 Min. x 12 Formen x 0,88 €/Min. = **126,72 €**
- Druckplattenkontrolle, 1.4.6 a)
  - 3 Min. x 12 Formen x 2-farbig x 0,88 €/Min. = **63,36 €**
- Vollautomatische Plattenbelichtung bis Format 67 cm x 75 cm, 1.4.4.2 b)
  - Rüsten = 5 Min. = 5,80 €
  - 1. Bogenplott + 1. Platte, zweifarbig = 20,70 € x 12 Formen = 248,40 €
  - jede weitere Platte = 8,30 € x 12 Platten = 99,60 €
  - →5,80 € + 248,40 € + 99,60 € = **353,80 €**
- Papierzuschuss-Berechnung, 5.3.1
  - Einrichtezuschuss. Zweifarbendruck je Maschine = 30 Bogen + Zweifarbendruck je Platte = 25 Bogen x 12 Formen x 2 Platten = 600 Bogen → 630 Bogen.
  - Fortdruckzuschuss bei zwei Druckwerken je Druckgang 0,8 % x 12 Formen x 3000 Bogen = 288 Bogen.
  - →630 Bogen + 288 Bogen = 918 Bogen

11 Lösungswege zu 3 Medienkonzeption

- Papierzuschuss Druckweiterverarbeitung, 5.3.3
  - Zusammentragen $1{,}0\% = 1{,}0\% \times 3000$ Bogen $= 30$ Bogen.
  $\rightarrow 918$ Bogen $+ 30$ Bogen $= 948$ Bogen
- Offsetdruck, 2.2, 2a: Zweifarben-Maschine Klasse I, 52 cm x 72 cm
  - Rüsten: Grundeinrichten der Maschine $= 8$ Min.
  - Rüsten: 2 Platten- und 2 Farbwechsel $= 58$ Min.
  - Rüsten: 2 Plattenwechsel $= 37$ Min. x $(12$ Formen $- 1$ Form$) = 407$ Min.
  - Ausführen Druck Schön und Wider: Grundwert je Druckgang $= 8$ Min. x 12 Formen $= 96$ Min.
  - Fortdruck bei Papier bis 69 g/qm $= 8{,}9$ Min./1000 Bogen x $(3000$ Bogen x 12 Formen $+ 948$ Bogen$) = 328{,}8$ Min.
  $\rightarrow 8$ Min. $+ 58$ Min. $+ 407$ Min. $+ 96$ Min. $+ 328{,}8 = 897{,}8$ Min. x $1{,}82$ €/Min. $=$ **1634,00 €**
- Druckweiterverarbeitung, Schneiden, 3.1.1
  - Rüsten: 1. Schnitt $= 5$ Min.
  - Rüsten: jeder weitere Schnitt $= 1$ Min./Schnitt x 5 Schnitte $= 5$ Min. (4 Schnitte für Rundum-Beschnitt und zwei Trennschnitte)
  - Ausführen, 3.1.1 a)
    ungestrichene Papiere 60 bis 80 g/qm bis 52 cm x 74 cm, 4 Nutzen, 2 Schnitte $= 3{,}4$ Min.
    $+ 4$ weitere Schnitte x $0{,}3$ Min./Schnitt $= 1{,}2$ Min. bei 8 cm Schneidlagenhöhe.
  - Schneidlagenhöhe bei 60 g/qm $= 0{,}06$ mm pro Blatt $\rightarrow 8$ cm: $0{,}006$ cm/Bogen $= 1333$ Bogen.

  Bei 3000 Auflage : 1333 Bogen/Schneidlage $= 2{,}3$ Schneidlagen, d. h. 3 Schneidlagen
  $\rightarrow (3{,}4$ Min. $+ 1{,}2$ Min.$)$ x 3 Schneidlagen x 6 Bogen $= 82{,}8$ Min.
  $\rightarrow 5$ Min. $+ 5$ Min. $+ 82{,}8$ Min. $= 92{,}8$ Min. x $1{,}20$ €/Min. $=$ **111,36 €**
- Druckweiterverarbeitung, Zusammentragen, Blätter zusammentragen, Einzelblatt-Zusammentragmaschine, 3.3.1 d), 30 Stationen, da 24 Blatt DIN A4
  - Rüsten bis zu 10 Stationen $= 9$ Min.
  - Rüsten je weitere 10 Stationen $= 2$ Min. x $2 = 4$ Min.
  - Einzelblätter zusammentragen und verarbeiten bis 30 Blatt $= 13{,}3$ Min./1000 Stück x 3000 Stück $= 39{,}9$ Min.
  $\rightarrow 9$ Min. $+ 4$ Min. $+ 39{,}9$ Min. $= 52{,}9$ Min. x $(1{,}18 + 0{,}14$ €/Min.$) =$ **69,83 €**
- Druckweiterverarbeitung, Verpacken, Bündeln, Sätze, 500-stückweise, 3.9.1 a), DIN A4
  - Rüsten $= 5$ Min.
  - Bündeln, Handarbeit $= 4$ Min./1000 Stück x 3000 Stück $= 12$ Min.
  $\rightarrow 5$ Min. $+ 12$ Min. $= 17$ Min. x $0{,}67$ €/Min. $=$ **11,39 €**
$\rightarrow$ Gesamtkosten für Fertigungszeit: $10{,}10$ € $+ 798{,}96$ € $+ 63{,}18$ € $+ 12{,}00$ € $+$ $800{,}01$ € $+ 28{,}80$ € $+ 6{,}00$ € $+ 7{,}30$ € $+ 14{,}88$ € $+ 126{,}72$ € $+ 63{,}36$ € $+$ $353{,}80$ € $+ 1634{,}00$ € $+ 111{,}36$ € $+ 69{,}83$ € $+ 11{,}39$ € $= 4111{,}69$ €

11 Lösungswege zu 3 Medienkonzeption

4 b)

Lösung:

- Digitaler Workflow zur Druckformherstellung, 1.4
  - Grundrüsten je Auftrag = 5 Min.
  - →5 Min. x 1,20 €/Min. = **6,00 €**
- Aufbau Ausschießschema, 1.4.5
  - Grundschema vorhanden → Wechsel Grundschema = 5 Min.
  - →5 Min. x 1,46 €/Min. = **7,30 €**
- Datenaufbereitung geschlossener Daten, 1.4.1 a)
  - Datenübernahme = 10 Min.
  - Datenaufbereitung je 8 S., DIN A4, vierfarbig = 0,2 Min. 0,2 Min. x 1 Formen = 0,2 Min.
  - →10 Min. + 0,2 Min. = 10,2 Min. x 1,20 €/Min. = **12,24 €**
- Bogenplott-Revision, 1.4.6 b)
  - vierfarbig, bis 52 cm x 72 cm = 12 Min. x 1 Formen x 0,88 €/Min. = **10,56 €**
- Papierzuschuss-Berechnung Digitaldruck, 5.3.2
  - Einrichtezuschuss. Mehrfarbendruck Digitaldruck mehrfarbig je Druckgang = 10 Bogen x 2 Druckgänge = 20 Bogen
  - Einrichtezuschuss je Maschine, je Druckwerk und Fortdruckzuschuss = 0 Bogen
  - → 20 Bogen + 0 Bogen = 20 Bogen
- Papierzuschuss Druckweiterverarbeitung, 5.3.3
  - Falzen 1,0 % = 1,0 % x 200 Bogen = 2 Bogen.
  - →20 Bogen + 2 Bogen = 22 Bogen
- Digitaldruck, 2.1, 1: Digitaldruck-Maschine Klasse 3, 32 cm x 46,4 cm
  - Rüsten: Grundeinrichten der Maschine = 10 Min.
  - Rüsten: 4 Farb-/Tonerwechsel = 88 Min.
  - Ausführen Fortdruck bis 135 g/qm = 35 Min./1000 Bogen x (100 Bogen [2 Nutzen] x 2 [Schön- und Widerdruck]) = 7 Min.
  - →10 Min. + 88 Min. + 7 Min. = 105 Min. x 3,05 €/Min. = **320,25 €**
- Druckweiterverarbeitung, Schneiden, 3.1.1
  - Rüsten: 1. Schnitt = 5 Min.
  - Rüsten: jeder weitere Schnitt = 1 Min./Schnitt x 4 Schnitte = 4 Min. (4 Schnitte für Rundum-Beschnitt und einen Trennschnitt)
  - Ausführen, 3.1.1 a) gestrichene Papiere 70 bis 120 g/qm bis 52 cm x 74 cm, 2 Nutzen, 1 Schnitt = 2,9 Min. + 4 weitere Schnitte x 0,3 Min./Schnitt = 1,2 Min. bei 8 cm Schneidlagenhöhe.
  - Schneidlagenhöhe bei 100 g/qm = 0,1 mm pro Blatt → 8 cm : 0,01 cm/ Bogen = 800 Bogen. Bei 200 Auflage : 800 Bogen/Schneidlage = 0,25 Schneidlagen, d. h. 1 Schneidlage
    - →(2,9 Min. + 1,2 Min.) x 1 Schneidlagen x 1 Bogen = 4,1 Min.
  - →5 Min. + 4 Min. + 4,1 Min. = 13,1 Min. x 1,20 €/Min. = **15,72 €**

11 Lösungswege zu 3 Medienkonzeption

- Druckweiterverarbeitung, Falzen, Maschinenfalz, Taschenfalzmaschine 36 cm x 65 cm, 3.2.2.1
  - Rüsten: 1. Bogen, 1. Bruch = 10 Min.
  - Rüsten: jeder weitere Bruch = 6 Min.
  - Rüsten: Einmalig je Auftrag bei Parallelbrüchen = 5 Min.
  - Falzen: a) gestrichene Papiere bis 145 g/qm, bei 2 Brüchen bis 40 cm = 4,9 Min./1000 Bogen x 200 Stück = 1,0 Min.
  - → 10 Min. + 6 Min. + 5 Min. + 1 Min. = 22 Min. x 0,91 €/Min. = **20,02 €**
- Druckweiterverarbeitung, Verschrumpfen, 2-Bruch gefalzte Produkte, 100-stückweise, 3.9.3
  - Rüsten = 10 Min.
  - Ausführen DIN A6 = 15 Min./1000 Stück x 200 Stück = 3 Min.
  - → 10 Min. + 3 Min. = 13 Min. x 0,86 €/Min. = **11,18 €**

→ Gesamtkosten für Fertigungszeit: 6,00 € + 7,30 € + 12,24 € + 10,56 € + 320,25 € + 15,72 € + 20,02 € + 11,18 € = **403,27 €**

c) Fertigungsmaterialien, Gewinn.

4 Gestaltung

4.3 Typografie

115 12 cm entspricht 8 Teilen. Daher entspricht die Höhe 13 Teilen.
Also: 8 Teile = 12 cm
1 Teil = 12 cm/8 Teile = 1,5 cm/Teil
13 Teile = 1,5 cm/Teil $\times$ 13 Teile = 19,5 cm

116 15 cm entspricht 3 Teilen. D.h. die Breite entspricht 2 Teilen.
Also: 3 Teile = 15 cm
1 Teil = 15 cm/3 Teile = 5 cm/Teil
2 Teile = 5 cm/Teil $\times$ 2 Teile = 10 cm

117 *Breite:*
Papierbreite – Satzspiegelbreite = Weißraum links und rechts
148 mm – 96 mm = 52 mm.
52 mm entsprechen 5 Teilen links und 8 Teilen rechts,
also 13 Teilen.
Also: 13 Teile = 52 mm
1 Teil = 52 mm/13 Teile = 4 mm/Teil
→ 5 Teile = 4 mm/Teil $\times$ 5 Teile = 20 mm
Weißraum links
→ 8 Teile = 4 mm/Teil $\times$ 8 Teile = 32 mm
Weißraum rechts

Höhe:
Papierhöhe – Satzspiegelhöhe = Weißraum oben und unten
210 mm – 132 mm = 78 mm
78 mm entsprechen 5 Teilen oben und 8 Teilen unten,
also 13 Teilen
Also: 13 Teile = 78 mm
1 Teil = 78 mm/13 Teile = 6 mm/Teil
→ 5 Teile = 6 mm/Teil $\times$ 5 Teile = 30 mm
Weißraum oben
→ 8 Teile = 6 mm/Teil $\times$ 8 Teile = 48 mm
Weißraum unten

118 Bei 12 Textzeilen sind es 11 Zeilenabstände und eine Versalhöhe.
Also: 11 $\times$ 4,5 mm + 3 mm = 52,5 mm.

119 Gesamthöhe 40 mm – Versalhöhe 2,5 mm = Resthöhe 37,5 mm
Resthöhe 37,5 mm: 10 Zeilenabstände (10 Zeilen + 1 Versalhöhe) = **3,75 mm**

11 Lösungswege zu 5 Medienproduktion

120 Satzbreite 100 % = 47 Zeilen + 5 Zeilen = 52 Zeilen
Satzbreite 110 % = 52 Zeilen $\times$ 100 % / 110 % = 47,3 Zeilen, d. h. 48 Zeilen

Gesamthöhe 233 mm – Versalhöhe 3 mm = Resthöhe 230 mm
Resthöhe 230 mm : 47 Zeilenabstände (47 Zeilen + 1 Versalhöhe) = 4,8936 mm

4.6 Screendesign

7 a) 1 000 $\times$ 800 Pixel $\times$ 4 Byte = 3 125 KB (Dateiheader kann vernachlässigt werden)

8 b) 60 L/cm $\times$ 2,54 $\times$ 1,5 x 1 = 229 gerundet 200 ppi

5 Medienproduktion

5.1 Bilddatenerfassung

5.1.2 Scanner

41 Scannerauflösung = (60 $\times$ 2,54) $\times$ 1,5 $\times$ 2
Scannerauflösung = **457,2** gerundet ca. 460 ppi bzw. 500 dpi

42 300 dpi = Rasterw. $\times$ 1,5 $\times$ 1
Rasterw. = 300 / 2; Rasterw. = 150 Lpi = **59 L/cm**, gerundet: 60er Raster

43 800 dpi = (60 $\times$ 2,54) $\times$ 1,5 $\times$ AbbF.
AbbF. = 800 / 228,5
AbbF. = 3,5; Abbildungsmaßstab = **350%**

44 Scannerauflösung = Auflösung Ausgabegerät $\times$ Abbildungsfaktor (nach AGFA)
Scannerauflösung = 600 $\times$ 3,5
Scannerauflösung = **2 100 dpi**

45 1200 dpi = (48 $\times$ 2,54) $\times$ 2 $\times$ AbbF
AbbF = 1200 / 243,84
AbbF = **4,92** gerundet ca. 500%

46 $2\ 400 = (80 \times 2{,}54) \times 1{,}5 \times AbbF$
$AbbF = 2\ 400 / (80 \times 2{,}54 \times 1{,}5)$
$AbbF = 7{,}87$ gerundet 8
$24\ mm \times 8 = 19{,}2\ cm; 36\ mm \times 8 =$ **28,8 cm**

47 Ausgabegerät = Bildschirm = 72 dpi;
Scannerauflösung = 72 dpi × 2 = **144 dpi**

5.2. Bildbearbeitung

5.2.2 Format und Maßstabsänderung

30 $VB : VH = RB : RH$
$RB = (VB \times RH) / VH$
$RB = (24\ mm \times 210\ mm) / 36\ mm$
$RB = 140\ mm$
$148\ mm - 140\ mm =$ **8 mm (Ansatz in der Breite)**

31 a) DIN A5: 148 mm × 210 mm
$14{,}8/2{,}54 = 5{,}83$ inch

$5{,}83\ inch \times 72\ ppi = 419{,}5 = 420\ px$
$21{,}0/2{,}54 = 8{,}27$ inch

$8{,}27\ inch \times 72\ ppi = 595{,}3 = 595\ px$
Neues Endformat: **420 px** × **595 px**

b) $(420 \times 595 \times 24) / 8 \times 1\ 024 =$ **733 Kilobyte**

6 Medienproduktion – Printmedien

6.2 Ausgabetechnologie

6.2.3 Belichtungstechnologie

84 $25{,}4\ mm : 2400\ dpi = 0{,}0105\ mm$
$25{,}4\ mm : 3200\ dpi = 0{,}00793\ mm$

6.2.4 Formherstellung

127

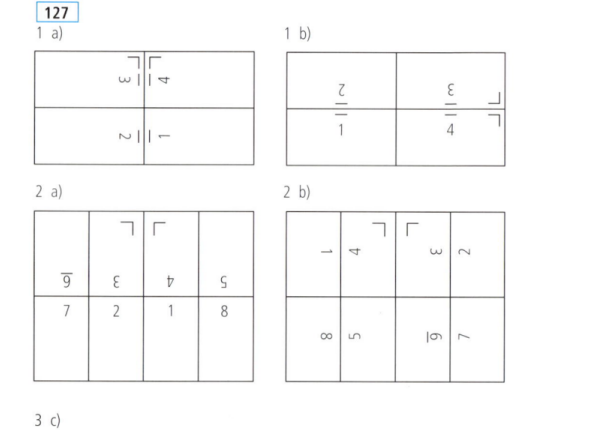

11 Lösungswege zu 6 Medienproduktion – Printmedien

4 a)

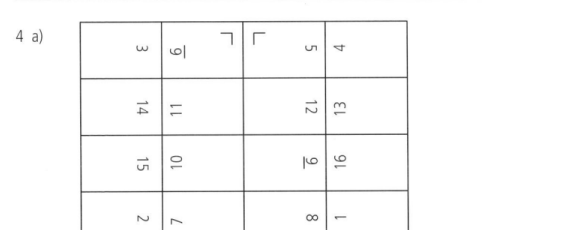

4 b)

5 e)

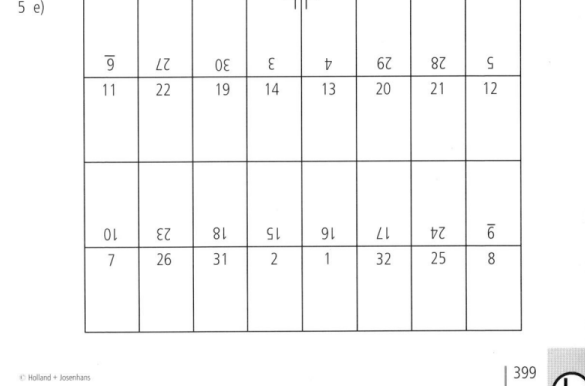

6.2.6 Platten

161 $20 \text{ cm} \times 20 \text{ cm} = 400 \text{ cm}^2$; $1 \text{ Watt} = 1 \text{ J/Sekunde}$; $100 \text{ mJ/cm}^2 = 0,1 \text{ J/cm}^2$; Laser hat aber 1 Watt, folglich braucht er für 1 cm^2 1/10 Sekunde; $10/10 \text{ Sekunden} = 1 \text{ Sekunde}$; $1 \text{ cm}^2 = 1/10 \text{ Sekunde}$; $400 \text{ cm}^2 = 400/10 \text{ Sekunden} = 40 \text{ Sekunden}$

6.2.7 Ausgaberechnungen

172 Anzahl der Tonwertstufen $= (2\,400/150)^2 = 256$

173 Anzahl der Tonwertstufen $= (600/150)^2 = 16$ Anzahl der Tonwertstufen $= (1\,270/150)^2 = 72$

174 $256 = (x / 91{,}44)^2$ $16 = x / 91{,}44$ $x = 1\,463$ gerundet $1\,460$ bzw. $1\,500$

177 $I_1 = I_0 - \text{Rasterprozentwert}$ $\qquad$ $O = I_0 / I_1$ $\qquad$ $D = \log O$ $I_0 = 100\,\%$

$I_1 = 100\,\% - 90\,\%$ $\qquad$ $O = 100\,\% / 10\,\%$ $\qquad$ $D = \log 10$ $I_1 = 10\,\%$ $\qquad$ $O = 10\,\%$ $\qquad$ **$D = 1.0$**

178 $60 \text{ L/cm} \times 16 \text{ d/L} = 960 \text{ d/cm}$ $960 \text{ d/cm} \times 2{,}5 \text{ cm/inch} =$ **2 400 dpi**

179 $100\,\% \triangleq 256 \text{ Tonwerte}$ $90\,\% \triangleq x$

$x = (90\,\% \times 256) / 100\,\%$ $x =$ **230 Tonwerte**

180 $80 \text{ L/cm} \times 2{,}54 \text{ cm/inch} = 203{,}2 \text{ lpi}$ $2\,540 \text{ dpi} / 203{,}2 \text{ lpi} = 12{,}5 \text{ Dots/Rasterpunkt}$, benötigt werden aber $16 \text{ Dots/Rasterpunkt}$, $16^2 = 256$

181 $3\,600 \text{ dpi} / 16 \text{ Dots/Rasterpunkt} = 225 \text{ lpi}$ $225 \text{ lpi} / 2{,}5 \text{ cm/inch} =$ **90 L/cm**

182 $70 \text{ L/cm} \times \text{QF } 2 = 140 \text{ p/cm}$ $140 \text{ p/cm} \times 2{,}5 \text{ cm/inch} =$ **350 ppi**

11 Lösungswege zu 7 Medienproduktion – Digitalmedien

183 $100\% \triangleq 100 \text{ mm}^2$
$5\% \triangleq 5 \text{ mm}^2$

60 L/cm

$5 \text{ mm}^2 \triangleq 3\,600$ Rasterpunkte
$\times \triangleq 1$ Rasterpunkt
$\times = 5 \text{ mm}^2/3\,600$
$\times = 0{,}0013889 \text{ mm}^2$

$A = \pi r^2$
$d = 2\sqrt{A/\pi}$
$d = 0{,}042 \text{ mm}$
$d = 42 \; \mu$

---

120 L/cm

$5 \text{ mm}^2 \triangleq 14\,400$ Rasterpunkte
$\times \triangleq 1$ Rasterpunkt
$\times = 5 \text{ mm}^2/14\,400$
$\times = 0{,}0003472 \text{ mm}^2$

$A = \pi r^2$
$d = 2\sqrt{A/\pi}$
$d = 0{,}021 \text{ mm}$
$d = 21 \; \mu$

7 Medienproduktion – Digitalmedien

7.1 Internet

31 b) $320 \times 240 \times 3 \text{ Byte} = 230\,400 \text{ Byte} \times 0{,}25 = 57\,600 \text{ Byte} = 56{,}25 \text{ KB}$
c) 3,5"-Diskette: $1{,}44 \text{ MB} = 1\,474{,}56 \text{ KB} : 56{,}25 = 26{,}21$ ca. **26 Bilder**

32 a) $2^6 = 64$ Farben
b) $120 \times 80 = 9\,600 \text{ Pixel} \times 6 \text{ Bit/Pixel} = 57\,600 \text{ Bit (unkompri-}$
$\text{miert)} \times 0{,}25 = 14\,400 \text{ Bit (komprimiert)} / 8 = 1\,800 \text{ Byte} = 1{,}75 \text{ KB}$

34 $400 \text{ KB} \times 1\,024 = 409\,600 \text{ Byte} = 3\,276\,800 \text{ Bit: } 5\,200 \text{ Bit/s} =$ **652,749 s**

35 $10 \text{ MB} \times 1\ 024 \times 1\ 024 \times 8 = 83\ 886\ 080 \text{ Bit} \times 0,75 = 62\ 914\ 560 \text{ Bit}$
$300 \text{ KB} \times 1\ 024 \times 8 = 2\ 457\ 600 \text{ Bit gesamt also } 65\ 372\ 160 \text{ Bit}$
$65\ 372\ 160 \text{ Bit} : 64\ 000 \text{ Bit/s} = 1\ 021,44 \text{ s} =$ **17 Minuten 1,44 Sekunden**
Hinweise: Abweichend von der DIN 1301-1 (Vorsätze für Einheiten) wird im EDV-Bereich für M (Mega) der Wert 1 024 X 1 024 verwendet statt 106; ebenso wird bei der Angabe kBit/s von 1 000 Bit/s ausgegangen, da das Vorzeichen k (Kilo) gemäß DIN 1301-1 (Vorsätze von Einheiten) für 10^3 steht.

7.2 CD-ROM

21 BOOKLET

INLAYCARD

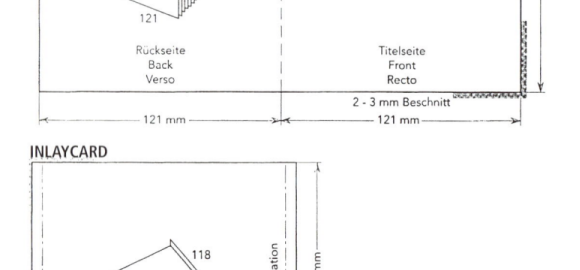

24 Übertragungsrate = Geschwindigkeit $\times$ 150 KByte/Sekunde
Übertragungsrate = 24×150 KB/Sekunde = **3 600 KB Daten/Sekunde**

25 48×150 KB/Sekunde = **7 200 KB/Sekunde**
55×150 KB/Sekunde = **8 250 KB/Sekunde**

7.3 DVD

11

DVD-Größe	Seitenanzahl	Anzahl der Layer pro Seite	Datenkapazität	Videokapazität
DVD 5	eine Seite	ein Layer	4,7 GB	ca. 2 h
DVD 9	eine seite	zwei Layer	8,5 GB	ca. 4 h
DVD 10	zwei Seiten	ein Layer	9,4 GB	ca. 4,5 h
DVD 18	zwei Seiten	zwei Layer	17,08 GB	ca. 8 h

12

	DVD	CD
Durchmesser der Disk	120 mm	120 mm
Dicke der Disk	1,2 mm	1,2 mm
Spurabstand	0,74 µm	1,6 µm
Wellenlänge der Laser	650/635 nm	780 nm
Minimale Pitlänge	0,4 µm	0,83 µm
Fehlerkorrektur	RS-PC	CIRC
Referenzumdrehungs-Geschwindigkeit	3,49 m/s (1 Layer) 3,84 m/s (2 Layer)	1,2 bis 1,4 m/s
Datenkapazität	4,7 – 17 GB	650 – 800 MB
Maximale Datenrate	10 Mbps*	1,41 Mbps*

* Mbps = Megabit pro Sekunde

7.4 Video

30

Norm	PAL	SECAM	NTSC	HDTV PAL+	SVGA
Zeilenzahl	625	625	525	1250	600
Bildverhältnis	4 : 3	4 : 3	4 : 3	16 : 9	4 : 3
Horizontalfrequenz oder Zeilenfrequenz	15,625	15,625	15,7	62,5	60
Vertikalfrequenz oder Vollbilder/Sek.	25	25	30	50	100
Zeilensprungverfahren Interlaced	ja	ja	ja	ja	nein
Einsatz	Westeuropa	Frankreich Osteuropa	USA Japan	Europa	Weltweit

56 b b) 320×240 Pixel $\times$ 24 fps $\times$ 3 Byte = **5 400 KB/s**

7.5 Sound

23 Datenmenge = (Auflösung × Abtastfrequenz in Hz × Anzahl der Kanäle × Aufnahmezeit in Sekunden) / 8 Datenmenge = $(16 \times 22\ 050 \times 2 \times 120) / 8 = 10\ 584\ 000$ Byte = 10,1 MB.

8 Kommunikation

8.1 Korrekturstandard

16 Lösung des Übungs-Korrektur-Textes nach DIN 16 511:

Siebdruck-Formenherstellung

Beim Siebdruckverfahren wird die Druckfarbe durch eine Schablone auf den Bedruckstoff hindurchgedrückt. Siebdruck-Formherstellung bedeutet in erster Linie Schablonenherstellung. Das Siebgewebe erfüllt nur eine Hilfsfunktion, es hält die einzelnen Schablonenteile unverrückbar an ihrem Platz fest. Will man den Buchstaben „O" von einer Schablone ohne untergelegtes Gewebe drucken, so muss man den Innenteil des Buchstabens durch Stege befestigen, die nach dem Druck sichtbar sind. Wird eine solche Schablone jedoch auf ein Gewebe geklebt, so können die wenigen stapilen und breiten Stege entfallen. Sie sind durch viele feine Fäden ersetzt. Diese lassen die Druckfarbe hindurch und bilden sich nicht auf dem Bedruckstoff ab, die da unter Farbe ihnen zusammenfließt wieder.

Das Sieb besteht aus einem rechtwinkligen Rahmen, auf dem ein farbundurchlässiges Gewebe in der Art eines ganz feinen Siebes aufgespannt ist. Der Siebdruckrahmen ist in der Regel aus Leichtmetall- oder Stahlrohrprofilen hergestellt.

Er hat den früher allgemein üblichen Holzrahmen weitgehend verdrängt. Wichtige Anforderungen muss der Siebdruckrahmen erfüllen:

11 Lösungswege zu 8 Kommunikation

1. Die Rahmenleisten dürfen sich nicht unter der Zugkraft des aufgespannten Gewebes verziehen.
2. Der Rahmen muss beim Druck völlig plan aufliegen, er darf sich unter der Spannung n i c h t verwinden (Torsionsfestigkeit).
3. Das Material muss gegen die Druckfarbe und die verwendeten Chemikalien ausreichend widerstandsfähig sein.

Mit einem Wort, Siebdruckrahmen müssen stabil sein. Holz erfüllt diese Anforderungen bei kleinen Formaten bedingt, bei großen nicht mehr. Leichtmetallrahmen haben gegenüber den Stahlrahmen den Vorteil eines geringeren Gewichtes. Das ist für die Handhabung der Rahmen und für das Auf- und Abschwingen beim Druck günstig.

17 Lösung des Übungs-Korrektur-Textes nach DIN 16 511:

Kommunikation für die Sinne

Menschen sehnen sich heute wieder zunehmend nach sensorischen, entschleunigten Sinneseindrücken, die sie greifen und begreifen können. Im Gegensatz zu den visuellen und auditiven Eindrücken, die die schnelle, flüchtige virtuelle Welt des Internets und des E-Commerce vermittelt, greifen viele gerne wieder zu hochwertig gestalteten Büchern, Broschüren oder Geschäftsberichten. Gerade hier sieht man die Möglichkeiten für den Einsatz der konventionellen Drucktechniken.

Bei Geschäftsberichten und -ausstattungen, Akzidenzen, Büchern oder Zeitschriften, aber auch bei Verpackungen für Zigaretten und Parfüm sowie bei Etiketten, CD-Hüllen und Klarsichtverpackungen nutzen Designer, Werbe- und Marketingspezialisten die hochwertige Anmutung. Mit dem Bedürfnis nach einer besonderen Qualität und emotionaler Ansprache wird in den Lifestyleszenarien geworben. Der Einkauf soll zum Erlebnis werden.

Die Produkte sind dabei die Botschafter. Sie transportieren ein Mehr an Informationen, Image und vor allem Wertigkeit. Am Point-of-Sale entscheidet der Kunde bis zu 60 Prozent aus dem Bauch heraus, für welche Marke er sich entscheidet. Durch die verschärfte Wettbewerbssituation von Produkten mit vergleichbarem Profil kommt der Verpackung bei der Kaufentscheidung eine wichtige Rolle zu. Sie ist zu einem aktiven, karismatischen Verkaufshelfer in den dicht bepackten Regalen geworden. Die haptische Erfahrung der Verpackung lässt den Kunden das Produkt fühlen und durch die Sinnesreize erleben.

18 Anwendungsbereich der DIN 16549

Diese Norm legt fest, wie durch einheitliches Anwenden von Korrekturzeichen Änderungen auf Vorlagen, Retuschen, Zeichnungen, an Probedrucken sowie Änderungen von digital gespeicherten Daten, an Filmen und an Druckformen konkret angegeben werden können.

Die Korrekturzeichen werden bei Vorlagen, Retuschen, Zeichnungen auf ein durchsichtiges Deckblatt (mit weichem Stift) und bei Probedrucken neben das Objekt geschrieben. Bei digital gespeicherten Daten, Druckform und Druckzylindern werden sie in einer separaten Anweisung vermerkt.

Sachwortverzeichnis

A/D-Wandler 204
Abbildungsfehler 23
Abbildungsmaßstab 21, 207, 215
Abfrage 224
abgeleitete Einheiten 16
ablative Offsetdruck-platten 270
Ablauf einer Präsentation 351
Ablaufplan 345
Ablaufschema 141
Ablaufstruktur 142
Abmusterung 284
Abschreibung 122
Abschreibungssatz 123
absolut farbmetrisch 233
absorbieren 27
Absorption 24
Abstraktion 185
Abtastfrequenzen 327
Abtasttheorem 47
Achsensprung 181
Acrobat Distiller 101
Acrobat Reader 249
Acrobat-PDF-Format 102
Active Server Pages 224
Addition 11
additive Farbmischung 29
additive Grundfarben 29
additiver Farbaufbau 34
Adhäsion 292
Adobe 106
Adobe Acrobat 101
Adobe PostScript-Druckertreiber 108
Adobe-RGB-Farbraum 34
ADSL 296
Agentur-Präsentation 350
AIDA-Formel 111
AIF-Format 76
AIFF 328
Akklimatisierung/Konditionierung 276
Akquisitions-Präsentation 350
Aktivitäten 126
Akustik 44
Akzentbuchstaben 171
allgemeine Qualitäts-kontrollen 111
Allgemeinempfindlichkeit 263
Alpha-Kanal 215
Altona Testsuite 236

Altpapier 275
Aluminiumoffset-druckplatte 267
amerikanische Einstellung (american shot) 179
Amplitude 18, 45-46
Amplituden-Modulation 255
Amplituden-Zeit-Diagramm 46
amplitudenmodulierter Raster 271
Analog-/Digital-Wandlung 205
Analog-Proofs 240
analoge Signale 205
analoger Zugang zum Internet 296
Andruck 239, 248-249
Angebotskalkulation 121
Angebotspreis 128
animierte Bilder 199, 299
ANSI-Lumen 95
Anstrich 163
Anti-Aliasing 191, 218
Antiqua-Varianten 156-157
Anwendungsbereiche 340
Anzeigen 166
AP-Papiere 275
Apple Talk 90
Application Service Provider 224
arabisch 159
Arbeitsablauf 128
Arbeitsfarbraum 34, 236
Arbeitskosten 124
Arbeitsplanung 131
Arbeitsplatzbesetzung 117
Arbeitsplatzkosten 118
Arbeitsspeicher (RAM) 56
Arbeitsstationen 112
Arbeitssteuerung 131
Arbeitsvorbereitung 131-132
Arithmetik/Algebra 11
Arten der Präsentation 350
ASCII 68
ASCII-Code 54
ASP 224, 297
asphärische Linsen 23
Assoziation 181
Astigmatismus 23
asymmetrische Anordnung 184
Außenrand 187
Außentrommelbelichter 251, 272

Audio-CD 331
Audio-DVD 331
Audioformate 82
Aufführungsrecht 360
Aufhellen 175, 214
Auflagendruck 249
Auflagenhöhe 225
Auflagenpapier 240, 249
Auflösung 193, 272
Auflösungs-vermögen 151, 263, 265
Aufnahmeformat und Fernsehnorm 325
Aufrichteschachteln 293
Aufsichtsmessung 23
Aufsichtsvorlagen 201-202
Aufsteller 154
Auftragsabrechnung 121
Auftragsbearbeitung 131
Auftragsbeschreibung 134
Auftragsgewinnung 125
Auftragskalkulation 121
Auftragsnummer 134
Auftragstasche 134
Auge 26, 151, 169
Augenpunkt 175
Ausfallzeit 117
Ausführungsphase 110
Ausgabeberechnungen 270
Ausnahmewortlexikon 168
Aussagewunsch 174
Ausschießen 255
Ausschießparameter 106
Ausschießschemata 260
Ausstellungsrecht 360
Austauschformate 67
Auszeichnung 162
Auszeichnungsschriften 162
Autofocus-Systeme 177
Autorenkorrektur 133
autotypische Farbmischung 231
autotypische Rasterung 255
AVI 325

Backup 224
Barock-Antiqua 156
barrierefreie Informationstechnik-Verordnung (BITV) 300
Basiseinheiten 15
Baumstruktur 144
Beamer 96-97, 354

Sachwortverzeichnis

Bebilderung 250
Bedeutungslehre 171
Bedruckbarkeit 277, 283
Beleuchtungsarten 177
Beleuchtungsstärke 21-22, 250
Belichter 249, 251
Belichtung 22, 250
Belichtungsmessung 210
Belichtungszeit 250
Berufsschulabschlussprüfung 378
Beschnitt 216, 257
Beschnittmarken 217, 258, 287
BetacamSP 324-325
Betriebsdaten 117
Betriebsergebnisrechnung 124
Betriebssystem 59-60
Beugung 18
Bewegung 184
Bewertungsschlüssel 381
Bezierkurven 71
Bild- und Grafikformate 81
Bild- und Videogestaltung 174
Bildansatz 217
Bildaufbau 176
Bildauflösung 191
Bildbearbeitung 211
Bilddatei 272
Bilddatenausgabe 249
Bilddatenerfassung 201
Bilddatenübernahme 203
Bilder 132
Bilderweiterung 217
Bildfeldwölbung 23
Bildformate 172, 295, 301
Bildführungslinien 77
Bildgestaltung 174, 176
Bildgestaltungsmittel 178
Bildkomposition 175, 178
Bildkonstruktion 21
Bildretusche 211
Bildschirmarbeit 48
Bildschirmarbeitsplatz 49
Bildschirmauflösung 91
Bildschirmdiagonale 14, 91
Bildschirmdreieck 39
Bildschirme 34
Bildschirmformat 187
Bildschirmgröße 154
Bildschirmmaske 90
Bildschirmpräsentation 198
Bildschirmwiederholfrequenz 91
Bildwinkel 20
Bildwirkung 177

binäre Zahl 51
Binary Digit 51
Bindearten 291
Bit 51, 328
Bitmap-Bildformat 71-72
Bitmap-Font 218
Bitmap-Grafiken 71
Blau 29
Blende 20, 22
Blendenreihe 20, 22
Blendensprung 22
Blendenzahl 22
Blickeintritt 175
Blindtext 186
Blitzer 253
Blocksatz 166-167
Blooming 205, 210
Bluetooth 87-88
BMP-Format 68
Bodoni 161
Bogen 183
Bogenmontage 291
Bogentransport 283
Book on Demand (BoD) 228
Booklet 307
Brainstorming 146
Brand-Review Meeting 109
Brechung 18
breit 161
Breitbahn 274
Brennpunktstrahl 21
Brennweite 20, 178
Bridge 86-87
Briefblatt 183
Briefbogen 183
Briefing 109
Broschur 172, 260, 292
Brotschrift 169
Browser 295
browserunabhängige Farben 37
Bruch 288
Bruttopreis 125
Bubblejet-Verfahren 62
Buch 161, 292
Buchhaltung 112
Buchschrift 155
Buchwert 123
Bund 187
Buntheit 30
Buntton 32
Bunttonwinkel 41
Bustopologie 87
Byte 51

C 297
C++ 297

CalGray 104
CalRGB 104
Cascading Style Sheets 297
CCD-Elemente 205
CCD-Flächensensor 204
CCD-Zeilensensor 204
CCD (Charge Coupled Device) 204
CD-Arten 303
CD-Brennsoftware 304
CD-Dateiformat 305
CD-Format 58
CD-R 56, 66
CD-ROM 65, 111, 146, 195, 303-305, 331
CD-Unterformat 58
Century 161
CGI 223
chlorarm 273
chlorfrei 273
Chroma C^* (Sättigung) 42
CIE 30, 38, 40
CIE-$L^*a^*b^*$ 38
CIELUV 38
Cinema 4D 305
Cinepak 316, 325
CIS (CMOS) 204
CISC-Prozessor 54
Client-Server 88
Cluster 65
CLUT 234
CMM 236
CMS 225
CMYK 71-72, 75, 102, 192
CMYK-System 28, 32-33, 35
Codecs 303, 315-316, 323, 325
Color Look-up Table 234
Color-Management-System (CMS) 32, 232, 235
Color-Under-Verfahren 324
ColorSync 232
Commission Internationale de l'Eclairage 30, 40
CompactFlash-Card 209
Composing 211-212
Composite Workflow 103
Compositedatei 229
Computer to conventional Plate 270
Computer-to-Film 131, 250, 265
Computer-to-Paper 228
Computer-to-Plate (CtP) 131, 250, 261-262
Computer-to-Plate-on-Press 227
Computer-to-Polyester-Plate 266

Computer-to-Press 131, 250
Computer-to-Print 228
Computer-to-Screen 282
Computermonitoren 93
Content Management
  System 225
Continous-Jet-Verfahren 62
Copydot-Scanner 206
Corporate Design 199
Courier 161
Crossmedia 226
CRT-Monitor 90, 93
CSS 297
CtcP 270
CTP 265
CTPP 265-266
Cyan 28, 283

Dachsatz 163
DAT (Digital Audio Tape) 331
DAT-Magnetband 56
Data Description/Definition
  Language 221
Data Base Management
  System 221
Data Manipulation
  Language 222
Database Publishing 220
Dateiformate 67-68, 325
Dateinamen 306
Datenamenlängen 306
Dateinamenskonvention 58
Dateitypen 305
Datenbanken 221, 224, 360, 368
Datenbanksystem 221
Datenbankwerke 368
Datenbereich 306
Datenkomprimierung 315
Datenrate 323
Datenstrom 334
Datentiefe 73, 205
Datenträger 64
Datenverwaltungssystem 221
DBMS 221
DCS (Desktop-Color-
  Separation-Format) 71, 102
DCT-Verfahren 321
DDL 221
DDR-RAM 53
De-Briefing 109
De-Inking 273
Deckelschachteln 293
Dekomprimierung 316
Deleatur 340
Delta-E*-Wert 40, 42
Deltaframe 317
Demand-File 228

Densitometer 231
Densitometrie 23
Detailaufnahme
  (extreme close-up) 179
Dezimalsystem 37
Dezimalzahl 51
Diagonalen-Teilung 188
Dichte 24-25
Dichteumfang 25
Dick(t)e 165
Dicke 275
Dienste des Internets 296
Digital Video 321
Digital-Proofs 240
Digitaldruck 225, 279, 283
digitale Signale 205
digitaler Videoclip 315
Digitalfotografie 75
Digitalisierung 47
Digitalkamera 208-209
Digitalproof 243
Digitalzoom 209
DIN 339
DIN 16 511 339, 341, 343
DIN 16 518 155
DIN 1301-1 386
DIN 6730 272
DIN 16549 341
DIN A-Reihe 152
DIN A4-Normbriefblatt
  (DIN 676) 183
DIN EN 60825-1/11.01 250
DIN-Formate 172
DIN-Norm 12 647-2 254
DIN/ISO 12647 246
DIN/ISO 12647-2 276
Direct Imaging (DI) 227
Direct Memory Access 56
direktes Licht 177
Direktor-Datei 305
Display 154
Displayschriften 169
Distiller 107
Division 12
DLP-Projektor 97
DLP-Technologie 96
DMA 56
Dokumentfarben 34
Domain Name 295
Dot 252
Dot-Pitch 91, 93
Dotgröße 252
Downsampling 204
dpi 252
DPMA 363
drahtloses Netzwerk 90
DRAM 53

Drehbuch 320
Drehbuchkonzept 142
Dreibereichsmessgerät 30
Dreibruchbogen 257
Dreier-Gliederung 351
Dreimesserautomat 287
Dreisatz 13
Dreivierteltöne 202
Drittel-Regel 176
drop on demand 62
Druckbereich 154
Drucker 249
Druckfarben 231, 276
Druckfarbenechtheiten 278
Druckfarbentrocknung 276
Druckform 250, 280
Druckformbelichtung 284
Druckformherstellung 261
Druckformkopie 285
Druckfreigabe 133
Druckkennlinien 104, 283
Druckkontrolle 284
Druckkontrollstreifen 242
Drucklack 283
Druckmaschinen-Anlage 290
Druckplatten 253, 262
Druckprinzip 282
Drucksachen 110
Druckseiten 258, 278
Druckvorlage 229
Druckweiterverarbeitung 131, 287
Dualzahl 51
Duplex 71
Durchdruck 279, 281
Durchmesser 272
Durchschuss 164, 168
Durchsichtsmessung 23
Durchsichtsvorlagen 201-202
DV 321
DVD 309-310
DVD+RW 310
DVD-Audio 310
DVD-R 56, 66, 111, 304, 310
DVD-RAM 309-310
DVD-ROM 309-310
DVD-RW 66
DVD-Video 310
DVD-WORM 320
dynamisches HTML 297
dynamisches Mikrofon 332
dynamisches Sitzen 49

E-Mail 296
Effektfilter 177
Effektlicht 175
Einbruchbogen 257
eingebettetes Profil 34

Sachwortverzeichnis

Einladungen 166
einlagige Broschur 293
Einschläge 154
Einstecken 290
Einstellung 178, 182
Einstellungsgrößen 178-179
Einteilungsbogen 255-256, 278
Einzüge 189
elektrofotografische Drucker 62
elektrografische Drucker 62
elektromagnetische Strahlung 26
elektromagnetisches Spektrum 17
elektromechanische Gravur 280
Elektrounfälle 48
Empfindlichkeit 210
Enddichte 205
Endkostenstellen 114
Endstrich 163
Entrastern 206
Entscheidungsfrage 352
Entstehung des Lichts 17
Entwicklungsphase 110
Entwurf 186
EPROM 52
EPS (Encapsulated PostScript Format) 68, 70
EPS-Datei 70
EPS-Format 68, 71
Er-Präsentation 351
Ergonomie 47, 49
ergonomischer Arbeitsplatz 49-50
erweiterter ASCII-Code 54
Es-Präsentation 351
Etat-Präsentation 350
ETF 139
Ethernet 85
European Color Initiative (ECI) 233
Euroskala 231
EVA-Prinzip 53
exakt 36

Fadenheftung 292
Faltschachteln 293
Falzarten 288-289
Falzmarken 288
Falzungs-Skizze 289
Farbabstand 14, 43
Farbart 31
Farbauswahlsysteme 36
Farbauszüge 229
Farbdichte D 231
Farbe 150
Farbeindruck 41
Farbempfindlichkeit 26

Farbfehler 23
Farbfiltersystem 204
Farbführung 285
Farbigkeit 175
Farbkalibrierung 235
Farbkanäle 229
Farbkontraste 148
Farbkorrektur 213
Farbkreis 32
Farblaserdruck 63
Farbmaßsysteme 38
Farbmanagement-Workflow 245
Farbmessung 43
Farbmetrik 26, 29-30
Farbmischsysteme 28, 33
Farbmischung 231
Farbmodus 213-214, 231
Farbordnungssysteme 32
Farbort 31
Farbprofile 234
Farbproofs 241
Farbraum 32-34
Farbreihenfolge 283
Farbreiz 26
Farbsatz 229
Farbseparation 229
Farbstoffe 31
Farbsystem 33
Farbtafel 32
Farbtemperatur 31, 179
Farbtheorie 25
Farbtiefe 207
Farbton 30, 39, 41
Farbtripel 92
Farbumfang 34, 235
Farbvalenzen 26, 38
Farbwahrnehmung 149, 178
Farbzonenvoreinstellung 106
Faserstoffbleiche 273
FAT 65
Faustregel 168
Feindaten 239
Feinpapiere 273
Feinstrich 201
Feinstrich 201
Fenster-Briefhüllen 183
Fernsehmonitore 94
Fertigungskosten 125
Fertigungskostenstellen 114
Fertigungsstunde 112, 117, 124
Fertigungszeiten 117, 124
Festplatte 53, 56
Festtinten- oder Phasenwechsel-verfahren 62
fett 161
Figurensatz 166

File 224
File Allocation Table 65
Filmscanner 204
Filmschnitt 181
Filmwerke 363
Finishing 287
Firewall 88
Firewire 57, 323
First-Level-Cache 56
Fixationen 166
Flachbettbelichter 251, 272
Flachbettscanner 204
Flachdruck 279-280
Fläche 184
Flächenaufteilung 175
Flächenberechnung 14
Flächendeckungsgrad 254
Flachoffset-Andruckpresse 240
Flash-Animation 74
Flash-Dateien 301
Flattermarke 291
Flattersatz 166-167
Flexodruck 279
Fließtext 191, 198
Flimmerfreiheit 91
Flying Window 145
FM-Synthese 327
Fogra 233
FOGRA-Messkeil 285
FOGRA/Ugra-Medienkeil 236
Form 150
Format 182
Formatänderungen 215
Formatieren (Initialisieren) 65
Formblatt 190
Formensatz 166
Formproof 245
Fotografie 178
fotografische Optik 20
fotometrisches Entfernungs-gesetz 21
Fotomultiplierröhre 204
Fotopolymerplatte 269
Fraktur 158
Fraktur-Varianten 158
Framegröße 314
Framerate 323
Frames 313-314, 317
Frametechnik 299
französische Renaissance-Antiqua 156
Freistellung 215
fremde Schriften 156, 159
Fremdleistungen 124, 126
Frequenz 18, 45
frequenzmodulierter Raster 255, 271

Sachwortverzeichnis

Froschperspektive 174-175
FTP 296
Fuß 187
fünf Sinne 149
Futura 161

Gamma 263
Gamut 235
Gamut-Mapping 233, 235
GAN (Global Area Network) 83
Garamond 161
Gateway 87
GCR 229
GDI-Drucker 61
gebrochene Schriften 156
geführte Kamera 180
geführter Schwenk 180
Gelb 28, 283
Gemeine 171
geometrische Grundformen 184
geometrische Mitte 184-185
geometrische Optik 18, 21
Geräusch 46
Gesamtdrehbuch 142
Geschäftsdrucksache 154
geschlossene Frage 352
Geschmacksmuster 363
Gesetz der Geschlossenheit 150
Gesetz der Gleichheit 150
Gesetz der Nähe 150
Gesetz des gemeinsamen Schicksals 150
Gesichtsfeld 151
Gestaltgesetze 149
Gestaltung 149
Gestaltungsgrundsätze 154
Gestaltungsphase 110
Gestaltungsraster 188
Gestaltungsstrategie 110
Geviert 164
Gewinn 122
Gewinnzuschlag 125
gif 73, 295, 299, 301
GIF 89a 79
GIF-Animation 74
Gif-Bild 193
GIF-Format 73, 75, 78, 192
GIF-Grafik 36
glänzend gestrichene Papiere 274
Glasfaserkabel 84
Gleichungen 13
Goldener Schnitt 152, 172, 187
gotisch 158

Gradation 263-264
Gradationskurve 211-212, 263-264
Grafikkarten 95-96
Grafikprozessor 95
grafischer Film 263
Graustufen 26, 71
Graustufenbild 72, 201
Green-Book 305
Greifer 283
Greiferrand 284
griechisch 159
Großaufnahme (very close-up) 179
Grobdaten 239
Größe 150
Grobstrich 201
grotesk 161
Groupware 224
Grün 29
Grundfarben 28
Grundgesetz 359
Grundlagenphase 110
Grundschrift 162
Grundstrich 155
Grundtext 162
Gruppe 4-Fax-Komprimierung 105
gussgestrichene Papiere 274
Gutenberg 166

Haarstrich 155, 163
Haftungsausschluss (Disclaimer) 370
Halbbild 93
halbfett 161
Halbgeviert-Ziffern 165
Halbnahaufnahme (medium close-up) 179
Halbtonbilder 201, 253
Halbtonfilm 264
Halbtonrasterweiten 104
Halbtonskala 284
Halbtonvorlagen 201, 207
Halbtotale (medium long shot) 179
Handlungskompetenz 375
Handlungsorientierung 376
handschriftliche Antiqua 156-157
Hard-Disk 331
Harddiskrecording 332
Hardware-RIP 237
Hardwarevoraussetzungen 315
Hauptdruckverfahren 278
Hauptkostenstelle 114
Hauptlicht 175

Hauptmotiv 175
Hauptüberschrift 189
Hauptzeitarten 117
Hauskorrektur 133
HDTV 318-319
Header 69-71
Headline 189
hebräisch 159, 161
Heftarten 291
Hell-Dunkel-Verteilung 175
Helligkeit 30, 32, 39, 150
heterogenes Netzwerk 83
Hexadezimalsystem 37, 51-52
Hickethier 33
Hifi 333
Hilfskostenstelle 114
Hilfsstunden 124
Hilfszeiten 117, 124
Hintergrund 175-176
Hintergrundbeleuchtung 175
Hintergrundbild 199
Hintergrundfarbe 148
Histogramm 212
HKS-Farben 37
Hochdruckverfahren 279
Hochformat 152
holzfrei 274
holzhaltig 274
Holzschliff 273
Hörbereich 45
Hörgrenze 45
Horizontlinie 175
Hot plugging 57
Hot-Spots 147
HotSpot-Technologie 335
HTML (Hypertext Markup Language) 78
HTML Tags 298
HTML-Code 295, 297, 299
HTML-Dokumente 75
HTML-Generator 297
Hub 86
Hue H* (Buntton) 42
Hybridproduktion 316, 325
Hybridraster 255
hydrophil 280
hydrophob 280
hyperbasierende Navigationsstruktur 299
Hypertext Preprocessor 224

ICC 233
ICC-basierte Farbbereiche 104
ICC-Farbprofile 104
ICC-Profile 233, 243
ICC-Profilierung 30
Ich-Präsentation 351

Sachwortverzeichnis

Identifikation 150
IEEE 1394 57, 323
IEEE 1394b 323
IFRA-Track 139
Image Color Matching 236
immaterieller
Rechtsschutz 360
Impressum 371-372
Imprimatur 133, 340
Impuls-Jet-Verfahren 62
In-Ordner 107
In-RIP-Separation 229, 238
In-RIP-Trapping 238
Index 224
index.htm 78
index.html 78
indirektes Druckverfahren 281
indirektes Licht 177
Individualisierung 226
indizierte Farbbilder 73
indizierte Farben 36, 71
Indizierung 36
Infold-Schachtel 293
Informatik 51
Informationstechnologie 51
Informationsträger 154
Infrarot 177
Ink-Jet-Drucker 63
Ink-Jet-Druckverfahren 62
Inkjet 245
Inlaycard 307
Innentrommelbelichter 251, 272
integrale Dichte 24, 271
Inter-Frame-Kompression 325
interaktives Medium 142
Interface 194
Interface-Design 146
Interferenz 18
interlaced 299
Interlaced GIF 74
Interlaced Modus 93
Interlaced-Format 79
intermodale
Wahrnehmung 149
International Color
Consortium 232
International Standardization
Organisation 103
Internet 295
Internet-Site 190
Internetauftritt 111, 192
Internetformular 195
Internetpräsentation 146
Interpolation 214
Interpreter 237
Interpunktionen 171
Intra-Frame-Kompression 325

IPX 90
ISDN 89, 296
ISO 103, 339
ISO 13406 94
ISO 9660 59, 78, 304-305
ISO-9660 Level 2 306
ISO-9660 Level 3 59, 306
ISO-9660-Konventionen 305-306
ISO-Konvention 306
ISO-Norm 15930 103
ISO-Profile 246-247
Itten 33

Java DataBase
Connectivity 224
JavaScript 298
JDBC 224
JDF (Job Defeniton
Format) 106, 135-136, 139
Job Options 107
Job-Ticket 106, 135, 259
Job-Ticket-Formate 135
JPEG 75, 295, 301, 325
JPEG 2000 80
JPEG-Bilder 75
JPEG-Format 68, 75, 192-193
JPEG-Kompression 76
JPEG-Verfahren 105
Julia-Konventionen 306
jumplineare Struktur 143

Kalander 273-274
Kalibrierung 234
Kalkulation 112, 122, 127-128
Kamerabewegung 178
Kammer-Zeugnis 378
Kampagne 109
Kapazitätsrechnung 118
Kapitälchen 161-162, 171
Kapitalinvestition 117
Kapitalkosten 124
Karton 275
Kartonagen 292
Kaschieren 292
Kehlung 163
Keyframes 317, 325
Kiosksystem 194
Klammern 171
Klang 46
Klangfarbe 46
Klangspektrum 46
klassizistische Antiqua 156-157
Klebebindung 259, 292
Kleinbilddia 152, 182
Kleinbuchstaben 158
Kohäsion 292

Koma 23
Kombinationsfalz 288
Komplementärfarbe 29
Kompression 72
Kompressionsverfahren 77
Komprimierungstechnologie 315
Konkurrenz-Präsentation 350
Konsultationsgröße 169
Kontaktkopie 252
Kontraktproof 243
Kontrast-Systeme 177
Kontrastelemente 170
Kontrollen 132
Kontrollfeld 213
Kontrollphase 110
konventionelle Kopie 261
Konvertierungseinstellungen 107
Konzeption 126
Konzeptphase 126
kooperatives Multitasking 60
Kopf 187
kopierfähig 25
Körperberechnungen 14
Körperfarben 27, 30
Korrektur 339
Korrekturzeichen 339-340
Kosten- und Leistungsrechnung 116
Kostenarten 125
Kostenartenrechnung 113
Kostengruppe 115
Kostenkontrolle 111
Kostensatz 115
Kostenstellen 112-114
Kostenstellenrechnung 113
Kostenträgerrechnung 113
Kostenarten 118
Kreativteam 110
Kreuzbruchfalz 288
kubische Projektion 336
Kunstlicht 178
Kursivschrift 161
kyrillisch 159

L^* 14
$L^*a^*b^*$ 14
$L^*C^*H^*$ 42
LAB 71-72
LAB-Farbkorrektur 213
LAB-Farbraum 41
LAB-System 32, 40
Laminieren 292
LAN (Local Area Network) 83
Ländercodes 311
Landespressegesetz 359

Sachwortverzeichnis

Lands 304
Large Format Printer 245
LASER 263
Laserarten 250
Laserdrucker 63
Laserklassen 250
Laserlichtquellen 262
Laufrichtung 274
Laufweite 164-166
Lauflängencodierung 315
Lautstärketasten 147
Layout 169, 186
LCD-Flachbildschirm 94
LCD-Monitoren 95, 209
LCD-Projektor 95-96
LCD-Technologie 96
Lead-In 308
Lead-in-Bereich 304, 306
Lead-out-Bereich 304, 306
LED-Drucker 63
Leistungsrechnung 117
Leitlinien zur Prüfungsvor-
bereitung 381
Lernfelder 376
Lesbarkeit 148, 155, 161, 166
Lesegewohnheiten 148, 153
Lesergruppe 153
Leseschritte 166
Leuchtkraft 95
LFP 245
Licht 17, 177, 202
Lichtart 31
Lichtbilder 362
Lichtbildwerke 360, 362
Lichtbrechung 19
Lichtdurchlässigkeit 24
Lichtechtheit 277
Lichtempfindung 30
Lichter 284
Lichtfarbe 27
Lichtgeschwindigkeit 17
Lichtgestaltung 178
Lichtmenge 22
Lichtreflexion 30, 177
Lichtsensor 204
Lichtstärke 22
Lichtstrom 22
lichttechnische Grundgrößen 22
Lichtundurchlässigkeit 24
Lichtwellenleiter
(Glasfaserkabel) 19
lichtempfindliche Schichten 250
Lignin 273
lineare Struktur 143
lineares Multimediaprodukt 141
Linien 170, 184
Link 101, 299

linksbündig 166
Linsen 19, 23
Linsenbezeichnungen 19
Linux 60
Lochabstand 92
Logarithmieren 12
logische Auflösung 92
logische Topologie 84
Lohnkosten 115
Lohnrechnung 118-119
Lokalisation 150
Luftperspektive 174
Luminanz L* (Helligkeit) 42
LWC-Papier 276
LZW-Kompression 72, 302

Maßeinheit 163
Maßstabsänderungen 215
MAC Dateien 304
Mac OS 34
MAC Volume 304
MAC/ISO-Hybrid 304
Magenta 28, 283
mager 161
Magic Numbers 70
magnetische
Speichermedien 64
magneto-optische
Speichermedien 64
magnetografische Drucker 62
Makrotypografie 153
Makulatur 283
MAN (Metropolitan Area
Network) 83
Manuskript 132
Manuskript- und
Bildlieferung 134
maschinenglatte Papiere 275
Maschinenklassen 259
Masse 275
Master 320
Masterband 320
Mastering 320
Materialgemeinkosten 125
Materialkosten 124
materieller Rechtsschutz 360
mathematische Zeichen und
Symbole 15, 171
Matrix 349
Matrix-Erstellung 349
matt gestrichene Papiere 275
Media Access Control 86
Mediapläne 111
Mediavalziffern 165
Mediengestalter 133
medienintegrative
Web-Editoren 195

medienintegratives
Autorensystem 194
Medienkonzeption 109
Medienrecht 359
Mehrfarbendruck 231
mehrlagige Broschur 293
MemoryStick 209
Memphis 161
Messerfalz 288
Messkeil 284
Meta-Plan 353
Meta-Tag-Befehl 298
Meta-Tags 298
Metafile-Format 71
Metamerie 31
Metamerieindex 32
MicroDrive 209
Microsoft Internet Explorer 37
MIDI 327
Mikrofone 332
Mikrotypografie 153
MiniDisk 331
Mischlicht 179
mittelfeine Papiere 275
Mittellänge 163-164
Mittelpunktstrahl 21
Mitteltöne 202
MJPEG 325
MM-Kalkulation 126
MM-Präsentation 191
MODEM 296
Modetrends 154
Moiré 254
Monitor 90, 172, 249
Montage 181, 253, 278
Motiv-Situationen 177
Mouse-Over-Effekte 147
MP3-Format 76, 329
MPEG 317, 325
MPEG 1 317
MPEG 7 317
MPEG-Dateiformate 76
MPEG-Standard 77
Multi-Session-CD 306
Multimedia- und
Webformate 82
Multimedia-Applikation 147
Multiplikation 12
Multiprocessing 60
Multirow-Objektmovie 337
Multitasking 59-60
Multithreading 60
Musikportale 367
Musikwerke 360

Nachbilder 151
Nachkalkulation 121

Sachwortverzeichnis

Nahaufnahme (close-up) 179
Näpfchen 280
Nass-In-Nass-Druck 277
Naturpapier 275
Navigation 195, 299
Navigationselemente 147
Navigationsentwicklung 142
Navigationsplan 141
Navigationstools 147
Negativ 214
Negativfilm 264
Netscape Communicator 37
Nettopreis 121, 125
Netzhaut 25
Netzstruktur 144
Netzwerk 83
Netzwerkkarte 86
Netzwerkplan 89
Netzwerkprotokolle 90
Netzwerktechnik 83
Netzwerktopologie 84, 88
Netzwerkzugriffsverfahren 85
neutraler Weißpunkt 39
Newton 27
nicht reprofähig 201
Non-Impact-Druckverfahren 62
Normalbrennweite 23
Normalziffern 165
Normlicht 284
Normvalenzsystem 39
NTSC-System 312, 318
Nutzen 258, 278
Nutzungsgrad 112

Oberflächenleimen 272
Oberlänge 158, 163-164
Objekt 150
Objektive 20, 23
Objektmovie 336
ODBC 223
offene Dateien 203
offene Frage 352
Öffentlichkeit 364
Office-Formate 81
Offline-Datenbank 369
Öffnungsfehler 23
Offset-Bogendruck-maschine 240
Offset-Druckplattenarten 268
Offsetdruck 192, 280-281
Offsetdruckplatten 262, 281
Offsetplattenoberflächen 266
Offsetplattentyp 266
Ohr 44
Online-Datenbank 369
Opazität 24
OpenType 219-220

OPI (Open Prepress Interface) 239
Optik 17
Optiksystem 204
optische Aufheller 248
optische Bildstabilisation 209
optische Dichte 202
optische Mitte 184-185
optische Speichermedien 64
optische Strahlung 17
optische Wahrnehmungen 184
optischer Kontrast 202
optischer Zoom 210
Organisation einer Präsentation 350
Organisationsmittel 134
OSI-Referenzmodell 85
Out-Ordner 107
Outline-Fonts 218-219
Overhead-Projektor 353

Packhilfsmittel 293
Packmittel 293
Packstoff 293
PAL-Fernsehnorm 322
PAL-System 312, 318
PALplus 323
panoramierender Schwenk 180
Pantone 32
Pantone-Farben 37
Papier 272, 274-275
Papierformat 154
Papierherstellung 272
Papiermaschine 275
Papierrand 173
Papiertyp 276
Papiervolumen 275
Pappe 275
Parallelfalz 288
Parallelmontage 181
Parallelstrahl 21
Pascal 297
Passer 253
Passkreuze 253
PCI 56
PCS 236
PDF (Portable Document Format) 68, 100-101, 103, 139
PDF-Datei 100, 249
PDF-Erzeugung 108
PDF-Workflow 97, 106
PDF-Writer 108
PDF/X (Portable Document Format Exchange) 103
PDF/X-1a 104
PDF/X-3 103-104

PDL 98
Peer to Peer Netz 88
Perforieren 291
Periode 18
Periodendauer 46
Peripheral Computer Interconnector 56
Peripherie 54
PERL 224, 297
Personalisierung 225-226
Personalized Print Markup Language 227
Perspektive 152, 174
perzeptiv 233
Pflichtenheft 126, 142
Phase Change Verfahren 66, 310
Photoshop-Datei 305
PHP 224, 297
Physik 17
physikalische Auflösung 92
physikalische Topologie 84
Pica-Point 163
Piezo 177
Piezoverfahren 62
Pigmente 31
Piktogramme 192
Pits 304
Pixel 192, 206
pixelorientierte Datenspeicherung 68
PJTF 105-106, 135-136, 139
Plakat 169, 314
Planungskarten 142
Planungsschritte 110
Plattenbelichter 251
Platzkostenrechnung 112, 115, 118-119
PMT (Photo Multiplier Tube) 204
PNG (Portable Network Graphic) 74, 301
PNG-Format 74, 79, 193
PoD 228
PoI (Point of Information) 194
Point 163
Polarisation 18
Polfilter 94
Portable Job Ticket Format 105, 136
Positiv 214
Positivfilm 264
Poster 314
PostScript 97, 102, 204, 271
Postscript-Dateien 249
PostScript-Font 219
PostScript-Grafiken 71

Sachwortverzeichnis

PostScript-Interpreter 99
PostScript-Level-3 99, 105
PostScript-Workflow 97, 101
Potenzieren 12
PPD 108
PPF (Print Produktion Format) 135
ppi 191
PPML (Personalized Print Markup Language) 139, 227
Practical Extraction and Report Language 224
praktische Abschlussprüfung 379
Präsentation 349, 351
Präsentationsmedien 353
preemptives Multitasking 60
Presse 359
Presserecht 359
primäre Bildregion 152
Primärfarben 28, 34
Primärstrahler 27
Printing on Demand 228
Prinzip des Farbensehens 26
Privatdrucksache 154
Private Data 139
Produktioner 110
Produktionsmanagement-System 140
Profile Connection Space 236
Profilkonvertierung 233
Programmbereich 304
Programmformate 67
Projektionswand 152
Projektmanagement 126
PROM 52
Proof 240, 244
Proportionen 152
Prozentrechnen 13
Prozess-Standard Offsetdruck 285
Prozesse 126
Prozesskontrolle im Druck 30
prozesslose Druckplatten 262, 269
Prüfsiegel-TCO-Energy Star 95
Prüfungsstruktur 376
PS-RIP 99
PSD (Photoshop Datei) 78
Publishing on Demand 228
Pulldown-Menüs 195
Punkt 184
Punktzuwachs 254

QL 223
QTVR 314, 334
Qualität einer Präsentation 352
Qualitätsfaktor 207

quantité négligeable 153
Quark-XPress-Datei 305
Quereinstieg 105
Querformat 152
Query Language 223
Quicktime-Format 59
QuickTime-Movie 305

Radizieren (Wurzelziehen) 12
RAID-Controller 66
RAID-System 66
RAL-Farben 38
RAM-Speicher 52-53
RAMDAC 95-96
randabfallende Bilder 203, 216
Randverhältnisse 187
Raster Image Prozessor 98-99, 237, 291
Rasterdichte 24
Rasterfilm 264
Rasterizer 237
Rastern 253
Rasterprozentwert 384
Rasterpunkt 271-272, 401
Rasterpunktformen 238
Rastertonwert 24, 254, 271
Rasterweite 207, 254, 270-271
Rasterwinkel 254
Rasterzelle 254
Raumbedarf 117
Rausatz 166-167
Rauschabstand 51
RBMS 223
Re-Briefing 109
Rechnungswesen 116
Rechtsbereiche 359
rechtsbündig 166
Recorderelement 252
Recycling-Papier 275
redundant 66
Referenzsystem 233
Reflexion 18
Register 56
Reißschwenk 180
Reinlayout 186
Rel 252, 254
relationale Datenbank 222
relativ farbmetrisch 233
relative Feuchte 276
Remission 18
Remittieren 27
Remoteproof 244
Renderer 237
Rendering Intent 236
Rendern 335
Repeater 86-87

Reproduktionsanweisungen 132
reprofähig 201
reproreif 201
Restwert 123
Retusche 211
Rezeptoren 25-26, 151
RGB 34, 71-72, 75
RGB-Modus 34, 73
RGB-System 28, 32-34
Rheologie 277
Ries 273, 275
Rillen 291
RIP 98-99, 220, 237
RISC-Prozessor 54
RJ-45 89
Robots 298
Rohlayout 186
ROM-Speicher 52
Romeo-Konventionen 306
römische Ziffern 11
Rot 29
Router 86-87
Rubriktitel 189
Rückstichheftung 259
Ruhe 184
rundgotisch 158

S-VHS 324
S-VHS-Videoclip 315
Sammeln 291
Sammelverpackung 154
Sammelwerke 360
Sample and Hold 326
Sampling 47
Samplingrate 328
Satinieren 274
Sättigung 30, 32, 39, 41
Satz des Pythagoras 14
Satzanweisung 189
Satzarten 166-167
Satzbreite 167
Satzspiegel 167, 187-188
Satzspigelehöhe 173
Scanauflösung 207
Scannen 193
Scanner 34, 204
Schachtelbauarten 293
Schall 44
Schallbereich 45
Schallverarbeitung 44
Schaltplan 141
Schärfe 178
Schärfeeinstellung bei Kameras 177
Schärfentiefe 20-21
Scharfzeichnen 215

Sachwortverzeichnis

Schatten 177
Schattenfelder 284
Schaugröße 169
Schieben/Dublieren 284
Schieberegler 147
schmal 161
Schmalbahn 274
Schmucklinien 171
Schneidezeichen 290
Schnitt 320
Schnittanweisungen 182
Schnittstelle 55
Schnittstellentechnik 57
Schöndruck 257, 284
Schöpfung 359
Schreibschriften 156-157
Schrift 197
Schrift-Animation 172
Schriftart 155
Schriftbelichtungskontrolle 285
Schriften mischen 169
Schriftenklassifikation 155, 160
Schriftfamilie 161
Schriftgröße 162-163, 185
Schriftgruppe 165
Schriftoberkante 173
Schriftschnitte 161-162
Schrifttechnologie 218
Schriftunterkante 168
Schriftverwaltungsprogrammen 220
Schriftweite 165
Schriftwerke 361
Schriftzeichensatz 171
Schriftzeile 164
Schuss und Gegenschuss 181
Schutzarten 360
Schutzfristen 361-362
Schwabacher 158
Schwarz 283
Schwarzpunkt 206
Schwarzschritt 98
Schwellwert 206
Schwenkarten 180
Schwertfalz 288
Screendesign 190
Screengestaltung 148
Screenpräsentation 191
Screens 141
Scribble 143, 184, 186
SCSI 57
SCSI-Verkabelung 58
SD-Papiere 275
SDRAM 53
SECAM-System 312, 318
Second-Level-Cache 52, 56
See-and-Point-Struktur 145

Segmentierung 150
Sehen 151
Seitenbeschreibungssprache 98
Seitenverhältnis 172, 182
seitenverkehrt 215
sekundäre Bildregion 152
Sekundärfarben 28
Sekundärstrahler 27
selbst durchschreibende Papiere 275
Selbstkosten 112, 121-122
selektive Farbkorrektur 213
selektive Wahrnehmung 149
Semantik 171
semantische Typografie 171
Senderecht 360
sensitometrische Filmeigenschaften 263
Sensorentypen 204
Separated Workflow 103
Serife 155, 163
serifenbetonte Linear-Antiqua 156-157
serifenlose Linear-Antiqua 156-157
Server (DNS) 89, 295
Settings 106
Shannon-Theorem 47
Shielded Twisted Pair 84
Sicherheitslinien 171
Siebdruck 282
Silbentrennung 168
Silberhalogenidplatte 268
Single Speed CD-ROM 65
Single User 59
Single-Frame-Struktur 145
Single-Session-CD 306
Single-Speed-CD-ROM-Laufwerke 308
Singlerow-Objektmovie 337
Sinnesorgane 149
Sinnestäuschung 149
Sinusschwingung 46
Sitzungsprotokoll 347
Skalenfarben 231
SmartMedia-Card 209
Softproof 241
Software-RIP 100, 237
SOHO 61
Sonderformen 293
Sonderzeichen 171
SorensonVideo 316, 325
Sound 44, 326
Soundauflösung 328
Soundkarte 326
Spaltenbreite 167
Spannung 47, 170

Spationieren 164
Speicherhierarchie 56
Speicherkapazität 55
Speichermedien 64
Speichermodule 95
Spektralbereich 17, 262
spektrale Empfindlichkeit 263
Spektralfarbe 35
Spektralfotometer 29
Spektrogramm 262, 264
Spektrum 27-28
sphärische Linsen 23
sphärische Panoramen 336
Sprachwerke 360-361
SQL 223
sRGB-Datei 34
sRGB-Farbraum 34
Stäbchen 25-26
Standbogen 258, 278
Stanzform 294
Startseite 193, 199
statisches Mikrofon 332
Stauchfalz 289
Steckertypen 89
Steindruck 280
Sterntopologie 84, 87
Steuerframe 299
Stichwörtkarten 142
Stilisierung 185
Stitchen 335
Storybord 320
STP-Kabel 84
Strahlungsteiler 23
Strategiephase 110
Streamer 56
Streaming 303
Streaming-Audio 303
Streichen 273-274
Strichfilm 264
Strichvorlagen 201
Stromschlag 47
Stromstärke 47
Stülpschachtel 293
Stundensatz 121
Stylesheets 300
Sub-Level-Domain 296
Subline 189
Subtraktion 11
subtraktive Farbmischung 28
Suffix 69, 72
Suggestivfrage 352
Supersampling 204
SWA-Format 77, 330
Switch 87
SWOP 104
Symmetrie 184
symmetrische Anordnung 184

Sachwortverzeichnis

Synchronisationszeilen 92-93
Systemtreiber FFA 305
Szene 182
Szenennummer 182

Table of Contents (TOC) 307
Tafel 353
Tagesarbeitszettel 127
Tageslicht 178
Tageszeitung 197
Tageszettel 127
Take 182
Taktfrequenz 52
Taschenfalz 288-289
Taskswitching 60
TCP/IP 87, 90, 295
technische Absprachen 368
Teleprompter 23
Terminkontrolle 111
Terminsteuerung 131
Tertiärfarbe 28
Testphase 126
Text- und Layoutformate 81
Text-/Bild-Integration 131
Textblock 173
Textdatei 55, 305
Texte 132
Textura 166
TFT-Flachbildschirm 94
thermische Verfahren 62
Thermodrucker 62
Thermoplatten 269
Thermosublimationsdrucker 62
Thixotropie 277
Thumbnails 192
Tiefdruck 279
Tiefdruckform 280
Tiefdruckverfahren 279
Tiefe 202
TIF 68
TIF-Format 68, 72-73, 192
Timebase 317, 320
Timecode 313, 323
Times 161-162
Tinten 245
Tintenstrahldrucker (Ink-Jet-Drucker) 62
Token-Ring 85
Toleranzen 286
Tonaufzeichnung 331
Toneinstellungen 182
Ton 46
Tonwertcharakterisierung 202
Tonwerte 202, 271
Tonwertkorrektur 212
Tonwertstufen 270, 284
Tonwertumfang 202, 270

Tonwertzunahme 254
Tonwertzuwachs 284
Top-Level-Domain 296
Topologie 84
Totale (long shot) 179
Totalreflexion 19
Touch-Screen 194
Touchscreen (Pol) 193
Tracking-System 140
Tracks 307
Transferrate 55
Transmission 24–
Transparenz 24
Trappings 103
Treatment 142
Trennfuge 168
Trocknung 277
Trommelscanner 204
Truecolor 96
TrueType 219
TrueType-Format 219
TV-Format 322
Twisted Pair Kabel 84
Type 1 219
Type 3 219
Typografie 153
typografische Gestaltungsmittel 153
Typosymbole 171

Überdrucken 253
Überfüllen 253
Überfüllung 103, 203
Überfüllungsparameter 106
Übersetzungen 360
Übertragungs-geschwindigkeit 302
Übertragungsleistung 55
Übertragungsraten 308
überwachte Ordner 107
Übungs-Korrektur-Text 341, 343-344
UCR 229
Ugra/FOGRA-Medienkeil 247, 285-286
Umbruch 258, 278
Umdrehen 256
Umrandung 170
Umschlagen 256, 284
Umstülpen 256, 284
unbestechliches Format 183
Unbuntaufbau 230
Under Color Removal 230
UNICODE (Universal Multiple-Octet Coded Character Set) 55, 220
Unicode-Zeichensatz 306

UNIX 60
Unshielded Twisted Pair 84
Unterfarbenreduzierung 230
Unterlänge 163-164, 168
Unterschneiden 164
Ur-Ladeprogramm 59
Urheberpersönlichkeitsrecht 360
Urheberrecht 359-361
Urkunden 166
URL 295
USB 57
USB-Bus 57
USB-Controller 57
UTP-Kabel 84

V-PDF 139
Variable Data Printing 227
variabler Datendruck 226
Vektorgrafiken 203
vektororientiertes Datenformat 68
venezianische Renaissance-Antiqua 156
Verbreitungsrecht 360
Verdruckbarkeit 277, 283
Verfremdung 185
Verkaufsverpackung 154
Verlagserzeugnisse 154
Verlagsrecht 359
Verlaufsarten 215
Verlust 122
verlustbehaftete Komprimierung 315
verlustfreie Komprimierung 315
Vermittlungsschicht 86
vernetzte Druckerei 131
Vernetzung 83, 88
Verpackung 154
Verpackungsmittelherstellung 293
Verrauschen 210
Versalhöhe 163, 173
Versalien 155, 162, 171
Versatz 291
Verstärker 332
vertikale Ausdehnung 162
Vervielfältigungsrecht 360
Verwaltungskostenstellen 114
Verwendungszweck 283
Verwertungsrecht 360
Verzeichnungsfehler 23
verzweigtes Multimediaprodukt 141
VHS 324
Video 303, 316

Sachwortverzeichnis

Video-8-Format 324-325
Videobandbreite 91
Videoclip 182, 313-314
Videocodecs 316
Videodatei 320
Videodigitalisierung 54
Videodrehbuch 182
Videofilme 313
Videoformate 82
Videokameras 34
Videonormen 312, 318
Videoschnittprogramm 314, 317
Videostreaming 316
Vierbruchbogen 257
Vierteltöne 202
Visitenkarten 154
Viskosität 277
Visual Basic 297
visuelle Gestaltung 186
Volltondichte 283
Volumen 275
Vor- und Nachbreite 164
Vordergrund 175
Vorführungsrecht 360
Vorkalkulation 121
Vorkostenstellen 114
Vorlagen 201
Vorlagenanalyse 201
Vorlagenverbesserung 132
Vorschaudarstellung 314
Vortragsrecht 360
vorübergehende Vervielfältigungshandlungen 364
VV-Kosten 120

W-Frage 352
Wahrnehmbarkeit 151
Wahrnehmung 149
Wahrnehmungsergebnis 150
Wahrnehmungsfeld 150
Wahrnehmungsgegenstand 150
Wahrnehmungspsychologie 149

Währungssymbole 171
Wait-States 52
WAN (Wide Area Network) 83
WAV 328
WAV-Format 76
Wavetable-Synthese 327
Web-Offset-Druck 104
Web-Palette 37
websichere Farben 37
Weißabgleich 178-179, 211
Weißraum 150, 170
Weißschritt 98
weiche Trennung 168
Weiterverarbeitung 133, 255
Wellenlänge 18
Wellenlängenbereich 27
Wellenmodell 18
Wendearten 255-256
Werbe- und Medienindustrie 109
Werbeanzeige 190
Werbebanner 196
Werbeetat 350
Werbemaßnahmen 109
Werbemittel 110, 154
Werbung 109
Werkarten 360-361
Werke der angewandten Kunst 360
Werke der Baukunst 360
Werke der bildenden Kunst 360
Werke der Tanzkunst 360
Werkstoffe 272
Wertminderung 123
Whiteboard 353
Widerdruck 257, 284
Windows-System 34
wissende Kamera 180
wissenschaftliche oder technische Darstellungen 360
WLAN (Wireless Local Area Network) 88, 90
Wollskala 278

Workflow 101, 237, 270
World Wide Web (www) 102, 296
WORM-Technologie 304
Wortabstand 168
WPAN 88
www.cip4.org 106
W3C 79

XML (Extensible Markup Language) 139

Zahlungspläne 111
Zäpfchen 25
Zapfen 26
Zapfenarten 26
Zeichnung 202
Zeilenabstand 164, 168, 173, 189
Zeitungsimpressum 372
Zellstoff 273
Zentralperspektive 174-175
zentrierter Satz 166
Zielgruppe 111, 146, 196
Zigarettenschachtel 293
ZIP-Verfahren 105
Zoomobjektive 210
zügiger Schwenk 180
Zügigkeit 277
Zugriffszeit 55
Zusammentragen 290
Zusatzkosten 127
Zuschuss 278
Zweibruchbogen 257
Zweipunktperspektive 174-175
zylindrische Panoramen 336

4c 203
10Base2 84
24-Speed-Laufwerk 308
100BaseT 84
216 Farben 37